R. J. Johnston
GEOGRAPHY AND GEOGRAPHERS
Edward Arnold Ltd. ,London,1991
根据伦敦爱德华·阿诺德出版社 1991 年版译出

汉译世界学术名著丛书
（120 年纪念版·珍藏本）
出版说明

2017 年 2 月 11 日，商务印书馆迎来 120 岁的生日。120 年前，商务印书馆前贤怀揣文化救国的理想，抱持“昌明教育，开启民智”的使命，立足本土，放眼寰宇，以出版为津梁，沟通中西，为中国、为世界提供最富智慧的思想文化成果。无论世事白云苍狗，潮流左右激荡，甚至战火硝烟弥漫，始终践行学术报国之志，无改初心。

迻译世界各国学术名著，即其一端。早在 20 世纪初年便出版《原富》《天演论》等影响至今的代表性著作，1950 年代后更致力于外国哲学和社会科学经典的译介，及至 1980 年代，辑为“汉译世界学术名著丛书”，汇涓为流，蔚为大观。丛书自 1981 年开始出版，历时三十余年，迄今已推出七百种，是我国现代出版史上规模最大、最为重要的学术翻译工程。

丛书所选之书，立场观点不囿于一派，学科领域不限于一门，皆为文明开启以来，各时代、各国家、各民族的思想与文化精粹，代表着人类已经到达过的精神境界。丛书系统译介世界学术经典，引领时代思想，为本土原创学术的发展提供丰富的文化滋养，为推动中国现代学术和现代化进程做出了突出的贡献。

为纪念商务印书馆成立 120 周年，我们整体推出“汉译世界学术名著丛书”120 年纪念版的珍藏本，寄望既利于文化积累，又便于研读查考，同时向长期支持丛书出版的译者、编者和读者致以敬意。

两甲子后的今天，商务印书馆又站在了一个新的历史时间节点上。我们不仅要铭记先辈的身影和足迹，更须让我们的步伐充满新的时代精神。这是商务人代代相传的事业，更是与国家和民族的命运始终紧密相连的事业。我们责无旁贷，必须做好我们这代人的传承与创造，让我们的努力和成果不仅凝聚成民族文化的记忆，还能成为后来人可以接续的事业。唯此，才能不负前贤，无愧来者。

商务印书馆编辑部

2017 年 10 月

参加本书翻译的人员

第一版到第四版前言、第一章由唐晓峰翻译；第二章由张大卫翻译；第三章由张纬、钱志鸿翻译；第四、五、六章由唐晓峰、包森铭翻译；第七、九章由李平翻译；第八章由叶冰翻译。

目 录

第一版序言

许多攻读学位的学生或类似的学生被要求注意一下他们所学习的学科的历史。他们所能读到的学科史一般都只讲过去，而不包括今天。这样做对历史学家们有好处，因为拉开一定的距离，就能将过去解说得更好，此外，也不大会触伤在世的学者。然而这对学生们却十分不利。事实上，在所有的其他课程中，他们都要阅读本学科当今的著作。所以，如果学科史只讲到几十年以前就结束了，那么学生们只能了解当今的事实内容，却不了解它们的背景框架，除非是那些具有清晰的历史背景的地方。

事情的这种情况是不幸的。学生们需要一个所选专业的目前实践的概述，并应当接触一些与现实有关的学术评论，讲述(也许还要解释)学者们奉行的哲学与方法论目前的状况和应有的状况。这种学术评论将把讲述学术内容的课程纳入学术背景，并(像讲解它们本身的结果一样)将它们作为学术思想体系的范例进行评价。

在一门学科扩展之时，则日益需要一门关于其“当代史”的课程。在过去几十年间，大多数学科，当然也包括人文地理学，大幅度扩展，这可以由学科成员的数目和出版物的数量反映出来。而且，几乎可以肯定，学科的成员越活跃，学科工作的花样越多。这令学生们难以凭借自己的阅读而理出当代学术的概述内容。所以，目前需要有一门“当代学术史”的课程。

本书就是一份讲授了数年这种课程的成果，也为其他人（包括教授和学生）提供了一本指南。比起其他课本，本书有许多特点。本书所依据的课程，原是在最后一年为要求地理学学位的优秀学生讲授的。也许在这个年级的学生使用这本书最合适，因为他们已经熟悉了人文地理学的概念和语言。我的看法是，学生在学习了学科内容以后，再来了解学术的背景框架，会受益甚大。本书所提供的，不是一套供单独事件对号入座的框架，而是一个思想基础，用以对那些事件进行组织。假如学术史的课程在低年级讲授，则会出现前一种情况。

编写这本当代学术史，在内容和方法上有一些限定。首先，它只涉及人文地理学，理由有若干条，而最重要的是，根据目前的实际情况看，自然地理学与人文地理学之间的关系并不密切，两者之间的主要联系只是在科研技术和研究方法上类似，而这些东西与其他学科也同样类似，所以仅仅凭这些东西不足以结成一门自成一统的学科（因子生态系的情况又如何?）。另外，就我个人的能力所及和个人兴趣来讲，完全在人文地理方面。虽然我学过自然地理，也同自然地理学家一道工作过，并且受过自然地理学的启发，但尚不能胜任撰写它的学术史。最后，本书所讨论的人文地理学，主要是北美，特别是美国发展的，所讨论的地理学家也同样。没有什么如英国大学所理解的自然地理学。在很大程度上，人文地理学与自然地理学即使不是各自独立的，也是彼此分立的学科。本书通篇使用的“地理学”与“人文地理学”是两个可以互换的概念。

第二个限定是文化。本书的主题是关于英美人文地理学。所讨论的大多数研究工作出自美国和英国，也有一些是澳大利亚、加拿大、新西兰的学者所做，而世界其余地区的研究工作，则大致从略。（瑞典有些例外，那里同英美的学术联系十分密切，且瑞典地理学研究成果多以英文发表。）这种学术上的狭隘主义一部分来自个人语言方面的不足。然而它并不是一个完全排他性的决定。近几十年来，英美与德法两方面在人文地理学上接触很少，所以集中谈英美的情况并不算是犯了一个割裂整体性的大错误。

最后，是时间的限定，因为本书关注的只是第二次世界大战以来几十年间的英美人文地理学。另外，也有个人能力所及的问题，因为我从事地理科学的工作仅 20 年。“二战”是许多方面的历史的分水岭，不仅仅是学术的实际工作，许许多多目前讲授的人文地理学方法论与哲学，也是“二战”之后出现的。

所以，本书是一部 1945 年以来的英美人文地理学。我并不指望它是一部客观的历史，因为这样的事情是不可能的。书中的内容体现着主观评判：对某些主题的强调是主观的，组织方式也是主观的。然而，尽管本书是非客观的（也没有打算这样做），却是中立的。我并没有讲述自己的观点，也不想故意暗示过去写过的东西（虽然有些是可以识别出的）。书中没有评论，只有一些我认为精华特色的复述。

有意保持中立性（即依据别人的撰述）是本书的第二个特点。书中长的引文很少，大多是短的。对不少观点要做必要的解读或阐述，在这种情况下会不自觉地改变原文的侧重点。我的目标是要报道别人写作的内容，如第二章至第六章的内容完全是来自发表的东西，不利用私人回忆（如果能汇集一批具有代表性的，它们也还是有价值的)。这样做的结果会成为一个冗长的文献目录。对某些作者的东西附有人们的评论,以便于利用他们的成果。我自己则会指明本书所依据的文献材料。

在文献注释方面,我不想只简单地列一份各种观点的年表。同样,在叙述英美人文地理学内容的转变时,我试图解释特定问题被讨论、实践的原因,以及由什么人,在什么地方。欲做的这种“解释”不会是中立的,所以处理的方法是书中写书。外层的书是指第一章、第七章,里层的书是第二章至第六章,前者是主观设定,采用科学史学者们建立的模式。后者则为中性的叙述。里层书可以脱离外层书独立阅读。第七章则是对前面所有章节总结。

外层书所提供的分析并非是观念论的(此概念的含义与第五章的用法相同),在解释哲学与方法论方面的变化时,我是基于自己的科学发展模式,而不是那些当事者本人的观点。模式的建立要参照其他关于科学史的研究,特别是物理科学方面的。在第七章末尾,这个模式又变为稻草人之类的东西。我并不是在人文地理学内使用这个模式的头一个人,所以,我对它的叙述、批评以及替换只是向撰写地理学(或许还有其他社会科学)史这项总的事业尽一分力量。

编写“当代史”的一个问题是要知道在什么地方停止。可用的新材料不断涌出,而且很可能(如果看出版广告的话,则是肯定的)明天又会有极有用的材料出现,所以一定要在某处停住。至于本书,是截至 1978 年年中。不过我也参考了这以后的文献(我有在它们出版之前读到它们的特权)。到本书出版的时候,它会是自成一期,第七章中已然说明这本书过几年才会进行较大的修订再版。

是马尔科姆·刘易斯设计了这门课程，本书的材料即为其一部分。斯坦·格雷戈里则支持我讲授这门课。他们两位对这个结果均无责任。我感激他们使我有这个机会将那门课转变为一件对我来说是有趣的、有刺激性的工作。各种学生的评价（直接的或间接的）曾有助于我从多种方面对内容进行改进。对此，我亦十分感谢。

一些人帮助我准备写书的材料。我的妻子丽塔始终是各方面的得力助手，她所做的不仅是两番阅读全部底稿，并提出不少建议。其次是沃尔特·弗里曼，他读了全部底稿，并拿出许多时间讨论内容和框架。我对他的关心、友善以及持久的友谊表示深深的谢意。艾伦·海也是同样，阅读了第一稿的全部内容，对许多问题都提出了坦率的、有益的见解。他与 W. 弗里曼都感到书中没有将我自己和我的见解充分表达出来。我希望他们能理解个中的原因。斯蒂芬·弗兰普顿与希拉·奥特韦尔设计了图表，琼·邓恩则再次帮我将潦草的手稿打印齐整。我感谢他们所有的人。

我在第一章中清楚地说明，任何个人的学术进步，在很大程度上都要依赖别人所为（有时是无所为），学术不是孤岛。近 20 年来帮助过我的人甚多，但我要特别感谢珀西·克罗、沃尔特·弗里曼、巴兹尔·约翰逊、默里·威尔逊、巴里·约翰斯顿、迈克尔·怀斯、斯坦·格雷戈里和罗恩·沃特斯。

1978 年秋

第二版序言

对本书的总体上的良好反应，对它的持续需求，说明它在写作体裁上是成功的，不大需要进行根本的改动。不过，看起来现在所需要的不是重印本，而是修订本。利用修订的机会，可以修改错误，使“内层书”的内容（第一版写于 1978 年，现在至 1982 年年中）跟上新近的发展（扩展重要参考文献），并回答一些批评意见，特别是关于“外层书”的内容，我的想法有了一些改变。

第二版的这篇序言不应看做只是对第一版的反响的评论。对本书的评论引发了一些总体性的问题，值得在此做些扼要的讨论，在修订工作中对它们也有所考虑。

首先是整个学科的性质。在头一版序言中，我谈到虽然本书不是一部客观的历史——“因为这样的事情是不可能的”——却是一部中性的历史，因为它并不包含个人的评价。回过头来看，这说得有些过分。这本书基本上是利用发表的材料，对人文地理学界有关哲学与方法论的讨论进行了复述，它更关注的是对人文地理学的议论，而不是人文地理学研究本身（如一位批评家所明确指出的），有点像一部人文地理学的政治史。实际上，它是第五章中所概述的观念论哲学的一次实用（且不管我的这种说法与第一版序言相背）。我所评述的文献反映着作者们关于人文地理学性质的理论见解(或思想),而评述这些文献所用的框架则是我对人文地理学发展史的理论认识。这一历史被重建起来(并继续被重建着)要确保两者的连贯(见第七章)。因此,它是一个在我自己——作为一名人文地理学家——的社会的背景中的个人讲述。

方向并没有改变。我的历史依然完全依据出版证据——也承认各类"口述历史"的价值,这种历史正在转成可贵的出版资料(布朗宁,1982;布蒂默,1983;布蒂默和哈格斯特朗,1980)。不过,修订版允许我改正一些重要的遗漏,并对一些部分做重新组织,以更充分地强调一些特殊作者的贡献。正是他们在哲学与方法论方面的讨论构成本书的核心。对具有实质意义的讨论已在不同的地方(尤其是在《人文地理进展》这本出色的刊物上)进行过广泛评述。本书的主要目的不是要对人文地理学的研究做一番概述,而是关注这些研究是为什么和如何进行的。

有些人对本书将人文地理与自然地理分离的做法提出批评。的确,我曾被"指控"因提出这种分离而对地理学造成了政治性损害。我在第一版序言中曾表明我的立场:"根据目前的实际情况看,自然地理学与人文地理学之间的关系并不密切。"在"空间科学"时代(第三章、第四章),自然地理学家与人文地理学家们有了一种共同兴趣,那是关于方法论的,特别是统计学和数学的,在这里可以看出彼此的影响。另外,某些方法论的框架——突出的是系统分析(第四章)——也似乎提供了共同的纽带。这些纽带依然存在,在此有所介绍。然而,当这两个领域的研究都脱离了计量描述,如关于"如何"(自然地理的过程研究),关于"何时"、"何故"(人文地理学的过程研究)时,两者间的差别则有所扩大。就本书第五章、第六章讨论的内容来说，自然地理学与人文地理学在研究方法上已没有什么联系的基础。当然，人文地理学的主题问题与自然地理学的仍然密切相关。但并没有明显的需求（肯定也没有发表过这种看法）要在目前的实践中将二者结合起来。有些人认为这种结合通过对资源问题的研究正在（或应该）达成。然而对相关文献的观察（约翰斯顿，1983a），并未见到这方面的证据。人文地理学与自然地理学可以部分重合。这样做很有好处，尤其是在教学中。我并非极力主张它们在体制方面的分离。然而，它们是分别不同的领域，它们与其他学科的结合要多于彼此之间的。

在人文地理学范围内，有人认为我的做法不够均衡，特别是多注重经济地理、社会地理和政治地理，而忽略了文化地理、历史地理和区域地理。在一定程度上，的确如此。这反映在所评述的各方面文献的比例。本书的核心内容是关于哲学与方法论的讨论，而不是实际的研究。

对本书最为深刻的批评之一，是关于它的基础理论，即人文地理学史是独立存在，可以独立探索的。不过，在建立这样一个历史时，难道我划定的不过是一条人为的界线吗？对于这一点，我的答复是，这种界线是已经存在的。人文地理在所考察的这些国家中，是一门体制化了的学科。在英国学校，它在公共考试目录中是有明确规定的。人文地理学与各方面的界线都是人为划定的，因为社会科学的主题是不应零碎分割的，然而消除这些界线的愿望却不能降低这样一种需要，即为学生提供一个历史，说明这种愿望在近几十年人文地理学界是如何发展的。

尽管人文地理学已体制化，但依然存在跨越其界线的大量行为，这包括人文地理学家对其他学科，或其他学科对人文地理学，所做的贡献。本书对此有所理解，它们有各色各样的形式。而基本的跨界行为是其他学界的思想流入了人文地理学，这些思想为地理学所同化。反过来，人文地理学又寻求向那些思想的母学科表达同化的成果。它通常表现为在其他学科的刊物上发表成果，这在某些学科（如农业史）中出现得很多，有些学科（如政治学，拉邦斯，1980）中较少。结果，有些学者甚至改变了自己所从事的专业，如英国有些社会学家本来学的是地理。然而，他们是否仍然算人文地理学者，是否还需要评述他们的研究？

毫无疑问，学科间的联系是重要的，尽管它们并不总是显而易见，但不应当被忽视。不可否认，近几十年人文地理学的发展一直受到这些联系的影响——许多是很不规范的，因为它们只涉及“世界三”（p. 280）。然而，这些联系都不能否认一门叫做人文地理的学科的存在，每一年都有许多学生汇集于此，它的历史也是深有兴味的。

最后，为什么要局限在以英国、北美为主的“英语世界”？我的回答如第一版序言所说的一样：能力所及。不过，显然需要更全面的国际性考察，在这方面已多少有些进展（约翰斯顿和克拉瓦尔，1984）。还有一些东西被我们忽视了。这里所讨论的东西没有依据任何可靠的计算证据，在有些地方它是有关系的。加特雷尔（1982）曾指出一个可能的方向，但道路依然很多。的确，我们前面的任务不少。

80年代将会是充满挑战、兴奋和困难的时期，这不仅仅是对学术界。对地理学家来说，这种不稳定性是双倍的，它表现在研究什么问题上，也表现在如何进行研究上（罗布森，1982，p.1）。

在继续这项写作时，在第二版的工作里，我依然抱有第一版中所表达的那些谢忱。我要特别感谢出版人对我的持续的鼓励，以及支持我出版了本书的姊妹篇——《哲学与人文地理学》，那册书对本书所评论的内容的有关哲学作了概述。《人文地理学词典》的作者们给予我许多鼓励，还有对第一版做出可贵评论的那些作者。对所有的这些人，我极为感激。像以往一样，我深深地感谢丽塔·约翰斯顿和琼·邓恩。

1982 年夏

第三版序言

1982年准备本书的第二版时，似乎看不出仅四年之后就需要再做修订。事情的改变有三个原因。首先，地理学呈现持续繁荣，包括了这里（本书）所说的全部三类研究范式。为了保持本书的当代目光，需要将新的发展吸收进来。因此，一些章节需要重写和扩展内容。其次，由于对70年代末期出现的经济衰退的政治反应，现在看来，整个80年代会迫使学者们去研究经济与社会变革的某些方式，地理学家对这一压力的反应也被吸收到本书的内容之中。最后，人们对人文地理学史的兴趣在增加，对发展演变的过程产生了新的见解。对这些内容也应吸收。不过，本书的基本主题并未改变。的确，对科恩思想的再评价（如梅尔，1986的批评）表示了对他所建立的概念的更大信心。

第二版序言已对本书的方法做了进一步解释，在此毋庸赘言。我十分感激那些一直肯定本书，并认为值得向学生推荐的人。对他们，并再次对丽塔·约翰斯顿与琼·邓恩致以谢意。

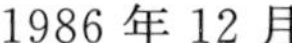

1986年12月

第四版序言

本书的前三版大约都是间隔 4 年，对这第四版的准备则提前了一些时间（大约 6 个月）。着急的原因主要是英美人文地理学家高质量成果的持续大量发表，尤其是地理学家们的不同观点的热烈争论。自 3 年半以前第三版的出版到现在，发表的新材料简直太多了，这需要对本书的某些部分进行改写，并增加一些章节。在短时期内，有大批著作编辑出版，如《美国的地理学》、《人文地理学的视野》、《人文地理学之再建》、《人文地理学之再塑》以及《人文地理学的力量》等都证明地理学的兴旺，同时也要求修订面向地理专业学生的概述本学科“当代史”的书。

本书的基本组织框架没有改变，内容只是增补了新近的发展。然而，一个有意义的变化是，由于对学科问题的讨论持续不断，原先各章的组织排列出现一些时间上的紊乱。因此决定增加章的数目，以便单独清楚地处理彼此有别的问题。所以现在的这本书比原来多了两章，希望能提供一个更清晰的结构来安排各类讨论。

第二版序言回答了一些对本书的批评意见——应包括什么和不应包括什么，对材料如何组织。第三版序言只简短地提到对材料的持续使用，尤其是对材料的解释。类似的批评又曾出现（主要的有斯托达特，1987），但这里不再做具体的答复。不过，在我的

《环境问题》(1989b)一书的序言中则继续对问题做了讨论。

在对本书做又一次修订时，我要感谢那些阅读本书，对本书提出有价值的评论的人(尤其是罗宾·弗劳尔迪)，感谢那些不断引用本书，并向学生及其他购买者推荐本书的人。像往常一样，我最为感谢丽塔·约翰斯顿，这不只是因为她劝我要学习电脑写作程序。

R.J.约翰斯顿

1990年4月

第一章　地理学的学科性质

本书是关于一门学科的研究，主要研究它的内容。但是，没有对学科背景的考察则不可能全面理解它的内容。本章就是关于地理学发展背景的讨论。从本质上讲，背景是指从事这门学科研究的人群，研究一门学科就是研究一个含有层次系统的社会，它有一套肯定否定机制，有一套机构体系。研究一门学科不是叙述大量学术的或非学术的人际争斗。对学科之外的人来讲，学术研究可能是客观的和“科学”的。然而其中必然存在许多主观性的抉择，如研究什么问题，是否要发表成果，到什么地方、以什么形式去发表，讲授什么内容，是否要公开与他人商榷，等等。像人的所有抉择一样，学科抉择也都是在学者所处的社会的限定中进行的。

在研究一门学科的时候，实际上要研究的是社会中的社会，这两类社会都关系到对个人或群体行为的限定。研究社会中的社会需要注意两个问题：“学术活动是如何组织的”，和“学术活动，特别是研究活动，是怎样进行的”。本章的前两部分便是关于这两个问题的讨论。我们称“社会中的社会”主要是想说学术活动不可能孤立进行，它不是个封闭系统，而要接受包容它的外部社会的影响和控制。所以，第三个问题是“作为学术活动环境的社会的性质是什么，社会环境与学术活动如何相互作用”。这一问题是本章后面部分所讨论的内容。

学术活动：职业结构

在现代社会中学术活动是一种职业，为的是获得经济或其他方面的收入。对多数从业人员来说，这一职业是一种专业，那里有进入专业的规则和在里面行为的准则。在几乎所有现存学科的开创时期，其开创人可以是业余活动者，受的是私人资助。但现在已没有那样的业余活动者，在人文地理学的作者中，没有多少不是受过这门专业训练的学者或是相关学科的成员。不过，地理学本身不是职业，而是个体学者将其作为职业来从事，他们可能是大学教师或类似职业的人。的确，大多数专业地理学者都是大学教师或类似的高等教育机构的人士。（近年来，出现一些新型高教机构，大学一词在这里仅作为一般术语。）专业地理学者与其他地理学者（不少人也是老师）不同，他们要完全符合大学的三条基本原则：传播知识、捍卫知识、发展知识。正是发展知识——通过深入研究和发表成果的途径——这一点确立了专业学者的地位，他们的教学都是基于学术研究。

学术职业结构

大学教员——以下称专业学者——是在职业规定结构中的一种选择。现在讨论两种不同的职业结构：英国模式和美国模式。一个人进入这两种结构的途径是一样的，他必须是大学生，尤其应是研究生。研究生要在一位或多位导师的指导下进行实际研究，这些导师都是学科内的专家。学生们的研究结果几乎毫无例外地形成论文，通过专家答辩会后获得学位（一般是博士学位）。在英美两种模式中，博士学位几乎是必须具备的入场券。

在攻读学位的时候，很多研究生要参与本科生的教学，特别是一些实习和辅导工作。许多大学，尤其是美国模式的大学，参加教学工作是研究生获得资助的途径。这些人可能参加进一步的实际研究，或得到大学教师职位。这些职位可能是有期限的，但提供了一个专业方面的“学徒”机会。与此同时，他们或者完成学位，或者使研究专长得到巩固。

有期限教职的下一步是永久教职，在这里英国模式与美国模式出现差别（图 1.1）。在英国模式中，职业结构的第一级是讲师。在任期的前几年（通常是三年）为讲师试用期，需要做教学、研究、管理的年度报告，并说明设立此职位的必要性。试用期满，此一职位或者被终止，或者被确认。

这类职位几乎都是系里的教职，系的名称多是教员所从事的学科的名字。规定的职责包括科研、教学以及管理，都在系主任的领导下进行。讲师的工资每年都有增加，增加幅度也可能加大。在英国，讲师工作若干年之后会遇到一个“有效线”，“过线”意味着提升，这决定于对他们研究、教学、管理活动的评价。

讲师之上有若干供提升的职位，首先是高级讲师，这种职位不是分配给系。能否进入讲师一职仍要看对那三项活动的评价怎样，另外还要在全校范围内竞争。再上面是副教授，这种职位通常保留给高素质的学者，评价标准主要是看研究工作如何。

英国模式
教授
副教授
高级讲师
讲师

美国模式
教授
副教授
助理教授

研究生
大学生

图 1.1　学术职业梯形

值得注意的是，在美国模式中几乎没有不按照级别顺序升迁的情况，而在英国模式中跳级的情况十分常见（如讲师直接升副教授，甚至直升教授，而不必先做高级讲师。有很多教授升自高级讲师，而不是副教授。在牛津、剑桥和其他一些大学则没有高级讲师）。

最高一级（属于系，而不是由学校管理）是教授。虽然地位高于其他职位，但教授不属于升迁而上的一类，在不久以前，几乎所有的教授都是公开招聘和竞争选拔的。最初，教授职位与系主任是一回事，教授就是管理负责人，担任学术领导。近年来，随着系的规模不断扩大，也由于学科中专业分支的增加，每个分支需要自己的领导，一系之中有多名教授的情况便开始普遍。有些地方的领导职位依然任命给一个人，而在很多地方，领导职责由教授们轮流担任。在越来越多的地方，领导一职已与教授分离，其他职称的人也可以担任。最后一点，在英国模式中，教授提升可以是针对个人而不必公开招聘，这样的事情日见普遍，而为空缺位置的招聘方法则日见减少。在许多情况下，这种针对个人的教授提升是对杰出研究者的奖励。

美国模式中的情况与英国的类似（图1.1）。有三类常设职位：助理教授、副教授和教授。助理教授中又有两种——有试用期的和终身的。每一类教授的工资不同，但不一定每年自动增长。（美国大学教授的工资各校不同，因声望、因州而异。）工资数量的确定是个人根据开列出来的三类学术工作进行讨价还价的结果，所以，在同一系中有些不同级别的教授的工资会大致相同。从一级教授转变为另一级教授，要根据学术业绩进行提升。教授只是最高的提升职位，并不履行重大管理责任。在美国，系主任另行任命，一般任期有限，而且不必是教授（一般是指“终身”教授）。

地位、回报和提升前程

对学术工作的回报体现在工资水平上，也包括一般的学术地位和个人特殊的学术地位，还包括工作条件的独立性与自主性的程度。固定性回报——工资——取决于职业结构中的学术职位。提升是必然竞争的事，但如何赢得提升？

学术工作主要包括三个方面的事情——科研、教学和管理。初来乍到的人没有什么学术管理经验，他们多半是做别人的教学助手。所以，对申请者潜力的判断主要是看他们的研究能力。在某种程度上，研究能力可以等同于教学和管理的能力，因为它们需要共同的个人素质——积极精神、条理性、思想敏锐、口头与书面的交流能力等等。不过，在很大程度上，最开始给予职位时的凭据只是信任，所以在长期聘用以前需要有一个试用期。

人们一旦接受了职位，则必须承担全部三个方面的工作，以便在更广泛的范围内评价他们未来的提升条件。实际上，在考虑提升的时候，科研能力比教学和管理能力更受重视，一部分原因是评价教学能力和管理能力比较困难，另一部分原因是学术界在评价的时候一般将研究能力放在首位。

尽管进步并不一定意味着困难程度的增加，但随着学术职位的提升，管理责任会趋向于更加复杂，需要政治的和个人的判断和技能。如“彼得原则”(彼得和赫尔，1969)所清楚地表明的：一个人承担任务的能力常常是只有在获得该职位以后才能全面衡量出来。提升一定是基于对潜力的察觉，虽然我们可以容易地指出某人的管理才能不行，但却不那么容易认定某人能够胜任重要的任务。

人们一直认为，衡量教学能力很难(虽然无能是显而易见的)。学生评议和委员会评审是有用的办法，譬如仔细审查被教学生的工作。但是评判大学教学的标准是含混不清的，另外即使在一小组学生中间，他们对讲课、辅导、讨论课的期望也各不相同。所以，多数教师常常被认为是胜任的，却不是出色的，他们的教学表现对于他们的提升既没有好处也没有坏处。

于是提升的主要标准经常放在科研上，某一方面的研究不行可以由其他方面的杰出研究来补偿。但是如何来判断研究能力呢？关于开展研究的细节问题将在本章下一部分讨论，这里要谈的是评价问题，还不是如何推进科研和科研性质问题。

成功的学术研究是要以各种方式在一个知识领域里做出创造性贡献。它可能是在一个确定的理论框架中收集、表述和分析新的信息，也可能是以新的方式对事实进行收集、分析和表述，它还可能是以新的方式对事实进行组——一个新的理论或假说，或者是以上三个方面的综合。对成果的创新性的判断，要通过这个特定领域中专家们的承认或确证。一般认可的确证方式是出版成果，俗话说："尚未出版的研究不算研究"，还有"要么出版，要么灭亡"。

研究成果的主要出版形式是学术刊物，它们以一种公平的标准对待交来的稿件。（一般认为，学术团体出版的刊物的学术水平比商家出版的要高，但是否确实如此还很难判断。）稿件交到编辑手里之后，他们要请有资格的专家评审稿件的价值，专家们会提出采用、退稿、修改或转投等建议。当稿件被采用以后，便依照次序等待出版，等待时间有时达两年，这取决于刊物的学术声望。

尽管这些办法得到普遍认可，但它也有一些内在的缺点，主要是因为它是由人来操作和决策的。编辑（关于稿件和审稿人）的观点与审稿人的观点可能存在差别，所以被某一刊物拒绝的稿件可能未作改动便被另一刊物接受。按照声望，大多数学科的学刊常有非正式的名次排比，作者对在某些刊物上发表成果的愿望高于在其他刊物。（考虑某人任职或提升时，评委们都注意刊物的声望。）

有些研究成果是以书的形式发表，而不是杂志文章。不过，地理学中的学术书籍多为教科书，由商业出版社出版，追求以大量学生为对象的市场效益。这些教科书的创新意义在于对材料的组织和表述，它们对作者的名气（还有银行存款的数目）很有好处，但并不说明学术水平。许多公司，包括大学出版社，也出版专题著作，向很小的学术市场提供重要的研究成果。在考虑是否出版这类著作时，要根据学术和商业两个方面的情况来决定，要有学术评委的协助，关于学术专著的效果的确认则反映在刊物的书评专栏中。

任命与提升程序：恩惠

不管有关的委员们怎样区分三类学术活动的轻重（有些人追求另一些学术活动，例如做外界的顾问和对社会做贡献等），主要问题还在于他们如何对人进行评选。他们能获得的唯一的“客观”信息是发表的成果的目录，其中大多数已然被学术刊物确认。然而，对这些信息如何评价？

有两种评价方式被广泛信任和采用：第三方（评议人）的书面意见和面试，有时也结合请申请者来做讲演和参与学术讨论的方式。在英国模式中，比较注重评议人的书面意见，职位申请者要提出一份评议人名单，这些人就申请人对职位的适合性提出公正、清楚的看法，人们喜欢请一起工作过的人以及对自己看法较好的人来担任评议人。由于评选委员会在很大程度上会受评议人意见的影响，特别是在挑选面试人选的时候，所以学科中德高望重者的意见是至关重要的。因此，学科中领袖人物所推荐的候选人比其他人更容易获得职位，这是获得大学职位——特别是头一个职位——时很重要的一个恩惠因素。

在英国模式中，系主任个人的意见在提升职位时往往很重要。每一个讲师在试用期间要有年度报告。在试用期之后的确认阶段，接近“有效线”时，也要有报告，为的是加快讲师阶段的提升或是向高级讲师的提升。尽管在选拔体制中建立了各种约束规则以保障一视同仁，例如提案权和否决权，但这里同样有恩惠因素。有些大学在提升高级讲师时，聘请外面的评议人以加强证明力。在提升副教授和教授时，则都要聘请外面的评议人，他们一般由系主任提名。

在选聘教授时也用评议人和面试的办法。评议人有两组，一组由候选人提名，准备提供对候选人谋职有利的报告；另一组由学校提名，一般是学科内的资深学者。后一组人除了对职位申请者进行评价而外，也可以另行推荐合适的人选，这些资深学者潜在的权力相当大。

美国模式中的程序略有区别。重点一般放在内容丰富的面试上，常常是候选人要到所申请的系中举办讨论会并会见系里各类教员。（这种办法在英国用得越来越多。）评议人的办法当然也很重要，特别是对第一次申请教职的人。有一封学科权威人士的推荐信，对刚毕业的学生来说，作用极大。一般来说，候选人在这个过程中比较活跃，例如在学界年会上为争取面试而四处游说。在提升和涨薪水的问题上，个人、系主任、校方负责人之间要进行大量讨价还价，在确定终身教职和聘任正教授时，要参考外部评议人的意见。

在所有这些办法中，申请人在很大程度上要倚仗资深学者对他们的评价。有些人的意见的分量很重，所以找到影响力大的人对于谋职来说是很重要的，要让这些人了解你的工作，征得他们对你的发展的支持。由于缺少真正客观的衡量研究、教学、管理能力的标准，这类恩惠因素十分关键。

其他回报和确立地位

学术工作的有形回报是薪水以及生活方式，此外，从考核、写作、讲演、做顾问等方面，还可能有非固定性的额外收入。另外，其他行当不能与之相比的还有工作时间的灵活性、大量的旅行机会、对工作的完成时间、地点、形式没有什么限定等等。此外还有其他一些无形的回报。对很多人来说，推动学生知识的发展也是一种重要回报，它会带来很大的满足感。优秀教师虽然具有一种感人的魅力，而学术领袖的魅力则可能更大，他的著作被广泛阅读，本人经常被外界邀请做讲演，他在审核、评议、书评中的见解也会一传十、十传百。除了威望而外，从事科学研究也另有回报，在发现和解决了重要问题时，会有很大的满足感，这对献身学术的人来说是一个很大的回报。

有一项回报在社会系统中普遍存在，也同样出现在学术界，这就是权力。职位授予就是权力，在考核、评议、书评中也有权力。权力影响着他人的就职，并带来受益者的忠诚和敬意。由于学术体系中个人意见的作用很大，由于某些人的意见比其他人的更有价值，还由于超越他人的权力是社会中众人企望的“商品”，许多学者也寻求有影响力的职位。

系的管理领导是学科中最有影响力的职位之一。获得这类位置的人可以指导（一般要经过磋商的形式）其他教员的教学和管理工作，他们常常要做教员和学生申请工作或其他东西（如科研基金）时的评议人，在提升职位过程中，他们的意见也十分关键。大学中的系的组织是一种行政机构，它使庞大机构的管理变得比较简单。（但它也使学科划分变得僵化，后面要讨论这个问题。）系的领导人不仅对本学科的成员具有权力，他们也参与整个学校的管理，并在学校的委员会中反映系的利益。像一切官僚体制的倾向一样，系主任的“王国”的规模影响着他的权力和地位（塔洛克，1976）。大系，特别是大而又在扩展（扩展一般被认为是“好事”）的系的头头，还有学生多、科研基金多的系的头头，往往是官僚体制里面的最重要人物。所以，不管系主任们的任期长短，他们总有对系进行建设的热心。系的建设主要指增加学生的数目，因为校方主要根据学生的数量向各系分配设备资源。这些为他们带来校内外的权力和威望，是对学术官僚的又一回报，而其中资源分配的权力通常也会使全系得到好处。

最后，学术官僚们，不管是不是系主任，会得到超越本校范围的权力，譬如参加各类委员会，这是涉及整个学界的问题，关系到公共/私人学术基金的分配以及其他广泛的公共事物。另外，较多的权力和地位也可以与他人共享，因为在很多方面恩惠都是重要的。

学术研究的环境

一门学科的持续目标是发展知识。每一门学科所追求的目标都涉及特殊的研究领域。各个学者的贡献表现在从事研究和报道成果、按照学科体系组合资料、教学活动——对学科的传授、推动和再生产，此外，还可能需要有学科与实际社会的“关联性”。不过，学科并没有固定的设置，也不存在一个唯一正确的依照主题进行的学科分类。目前存在的各门学科是承接以前学者们的分类。学科界线是渗透性的，学科之间可以相互影响。学科界线会不时发生变动，这往往是由于新的学科的建立，新学科往往出现在以前学科分类的空缺中。（在类似的学术机构之间，学科分类方法可以不同。）

正如没有永久不变的学科分类一样，也不存在对学术研究的永远正确的理解方式，在很多情况下，也不存在衡量研究成果、解释结论是否正确的决定性标准。进行研究的“正确”或“错误”方法、对结论的“正确”或“非正确”的解释，以及讲解知识和训练学生的“恰当”方式都是学术界自已裁定的。所以，就以上问题出现许许多多的争论是不奇怪的。在某个时期，学术界内可能存在关于研究主题与研究方法的共识。但是，在学者们讨论某一研究成果的实际价值时，在讨论某一研究方法的可靠性时，分歧是可能存在的。知识本身的界定也的确存在分歧。

存在分歧和共识是学界的特征，对于它们的研究正是科学史学者的任务。（科学在这里是极广义的概念，包括自然科学与社会科学的全部学科。）对外界的人来说，科学研究工作是不可思议的——尤其是那些在从事研究之前需要长期培训、其成果又是外行无法读懂的学科。但是人们一般都相信，科学研究是严格限定下的客观性的活动，并永远对新的发现感到兴奋。确实，科学家们常常表现出这种样子。有人认为，在学术界有一套永恒的价值观念，它包含 5 个要点（据穆尔凯，1975，p. 510）：

1. 创始性原则。学者们力求发展知识，从事创始性研究以发现和思考世界上的未被很好认识的事物。

2. 群体性原则。一切信息由学界全体共有——通过正确的渠道(主要是学术刊物)进行交流,当它们被利用时,都要标明出处。

3. 非赢利原则。学者献身于他们的事业,他们获得的主要回报是对发展知识的参与的满足感——这会带给他们声誉和职称。

4. 普遍性原则。判断的标准完全出于公正,它只考虑工作的学术功过,而绝不涉及研究者的个人问题。

5. 正当的怀疑精神。知识的向前发展需要持续不断的建设性批评,在这个过程中,学者们对自己的工作和他人的工作不断进行再认识。

根据这 5 项原则,学术工作在一种中立性的气氛中开展,不容许偏好、自私、隐藏和学术偏见。人们认为客观的评判标准是存在的,那就是学界成员所表现出来的高超能力和谦让精神。

这种许多学者所倡导的对科学和科学家的理想主义观点,却遭到科学史研究结论的否定(主要研究的是自然科学史,穆尔凯,1975;穆尔凯、吉尔伯特和伍尔加,1975)。这些研究表明,那些研究常常是毫无客观性和中立性的。它们描述出来的是这样一些学科:它的发展"是靠在已然探索过的领域收集更详细的事实,或在从未探索过的领域偶然碰到新的事实"(巴尔内斯,1974,p. 5)。在整体上说,科学是文化,它的每一个学科是子文化。像其他文化和子文化一样,它有自己的规则和方式,这些规则和方式可以随着内部的决策而发生变化。再进一步看(后面要详细说明),科学文化又是更大的文化的一部分,尽管在一定程度上科学家——由于他们(自己认定)的专家身份——可以将自己的观点强加到社会母体之上，但他们仍要受到外部社会的影响（参见巴尔内斯，1974）。

每一门科学学科都有一个独立的学者团体，许多是若干个相互联系的团体的组合。它的目标是发展知识，但发展的定义以及知识自身的定义要受到团体成员的影响（如果不是决定的话）。所以，研究学科史不仅仅是开列一份成绩的年表，而是要做团体社会学的探索，考察人们对问题进行的讨论、思考、裁决以及后果。（例如沃森，1968；对小说的研究可见库珀，1952。）这类考察一般采用一两种形式。一种是经验主义的，力求按照历史发生的事实来描述。在这一形式里，每一个团体都被单独叙述，是一个特殊的历史。另一个形式是要对科学的进步进行理解和概括。这包括归纳方法——研究不同的历史，然后找出共同的东西——或者演绎方法，即提出一个科学演进的模型，用它来类比某个具体学科的发展。现有的大多数模型都是为了用于自然科学，但也有人提出它们与人文地理学的联系性（如哈格特和乔莱，1967；哈维，1973）。关于这些问题这里先做些介绍，以此作为第二章至第八章的对实质问题评述的背景。

库恩，常规科学，科学革命

作为研究科学发展史的框架，T. S. 库恩的《科学革命的结构》（1962，1970a）一书受到人们极大的关注（这本书确实是社会科学家最常引用的书之一）。如库恩本人和许多评论家所指出的，这本书是一项关于科学的社会学研究。它做的是一个实事求是解释——说明科学家们做了什么，而不是一种规范性纲要——论述科学家们应当做什么。它力求进行概括，确认诸多学科历史中的共同因素，不过这些概括并不是用来作为预测方法的基础。库恩的目标是确认“科学，实践中的科学研究，到底是什么”（巴尔内斯，1982，p. 1）。

库恩认为，科学家工作在使用共同研究方法的学者和教师的群体、社团之中。他们赞同同一哲学框架，在工作中有一致的理论重点，并使用公认的方法程序。他们的研究是用这些方法程序去解决在那个理论框架中确认的问题，从而增添知识（积累被解决的问题），并扩展理论。这些理论框架、方法程序和实际范例都被编入教科书。他们所共同使用的这些东西被库恩称作**范式**。“一个科学共同体由使用同一范式的人组成”（库恩，1970a，p. 176）。用波普尔（1959）的话来说，意思就是，当科学家结合在一个研究领域时，他们会径直从那些尚未解决的问题开始着手。现有的理论框架为他们界定出什么是尚未解决的问题，并提供研究环境。现有方法论则提供了着手的程序。研究者所要解决的问题是该领域中已然意识到的问题，并非要一切从头开始。所以，范式是“已知的问题—求解”（巴尔内斯，1982，p. v），一个问题的解决则引出另一个问题。问题—求解导致科学的进步。

一个人在某一范式中从事研究，需要理解和接受它的哲学和方法论，这需要经受一段时间的培训，在培训期间，他被结合到范式文化之中，建立起该范式的关于学术问题的思想方法。培训的关键是范式教科书，它是一部文献摘要，界定什么是已知的东西、如何能获得更多的知识。培训的目的是为了在一个已知的方式中进行研究而做准备，“科学培训是教条式的和独裁式的……（它）并不产生或鼓励创造性以及逻辑的严密性之类的品质，而是对学者的训练，使他们在规定的文化背景下去创造、去严谨，或别的什么”（巴尔内斯，1982，pp. 16—17）。

经过培训而被结合到一种范式里以后，这个学者加入了一个研究共同体。这类共同体有时被称作“看不见的学院”，存在着封闭性的相互关系，包括出席特别的学术会议、私下交换尚未发表的论文、在研究工作中相互引用成果等等（克兰，1972）。学者的研究价值在共同体之内获得承认，他可以博得领袖人物的青睐，协助他职位的提升。有共同体内权威人物很少，甚至只有一个，这会形成特别的思想流派。

范式中的实质性研究包括填补空白，研究者“必须将未知事物转变为已知的范例，转变为又一个普通的事例”（巴尔内斯，1982，p. 49）。范式为这些研究提供依据——指示而不是指点。要取得能够赢得承认、恩惠和地位的成功，需要对范式的原则提出确证（穆尔凯，1975，p. 515）：

> 显然，对科学研究人员的工作的质量或意义的评价，要看它与现存的科学假设和科学预期的关系。所以，在界定完好的框架中进行激进性研究，在规范的学术氛围里不会被很快承认。但对已然建立的假设的确证性研究贡献，则很快会受到奖励。

因此，学术研究中的主导原则应为证明性研究，它并不在前面提到的五个要点之内。科学并不是在坚定不移地追求新奇的发现，而是细心地运用已然认可的手段去解决问题，为的是扩展现存的、组织完好的知识体系。判断一直在进行，但始终是在由培训过程所建立起来的学术环境之中。科学的进展就是填补事先确立起来的框架中的空白。

依照范式进行的研究被称为常规科学（库恩，1962，pp. 35—36）：

> 或许常规的问题研究的最突出特征……是它很少产生重要的新意——概念的或现象的。有的时候……除了微小细节以外，结论都是事先就知道的……预期的，因而可同一化的结论的范围要小于想象力可能构想的范围……常规科学的目标不在于实质性的新意……常规研究的结论的意义在于它增加了范式的应用范围和精确性……尽管其结果可以预期，其详细程度甚至使剩余的未知部分变得毫无意义，但获得那些结果的途径依然成问题……成功者就是解决问题的专家。

在常规科学中，研究者已经具有：

1. 被认可的知识体系，特定的组织和解释这些知识的方式；
2. 处理未曾解决的难题的方针；
3. 解决难题的一套方法。

在范式中的培训，使研究者被牢牢地置入轨道之中，并学会扩展知识的范式体系（使轨道加深）的方法。培训的结果是做"常规的、日常的研究"（巴尔内斯，1982，p. 11）。不过，这并非意味常规科学活动是一种"长期的沉闷的遵命研究"（p. 13），因为扩展和发展知识不仅仅是"一件遵守指示和规矩的事情。常规科学是对智力和想象的试验，在科学家的文化资源中，范式发挥重大作用”(p. 13)。解决问题不那么容易，库恩将其比喻为下棋，他认为，为了解决大量提出的问题，要动用现存知识(实践)，也要动用许多智力(库恩，1970c，pp. 36—39)。

科学家不是万能的人，他们并非什么都懂——即使在一个特定的范式里——所以，他们的预测有时是不准确的。随着常规科学研究的不断进展，在解决问题时渐渐积累起反常的知识，这些反常知识有时会显示异常结论，而不符合范式的假设。对这样的情况必须加以处理，因为：

> 难题求解的活动常常想表明：最初出现异常的东西，或者是设备不好和技术不佳的结果，或者是所熟悉事物的一种假象。大多数异常的东西都可以顺利地以这些解释处理(巴尔内斯，1982，p. 53)。

要么是工作做得不好，要么是研究者的解释不对，对范式可以做一些小的调整，但总的来说，常规科学研究依然继续。

然而，有些异常的东西不那么容易处理，它们始终令一些科学家头痛。其顽固性导致了不同的范式研究的出现，这可能是一种组织知识的新框架，以便不再存在异常。这就是在原来的范式范围之外的“破例性研究”。当这种研究成功之后，便开始出现“革命的一幕”。关于这种研究，库恩说(1962，pp. 89—90)：

> 几乎所有那些新的范式的深刻的发明者，要么是年轻人，

> 要么是刚刚进入所要改革的范式中的人……显然，这些人先前的实践不大忠实于常规科学的传统规矩，他们尤其要看到这些传统规则不再能指挥游戏的进行，而要用另一套来取而代之。

结果，另一个范式呈现在眼下的常规科学的拥护者面前，他们需要做出判断，在两个彼此竞争的关于问题的看法之间进行重大选择。选择的结果必须明白地表示。或者是维持原有的工作模式，不理会那些异常现象；或者是采纳新的文化。采纳新文化时，要遗弃现存的权威和习惯，而树立新的、更高的权威，因为它是在研究世界的这一方面的更好的预见者。如果变革被接受，便出现了科学实践的革命，一个范式被另一个范式所取代。在两个竞争的范式之间做选择是极为困难的事情，因为这二者是不可比的，没有比较它们的共同标准。如库恩(1970a)指出的，

> 相竞争的范式的不同拥护者们对什么是必须解决的问题的看法常常不一致，他们的关于科学的定义或标准并不相同(p. 148)。

此外，新的范式必定要使用那个要被取代的范式的一些语言和措施，只不过略有不同。这在双方辩护者的讨论中会产生相当大的误解。不过，更重要的是，这两组科学家以极为不同的方式观察世界，

> 双方都在观察世界，他们观察的对象并未改变。但是，在某些领域，他们所注重的是不同的东西，看到的是它们之间不同的关系。这就是为什么某一规律在一方无法说清，而在另一方却有时感到十分显然(p. 150)。

因此，如果出现一种范式向另一种的转变，它并不是由逻辑推动的。用库恩的话说，是一个“格式塔(gestalt)心理变化”，放弃一种而采用另一种观察世界的方法的决定乃是基于直觉，而不是根据严格的科学标准：一个比另一个更好。当然，不是所有的科学家都能做出同样的直觉决定，所以有些人仍旧在被别人否定的范式中工作。

库恩对科学活动的描述是：研究者被培训为采用一种已验证的模式去对待研究的问题，用已认可的方法去解决发现的问题。问题的解决是遵循一种稳定的、累积的方式，以增加知识的储存。在发现不大的异常现象时，也许要做微小的调整。在很偶然的情况下，会遇到无法解释或不能容纳的异常现象。一些研究者会抓住这些异常现象，创立新的范式，它既能解释那些异常现象，也能解释其他所有已知的事情。他们一旦成功，一个新范式便出现在科学家共同体面前，要求认可。革命出现了。由于范式之间是不可比较的，而且只有一个范式是正确的，这要求科学家共同体接受一个新的工作方向。简单说就是，科学研究以稳定的方式进行，沿着踏出的道路，偶尔会出现大的转折，转折的标志是在组织材料、确定问题以及解决问题的技巧方面的重要改变。

对库恩的思想的批评以及他的回答

库恩的思想引起了科学哲学家们的热烈争论，因为它向关于科学进步的常规观点提出了挑战，并且（特别是在科学革命这一概念中）提示人们，有些科学决策是“非理性的”（参见沃特金斯，1970，关于库恩的将科学共同体与宗教共同体类比的评论）。的确，正是革命这个概念的引进和阐述吸引了人们的注意力（施特格米勒，1978）。这是因为面临库恩挑战的绝大多数关于科学的观点都是常规的，而不是建设性的。它们要规定科学应该成为什么样子，而库恩是描述科学实际上的情况。

很多评论者都指出了库恩最初的阐述中存在的一个大问题，即在使用范式这个术语时很不统一。马斯特曼（1979）发现至少有21种不同用法，它们“使粗略的读者在理解范式时遇到很大的困难”（p. 61）。她从中归纳出三类主要的范式概念：

1. 抽象范式（或形而上学的范式），它可以等同于“世界观”，或一般研究原则；

2. 社会学的范式，指具体的科学成就或科学家共同体，它们规定着工作方式；

3. 工艺的或制作的范式，为未来工作提供操作方法的典范。

为研究者提供工作框架的是第二类概念，而第三类概念则表示在该框架中解决问题的方法。

马斯特曼的批评影响了库恩。在后来的著述中，库恩对自己的看法做了澄清，他的注重点几乎全在马斯特曼的第二类和第三类概念上。不过，他首先表示，假如能够重新撰写原书的话，他将

优先注重科学家共同体，而不是范式（库恩，1970a），因为科学家是作为共同体的一员来工作的。科学家共同体的规模各不相同，例如自然科学家的全球性共同体、主要专业者共同体（物理学家、化学家，等等）、专业内围绕特定问题的工作共同体。最后一种共同体是库恩所关注的，

> 这类共同体是本书提出的科学知识的生产者和确证者的团体单元。范式就是这些人所共同具有的一种东西（p. 178）。

关于这种背景下的范式概念的使用，库恩（1977）提出一个双重定义：

> 一重是“范式”的全球意义，包含科学共同体所共有的全部信条。另一重是单指特定重要类别的信条，因此它是第一重的下属部分（p. 460）。

第一重定义是社会学的，他称为学科母体：“为科学共同体成员单独共有”（p. 460）。这种母体包含（库恩，1970a，p. 152 以下）人们认同的概括方式、共有的特定模式、理论建设和确证的指导性框架（在其他地方——库恩，1977，p. 501——他把学科母体等同于理论）、共有的关于应用方法的价值观念。它还进一步包含造成辅助性的第二重范式定义的其他因素，他（库恩，1977，p. xx）称它们具有初始的意义。这是一系列范例（即马斯特曼分类中的工艺的或制作的范式），它们是

> 具体的问题解决方式。从科学教育的一开始，学生们就会遇到它们，或者在实验室里，或者在考试中，或者在教科书章节的末尾。在毕业以后的研究工作中，科学家们还会在学术期刊中看到一些问题解决的技术方式，这也是他们共同的范例，这些范例告诉他们怎样去完成研究工作(p. 187)。

在解决问题时，科学家们要参考那些范例。他们要查找类似的、典型的研究范例，以得知手中问题的解决办法。所以，学生学习范例，在培训中应用它们，由此认识学科母体中的具体内容。这些为科学家们提供了工作的路径：

> 共同体成员——无论是整个共同体的还是其中某个专业共同体的——要学会面对类似情况做类似处理，最根本的办法之一是参考共同体中的先驱者已经做过的类似事情，了解与其他情况的不同之处(pp. 193—194)。

所以，革命包括一种范例对另一种范例的取代，调整现存范例体系以容纳新的情况，或者调换学科母体。最后一项，即社会学范式革命，被认为是科学史中的重大事件。而前两项的发生可能不会影响到学科母体。

对库恩理论的通常解释是：科学共同体成员工作在一种范式里，按照常规科学模式进行研究。但是马斯特曼(1970)以及其他一些人却认为，在研究中可能存在很长的没有范式、或多种范式、或二元范式的时期。拉卡托斯(1978a)提出了另一种关于科学史的观点，也阐述了上述可能性。拉卡托斯在一点上同意库恩，即只有在更好的理论（或范式）出现时，原理论才会被认为是错误的。但他认为，在两种竞争的理论间会出现长时间的争论，他称争论的中心问题为研究纲领（这与库恩的作为学科母体的范式概念类似）。每一类纲领包含一个核心，即一组不容怀疑的中心观念（拉卡托斯称之为 modus tollens）。纲领的方法规则中既包括趋向于脱开核心的反面启示，也包括正面启示。正面启示引导研究者在核心周围的“保护带”中解决问题。通过建立补充性假设的办法，使异常现象可在保护带内得到解决。这些补充性假设为的是对付观察到的偏差，从而保护纲领核心。研究纲领内的进展有赖于科学家们在创立假设上的智慧，这些假设要符合纲领核心，并能处理异常现象。成功会“巩固”核心，它是以“证实”或成功地预测的数目来衡量，而不是以挫折（“反驳”）来衡量。纲领核心本身的内容是确切无疑的。（拉卡托斯，1978b，p. 110，认为纲领核心是传统认可的、“不容怀疑”的，它在预先认定的计划内对问题进行界定。）但研究纲领却会摇摆不定，其正面启示可能在进行预测时失败。当这种情况发生时，该纲领堕入退化阶段，行将被新纲领取而代之，这个新纲领正处在进展阶段，并在深入地扩展它的内容。出现纲领的改变是由于新纲领表现出优于旧的纲领，这很像库恩所说的范式的改变，只是它常常需要较长的时间。拉卡托斯认为，变化不是瞬间产生的（尽管在“科学的民俗学”中说成是迅速的，p. 85）。另外也不存在决定性的实验，其结果可以向学者们说明哪个纲领是好的、哪个纲领是错的。（事过之后有可能看出是不是决定性实验，但事在临头时则不可能认出它们。拉卡托斯和其他一些人认为，将历史改写为一系列决定性实验的做法是危险的。）因此，一个学科历史的大部分应包含两个或两个以上同时存在的、相互竞争的研究纲领。

> 科学的历史就是而且应该是研究纲领（或者"范式"）之间的竞争史，而不是也不应是一连串常规科学的时段。竞争出现得越早，科学进步得越快（拉卡托斯，1978a，p. 69）。

拉卡托斯不仅认识到理论的多元性，并且要求这种多元性（这引起巴尔内斯——1982——的批评，即他的看法是一种关于科学的平常观点，而不是像库恩那样的积极的观点），在多元情形下，

> 对一个研究纲领的批评是一个长期的、经常令人灰心的过程，人们一定要耐心地对待正在萌芽的新纲领（拉卡托斯，1978a，p. 92）。

尽管拉卡托斯反对库恩的作为学科内的控制范式的常规科学概念，但同意研究纲领的进步包括对正面启示引起的新假设的验证，从而获得日常的知识扩展。反驳的情况不应多，因为目标是确证和前进。波普尔反对这种观点，他认为"科学在本质上是批评的"（1970，p. 55），它的特征不是常规的研究，而是非常规性的探索。他说，按常规做事的科学家很难成为合格的科学家，

> "常规"科学研究……是非革命性的活动，更明确地说，是无批

> 评性的工作。这样学习科学的人只会接受当时的教条统治，无心向它挑战，只是在几乎每一个人都赞同革命理论——它成为时髦的东西以后，他才会接受这个革命性理论。拒绝一个新潮流与发起一个新潮流需要同样大的勇气……“常规”科学家们的成功，完全在于证明统治性理论可以圆满地解决问题(波普尔，1970，pp. 52—53)。

波普尔认为，科学研究要有各种大胆的猜测，然后进行试验来否定它们。(在他的关于科学的观点中——见 p. 72——假设永远不会被确证，而只能被否定，所以科学的持续革命就在于研究者不断证明别人的理论是错误的。)

波普尔的“持续革命”概念遭到巴尔内斯(1982)的批评，巴尔内斯认为这是对科学研究的标准化，而不是对科学研究的实际情况的描述。库恩(1970)也做了如下答复：

> (波普尔)及其拥护者认为科学家在所有时候都充当批评家和理论变革的推动者。我则极力主张一种不同的做法，即这种行为只应用在特殊的时候(p. 243)。

按照这种观点，绝大多数科学家都是“常规科学家”，他们只是照常工作，不从事批评。埃隆(1975)支持这个观点，他将科学家的作用区分为：

1. 记录者，在一个特定范式的规定中对事实进行描述；
2. 辩证者，推动学术讨论和进展——他“相信”，为了阐明事实，对问题展开讨论和争论是必须的……向现存的说明和记载挑战，以发现可能被肤浅的观察者遗漏的事情；

3. 解题者，增添现行范式的具体内容；

4. 实干者，像记录者那样注重描述；

5. 分类者，在范式框架中将记录者和实干者获得的信息进行分类排比；

6. 叛逆者，摧毁现行信仰、基础假设、演绎推论、解释结论，揭露理论与事实的不合、预测与观察的不合——这种叛逆者或者只有破坏性，或者以提出另外理论的方式表现其建设性，在后一种情况下，他们推动范式的改变；

7. 实用者，这些是应用性科学家，他们不大关心树立理论和确立事实，而是要用现有知识去创造一个更好的世界。

一个具体的科学家可能（不必同时）发挥若干种作用。但是，如果库恩和拉卡托斯是对的，大多数科学家则属于记录者、解题者、实干者和分类者（默瑟，1977）。实用者也同样是遵从者，因为他们只是利用现有的常规科学，而不想改变它。波普尔则专门考察了几个重要科学家，试图以他们为典型去认识整个科学的特征。（注：为了说明这一观点，马吉——1975，p. 41——指出，可以用波普尔的方法考察常规科学家的工作。他们用的是“习以为常的理论以解决浅层问题，只有少数人怀疑那些理论”，然而他们应当运用猜测和否定的方法寻求范式内部的进步。巴尔内斯，1982，也认为许多“常规科学”研究都涉及对猜测的否定。）

法伊尔阿本德（1975）大大发展了波普尔的观点。他认为历史是由一系列偶然事件组成的，并说明了它应该如何如此。同样，科学的发展也可以是一系列偶然事件，因为这是保证进步的最好办法。过去，重要的发现都是个人做出来的，他们是有意无意地违反了规则。为了避免违反规则，现代的科学教育将人们限制在不容分辩的范式之内。法伊尔阿本德主张科学的唯一规则应是“只要前进，随便什么东西”，科学的无政府像政治的无政府一样，其标志是，

> 它对立于事物的现存秩序，对立于政府、制度以及支持和赞美这些制度的意识形态（法伊尔阿本德，1975，p. 187）。

不过，像波普尔一样，法伊尔阿本德也提出了一个标准模式，以说明重大的而不是日常的科学发展。考虑到后者，根据拉卡托斯（而不是库恩）的观点——革命的过程是漫长的，说明一门学科的历史无须以一种统一的东西为主。难道说一群学者（特别是一大群学者）在目标与手段上都彼此一致，除了极为偶然和短暂的情形外，在解释问题时均毫无异议吗？通过对射电天文学的研究，穆尔凯（1978，p. 11）的结论是“在一个既定的研究领域中，很难达成……科学上的共识”。一门学科内可能包含若干个分支（穆尔凯，1975，p. 520）：

> 在科学中，新的分支领域被有规律地创造出来，并与形成的社会网络构成联系……当正在一个或几个现存领域中工作的科学家感到无法解决的问题、未曾料到的情况或非常性的技术发展，而这些事情的研究又超出目前的范围时，新的领域

便开始形成。所以，新领域的开拓常常是由一种科学转移的过程所推动的。

新分支的出现并不涉及范式的改变，甚至也不涉及研究纲领的变化，而只是表示新的范式范例的建立（按拉卡托斯的说法，是一个向另一肯定性或保护性区域的发展）。新分支的确立或者是由于技术方法的更新，或者是由于对曾经被忽视的主题的关注。

穆尔凯所说的分支出现的过程可以是范式/研究纲领内的讨论和发展，而不存在实质性的冲突，因为学科母体/核心没有受到冲击，更不用说“世界观”的问题（见本书第16页）。库恩（1977，p.462）同意这一点，指出“科学家个人，尤其是那些能力最强的人，会属于若干个（分支）……或者是同时，或者是有先有后”。祖佩认为，分支之间常常存在共同的东西，

> 对常规科学来说必须假设：在特定共同体中的科学家对应用什么理论、学术的优劣标准、哪些是关联性问题、什么是工作典范等，都有足够的认同（1977b，p.498）。

范式/研究纲领的中心问题是学科母体/核心，不是范例和所含的问题类型。

在学科母体基础上的培训，允许研究者在科学共同体派别之间变动，这些派别可能最终独立为新的科学共同体——可以不是学科母体——这一过程可称为“安静的革命”。这种独立通常不是为了原来共同体的利益，从政治上看，它们可能是要反对学术官僚

主义。彼此分立的共同体尽管在研究主题上相同，但要为争取学生和基金而进行竞争，这是不太好的事情。共同体可以容纳见解不同甚至带有革命倾向的集团，但不容许以解体为代价的成功。不过，不同见解的集团经常受到限制，甚至压制（见利希滕贝格，1984）。图尔明指出，在不同辈分的学者之间，常常有这种冲突，

> 也许每一批带有自身的主见或“偏见”的新一代学者，在某些地方和某些方面，都与前一代人的旨趣不同（1970，p. 45）。

“为了学科的利益”，他们中资格老一点的人可能要迁就那些差异。但是，

> 这里有几个详细的研究实例说明，一些显然有能力的科学家，由于与大多数人的意见不合，而被排除在研究领域之外（穆尔凯，1978，p. 116）。

所以，在一些情况下，范式/研究纲领的竞争是限制在学科之内。在另一些情况下，竞争会产生新的另立学科，这常常是在新生学科作为母学科中的一个分立群体一段时间之后。

库恩与社会科学

对库恩的思想的批评，大多是集中于他的书的内容。拉卡托斯怀疑革命能否在短时间内完成；波普尔对常规科学的存在表示质疑；穆尔凯则提出了若干范式（范例）在学科中共存、学科内部并

非统一的情况。在所有观点中，对基本的世界观均无疑义，它（无形之中）表明科学就是研究现实世界，其中的主观与客观可以分开，科学前进的标志是预测的成功率。这是一种对认识哲学的预设，关于这个问题后文要详细介绍（本书第57页）。

这种预设使库恩以及拉卡托斯、波普尔、穆尔凯的观点对社会科学的有效性产生了问题。不过，这未能妨碍社会科学家将库恩的模式试用到自己的学科上，这种做法在库恩看来是不妥当的（因为存在很大的不可比性，库恩，1970a，p. 165），并招致了严厉批评。

> 关于社会学中是否存在范式、在经济学或者心理学中是否有科学革命的争论的广泛展开，说明的是知识界的普遍懒散，而不是库恩的思想的普遍意义。库恩自己……曾强调它们只能用于自然科学史的研究（巴尔内斯，1982，p. 120）。

库恩的关于科学发展的模式并不是实证主义的，而他关于科学的概念则是实证主义的，因为他所说的范式（特别是典范）是根据它们的预测能力来衡量的（1970c，p. 185）。对一些社会科学家来说，这不是有效的办法。（本书对此有介绍。）某些范式/研究纲领也许可以用预测的准确性来衡量，它们在预测失效后会出现衰败（如布劳格，1975，关于经济学的研究），但是如何来衡量不同的世界观和关于科学本质的基本概念？（即马斯特曼所说的第一类范式概念，库恩对此未做表态；另见古廷，1980和哈金，1983。）一种世界观向另一种世界观的转变、一种科学概念向另一种科学概念的转变，显然应当适应于库恩的模式，即这两种概念是不可比的，造成转变的是“信仰行动”，而不是使用逻辑性的严格标准。不过，库恩在研究中没有谈到这类转变，因为他的实例都是取自自然科学（如库恩自己所说，他的模式与社会科学无关，1979）。

社会科学学科没有包括在库恩和其他评论者所说的特定的世界观范围内，而富科的《知识考古学》为分析社会科学提供了可能的框架。他的目的是提出一种“纯粹的描述”话语的方法，话语是统一的陈述（无论怎样表达）体系，它必须在背景中理解（富科，1972，p. 97）。

> 一个人无法讲出句子，无法将句子转化成陈述，除非给它们一个并行的背景。

任何说或写的东西，必须纳入话语的背景，才能被理解。关于语言，因为人们明白它的使用规则，才能明白它的词汇和词汇使用的次序。

根据这种观点，思想的历史就是话语的历史，就是话语中的问题讨论所用的系统（有些像语言）的历史。（例如，不存在固定的关于疯癫的定义，每一种谈论疯癫的话语都有自己的界定，任何对疯癫的谈论对于这个定义和话语环境来说都是独特的。）话语的本质保存在档案库中，正是用考古学的方法才得以从档案库重建话语，才得以描述特定结构中的事物（富科，1972，pp. 138—140，157—165）。在描述话语的本质时，不需要预先为它设定框架。富科在描述 19 世纪的医学时说：

> (它)的特点主要在于风格,在于某种持久的陈述方式,而不那么在于对象或概念……医术不再指一系列传统、观察和参差不齐的实践,而是一组预想的以相同方式观察事物的知识……(此外,它也是)关于生命与死亡的假设、处方选择、治疗决策、机构规则、教授模式,即一系列叙述……如果存在整体性,那么它的原则不是一种被决定的陈述形式,难道它不是一组同时或依次造成可能是纯粹感性叙述的规则……吗?必须要指出的独特性是分散的、参差不齐的陈述的共存,控制它们分割的系统,它们彼此依赖的程度,彼此连接或排斥的方式,它们的转化,它们的位置、分布和替换的影响……(1972,pp. 33—34)。

所以,话语就是一系列共同遵守的规则,它们控制着规则遵守者们的叙述和谈论,在这个意义上,类似作为库恩(1970a)晚期思想的核心的科学群体概念。但是,它们不能独立于外部的环境条件。考古学可以确认分离的、散漫的物品,但必须将它们与富科所说的知识型相联系,知识型是指

> 某种类似世界观的东西,历史的一个片段,为知识的所有分支所共有的,它给每一种知识同样的准则和假定,是推理的一般程序,是特定时期人们不能摆脱的特定思想结构(富科,1972,p. 19)。

在这一概念中,富科似乎要说明,在任何时期里世界观(宏观

范式?)先决并影响(控制?)着个人话语的内容。很可能也存在不同的知识型相互竞争的时期(这类似波普尔所说的过程)。不过,富科没有说明变化是如何产生的。关于社会母体中的话语概念问题,富科没有指明这种母体的性质是如何改变的,它很可能部分地通过母体与那些话语的相互作用。

富科的理论将对科学的研究牢牢地置入广阔环境的背景之内,处于(并且为了)这个背景环境而进行研究。这里所谈到的其他人,在这一点上,均不如富科,他们在很大程度上都把科学研究从社会环境中抽离出来。(如贝尔杜莱——1971——所说的,“由于焦点是在科学内部的发展,所以对历史背景或知识氛围没什么兴趣”(p. 9)。)这种抽离对社会科学来说尤其不利,社会科学探索社会环境并与之相互作用,如果从广义而不是具体细节来说,社会科学的内容应受到社会环境的强烈影响。仅仅社会科学与社会相互作用的问题就需要详细研究(当然,自然科学与社会的关系也是如此,因为自然科学的内容显然也受到环境的限制影响)。富科的关于单一知识型控制性的想法是否有效,也仍值得讨论,但对人文地理学的研究应结合社会背景这一点则不容怀疑。本章的以下部分就来讨论这个问题。

外部环境

本章到目前为止的讨论说明科学的学科(和/或范式)是一些共同体,即小型社会,是包含着它们的微型世界。所以,社会学是研究它们运作的合适方法,尽管哲学也可以提供正式的观察框架。

社会学对当今社会的研究认为，共同体不是独立自主的，它们的成员并非脱离了外部世界。（当然，最早的一些僧侣科学团体是脱离外部世界的。）他们需要外部社会的支持才能生存，因为社会需要学术。虽然科学家们有时候有能力决定优先做什么，但外部因素对他们的影响是非常大的。

> 社会的、技术的、经济的决定性因素，时常影响着科学发展的速度和方向……的确，许多科学发展的产生是由于甩开，而不是听从外部的干预或财政控制……在某些领域的……非利益性研究的进展，恰恰是由于它们与其他事物的关联性（巴尔内斯，1972，pp. 102—103）。

所以，研究一门学科的发展一定要联系其社会背景。然而，没有必要认为科学共同体的成员会百分之百地接受社会环境产生的指示和推动。他们可能要反其道而行之，并利用学术作为其表达不满的基地。但是，对这种不满的（潜在）限定是实质性的。大多数科学家共同体都是在大学里，多数要仰仗政府分配的公共基金才能生存，而政府则可以利用经济力量去影响（假如不是指导）他们教什么和研究什么。有些大学的财政来源是私人基金，所以校方一定要向资助人确保学校的工作与目前的社会问题紧密相连（见泰勒，1985c）。那么，什么是本书所涉及的时代的社会问题呢？

第二次世界大战是一个方便的历史界线，是英美社会发展的一个重要的分水岭，本书所关注的英美人文地理学史从此开始。不过，对这个历史却不能孤立地考察。此前的世界范围的经济萧条，和冷战、经济复苏及随后的衰退与重建，对本书所讨论的问题都是很重要的。尽管“二战”中牺牲的人口甚多，但首次出现这样的情况，即重大的国际争端不仅仅决定于海战与陆战中牺牲的生命。战争所增加的方面不只包括成为战场的天空。战斗的双方也不只是手拿武器的军队，还包括双方的科学家。盟国科学上的优势促进（如果不是保证）了胜利的取得，这在广岛和长崎表现得最为明显。这标志着科学技术的“成熟”。长期以来，科技是西方工业化发展中的重要因素，但在战争时代确立了它们的控制性地位，而且这种为战争所做的许多技术进步并没有衰退。所以，是战争宣告了机器控制人的时代的开始。

与科学活动和声望（在政府与社会中）的发展相并行的是所谓社会工程的发展。1929 年华尔街股市大跌最终引发了 30 年代的经济大萧条，它对政府行为的性质产生了巨大影响，导致了许多旨在解救贫困、保障人权和平息自由主义思潮的措施的出台。在美国，以罗斯福政府的新政为代表，要解救贫困，鼓励工业，并通过社会保险措施帮助那些非本人原因造成的贫困者。英国政府采取了类似的措施，这些措施在战争年代已露端倪，例如关于社会保险的贝弗里奇报告的内容，还有 1945 年工党的胜利，它预示着许多民主政策的形成，使政府在和平时期发挥比以前更大的作用去组织经济和社会。

随着这种社会工程的发展，社会科学的地位日渐提高，其研究领域也有相当大的扩展。由于凯恩斯和其他人在解决萧条问题上的贡献、战争年代对经济的组织以及战后对世界新经济秩序的规划参与，经济学首先获得声望。其他学科紧随其后。社会心理学研究曾被军队广泛用于人事工作，战后的心理调查为政治家及其他有关人员提供了宝贵的报告，而市场研究日益被工业部门采用（伴随心理学的广告效果研究）。所有这些学科都采纳了那些更具声望的硬学科的“科学方法”，它们的成功吸引其他学科向其模仿，包括社会学、社会管理学，以及后来的地理学。只要科学化就会有用，就会受到尊重。

在战争年代，武器生产带动了制造业的发展，从而结束了经济上的萧条。在其后的冷战时期，军工产业大体保持不变，容纳了大量就业人口。之后，是多年的不考虑回报的生产、充分的就业、政府对经济的指导和干预的不断增加，还有对工业重新装备的需求，这些造成了西方世界战后 20 年的经济繁荣。除了政府对经济的更大干预以外，这个工业发展时期的另一个重要特征是巨型企业，包括跨国企业的发展。资本的汇聚与集中发展迅速，工厂企业的平均规模扩大，世界经济变为由政府推动的少数机构企业所掌握。

对战争所蹂躏的欧洲的重建也对社会提出了新的要求，规划专家们告别了早期的默默无闻，在设计新的社会秩序的蓝图中发挥重要作用。英国在战时已经意识到这些问题，并就日后的土地利用、不同区域的经济空间格局等问题准备了一系列报告。大城市要重建，新的城镇也要发展，要确保工业与就业的区域分布更加平衡，保护农业用地，改进居住环境。所有这些都需要社会科学家的、如同工程师们一样的大量工作。土地规划在极其尊重土地私有权的美国发展稍慢，但后来也成为热门，那是由于土地所有权意识的高涨和汽车的使用而使问题成堆，伴随汽车工业和高速公路行业的发展，交通产业和交通规划迅速发达起来。

面对所有这些课题：经济增长、经济规划、空间规划、社会管理、技术转变、行业管理等等，产生了对受教育人才的需求，这向高等院校提出了前所未有的压力，要培养学生以满足社会需求。教育迅速发展，原有的学校扩展，许多新学校建立。科学与社会科学的科系因学生增多而扩大。教学之余则可以从事科研，科研加快了范式的发展和问题出现的速度。科研成果为政府和公司所用以实现它们的目标。大学不再是教育少数精英和某些优越的个人由着自己的兴趣做研究的地方，而是社会发展的中心——“白热化的技术革命”，这是 60 年代早期 H. 威尔逊向英国人许下的诺言。研究项目越来越大，外界为研究提供大量经费，特殊的研究生小组承担研究项目，出版成果的速度和数量飞跃增长。

在 1945—1965 年的时期里，科学技术成为决定性的东西。人们相信，生产中的问题已经解决，商品和各项服务可以满足所有的人。分配的问题则尚待解决，因为供应的不平均性到处可见。不过人们以为，这些问题能够被解决，人们广泛谈论着繁荣和健康的生活前景。科学正在以自身的进展为各种问题的解决做出重要贡献。自然科学技术的发展正在解决着食品、住房、消费品的生产以及医疗中的问题。而社会科学的进展则有助于成功的管理。投资于教育就是投资于社会进步（也是投资于一些个人的生命）。

尽管有战后初期的这些成功，而问题依然存在着。到 60 年代中期，问题变得严重起来。到了 70 年代早期，它们开始在国际舞台产生重大影响。问题出现的根源有很多。最开始，人们关注的是核武器与战争的问题，这在美国尤为明显，与越南以及其周围国家的战争日益不得人心，在那里面对顽强的抵抗技术并不能为所欲为，出现的却是越来越令人悲叹的伤亡率。在博爱的面纱之下，不平等的问题持续存在，这既出现在世界上，也出现在所谓“成功的”资本主义社会。贫困没有得到缓解，即使有所缓解，贫富悬殊却不断加大，而且世界许多地方的绝对生活水平依然低得惊人，造成大多数人口由于持续贫困而寿命不高。解决这些问题的前景，与几年以前相比，则很不乐观。

在成功的社会里，人们渐渐意识到成功的代价是巨大的。科学技术的发展需要机器和大型企业的控制。由于技巧性劳动已被自动生产线所取代，工作对大部分劳动者来说是更加枯燥的重复。对人的异化愈加严重。在社会里，由于偏见和歧视，一部分人的苦难比另一部分人的更多。少数民族的苦难最多，许多社会中的妇女也是如此。这些都是民权运动所关注的问题。最后，是环境掠夺的蜂起，以支撑发达的资本主义社会的生产欲望。

个人尊严、压制少数民族、生活品质以及环境资源的消耗等问题，在 60 年代晚期，并不算新问题。人们也并非首次意识到这些问题。人们发现的问题是，20 年来社会的这种“进步”，在许多方面其实是在加剧，而不是解决那些问题。随着这种认识的发展，各种各样的解决方案被提了出来。有些人认为，通过更多的政府干预可以解决国家的或国际的问题。必须保护人权和公民权，必须通过对财富的重新分配而达到更大的平等，必须保护环境。在前一时期，研究纲领依然如故，多数努力都是以正面启示的方法去解决大量反常性问题。在另一些人看来，这些方法不足以解决问题，而只能导致新的反常问题的出现，因为随着对资本主义制度的批评的增加，人们认为它们都是有利于社会的那种所谓“进步”。资本主义是靠不平等、异化、剥夺环境而生存。只有用新的研究纲领才能使社会变得更好。

在社会之中，教育机构是这些思想发展的中心。在60年代晚期，大学生，特别是伯克利、芝加哥、伦敦和巴黎的大学生，与其他社会阶层之间产生了巨大对抗。学生站在反战运动的前列。除了这些直截了当的表达而外，学术界，尤其是社会科学界，对这些问题也表示了关注。自然科学和技术科学关心的是“生产性”问题，而社会科学认为重要的是“管理上的”问题。有三种不同的做法。第一种，要社会科学家更加积极地去解决分配的问题和环境消耗的问题。社会科学要加强“关联性”，加强“政策取向”，但局限在既定的研究纲领之内。第二种，更关心人的异化问题，人应当从机器和大型组织机构的过分控制中松解出来，应当鼓励他们在创造自己的生活中发挥更大的作用，而抵制那些越来越不可信任的专家。最后，第三种，对资本主义社会进行批判，要说明虽然个别问题也许可以解决，但另外的问题又会出现，而且根本性的问题依然存在，因为它是这种社会组织方式的痼疾，所以呼吁重大的社会改革——有些人认为要革命——这是唯一的长期的解决人的尊严和不平等问题的办法。

这些观点的影响力可以从多方面看出，一个不可忽视的方面是，在学生中间科学的和技术的题目不再流行，而对社会科学和人文科学的需求则越来越大。不过，很快出现了进一步的问题，因为资本主义世界在70年代的大部分时间经受了经济衰退。有些人认为，这是由于阿拉伯国家在赎罪日战争期间以石油为经济武器的决策所致。这一重要资源的价格数年间增长了好几倍，对经济的各个方面造成了重大影响。但另一些人认为,经济衰退是已经发生的事情——如 60 年代后期英国出现的问题,阿拉伯国家的决策只不过是附加的重要促进因素。越来越多的分析家认为,经济衰退反映了政府依照凯恩斯原则的需求管理政策的失败。为寻求另外的途径,各个政党之间出现了越来越大的分歧。例如在英国,对需求管理的较高度的共识在 1970 年以后解体,保守党主张注重自由市场并减小政府的作用,而工党则走向左倾,主张相反的做法。有人认为,这种两极化的思想发展使英国的问题更为严重,因为政府更换政党会引起巨大的政策变化,这造成了未来的不稳定性。

一些社会理论家认为,经济衰退及其影响后果(特别是失业)会促进对改革和革命的要求。70 年代末,在本书所讨论的国家中,英美两国都选出了右翼政府,主张激进的经济复苏措施,减少公共开支,释放资本主义动力,而这些动力正是造成就在十几年前还广受谴责的不平等现象的根源。整个 70 年代和 80 年代,教育受到这些政策变化的实质性影响。在英国,20 多年来首次削减高等教育开支,大学本科生和研究生的数目减少。相比较而言,在削减开支时对科学技术有所保护——经济进步需要它们的提高,对社会科学则做实质性削减。许多人认为,社会科学是左翼激进分子和不满情绪煽动者的大本营。研究基金也被削减和重新分配。在对这些政策的反应中,有的要保护学术的独立和自由,要求社会中的“批判的良心”,但也存在着在学科之内调整研究方向的愿望,以增加学科与现实社会问题的“关联性”。

在过去的 40 年中,包含着许多科学研究部门的教育系统深深地卷入了经济、社会和政治的变革。它曾受益于前20年的社会繁荣,教育发展迅速,科学研究活跃。在后来的岁月却遭到削减,因为至少有些决策人物认为,教育扩展,尤其是艺术和社会科学(商学和管理学除外)的扩展是一种奢侈,会产生弊病。经济进步并不需要大批学生和未来的研究者去学习与社会的目前需要无关的学问,不需要他们研究批判社会结构的题目。教育要削减,资助项目要紧密结合目前的需要。学科和学者要在市场中检验自己的现实意义和出售自己的技能。学术自由并没有完全取消,但是如果发现滥用学术,则要加以限制,减少资助。结果,科学事业在50—60年代的繁荣之后开始衰落,学界内外信心动摇,研究题目多是跟随政治的指挥棒。

到了80年代末,对高等教育的政治看法出现转变,但在提供资助方面尚无改变。在英国,人们逐渐认识到,在重组的世界经济格局中,竞争需要发展人才资源以满足潜在的需求,要大量增加18—25岁的人的参与率,并且要扩大对25岁以上年龄的人的持续教育。所以,尽管出现了人口减少(尤其是社会经济阶层中20岁以下人口的减少,在这个阶层中缺乏接受高等教育的传统),大学和专科学校还是要准备扩大规模和数量。不过依照执政者的经济思想,学校应提高教学效率(例如不增加设备,但要增加学生),并扩充政府拨款以外的收入来源(主要通过研究和成人教育)。另外,人们开始注重"消费者付款"的原则(即北美长期使用的原则),这会导致学生更加注意"钱的价值",并且增加了职业性课程的地位。大学地理系对这些政治的、体制的和潜在的市场的变化务必做出反应,并相应调整自己的课程和科研。

科学的三种类别

到此为止，本章还没有谈到科学活动的多种性质的问题，而只是谈了作为“世界观”的范式的一些内容。据说地理学家在无形之中有一个共同的世界观，他们所做的工作的不同之处仅在于遵奉不同的社会学范式和范例(见本书第 39 页)。随着地理学家个人或群体对外界环境的反应的变化，这些范式和范例的重要性也要改变。但是，事情是否如此？在我们所讨论的这个时期里，地理学家们是否统统只遵循同一个“世界”观？或者，是否存在不同的学科概念？

从总体上观察，有三种不同的关于诸如人文地理学的学科性质的概念，每一种概念都有各自的世界观、各自的关于知识的属性(即认识论，回答“什么可以被认识?”和“如何去认识?”之类的问题)和获得知识的手段的信仰。基于这些，它们又都有各自的向何处运用知识的信念。本书的以下部分，将说明 1945 年以来在英美人文地理学界这三种概念各自的重要性，以及不同立场的代表人物之间的争论。这里先对这三种世界观做一简要介绍。(这一分类是直接采纳哈伯马斯 1972 的观点，并参考约翰斯顿 1986a 和 1989a 中的内容。)

(1)经验(或分析)科学，基于经验主义的世界观。根据这一世界观，知识直接来自经验，因此以感知特别是视觉的观察为基础。在方法论上，要求观察和报道的准确性。一些人认为，这是一种中性的、没有价值倾向的立场，“事实说明本身”。但有些人反对这种观点，认为所有的观察都有理论背景——关于一个地方的记录内容，反映的是人们想要知道什么和注重什么，而对内容的分类则反映了预先选择的分类方法。所以，经验主义的工作所提供的不是无序材料，而是按照先定的概念框架所做的信息记录。正如下文（本书第72页）要介绍的，1945年以前，地理学家在收集和记录材料时所用的框架，是要表明自然环境是决定人类在地球表面行为模式的重要因素。

经验科学的一个特殊形式就是一般所说的实证主义，这是一种常常被假定为适合所有科学的特点的研究方法。它的目标不仅是描述（对地理学来说，就是表示那里有什么），还要解释（它为什么在那里）。这种解释的方式是以个别事物作为普遍规律的例证（形式是："假如A，则B"，在某地如果出现A，那么B也在那里）。因此，实证主义科学的目标是发现规律，不仅要提供解释的方法——上面例子中A的分布就是B的分布，也要提供预测的方法——未来的A的发生，可以用来预测B的发生。

经验主义科学需要收集和报道信息，实证主义的经验科学要运用这些信息去建立特定的解释形式。个别事物被理解为一个或一个以上规律的作用的例证。规律的预测内容可以用于技术控制的过程，如果一个地方需要B，可以用设置A的办法来实现；或者不需要B，则可以用防止A出现的办法来确保。所以，成功的实证主义自然科学，通过运用所知的自然规律，可以对环境进行管理和控制。成功的实证主义社会科学，通过运用所知的社会规律，可以对社会进行管理和控制。

（2）人文主义科学，不承认有一个独立于观察者以外的经验世界。任何观察和描述都不可能是中性的，而是透过含义系统对于认知世界的阐释，它们是人造的结构，是每一个个人经过持续地与他人的社会交往、再交往的过程而建造出来的。作为一个人，他不仅仅是生物细胞的集合体，他还具有理性的力量和情感的品质。他与其他人有共同的特征，有些是从生物标准看(如年龄和性别)，但其他方面(如宗教信仰和阶级地位)则决定于无普遍规律可言的人性——他对于自己阶级地位的阐释可以与其他人的不同，其他人之中的见解也彼此不同。所有这些特点都会影响他的行动(因为他要依赖他们)和他对他们的想法(如，像“他这种阶级的人”应当做什么)的阐释。因此，理解他的行为的唯一途径是理解他。他观察着世界，并赋予所见到的事物以意义，然后按照这些意义去行动。这些意义很可能与研究他的经验主义学者所设想的意义大相径庭。人文主义科学家认为，意义是个人自己的事，是他自己行为的基础。

所以，在人文主义科学中，不可能建立关于人的行为的普遍规律，因为人具有记忆与推理的能力，他不应等同于机器，机器对于同样的刺激永远做相同的反应(这正是实证主义科学所宣称的)。因此，人文主义科学不是提供解释，而是求得理解。其目标是评说人们信仰的内容、信仰在社会中的发展以及它们如何成为行为的根据。这些评说有助于人们理解过去和今天，也可以指示未来，然而它与预测毫无关系，它从不说“假如 A，则 B”。

上面说过，经验主义科学，特别是实证主义科学，可以提供控制环境和社会的办法，而人文主义科学则不能。但这并不意味着它在社会中无用，完全不是。由人文主义评说中得到的理解有助于发展成熟的认识，使人们更好地理解自己和他人，从而使人类社会更加成熟和丰富。

(3)批判科学，与前两种都不一样，它既不同意实证主义的潜在的决定论，也不接受人文主义的唯意志论。前者认为人对自己的生活终究是没有把握力的，后者认为人完全可以把握自己。而批判科学认为，人生活在社会里，社会是由人所创造的各种复杂的组织构成，它们既保障个人的、日常的发展，也保障集体的、世代的发展。这些社会组织是按照可操作的规则建立起来的，社会因以持续发展。最基本的问题是为全体成员确保足够的食物，但是在不同类型的社会里，做法各不相同。例如在资本主义社会，食物的生产只是为了销售和赢利，在社会主义社会，它的生产是按照集体制订的计划。

在社会中，人们对于规则可以自由地做各种解释。在资本主义社会，规则只要求为了销售和赢利而生产食物，但不决定哪些食品能够赢利或哪些食品不能够赢利——它们是由分离的或集合的个人决定的，另外，随着时间的变化食品种类也要变化。因此这里涉及了人文主义的过程，因为社会的运作有赖于人们对规则的解释，另外，对条件的改变(例如环境的短期或长期的变化)又必须做出解释和反应。所以在批判科学中必须注意社会赖以运作的基本规则，以便获得深刻的理解。为了理解特定环境中的社会的发展，必须了解操作规则的人们是如何解释规则的。(所有的体育都有基本规则。参与者要解释规则，并按照规则安排行动程序。要理解体育，必须知道规则。要了解某项比赛，必须明白参与者是如何按照规则采取行动的。)

像另两种科学一样，批判科学也具有应用性，但方式不同。其目标是确保人们理解社会运作的规则（它可能是隐蔽的、不成文的，必须从众多的对显露的经验世界的规则的解释中抽取出来）。他们理解了规则，就能理解社会的实质——从技术意义上说，他们被解放了。他们的理解不再受任何限制，他们成为有能力的人。如果愿意，他们可以介入对社会的改造，他们可以去改变规则，使其更加合理。

以上所介绍的是三种十分不同的科学概念，以及它们的内容、方法和目标。显然，如果人们对它们的优点长处看法不同，当每一种概念（或许是概念中的派别）的信奉者宣扬自己的主张时，自然会出现争论。所以，在任何一门学科中，很可能有不同概念间的竞争，同样在每一种概念中也有围绕科学研究的适宜方法的竞争。在诸如人文地理之类的学科之内的争论中存在不同等级。在最高、最根本的层次上，是关于世界观的争论，低一些的是在同一世界观中关于研究方式的争论，最低层次的是关于（体现在不同范例中的）具体的研究措施的争论。

在社会科学中，近几十年来在三个层次上都展开争论的不仅仅是人文地理学。一般说来，争论的开始都是在经验/分析科学的世界观之内，然后引入另外两种世界观的内容，同时还有所涉及的方法、范例的争论。因此，考察英美过去 45 年的人文地理学的历史，需要注意各种争论的主要特征，这就是以下七章的内容。最后一章是对那些争论的评价。对那些争论的评述，并不是在各种不同的观点之间寻找调和立场，而是要考察它们的背景，探索它们由发生到（某种）平息的时代特点和各方原因。

结　论

本章的论点是，必须在发展背景中考察一个学科的历史，它包括三个方面：职业结构、研究组织框架和社会环境。这三者又以各种方式相互作用。职业结构会受到社会环境的很大限制，例如70年代末到80年代初，英国大学中微乎其微的工作机会就是由于教育经费的削减。另外，研究的理论框架虽然是由学者为了学术而建立的，但也要有社会的支持。一些理论比另一些理论更容易被接受，更容易获得社会资助。

以下章节中的对第二次世界大战以来的英美人文地理学的内容的考察，将在本章所讨论的框架中展开。其侧重点是“破例性的研究”，而不是“常规研究”的成果积累，注重那些事关人文地理研究的变革的争论。目的不是检验“学术研究的环境”一节中所说的那些模式，尽管那一节里所介绍的思想对本书的结构有所影响。考察的主要目的是提供一个人文地理学(学科的界定包括那些被认为是人文地理学的东西)的问题争论的思考性时序。考察的材料基础完全是出版著作。这一时序与科学发展模式的关系问题只在最后一章讨论，在那里将对这个时序的结构进行评价。

第二章　背景

虽然本书讨论的是1945年以后的人文地理学，但是作此讨论需要对这门学科在1945年以前几十年间的概况有所了解。需要这一背景知识出于多种原因。首先，尽管1945年是本书所讨论的英、美两国社会、经济、文化的许多方面的分界线，但是从地理哲学和地理方法论的角度来看，它并不是明显的转折点。这不足为奇，因为战争年代并不是学科内进行学术辩论的重要时代。多数学者在战争期间或应征入伍或从事与战争有关的情报工作（有些学者在进行情报活动的同时仍坚持教学工作），因此和平时期日常的教学活动，纯科学研究、管理工作被战争时期的任务所取代。战后，经过数年的努力，才使学术活动逐步恢复到接近正常的状态。才能补充大量新成员以弥补战时的损失，以教授积压的学生，对新的社会和经济环境作出反应。

考察所研究阶段以前状况的第二个原因与学术工作的演变过程有关。新范式的产生是作为对目前受偏爱的那些范式的反应，而不是在知识的真空中的发明。因此，"二战"后的种种变化都是对战前几十年间已建立并传授的哲学和方法论作出的反应。要研究这些反应的本质，没有一定的背景知识是无法进行的。

最后，学术活动中的变化绝非一朝一夕形成的。一项新的研究规划通常需要多年才能成熟，其间要进行各种实验，撰写研究计划，新范式的先觉者们还需赢得一些追随者。与此同时，目前流行的旧范式（或某几种范式，若它们各自得到相当多的支持）仍继续存在。它们的信奉者按其可接受的方式继续工作，进行研究，发表著述，并依照传统见解教授一代代大学生。尽管新范式业已形成，有可能它还必须作为有待获得学者和学生支持的竞争者之一与原有的各种范式共处若干年。这一现象可能是社会科学的特征，与自然科学相比，社会科学对资料的诠释往往更带主观性；两种或多种不同的世界观同时拥有各自的追随者是很常见的，甚至他们还会出现在同一学术机构中。

近代时期的地理学

按照一位地理学史专家（詹姆斯，1972）的观点，一门学科的标志是：要有提供该学科专业培训的教育机构。詹姆斯把地理学教育机构最早出现的年代定于1874年前后，这时第一批大学地理系在德国创办（参见泰勒，1985c）；稍后英国和美国的大学也设立了地理系，其主要发展是在20世纪。在1874年以前，从事地理学研究的是一些业余爱好者和其他领域的科学家。建立了自己的专业培训机构之后，地理学便告别了它的古典时期，进入了詹姆斯命名的近代时期。后一时期持续约80年，在1945年之后让位于詹姆斯所称的现代时期。

詹姆斯的近代时期大体上相当于弗里曼（1961）在所著《地理学百年史》一书中所考察的时代。《地理学百年史》与詹姆斯的著作旗鼓相当，是为数不多尝试探讨地理学史的著作之一（参见弗里曼，1980a；斯托达特，1986；盖勒和威尔莫特，1989）。弗里曼曾指出地理学文献中的六大倾向。

1. 百科全书倾向　　此倾向与收集世界各地，特别是西欧、北美居民知之甚少的地区的新资料有关。虽然大发现时代早已过去，而且到19世纪末叶，世界大部分地区都已为盎格鲁-撒克逊探险家所涉足，但仍有不少地带——尤其在非洲，即使不是未知地域，在当今地图上也是一片空白。实际上，在地理学的近代时期之初，北美大陆的大部分地区还没有出现永久性的农场。

2. 教育倾向　　如詹姆斯所强调的，此倾向标志一门学科需要传播知识，证明其有用性，并确保其可以再生产。为了在学校、学院和大学奠定地理教学的坚实基础，课程的改革者和设计者们做了大量的工作（弗里曼，1980a，1980b；斯托达特，1986）。

3. 殖民倾向　　此倾向反映出在近代时期前几十年的环境形势，英国尤其如此。其殖民帝国正日渐巩固，劳动力以大城市为中心的空间划分并覆盖地球表面相当大的部分正逐步形成，商界组织要求提供有关各国的大量信息，于是提供信息成为地理研究的一项主要任务，而信息传播则是地理教育的基石。

4. 概括倾向　　此倾向说明了按百科全书传统和殖民传统收集起来的资料的运用日益增长。学术研究不仅包括收集与核实事实，并且要对事实予以解释，而解释所用的方法和目的决定了地理学发展的早期范式。

5. 政治倾向　　此倾向体现在当代对地理学知识的应用。例如，在第一次世界大战后重新划分世界版图会议上，I. 鲍曼曾是美国总统 W.威尔逊的首席顾问，像豪斯霍费尔这样的地缘政治学家对纳粹德国的生存空间观念是有影响的(詹姆斯和马丁，1981；帕克，1985)。

6. 专门化倾向　此倾向是对知识不断增长，因而任何一个人都不可能掌握全部知识——即使在地理学一个学科内——的反应。在近代时期以前，科学家和其他学者的兴趣和专长可以非常广泛，但是后来由于研究文献的数量不断增加，研究方法要求更长、更严格的培训，地理工作者必须专门化，即首先成为一名地理学家，尔后在地理学范围内选定并专攻一个基础领域或地球表面一个特定区域。

与从事地理学研究的目的有关，有的倾向代表不同的哲学，有的代表不同的方法论，还有的反映了不同的意识形态。从上述倾向可以辨认出三种范式(学科母体)，它们乃是整个人文地理学及其分支(如城市地理学)近代时期的表征(赫尔伯特和约翰斯顿，1978)。这三种范式，将在本章的以下部分进行讨论。

探　　险

第一种范式从古典时期被带进近代时期，因为探险在19世纪大部分时期被认为是地理学的主要活动。对地球“未知”(相对于西欧、北美而言)地域的信息的收集和分类工作是由地理学家承担的。地理学家们的探险活动是从地理学会获得资助的。这些地理学会建立于19世纪，它们的资金来源于商界和慈善组织的捐赠，因为地理学家收集的信息对于商业界有重大价值。除资助和组织探险活动，地理学会还担负起教育的任务。它们举办讲座向公众提供了解新发现的机会，它们的工作人员积极与学校和大学联系，组建地理教学。例如，伦敦皇家地理学会曾参与这样一些讨论，其结果导致在英国两所最古老的大学——牛津大学和剑桥大学——建立了地理教学（斯托达特，1975a；弗里曼，1980b；卡梅伦，1980）。

尽管H.麦金德在1899年感到因他是登上肯尼亚山的第一人而应当将此事确认为是他作为地理学家的一项荣誉。然而，在20世纪初叶，随着地理学成长为一门新的科学分支，探险的重要性减弱了。由于仍有许多未知地域，因此地理学会依然对探险有兴趣并给予资助。确实如此，伦敦皇家地理学会仍是科学探险的主要资助者，它的主要出版物《地理学杂志》负责报道探险的新发现。工作性质虽然在许多方面与一个世纪之前大不相同——这体现在科学技术的发展和现有知识的积累，但是，像精确制图这样的基本工作对于许多成功的探险依然是至关重要的。地理学会召开的会议仍然以文字和图片展示赴世界各地探险和旅行的结果。这样的会议非常受欢迎，参加的人很多，他们大都不是学者。

设在纽约的美国地理学会是与伦敦皇家地理学会相对应的机构。美国地理学会参与探险活动历时不久，主要集中在近代时期早期，它现在资助地理学其他许多领域的研究，但仍然对全球相对说来未曾研究的部分如北极地区的考察提供重要资助。美国的国家地理学会及其普及刊物《国家地理杂志》在美国保持着探险传统。（1984年创办的刊物《国家地理研究》力求在学术研究和广大读者之间架设一座桥梁。）此外，还建立了另一些学会，它们担负起其他一些职能。在美国和英国都有独立的学术团体（美国地理学家协会和英国地理学家协会)和主管地理教育的组织(美国的国家地理教育委员会和英国的地理联合会)。

弗里曼在殖民倾向名目下所总结的工作,严格地讲,虽然多数并不是探险,但也可以在这里讨论,况且这些工作的目的是收集、整理和传播信息。多数资料与商业活动和基础设施有关,例如,奇泽姆的《商业地理手册》(1899,第一版)和《世界地名词典》(1895)这两部书都是为商业界编纂的,而且有供学校使用的姊妹卷(怀斯,1975)。这些书的内容包括对生产和贸易的统计与描述,这种地理学培训对许多人来说是枯燥无味的,因为从这种地理学获得的知识无非是大量的事实(它被戏称为“海角和海湾”地理学)。但是,这种地理学专业知识的存在得到广泛承认。在近代时期行将结束时,这类地理学得到提倡,因为地理学家们要负责准备情报,向盟军报告他们可能开赴地区的情况。《英国海军手册》这套书是这种地理学的代表作。

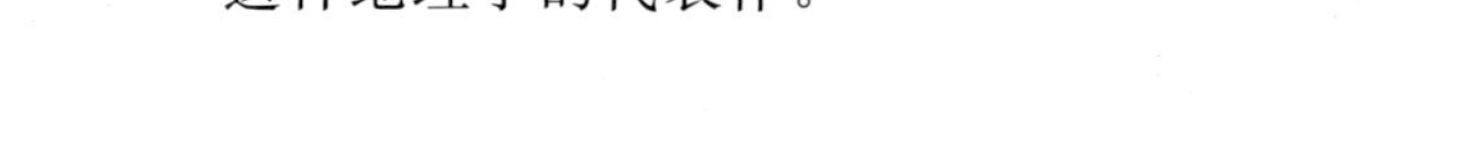

环境决定论与可能论

环境决定论与可能论这两种对立的观点是近代时期地理学家追求概括性的最初尝试。地理学家开始探求关于人类占据地球表面规律的解释,而不再只是提供按专题或地区排列有序的一条条信息。他们的解释的根据首要来自自然环境,并且以下述信念为中心建立了一种理论:人类活动的性质受其所在自然界状况控制。

这种理论就是环境决定论,它起源于达尔文的研究工作。达尔文的开拓性著作《物种起源》(问世于 1859 年)影响了众多科学家。美国地理学家 W. M. 戴维斯在其著名的地貌发育侵蚀轮回学说中接受了达尔文的进化论观点。在环境决定论者的著作中，自然选择和适应的观念构成他们论证其理论正确性的依据。例如，戴维斯在其纲领性论文(1906)中将地理学的核心确定为自然环境(作为控制一方)和人类行为(作为反应一方)之间的关系(斯托达特，1966；马丁，1981；另见坎贝尔和利文斯顿(1983)，以及论述拉马克学说对地理学发展影响的利文斯顿(1984)和论述类似问题的皮特(1985a))。

在 19 世纪初叶环境决定论者当中，为首者是德国地理学家拉采尔。他的学生，美国地理学家 E. C. 森普尔在她的《地理环境的影响》(1911)一书的开篇即宣称："人类是地球表面的产物"。在某些作者的笔下，环境的影响被无限夸大，在事过之后的今天，很难相信它们竟然被写了出来并受到重视，例如，泰瑟姆的一篇短论(1953)表明了这些作者想把人类行为的所有方面归因于环境影响而达到的程度。

对环境决定论者的极端化概括引起的反应是一种与之对立的观点——可能论——的形成。按照可能论，人在与环境的关系中是一种积极的而不是消极的力量。在法国地理学家们——他们是历史学家 L. 费弗尔的信徒——的领导下，可能论者提出一种理论：说明人类能判断环境为他们提供各种可供利用的可能性的范围，以及能选择最适合其文化发展的程度。当可能论走向极端时，像它的对立观点一样荒谬。但一般而言，可能论者认识到环境作用的局限性，避免了其对手作出的大而无当的概括。

环境决定论与可能论的争论继续到 20 世纪 60 年代(参见卢

斯韦特(1966):例如,斯佩特(1957)以一种折衷的立场提出“或然论”概念)。决定论的主张由像E.亨廷顿这样的作者坚持到两次世界大战之间的时期,他提出的理论将人类文明与气候和气候变化联系起来。在环境决定论的倡导者当中,澳大利亚地理学家G.泰勒的观点可能最为激烈,他大大激怒了主张在澳大利亚内地移民的政治家,以至于遭到驱逐,被迫离开他的祖国(鲍威尔,1980a)。泰瑟姆曾说(1953,p. 150),当实业家为一座新工厂选址时,“地理控制因素极少被提到”。泰勒对此反唇相讥,“毫无疑问,这确实表明这业主何等愚蠢!”他认为,可能论者是在西北欧这样的气候温和的环境建立其理论的,这种环境确实为人类提供了多种可供利用的可能性。但是,这样的环境在地球上是罕见的,在世界的大多数地区,如在澳大利亚,环境条件要严酷得多,因而对人类活动的控制也相应大得多。为描述他的观点,他杜撰了一个词语“止行”决定论。就短期而言,人类可能按自己的愿望去利用环境,但从长远的观点看,自然终将确保环境赢得这场战斗,迫使占据其上的人类作出让步。

许多争论都以辩论双方持极端对立的立场开始,而以双方接受(各方固执己见者自然除外)某种妥协告终。环境决定论和可能论之争也是如此,地理学家们关于人类能否随心所欲地利用地球、是否有一种“自然计划”存在的旷日持久的讨论在对立双方意识到这两种理论均有其价值时缓慢地结束了。(另有一些地理学家则跳出这场辩论的樊篱,独辟蹊径,致力于人与环境之间关系的研究。参见弗勒,1919。)但是,当地理学家们极力主张并大肆宣传环境决定论时,这种观点遭到广大学术界的拒绝,而且地理学在他们心目中的地位有所降低。结果，地理学的下一个焦点(与环境决定论仍有很深的关系)是非常内省和保守的。

区域与区域地理学

第三种范式从本世纪初开始统治英、美地理学半个多世纪。像环境决定论那样，它也是进行概括的一种尝试，但它的概括不具有系统的解释，因此与先前著述中企图建立定律的那些声誉日渐下落的尝试属于不同的类型。其早期发展主要在英国，包括两个尺度上的工作(弗里曼，1961，p. 48；约翰斯顿，1984d)。大尺度工作，如赫伯森的研究(1905)，将全球划分成若干个大自然区域，通常以气候参数为依据，与早期决定论有些联系。小尺度研究的目的是确认独具特征的各个区域：

> 基本思想是：通过研究小区域的所有地理特征——构造、气候、土壤、植被、农业、工矿资源、交通、聚落及人口分布，应当能揭示出它的某种独特性，即使不一定是整体同一性。如我们常说的，所有这些地理特征在可见的景观中统一起来，它们彼此之间相互依存、相互联系并构成一个整体。再者，每个区域，除少数无人居住的地方，都曾受到人类活动的影响、开发和改造，所以，景观是终端产物，经过人类一代又一代的双手塑造成它现在的面貌。因此，实际操作时采用一种进化观点……以试图重现景观在数百年或数千年前时的样子(弗里曼，1961，p. 85)。

以赫伯森为代表的这类工作有一部分是生态系统概念的先驱(赫伯森,1905)。

哈特向与美国观点

区域地理学的观点和方法在美国发展稍晚。20 世纪 30 年代末,两位非地理学家作者奥德姆和穆尔发表了关于美国区域的重要概述(奥德姆和穆尔,1938)。1939 年美国地理学家协会出版了 R. 哈特向的一部专著《地理学的性质》。此书的观点很快被视为关于当代地理学原则的定论(参见斯托达特,1990)。如哈特向(1948,1979)后来所澄清的,本世纪 30 年代,美国地理学家对地理学的性质作过很多争论(其中大部分显然未予公布)。哈特向对争论的方式和内容两方面都很关注,并于 1938 年向《美国地理学家协会会刊》提交了一篇文章,作为参加哲学讨论会的论文。此后,他赴欧洲进行有关疆界问题的野外调查,这是他当时正在进行的政治地理学研究的一部分。这项工作由于政局变动而中断,于是把时间花在阅读欧洲(主要是德国)的关于地理学性质的著作上。他利用这些文献资料扩展了他的 1938 年论文,加上副标题,结果成了长达 491 页(约 23 万字)的"论文",它成为当时已有的英文地理学文献中重要的哲学和方法论著作。

想全面概括哈特向的学术思想以及他对他人(主要是赫特纳)的学术思想的解释,以几段文字是不可能做到的,这里仅想着重介绍他的主要结论。哈特向极力主张,地理学的焦点是区域差异,即地球表面上各个景观的嵌合(参见阿格纽(1990)关于将哈特向的焦点表示为"区域变异"而不是"区域差异"的讨论)。因此,地理

学是

> 这样一门科学，它要对已发现的世界的区域差异的事实作出解释，所谓区域差异不仅仅是某些事物在地方与地方之间的差异，而且包括每个地方上现象的总体组合与任何其他地方上现象的总体组合之间的差异（p.462）。

所以，

> 地理学的目的是提供关于地球表面上变异特征的准确的、系统的及合理的描述和解释（p.21），

而且，它

> 力图获得对世界的区域差异完整的认识，因此要从世界不同部分因地而异的各种现象中分辨出仅具有地理学意义的（亦即与区域总差异有关联的）那些现象。对区域差异有意义的诸现象具有地区表现。地区表现虽然不一定是就地面自然范围而言，但它的确是有其范围或多或少确定的某个地区的特征（p.463）。

按照这种观点，地理学研究的主要目的是综合，即将有关联的特征加以汇合，以提供关于一个地方即一个区域的完整描述；该地方或区域是可以根据这些特征的独特组合予以辨认的。哈特向认

为，地理学和历史学有一极其相似之处：后者提供“现实的时间部分”的综合，前者则提供“地球表面空间部分”的综合(p. 460)。

哈特向还指出了可供这门旨在提供关于地球表面的系统描述的综合性科学使用的方法论。他认为，“地理学的最终目的，即研究世界的区域差异，在区域地理学中表现得最为明显”，而且，可接受的研究方法对于区域辨识是必不可少的。各种区域是以它们在规定特征上的同一性来表征的；规定特征的选择是以它们能否突出表现区域差异取舍的。有两类区域被认定：(1)形式区域(或称均匀区域)，在这类区域中，整个地区就所考察的一种或多种现象来说是同一的；(2)核心区域或功能区域，这类区域的统一性因其围绕共同核心的组织力而形成，这共同核心可能是一个国家的核心地区或是位于某个贸易地区中心的一座城镇。识别这两类区域

> 首先并主要依赖于比较地图上描绘的个别现象或相互关联的若干现象的地区表现……在知识界，地理学主要是以使用地图的技巧来展现自己(pp. 462—464)。

哈特向强调使用地图。虽然懂得如何编绘和制作地图对于地理学家很有用，但是测量学和地图投影对于他们则是次要的；地理学家的主要任务是解释地图，大约自1940年以来日益需要解释各种各样的航空摄影。有待解释的信息大部分可能已被地理学家在野外调查期间标记在地图上，而当哈特向正在形成他的观点时，野外调查的作用和性质备受美国地理学家们的关注。

进行区域综合需要来自如下两方面的资料：一是专门研究某

些现象（尽管通常不是区域模式）的其他科学；二是地理学中从事部门、系统研究的专门学科，它们补区域地理学之不足，并最终归属于区域地理学。在哈特向撰写《地理学的性质》一书的时期，自然地理学、经济地理学、历史地理学和政治地理学被公认是地理学中属于系统地理学的主要分支，虽然后来严格按区域范式进行的调查认定了许多其他冠以限定语的地理学，包括人口地理学、聚落地理学、城市地理学、资源地理学、市场地理学、娱乐地理学、农业地理学、矿产地理学、制造业地理学、运输地理学、土壤地理学、植物地理学、动物地理学、医学地理学、军事地理学，再加上气候学和地貌学（詹姆斯和琼斯，1954）。然而，上述这些分支学科有些并不重要，尽管当时地理学家们的兴趣明显分化，“经典”区域研究通常仍遵循由地形、气候、植被、农业、工业、人口等组成的序列（弗里曼，1961，p. 142），通过对各种专题地图的综合而得以概括并产生一组形式区域。

对于时跨“二战”的多数地理学家来说，特别是那些为詹姆斯和琼斯（1954）所编之书的供稿者来说，区域地理学是整个地理学的前沿，系统研究则为区域地理学提供信息。因此，詹姆斯认为，“传统意义上的区域地理学力图将在部门地理学分散探讨的各种问题集中于区域背景上加以考察”（1954，p. 9）。城市地理学家之所以研究城市，是因为按照区域概念城市“构成特征分明的地区”（迈尔，1954，p. 174）；政治地理学家研究一个地区的功能和结构，此地区是“作为在政治组织上同一，在其他方面非同一的一个区域”（哈特向，1954，p. 174）；在界定社会地理学的“新”领域时，沃森（1953，p. 482）认为它是“按照与整个环境有关的社会现象的组合对地球表面的不同区域作出辨认”，每一种这样的部门研究都产生了自己的区划（在这方面值得一提的是以 O. E. 巴克为代表的农业地理学家们的工作，他们在本世纪 20—30 年代在《经济地理学》杂志发表的一系列论文划分出世界各部分的农业区域），而且这些部门地理学都与各自的相关系统科学有联系，例如，社会地理学与社会学。二者之间的主要区别是地理学家关注的焦点在于区域，包括专门的单一特征区域和综合的多特征区域。

既然区域成了关注的焦点，所以地理学文献中包括许多讨论这种同一性区域的本质和划定的论著，这不足为奇。因为，究其实质，每一个区域实际上都是一种概括，须知完全同一性区域，除非在小区域，是非常罕见的。如前文已经指出的，英国地理学家早期在界定大尺度区域方面十分活跃，通常以气候参数为基础。他们花费许多精力用来研究确定多特征区域的方法，以农业地理学为例，由韦弗（1954）研究出的统计法是诸方法中最完善的。但是，在小尺度区域上，普遍认为区域的划定应根据个人对景观组合的认识。法国地理学家维达尔·白兰士及其追随者关于他们国家的 *pays*（区域）的工作就是这方面的典范，他们的 *pays* 是一些小尺度区域单元，具有显著的自然特征，特别在土壤、水系和相关的农业专门化方面（布蒂默，1971，1978a）。

有一种系统专门学科与其他系统专门学科稍有不同，它就是历史地理学，这门学科根据这样的论点：要理解区域目前的格局需要研究起源。历史地理学从本世纪 20 年代起产生了两种方法。第一种方法被认为是英国方法，与达比的研究工作紧密相联，涉及过去地理的详细研究（佩里，1969）。这是一系列横断面研究，其时代的确定几乎总是以可以得到的原始资料为根据，如在约于1986年成书的《末日裁判书》(*Domesday Book*)中，达比和他的同事们对此进行了深入分析(完善于达比，1977；佩里，1979)。这些横断面分析在许多情况下最终被区域化，而各个断面则由关于所研究各时期之间的变化的叙述联系起来；但多数侧重于断代研究，对资料可分析而不可解释(见达比，1973，1983a)。

第二种方法主要起源于美国，以索尔及其同事们的工作为代表。(关于哈特向和索尔的差别，见卢克曼，1990；巴策，1990。)他们的研究焦点是导致自人类出现以前到现在(包括现在)景观变化的过程(米克塞尔，1969)；工作的大部分或是在美国以外的地区(特别是拉丁美洲)或是在美国国内工业化程度较低的地区进行的。索尔关于方法论的最早陈述(1925)将地理学研究紧紧地限定在景观的属性研究，强调景观的文化特征(虽然也在地理学和生物学之间的边缘做了工作)。这里并没有给予区域以特别重视。在他后来的“讲道”——他称他的方法论和哲学为“讲道”——中鼓励在更加广泛的领域进行研究，但是强调文化景观研究和他建立的与人类学的联系，以产生一种创造性的艺术形式。此种艺术形式的特征是：它不是由模式或方法所规定的。人文地理学家必须“以文化过程为思维和观察的基础”(索尔，1941，p. 24)。索尔及其学生们从事的研究工作既不包括仔细重建过去的地理环境也不包括区域边界的周密考虑，而是要导致一种广泛的历史地理学，其基本道理(克拉克，1954，p. 95)是：

通过这种研究我们有可能发现在试图解释现在的世界和

过去不同时期的世界遇到的各种问题的更完整、更正确的答案。

并不是所有的美国历史地理学家都遵循这一导向——例如，布朗(1943)就致力于研究过去各个时期的仔细重建——但是由索尔创建并领导近50年之久的“伯克利学派”拥有众多的追随者，并持有一种独特的观点，他们旨在打破传统(胡森，1981)。索尔的影响由他的学生们，特别是莱利、帕森斯和克拉克，继承下来(布尚，1981)。

关于索尔首倡的这种方法的重要陈述出现在由托马斯发起的“人在改变地球面貌中的作用”讨论会上(参见格拉肯，1983)，结果产生了一部影响非常之大、卷帙浩瀚的论文集(52章加讨论，共1193页)。该论文集所收资料的范围甚为广泛，它的主题正如索尔指出的是：

> 人改变自然环境的能力、方式及功效，它关注历史积累效应，因人的参与而遭到抑制或扭曲的物理过程和生物过程，造成一群人和另一群人之区别的文化行为的差异(p. 49)。

该论文集既没有提出宏伟的方法论，也没有罗列各种发现；实际上，索尔在结束语中批判了某些美国作者“使自己普遍化的倾向”(p. 1133)。索尔强调对环境反应的多样性和在对环境施加影响时反映出的文化差异的多样性。事实上，由芒福德得出的结论(1956)与结构学说的拥护者在本世纪80年代提出的结论(参见本书第 375 页）非常相似：“未来既不是一张白纸，也不是一本打开的书”（p. 1142）。

托马斯主编的论文集的撰稿者之一格拉肯（1956）——他也是伯克利学派的成员，集中讨论了某时某地曾流行于西方思想界的各种自然观。这是他的巨著《罗得岛海岸的踪迹》（格拉肯，1967）的先声，书中对关于自然的各种解释作了出色的考察。格拉肯证明了“用目的论解释自然贯穿于整个西方历史”（格拉肯，1983，p. 32）。此书与先于它出版的托马斯主编的论文集一样，也被公认为是论述人类社会和自然界相互关系的经典之作。不过，在它问世的时候，人们对这一问题的兴趣正迅速减退，否则其影响或许会更大。

英国观点

在本世纪 20 年代、30 年代和 40 年代（参见 30 年代末《苏格兰地理杂志》中的交流，它是由克罗发起的（克罗，1938）），英国地理学家与他们的美国同行相比，较少关心哲学和方法论方面的讨论。英国地理学家在工作中更为务实，较少思考地理学的性质，而且更容易接受常用的格言“地理学就是地理学家干的事情”，但是，他们也承认地理学存在的理由在于综合，亦即将各种系统学科的发现以一种特别注重起源的方式结为一个整体，如地貌学和历史地理学的研究那样（达比，1953）。按照伍尔德里奇和伊斯特（1958）：

> 地理学……将许多其他学科的研究成果——若不是方法

> 的话——融合在一起……(它)不是一门科学，而只是多种科学的集合体(p. 14)。
>
> 它存在的理由和知识上的吸引力主要来源于专门研究者留给我们的不协调的知识世界的缺陷(pp. 25—26)。
>
> 究其最简单的实质，地理学问题即是地球表面的某部分如何与为何不同于另一部分(p. 28)。

所有这些陈述都表明大西洋两岸的地理学家们的见解是何其相同(参见斯托达特(1990)论哈特向对伍尔德里奇的影响)，尽管伍尔德里奇和伊斯特写道“区域地理学的目的就是通过研究某复杂的整体各组成部分更好地理解这一整体”(p. 159)，但英国作者并不像他们的美国同行那样崇信区域教条(英国地理学家在前述三十年间早期也没有把环境决定论推向极端)。然而，伍尔德里奇(1956，p. 53)在1951年写道：

> 区域地理学的目的……是收集各门系统学科的不同部分，即其他学科中包含的地理学内容并将它们组合成前后连贯的、中心突出的统一体，将本性与教养、体格与个性视为在特定区域内紧密联系、相互依存的成分。

而且他主张，在任何地理系部门工作的每一位成员都应当致力于一个大区域的研究(p. 64)。

到本世纪50年代，英国和美国地理学之间一个重大区别是对以地表、大气、海洋以及动植物栖息地为研究对象的自然地理学的态度。英、美两国都有研究这些课题的传统，而且许多地理学家具有相关学科——地质学的学术背景。但是，这种传统在北美（美国较加拿大更显著）逐渐消失了，而且对环境的兴趣，特别是在理解上而不是在描述上，也减弱了。这可能是环境决定论达到极端的一个后果，继之而来的是产生了想抹掉与环境决定论联系的一切痕迹，将人类社会看作是景观的样式和变化的积极力量这种愿望。与此愿望有关的可能是在本世纪 20 年代试图将地理学重新定义为人类生态学的尝试，后者将人类看作在对环境作出反应和适应的同时还试图按照自己的愿望改变环境（巴罗斯，1923）。例如，关于地貌学即研究地形起源的科学，佩尔蒂埃（1954，p. 375）写道：

> 地理学家需要某些地方的翔实资料。在某个地区实际存在哪些地形？它们之间的差异何在？它们各在何处？它们的分布模式是什么样的？地貌学家关心构造、过程和阶段这些问题，地理学家则想获得如下问题的答案：什么？何处？多少？

按照这种观点，地理学家感兴趣的是地形的地理学——地貌学，即关于地形的发生学。地貌学是地质学的一部分，与历史地理学不同，它被认为与地理学研究无关。类似的反应是，气候学和生物学从美国地理学课程中被全盘撤销，代之以自然地理学导论课程，描述地形、气候和植物群落——通常按区域描述的，几乎或完全不注意它们的起源。（关于后来试图恢复自然地理学的倾向，参见马库斯（1979）及盖勒和威尔莫特（1989）的论文。）

这种倾向没有在英国出现。在英国，伍尔德里奇和伊斯特写道(1958，p. 47)：

> 将地理学视为一种“准静态当前”的事物。这种过于僵化的态度使地理学和地理学家显得愚蠢而肤浅。诚然，我们的主要目的是描述当前的景观，但还要对之作出解释。
>
> ……所以，我们的研究总是发展的……将地形或人类社会视为“特定”和静态事实，均不合学术要求，不过我们切不要让时间序列模糊了空间形状。

因此，在本世纪50年代，英国大学的地理系学生很少确定专业方向，只是在最后一个学年才确定是学自然地理还是人文地理。自然地理和人文地理二者，作为对区域景观发生学——整个地理学研究工作的会合点——的贡献，均被认为是地理教育的重要组成部分(参见约翰斯顿和格雷戈里(1984)；科斯格罗夫(1989a))。作为研究工作者，多数英国的地理学家致力于自然地理或人文地理中一个领域的研究(但并非限定得很死)，但是，几乎所有的英国地理学家都从事区域研究，他们将地理学的这“两个方面”的研究“结为一体”。然而，“区域综合信条”(达比，1983b，p. 25)在当时日趋削弱，地理学家们逐渐将他们的注意力从区域转向问题。

结　　论

本章对“近代时期”地理学的介绍非常简短，因为本书的主题是下面要讨论的“现代时期”。在此仅指出三种研究方式，虽然更深入的分析可能表明，在任何一个时期，有更多的研究方法同时并存（参见泰勒，1937）。虽然这三种方法都延续到现代时期，但是其中一种即区域方法在第二次世界大战之前和战争刚结束不久的一段时间占主导地位。区域方法主要研究区域差异，地球表面（基本上是地球表面有人居住的部分）的不同特征。到本世纪 50 年代，首先在美国，然后在英国，对区域地理学采用的经验主义哲学的失望情绪不断增长。（虽然为之辩护者不乏其人，例如，帕特森（1974）和哈特（1982）。本书第八章讨论 80 年代末出现的提出一种新区域地理学的尝试。）专题研究渐渐占据主导地位，区域综合则遭到冷遇。

第三章　系统性研究的增强和“科学方法”的采用

确定某一学科转向的最初时间，甚至是一个大概，都是不容易的。包含这种新观点精髓的只言片语可以在著作中发现，但是它们通常转引自其他人的学说，而这些人的观点从来就没有公开发表过。并且，当众多的改革者激发变革的时候，这种改变可能起源于同一时期的几个不同的方面，尽管他们通常并不是完全独立的。因此，企图确定第一次反对区域地理学的浪潮出现在何时几乎是徒劳的。鉴于此，本章仅讨论那些地理学家发表的、最重要的和最有影响的观点，并去探讨它们对地理学界的影响。

正如第一章指出的，一个学科的改变，包含了对现有方法的不满和对可接受的变通方法的准备，这些变通是新的学科母体(如果不是从世界观考虑)。这是由弗里曼(1961)阐明的，他论述道：“对区域地理学家工作的不满导致许多人怀疑区域地理学方法在学术上是否总能令人满意，从而转向专门化或该学科的系统分支学科”(p. 141)。他提出了这种不满的三个原因。第一个原因是许多区域分类是幼稚的，尤其是大范围的分区。至于概括，例如赫伯森的世界气候区域，在详细的研究中发现与实际有较大的出入。第二个原因，也许对大家都很重要，就是一系列“令人厌倦的”关于自然的和人文的“事实”的罗列，这是许多区域地理著作的特点（尽管不全是，见詹姆斯，1942，《拉丁美洲》），“问题也许在于许多区域地理学家试图包罗万象”（p. 143）。第三个原因，他阐述道，区域地理学著作的模式，源于对法国景观的研究，认为整个地球表面可以划分为确定的区域。每一区域都有各自的特点，然而对区域的实际研究证明实际并非如此，一些地区缺少这种特性。

当弗里曼关注区域地理学的失败的时候，美国 20 世纪 40 年代末到 50 年代初的情形是，人们坚持占主导地位的区域地理学，从而阻碍了相关的系统研究。这一点由阿克曼（1945）的一篇文章引起了人们的注意，该文章报道了他在战时情报服务中的工作经历。他发现那里的专业地理工作者的两个主要的缺陷：他们的外语能力的不足和热门专业知识的欠缺。至于后者，他批评道，四分之一世纪以来，很多地理工作被这样一些学者所引导，他们“或多或少是所研究方向的门外汉”（p. 124）。因此，当他们被召集起来为战时翻译提供情报资料的时候，这些地理工作者所提供的内容相当空洞。区域地理学者仅能提供肤浅的分析。大家专注于地球表面的某一区域，致使该学科的分工既缺乏效率也没有效果。（古尔德，1979，p. 140，把 1950 年前的 50 年的地理学称作“业余的和古板的”。）

阿克曼建议，矫正地理工作的这些主要缺陷需要在系统专业方面进行大量的研究和训练。这与该学科的基本原理——它是区域综合的根本——并不矛盾，他主张，更详细的系统研究将进一步深化区域解释。没有迹象表明该文章立即对地理界产生冲击。然而，后续几年里美国地理学者的著作，包括美国地理学家协会提供的论文摘要，显示出随着回到战后“常态”，在科研的方向上并没有大的改变。两个极少的例外是，1953 年在克莱文兰由加里森和麦卡锡提供的论文摘要，它显然基于一种与被广泛采用的不同的方法（见下文，第 98 页）。正如詹姆斯和琼斯（1954）编辑的评论中所指出的那样，系统学领域在阿克曼的论述之前无疑已受到重视，以后也是如此。但是，直到 20 世纪 50 年代中叶，这一地理学研究本质的显著变化才与它的方法和基本原理的广泛变革相吻合。

舍费尔的文章及其反应

在美国，哈特向发表了他的关于区域地理学主流的主要论述。因此就是在那里，而不是在英国，对方法论和基本原理的争论显然更为激烈。这样，反对区域地理学主流的革命发生在大西洋彼岸也许就不足为怪了。舍费尔的论文（1953）打响了这次革命的第一枪——该文章于作者死后发表，它时常为那些追溯“计量学和理论革命”的人所引用。舍氏原是经济学家，他在逃离纳粹德国之后，加入地理学界，在衣阿华大学经济系教学（邦奇，1979）。

舍费尔称他的论文是第一次向哈特向的观点挑战，也是对赫特纳等人的著作的解释，并且它是在哈特向的专著问世四十年之后发表的。他的意图是批评那些倾向于区域地理学的“例外论”主张，并为地理学采用实证主义学派的方法和理论提供一个范例（见马丁，1990，p. 72）。既然如此，他的首要任务就是描绘一个学科的轮廓并将地理学的性质定义为社会科学。他指出以为“地理学是一门拼合的科学，它将单一系统学科的发现集中起来”是狂妄自大的。在任何情况下，这种观点“有点缺乏新颖性和洞察力”(p.227)。一个学科以它的解释为特征，而这种解释需要规律：

> 解释一个人描述的现象意味着总是要将它们作为规律的实例(p.227)。

根据舍费尔的观点，在地理学中主要的描述性规律是指空间模式：

> 因此，我们只得认为地理学是这样的一门学科，它关注对地球表面某一特征的空间分布起支配作用的规律和建立(p.227)。

因此，地理学家所应该追寻的，用以总结类似规律的论断的东西，是这些现象的空间排列，而不是这些现象本身。那么，地理学方法与其他科学所采用的方法就没有多大差别，都是自然科学的或社会科学的；观察将导致假说的诞生——例如，关于两个空间模式的相互关系——这将通过大量的实例进行检验，为验证规律提供材料。

一些人的文章，反对将地理学定义为空间排列的科学，舍费尔称之为例外论者。这些文章称，由于地理学研究对象的特殊性——研究独特的地方或区域，它不能和其他科学有相同的方法。跟物理学和经济学类比后，舍费尔论述道，地理学在看待独特现象时和其他学科并没有什么不同；所有学科都会处理一些独特的问题，它们的解决只得依靠各种系统科学规律的综合，但这并不会阻碍这些规律的发展——尽管这无疑会变得更加困难。

> 因此，那些认为由于能够对所观察到的异质现象进行综合，地理学家有别于其他科学家的观点是荒唐的。在这一方面，地理学并没有什么不同(p. 231)。

舍费尔在他的文章的第二部分，把地理学中那些例外论者的观点追溯到康德(1724—1804)对地理学和历史学的类比，这种类比赫特纳和哈特向也重复过(见上文，第 72 页)。他引用(p. 233)康德的《自然地理学》(第一卷，p. 8)中的论述“地理学和历史学一起构成了我们感觉的全部：地理学研究空间，历史学研究时间”。舍费尔论述道，康德的时代，地理学和历史学还是宇宙学，而不是科学，至于宇宙论，“不是理性科学，而是对宇宙的最深层的思考”(p. 332)。然而，赫特纳追随康德的观点将地理学发展为一门宇宙哲学，认为无论是地理学还是历史学，都解决特殊的问题，因此不能采用科学的方法。舍费尔认为这是一个错误的见解，因为解释在特定的时间内发生了什么时，历史学家必须采用社会科学的规律。时间阶段，就像地点一样，无疑是现象的特定集合，但这并不妨碍在阐明和解释它们时应用科学规律。地理学和历史学都是科学，因为

> 科学家所做的……是把规律应用到每一个具体的情况，这些规律包括那些他们认为相关的变量(p. 239)。

根据舍费尔的观点，哈特向忽视了赫特纳的著作的一个方面，即它是趋向创建定律的。可是，他的这种做法在某种程度上误导了美国的地理学界。(穆勒·威尔，1978，p. 55，认为赫特纳先于克里斯塔勒形成关于中心地理论的思想；穆勒·威尔引用赫特纳的论文，哈特向从未参考过。关于这一点，见布则，1990，以及史密斯，1990。)

舍费尔的文章的最后部分，评论了把他的创建定律的哲学应用到作为一门空间和社会科学的地理学所引起的问题。例如，他承认这些问题是关于实验和定量化的。建议一种基于地图矫正的方法学。地理学规律和其他“成熟”的社会科学形成的规律的主要区别是，前者是形态的，后者是过程的；为了全面理解地理学的形态学规律所表述的综合现象，有必要采用其他社会科学的过程的规律，这一过程需要集体协作(后一观点阿克曼也提出过)。根据舍费尔的观点，地理学创建针对位置的规律，它可以用以区别地球表面的不同区域。

哈特向的反应

舍费尔的文章出版以后并未引起多大反响，尽管后来认为它是对同类研究的主要激励(邦奇，1962)。然而哈特向确实给予了很大的反应。至于反应的形式，起初是给《年刊》的编辑的一封信(哈特向，1954 b)，后来是三部实质性的著作(哈特向，1955，1958，1959)；其中最后一本，尽管也许不如 1939 年的那部有影响，却再一次显示了哈特向对美国地理学界持续的重要作用：哈特向是他们学科的方法学和哲学的解释者。

哈特向第一篇文章(1955)的目的(该文章包括了早期的那封信),是揭示他在舍费尔的学术研究中发现的一些缺陷(亦见格雷戈里,1978a,p.31)。他以进一步探讨关于方法学辩论的标准为发端(哈特向,1948)。文章的主要部分是为阐述以下观点而组织的,那就是舍费尔的参考资料有限,结论缺乏证据,以及误传了他人的观点。因此"在每一段,在第三节的几乎每一句话,对其他作者的观点,或是出于误解,或是疏忽,都有严重的歪曲。"(p.236)(需要说明的是,这是指舍费尔文章的第三部分,是针对赫特纳的工作的。)从更一般的观点看,哈特向认为舍费尔的文章"忽视了学术批评的一般准则,实际上只不过是提出了个人意见,却拙劣地伪装成文献和历史分析"(p.244)。因为哈特向本人(1959,p.8)坚信"地理学就是地理学家所做过的"。对他来说,所有的方法学和哲学的论述都应该建立在对其他人已出版的著作的仔细的、认真的分析之上。

尽管哈特向该文章的大部分内容是审查舍费尔的"证据"的,在最后一节他转向审查反例外论者的争论,他指出(p.237)在得出"地理学应该从其他系统科学那里引进过程性的准则,从而用它们来建立形态性的准则"这一结论的过程中,舍费尔事实上走到了他试图摧毁的例外论一边去了。因此,可以证明,舍费尔的批评"纯粹是欺骗"(p.237)。舍费尔的立场概括起来可以表述为"地理学应当是科学,科学是研究规律的,所有的自然的和人类生活的现象都服从这些规律并且受它们的制约"(p.242)。这种科学决定论与地理学家的行为相反,正如《地理学原理》陈述的那样。在任何情况下,舍费尔对该著作的态度都是轻率的。

在他的第二篇文章里，哈特向(1958)称，按照舍费尔的观点，康德是例外论观点的创始人。资料分析说明洪堡和赫特纳各自形成了同样的观点，在他们二人撰写文章时并不知道康德的观点。梅(1979，p. 9)认为无论是哈特向还是舍费尔都没有理解康德关于科学的含义。至于地理学作为一门科学的作用，他证实哈特向并没有理会舍费尔关于康德思想来源的解释(见哈特向和梅 1972 年的后一次交流)。

第三篇是哈特向反驳舍费尔观点的最重要的一部著作，是一本题为《地理学性质的透视》的专著(哈特向，1959)。这本书是在舍费尔的刺激下写成的——是在同事的请求下对舍费尔的文章的详细回击——他也借该书讨论了他最初的观点发表以后 20 年间出现的其他问题(哈特向，1939)。他将这些讨论组织成 10 个问题，其目标是提供一种地理学需要的方法，提供“新概念的方法和更有效的途径来度量现象的内在联系”(p. 9)，这只不过是要建立对地理学“基本特性”的理解和接受。

第一类问题是关于区域分异的含义、地球表面的定义、对地理学综合现象的特殊兴趣的讨论，这种现象是关于“有待研究的全部实体，而地理学则是研究这些实体要依靠的一段经验知识”(p. 33)；关于界定对地理研究来说什么是最重要的；它导致哈特向形成这样的概念，即“地理学是这样一门学科，它力求描述、解释作为人的世界的地球上各地方之间的可变特性”(p. 47)。他认为人文的和自然的因素没有必要区别开来——以前坚持这种区别是环境决定论者主张的作用——人文地理学和自然地理学的分离是不幸的，因为它限制了综合研究客观世界的可能性。

至于时间过程，哈特向认为地理学仅需要研究大致的起源，因为地理学是根据表面形状分类，而不是成因，这对研究区域分异的地理研究很重要；因为大多数地形是稳定的，或基本如此。比如，从人类所处的角度看，研究其改变与地理学的目标不相关。根据这一主张(亦见前面 82 页)，地貌学是研究地形成因的，因此不是地理学的一部分，对地形的研究则属于地理学，至于景观中的文化特征，哈特向把解释性描述和说明性描述严格区别开来：

> 地理学主要是描述……由现存的相互联系的具体特征形成的地区可变特性……对过去特征的解释性描述必须屈居于主要目的之下(p. 99)。

因此历史地理学应该是对现今的历史性进行解释性描述，“回顾过去的目的并不是追溯发展或探究起源，而是有助于理解现今”(p. 106)；研究发展和起源的原因是系统科学的职责。

在试图回答“是否地理学可分为系统地理学和区域地理学”这一问题时，哈特向发展了一种有别于《地理学的性质》的立场。因此在 1959 年，他承认研究相互关系在以下两者之间连续性，即“从那些分析全球范围内地区变异的最基本的复杂现象到那些分析小区域内地区变异的最复杂的综合现象”(p. 121)。前者称作总体研究，后者称作区域研究，然而

> 任何真正的地理研究都包括了总体方法和区域方法的应用(p. 122)。

没有人认为其中一种比另一种方法优越，所有的地理学家对它们都认同。在本著作中，哈特向或多或少地降低了区域综合研究的地位，先前它是哈特向心目中地理事业的核心。

对于舍费尔文章中提出的重要问题——“地理学是寻求总结科学规律还是描述单个案例？”——哈特向认同后者，指出通过地理研究来总结规律的困难，尽管他并没有主张地理学家不应该寻求和应用一般规律来理解单个案例——“把关注单个地方的研究和关注一般概念视为彼此对立和互相排斥，是一个错误的假设”（哈特向，1984，p. 429）。科学规律必须基于大量的实例，然而地理学家研究单个地方复杂的综合现象，科学规律最好是从实验室的实验中建立起来，这种情况下仅允许少量的独立变量改变，然而这种情况在地理学中几乎是不可能的；解释需要系统科学的技能，而地理学家并不具备；科学规律包含某种决定性，但这与导致景观变化的人类的动机并不适应；因为这些原因，探究规律与地理学是不相关的。但是规律并不是科学地理解现实世界的唯一手段，实际上

> 地理学寻求(1)在实际观察的基础上，尽量摆脱观察者的个人因素，用最大限度的准确性和确定性来描述现象；(2)在此基础上，并且在实际情况的允许下，用一般性概念来对现象进行分类；(3)通过对事实的理性考虑以及通过分析和综合的逻辑过程，包括建立和应用任何可能的表达一般相互关系的规则和定律，来最大限度地理解现象之间的科学的相互关系；以及(4)将这些发现归于有序的系统中，以便用已知的去推论未知

的(pp.169—170)。

他所说的,是相当崇高的科学目标。(它和实证主义者的研究目标相当类似(p.31),这正是一些评论家在哈特向和其他空间科学家的著作之间发现很少差异的原因。)

在讨论地理学在科学分类中的地位的时候,哈特向最终转向了赫特纳的地理学分类——类似历史学的时间科学。他认为这是有效的,因为它描述了地理学家的工作方式,无论是局部的还是地域性的问题,还是关于地域内的综合现象及其相互关系(这一观点又由哈里斯重新提出,1971)。

和　解?

两者之间方法学和哲学上分歧的根基是哈特向对地理学的观点是积极的——地理学就是地理学家的所作所为——另一方面,舍费尔的观点则相当正统,说的是地理学应当是什么,与它过去是什么无关。自从哈特向发表了他的《地理学性质的透视》以后十年,舍费尔的观点在大西洋两岸占据了上风,尽管舍费尔基于1953年论文的个人影响是非常微弱的。这场"革命"的实际情况将在下一节讨论。(实际上在英国,哈特向的两本著作被广泛阅读和参考,而舍费尔的文章并非如此——在弗里曼的书中(1961,1980a)没有提及,乔莱和哈格特(1965b)的开拓性文章《地理学教学的前沿》也没提及,只有《地理学模型》例外(乔莱和哈格特,1967)——见斯托达特撰写的章节。亦见斯托达特,1990。)在地理学著作中对舍费尔一哈特向之争关注甚少并不足为奇(格雷戈里,

1978a，p. 32。舍费尔在《美国地理》百科全书的作者索引中并没有列出（戈尔和维尔莫特，1989））。

格尔克（1977a，1978；亦见格雷戈里，1978a，p. 31 以及恩特里金，1981，1990）试图揭示他们的观点并不像他们自己认为的那样。他指出，一般地，哈特向是实证主义者定义的科学方法的有力支持者，但是由于他观察的是独特性，对于这些方法在地理学中的应用，他提出了自己的独特问题。另一方面，舍费尔全盘接受了实证主义者的立场，指出独特性是科学的普遍问题，并不是地理学的独有特征。因此，

> 在将独特性思想扩展到任何事务方面，舍费尔有效地使探究规律的地理学避开了一个主要的逻辑障碍，证明哈特向将独特性作为特殊问题的观点，对接受科学性解释模型的任何人来说是站不住脚的（格尔克，1977a，p. 380）。

哈特向对创建定律的方法和特殊规律研究法的区分具有误导作用。无论是哈特向还是舍费尔都忽视了地理学家是主要的“定律用户”的可能性，然而，哈特向有两种选择，要么是创建定律，要么是描述独特的地区；而舍费尔认为地理学家必须建立形态学规律，忽略了作为系统科学特性的过程规律的重要性。

根据格尔克（1977a，p. 384），当舍费尔坚持地理学家建立定律的必要性的时候，“他造成了该学科的危机”。舍费尔本人是否应对该危机负责还存有疑问，下一章将加以讨论。然而，毫无疑问，舍费尔的文章发表之后的大约十年间，许多人文地理学家，特别是

现在该领域中的年轻一代，至少接受了他的文章中的一部分观点，增强了对计量学和创建定律的关注。他们现在正处在十字路口上——是进行定量和规律研究还是进行哈特向所倡导的独特性研究。正如格尔克(1977a，p. 385)指出的，“不足为怪，大多数地理学家选择了地理学是探究规律的科学的结论”，因为自从那时(格尔克，1978，p. 45)

> 大学期望造就解决问题的人或社会技术人员来运作日益复杂的经济，而地理学家在采用适应新条件的新立场方面并不慢。统计和模型是规划和监控复杂的工业社会的理想工具。然而，新的地理学家的工作总是缺乏真正的学术特征。许多地理学家问的是：“我们的方法严密吗?”，“这个模型揭示怎样的规划内容?”，而不是“这一研究给我们多少启示?”，“我对这种现象的认识提高了吗?”，“这种研究对地理学有帮助吗?”。后一类问题被认为影响很小。然而早就应该关注这类问题，因为新地理学的弱点之一就是缺少凝聚性。

美国系统地理学的发展

无论与阿克曼(1945)、舍费尔(1953)以及厄尔曼(1953)的看法是否有关，显然在 20 世纪 50 年代系统研究在美国地理学家的科研教学中的重要性提高了。(关于哈特向对系统研究的影响，见布则，1990。)这并不意味着与哈特向的观点决裂，而是因为自从 1959 年他已不再从事区域研究。但是舍费尔倡导的科学方法的潮流确实标志着哈特向传统的终结。

部门研究专门化的增长，由詹姆斯和琼斯（1954）编辑的评论文集和50年代的期刊反映了出来。然而，任何情况下，报道的针对创建定律的研究是很有限的。事实上，有些几乎可以归为探查范式，它们的主要目的似乎是提供实际材料。这种工作刻画了一个经验主义者——让“事实本身说话”。

舍费尔支持的实证主义模式的科学的进步是发展理论。詹姆斯和琼斯（1954）的著作中的几则评论文章指出了什么是区位理论（哈里斯，1954，p. 229），但是引用的有关理论主体的经验性研究的实例却很少。例如，关于城市地理学的章节，引用了所有的中心地理论的学术文章，诸如厄尔曼的原著（1941），并用了两页的篇幅（迈尔，1954，pp. 152—163）来表述城市内部空间类型的三个“模型”，这些模型哈里斯和和厄尔曼（1954）十年前已评论过，但是自从那些模型问世以来，没有任何地理学家的已做的工作被引用。因此，20世纪50年代中叶以前，在“科学方法”的倡导下，虽然在著述方面有些先例，地理学家所做的工作却很少。

一旦某种新思想通过专业杂志发行，它总能够被接受。尽管如此，这种思想的发展通常仅集中于很少的几个地方，在那里先导们鼓励他们的弟子就新理论的框架进行研究工作。因此，20世纪50年代，绝大多数地理学系统研究领域的方法的改变可追溯到美国的几个中心，那些中心倡导的工作将在这里讨论。应强调的是，起先的改变主要是关于方法的，它们的科学基础却强调得很少，尽管探究规律的目标是明确的。当然是方法统治了这些著作，无论是赞成的还是反对的。赞成者的文章多发表于较为灵活的系级出版物，可能是由于这些“新”东西被期刊接受十分困难。

衣阿华学派

尽管舍费尔直到1953年去世一直在衣阿华，他并没有对这一学派的发展产生主要影响。在几年内，这一学派产生于那些属于经济系的地理学家，因此能够与他们的同事们在那种“成熟”的社会科学内公开交流他们的观点和方法。该学派的领袖是哈洛德·麦卡锡，美国经济地理的主要作者（麦卡锡，1940）。与他们相关的还有J.C.胡克，D.S.诺斯，H.A.斯塔福德，J.B.林德伯格，E.N.托马斯以及L.J.金（麦卡锡，1979；金，1979a）。

麦卡锡和他的合作者的目的是建立两个或多个地理模式之间的关联度，类似于舍费尔讨论的形态规律。（有趣的是，他们的文章从未引用舍费尔的论文，尽管他们确实参考了，并得到了古斯塔夫·伯格曼的协助，他是维也纳学派的实证主义者，曾经强烈影响过舍费尔并给舍费尔1953年的文章校过稿。戴维斯，1972，p.134；金，1979；戈列奇，1983；亦见马丁，1990。）这些规律被结合到理论中，因此（麦卡锡，1954，p.96），

> 如果我们接受经济地理将成为人文科学的一个分支，它的功能是描述地球表面的不同部分的经济活动的区位，期望该学科产生处理这一任务的一套理论似乎是合理的。

这种理论可以是针对部门的或区域的，在它的早期发展阶段可能在地域范围和主题上受到限制，其内容仅限于空间关系。

这一理论的目的是提供解释，麦卡锡承认两种解释。第一种基于探究观察到的区位模型的原因，但是

> 探究原因从来不能产生适当的可用于经济地理的理论……变量是如此多以至于无法组织，因此，区位问题的解决办法无法找到(p. 96)。

第二种类型是主要的，注重于关联性：

> 它的支持者持一种实际的观点，如果知道两个现象总是一起在空间中出现而从不单独出现，此时地理知识就有用了，知道一个现象的区位导致了另一现象的区位是有价值的(p. 97)。

这种关联规律包括一系列阶段，它从表述问题和确定必要的工作定义开始，随后是现象的度量(包括时间和空间采样问题)，最后是以图、表的方式对发现进行表述。这三个描述阶段先于分析，而分析可以发现现象分布之间的相关性：

> 研究过程的核心问题似乎是寻找最好的技术来发现“如果有a、b、c，则存在x”的假设中的a、b以及c，以便直接分析。但是我们到哪里去寻找它的组成呢？……其线索存在于系统科学的发现之中。另一类线索存在于训练有素的工作人员的野外和室内观察(p. 100)。

因此，地理学在发现形态规律的过程中，在很大程度上是其他学科的规律的应用者。这些规律可能是理论推导的而不是实证得出的。根据因果或过程方法来解释：

> 可能获得显示任何类型的经济活动的优化区位模型，从中可以得到恰当的成本数据。这些模型可以（作为假说）用于比较假设区位和实际区位。类型的差异可以被发现，于是要修正假设来满足它们（通常包含与经济成本无关的因子），最终这些假说变得可以应用了，从而达到成为一种规律的程度（麦卡锡，1953，p. 184）。

这一陈述，尽管没有被参考，却非常忠实地反映了实证主义者的观点，以及波普尔和拉卡托斯的观点，即科学是如何通过不断修改其假设前进的，以便更好地反映现实世界。

在展示这一过程如何操作时，麦卡锡等（1956）讨论了几个度量空间关联性的统计方法，并采用了如今著名的多元回归和相关方法，这些方法曾经被地理学家罗斯（1936）和韦弗（1943）应用过——两人显然和农业经济学家有交往。他们在美国和日本的某些生产工业和区位模型方面经验背景类似。该小组的其他研究包括胡克（1955）的农村人口密度，诺斯（1968）的城市内部土地价值模型，以及金（1961）的城市居住空间的研究。托马斯（1960）在他的芝加哥郊区人口增长的研究中采用过类似的方法，将它作为西北大学的博士论文。他在该论文中发展了这种方法，应用回归的残差一是来确认并不能完全应用假想的关联规律，二是来揭示地域关联的更进一步的假设。(后一篇文章由麦卡锡(1952)的早期文章改进而来,文章没有广泛流传。)后来,麦卡锡(1958)表达了对这一统计方法的可靠性的怀疑,但是,他和他的同事们开创的这一方法,以及这一方法对源自观察和理论推导的简单假设检验的重视,成了十多年内许多研究的模式。

威斯康星学派

威斯康星大学地理系,具有研究计量学的悠久传统。其早期成果中著名的有约翰·韦弗的关于美国大麦生产地理的博士论文,其中包括一个主要章节(发表在1943年的文章中,但删去了支撑方法的论述),采用了多元相关和回归分析来验证气候因素对大麦产量的影响。(韦弗后来执教于明尼苏达大学,在那里他创立了一个被广泛采用的定义农业区域的统计方法(韦弗,1954)。)威斯康星的其他工作集中于人口模型的计量描述(例如亚历山大和扎霍查克,1943)。这两个研究兴趣的融合则是由A. H. 鲁滨逊领导的,他的主要研究领域是地图学,因而地图相关分析显然使他成为俄亥俄州立大学的研究总监;气象学系的古伊·哈罗德·史密斯(布朗,1978)、鲁滨逊及R. A. 布里森协同工作,他们是统计思想和方法的源泉。(地图学研究很长时间内被称作“数学地理学”。它也曾研究统计方法,见布卢门施托克,1953。)

鲁滨逊关心的是发展地图比较统计方法,这由他早期的文章题目可以看得出来——“一个定量描述地理分布相关性的方法”(鲁滨逊和布赖森,1957)。至于在衣阿华所作的工作,罗斯和韦弗的倡导导致了相关分析和回归分析方法的采用。用点代表地域属性的问题(鲁滨逊等,1961)以及在等值线地图中采用相关分析法(鲁滨逊等,1962)引起了特别的关注。像麦卡锡一样,鲁滨逊也意识到在分析地域数据中采用传统的统计方法的困难,因此他提出了一个避开这一问题的方法(鲁滨逊,1965);托马斯和安德森(1965)后来发现这种方法的不足之处,它只能处理特殊情况而不能解决一般问题。而有趣的是,这一领域早期的主要著作是由一帮在统计地理学旗帜下的社会学家发表的(邓肯,库佐特和邓肯,1961;也许更有趣的是,这些工作实际上被地理学家忽视了)。

W. L. 加里森和华盛顿学派

到目前为止,在舍费尔和麦卡锡思想的影响下发表的最大部头的著作来自 20 世纪 50 年代西雅图的华盛顿大学。这一小组的领导者是 W. L. 加里森,他在西北大学获得博士学位,在那里他和托马斯合作(他们两人在 60 年代又回到了西北大学,塔弗,1979)。根据邦奇(1966,p. ix),尽管早期著作的时间表明 1953 年前他参与了在人文地理学的系统研究中采用实证主义的方法,托马斯本人还是受到过舍费尔的影响。有关的人还有 E. L. 厄尔曼,他 1953 年来到了西雅图(哈里斯,1977),他在城市区位模型和交通地理方面做过开创性工作(见莫里尔,1984)。和加里森一起工作的有一大帮研究生,他们中的一些人在以后的年代里成了新方法的带头人,这包括 B. J. 贝里,W. 邦奇,M. F. 达西,A. 盖蒂斯,D. F. 马布尔,R. L. 莫里尔,J. D. 尼斯图恩和 W. R. 托布勒(加里森,1979)。该学派曾经从瑞典地理学家哈格斯特朗那里获益匪浅,他建立了一般化的空间模型和过程的方法(见下文第 170 页),并通过加里森接触到了西雅图的商学院和工程系（哈尔沃森和斯特夫，1978）。

加里森和他的合作者们对城市和经济地理具有普遍兴趣。他们的很多工作根植于他们从其他学科借鉴来的理论——特别是经济学——他们继续努力去检验这些理论并且将它们应用到规划问题中去。在发展严密的理论方面，他们比衣阿华和麦迪逊的人的数学功底要强得多。他们也广泛探索和他们的点线模型相联系的统计检验方法——在他们采用的方法中，有几种是生物科学提供的，诸如点模型的毗邻分析（达西，1962），其他一些用来分组和分类的方法，是从物理学中借鉴的（贝里，1968）。加里森（1956a，p.429）的观点是“充足的证据表明当今的工具适用于我们当前的发展状况。我们所遇到的任何类型的问题都有工具解决”，这与雷纳德（1956）早期的观点相矛盾，尽管他对一些标准技术被如何应用不满（加里森，1956b）。该小组工作的主要贡献包括从其他系统科学引入规范的理论、数学方法和统计方法，并用它们来建立形态规律。

在西雅图所做的有价值的工作在他们的几本著作中得到了充分反映。比如，加里森（1959a，1959b，1960）写了一篇由三部分组成的重要的评论性文章，对区位论的现状进行了评述。第一部分由对6本新书——没有一本是地理学家所写——的评论组成，引入问题“经济活动的空间组织（结构、模式或区位）由什么决定？”（加里森，1959a，p.232）。每本书都在传统的经济分析中考虑到了区位，加里森得出结论说这在传统的地理问题中提供了有价值的经济透视。

中心地理论是该小组关注的主要的区位理论。正如厄尔曼(1941)指出的,这有几个独立的渊源(亦见哈里斯,1977,以及弗里曼,1961,p. 210,他们指出英国 1851 年普查委员会报道了类似中心地理论的发现)。然而,正是克里斯塔勒(1966)的论文引起了极大的关注(见穆勒·威尔,1978)。20 世纪 30 年代克里斯塔勒在德国工作,他形成了一个关于不同大小的居民地的理想分布的思想,这类似于社会功能区域中的中心市场,它受到关于自然环境和企业及消费者共同目标的假设的约束。50 年代末始有翻译,发表于 1966 年。当然,功能区域的研究并不新奇(见前文第 75 页),地理学家曾试图检验克里斯塔勒的关于在六边形的网格中居民地分布的层次结构组织的概念(例如布拉什,1953)。类似的工作中,具有更为归纳性基础的是菲尔布里克(1957)发表的“地域组织原则”。达西对空间层次结构的分析更为严格(达西,1961),而贝里的研究工作则针对西雅图北部居民地模型的中心地方面和斯波坎的城市零售中心(贝里和加里森,1958a,1958b;贝里,1959a)。

加里森(1959b)评论文章的第二部分是关于数学方法和线性规划在地理学中应用的可能性,这些方法提供了在约束条件下的资源分配问题的最优解。他阐述了为了得到诸如在哪里设置经济活动以及如何组织商品流通的理想答案,这些新的经济分析方法应该如何采用。六类可以用线性规划解决的问题是:

1. 交通问题。需要一系列的点,假定一些点提供商品,另一些点需要商品,加上移动费用,来确定从提供地到需求地之间最有效的商品流动模式,使得交通费用最低。

2. 空间价格平衡问题。需要与交通问题相同的信息,但是不仅确定流动，还确定价格。

3. 仓库位置问题。在给定需求地理条件的情况下，确定为一系列的服务点的最佳位置。

4. 工业位置问题。从原材料提供地和产品销售地的背景知识中确定工厂的最佳位置。

5. 相互依赖问题。确定关联工厂的位置以便获得最大利益。以及

6. 划界问题。确定最有效的边界(即使得交通费用最低)，比如，学校排水区。

这些分析的目的，如果被用来研究实际模型而不是用作将来规划的基础，那么正如廖什(1954)指出的，是来观察实际是否有道理，决策者是否按产生最好结果的方式去做的，它将效率定义为成本最小，特别是交通成本最小。华盛顿小组在这一领域的研究包括区域范围内美国的农业活动(加里森和马布尔，1957)，区际贸易(莫里尔和加里森，1960)以及最优区位。

在评论文章的最后部分，加里森(1960a)涉及了关于区位分析的四本书。这些书主要是经验研究，并对工业界的集团经济具有共同兴趣。该文章讨论了一些主题和技术，诸如代表工业体系的输入—输出矩阵。加里森以强调用系统的方式研究区位模型时地理学家的需求结尾，这些系统是有相互关联的活动组成的。

西雅图小组所做的面向规划的实际工作可由加里森的大型研究课题的成果得到说明——他研究了高速公路发展对土地利用和其他空间类型的影响(加里森等，1959)。这本书包括四方面的研究：贝里的城市地区内中心地的空间模型；马布尔的城市居住模型

（以财产值为索引）和家庭特征间的关系——包括位置——以及它们的迁移模型；尼斯图恩的顾客向中心地的迁移；以及莫里尔的适用而有效的医生诊所的位置。此外，加里森本人研究了高速公路发展的可达性影响，建立了基于图形理论的可达性指标体系（加里森，1960b；加里森和贝里到芝加哥地区工作后，该工作由坎斯基继续，1963）。他也采用哈格斯特朗建立的模拟方法研究城市增长过程（加里森，1962），该课题由莫里尔进行了深入研究。贝里（1958）在一块规划的商业中心上对中心地进行了深入研究。

邦奇的论文《理论地理学》（1962，1966 年增订重印），虽然和该小组目标一致，但与他们的研究工作多少有点脱节。加上从舍费尔那里借鉴的思想，本书充分展示了地理学的规范观点（邦奇在衣阿华工作过一段时间，也在麦迪逊工作过）。这是一本很难总结的书，但是其基本思想十分明确：地理学是关于空间关系和相互关系的科学；几何学是关于空间的数学；因此几何学是地理学的语言。因此，本书的前几章是关于建立地理学的科学信誉的，这一部分反驳了哈特向已发表的观点，特别是那些关于独特性和可预测性的。如同路易斯（1965）及其他人主张的，邦奇认为哈特向混淆了独特性和奇特性；他反对哈特向认为的因为缺少例证地理学不能形成规律，认为存在许多一般规律，反对认为地理现象不可预测的观点，认为科学“并不追求完全的精确性，而是精确性妥协于一般性”（p. 12）。

当满意地建立起了地理学的科学信誉之后，邦奇开始研究它的语言。一次对地图学的有趣的讨论使他得出如下结论：描述性数学是适于地图学的更精确的语言。本书的其余部分将转向地理科学的实质性部分，以“运动的一般理论”开端，接下来的一章是关于中心地理论的：

> 如果不是中心地理论的存在，就不可能如此强调理论地理学存在的必要性……中心地理论是地理学知识成果的精华(p. 133)。

接着讨论了检验该理论的问题，说明了地图转换的必要——如盖蒂斯(1963)所做的。在第一版的最后一章，清晰说明了地理学和几何学的联系：

> 现在空间科学成熟得如此迅速，空间数学——几何学——的充分利用是其他学科所未及的(p. 201)。

该小组解体之后，20 世纪 50 年代中后期它所做的丰富多彩的工作在许多地方得到继续（虽然莫里尔后来加入了西雅图小组，只有厄尔曼留了下来）。最多产和最有创新意识的要数贝里，不论在他初始的中心地理论领域（贝里，1967），还是在经济和社会地理的十分宽广的其他领域内，贝里的工作总是具有很强的经验和实用基础。而达西继续研究空间数学表达，特别是点和模型（比如达西，1973）。总之，这个重要的学派的工作影响了世界范围内整整一代地理学家的科研和教学工作。

社会物理学派

该派别的工作是独立于其他三个学派而开始和发展的——它最早的著作先于舍费尔的文章十多年，其领袖是普林斯顿大学的天文学家 J. Q. 斯图尔特，他将社会物理学的起源追溯到几个自然科学家，将他们的方法应用到处理社会资料(斯图尔特，1950)。当他注意到人口分布各方面的某些规律的时候，他本人的研究显然已经开始了。这些规律类似于物理学定律，比如有这样一种趋势，在某所大学的学生的数目随着他们家到学校的距离的增大而减少。从这些观察中，他形成了社会物理学的思想，他定义道(斯图尔特，1956，p. 245)：

> ……社会学量纲和物理学量纲类似，包括人口数，距离和时间。社会物理学涉及观察、过程及其他们之间的相互关系。它和数理统计之间的区别并不难界定，而物理学的其他分支也是如此。社会物理学和社会学的区别是前者没有主观描述。

他在普林斯顿创建了一个实验室来研究那些规范的可以在这种背景下分析的规律。(沃恩茨的注释(1984)指出别人介绍给他一本斯图尔特的关于《海岸、波浪和天气》的书——斯图尔特，1944——该书“原本是为航海和航天者们介绍物理环境的……斯图尔特忍不住额外加一章来表述人口位势和它的社会学重要性”。)

斯图尔特的观点是通过《地理评论》的一篇文章介绍给地理学家们的(斯图尔特,1947)。其中得出了4条经验规律:第一条是城市位序律,指出在美国,城市人口乘上位序(从1到n,1代表最大,n最小),再用一个常数标准化,就等于最大城市的人口——纽约(卡罗尔,1982);第二条揭示出,在很大程度上,美国大于2500人口的城市数目和居住在这些地方的人口比例有很好的相关性;第三条显示人口分布可以描述为在一系列点上的人口位势,和牛顿物理学中磁场中的势能具有相同的情形;第四条阐明了这种人口位势和美国的乡村人口密度有密切关系。从这些规律中,斯图尔特主张

> 任何人已不再有任何借口忽视这一事实:一般,至少在特定情况下,人类服从数学规律,类似于在一般情况下服从某些基本物理“定律”(p. 485)。

为什么应当这样则没有任何解释(柯里,1967b,p. 285,称这是“有意避开是非争论”):这些规律是按经验规则的方式提出来,这与物理学的基本定律有些相像。没有提供因果假设,更不用说验证了。

斯图尔特的一个合作者是威廉·沃恩茨,宾夕法尼亚大学的研究生,后来在美国地理协会任研究助理,在他所称的“关于距离作为社会的一个基本量纲的研究”方面进行研究(沃恩茨,1959b,p. 449,亦见斯图尔特,1984)。他们用观察到的广泛的经验规律(见斯图尔特和沃恩茨,1958,1959)来建立他们的宏观地理学概念

(沃恩茨,1958a,1959b)。沃恩茨称,地理研究被微观研究所统治:

> 有一种趋势,美国地理学家关注独特的、特别的、直接的、微观的、功利的和明显的现象,这种趋势时强时弱(沃恩茨,1959b,p.447)。

但是

> 越来越多的地域研究有增加大量细节倾向,在本质上这并不意味从微观向宏观的转变(p.499)。

因此地理学家没有意识到他们已陷入局部细节的泥潭之中。为克服这种倾向,斯图尔特和沃恩茨建议寻求"总体规律"。斯图尔特定义的人口位势是用来描述一般分布的,表明与美国经济和社会地理中大量的其他模式有联系。要意识到,这些发现仅仅是经验规律,但是它们可用作理论发展的基础(斯图尔特和沃恩茨,1958,p.172)。因为地理学需要一种理论,它们"具有从观察到的现象中确立和调和区域关系的作用。所探索的一般规律将把有意搜集到的个别显然是独特的、孤立的事实统一起来"(沃恩茨,1959b,p.58)。尽管距离和可达性的重要性是一个潜在的明确观念影响到个人行为,建立理论的途径是归纳(见图3.1)而不是演绎。对沃恩茨来说,对加里森、厄尔曼及其他人都一样,克里斯塔勒的思想是具有创新意识的(见邦奇,1968)。

这些宏观指标,尤其是人口位势,在多种情况下得到应用,比如在沃恩茨(1959a)的《通向价格地理学》中，确立了美国农产品价格和供求位势指标之间的密切关系；哈里斯(1954b)和普雷德(1965a)在研究工业区位模型时也采用过位势指标。不论是在美国地理学会还是后来在沃恩茨领导的，迪则恩计算机图形学实验室研究生院以及哈佛大学空间分析中心，“宏观地理学家”在各种距离衰减模型方面做了许多工作(见第四章)，并且在中心图计量方面推进了俄罗斯小组的工作(斯维亚特洛夫斯基和伊尔斯，1937；内夫特，1966)。

在很多方面，这些研究思路和前面提到的其他三个群体形成了鲜明对照。首先是主题范围；邦奇呼吁高度概括的科学方法，斯图尔特和沃恩茨也许在这方面比其他任何人做的都多。其次是建立理论的途径，宏观地理学在寻求规律方面采用的是归纳法而不是演绎式的检验假设。最后，用来和人文地理学类比的是自然科学——物理学——而不是其他社会科学。

小　结

这一节列出的发展刻画了人文地理学领域内早期的主要转变，这种转变在美国内外发生的很快。尽管重点是理论和计量，以及“地理学规律”的发展，并与战后年代里的一般的学术思潮相吻合，但是，在某种程度上，这些工作并没有从哈特向在地理学性质中的广义定义走得太远(见前文第 93 页)。关注系统研究的新的研究者和它的区域地理先辈们主要的区别是：创建规律方面，他们是有坚强的信念的地理学家，他们遵循接受科学方法的准则离开了自我封闭的学术孤岛(阿克曼，1945，1963)。

人文地理学中的科学方法

不管刚刚谈到的转变是否在人文地理学中激起了一场“库恩革命”，十分明显的是它至少包含了在地理学研究方面的重新定向。也许十分奇怪，重定向并没有集中于陈述纲领。关于在这种新框架内如何开展研究，没有任何一本书或一篇文章提供一个大概：舍费尔的论文对如何阐述和导出地理规律没有作任何说明，尽管麦卡锡和他的合作者讨论了在一般（麦卡锡，1954）和特殊（麦卡锡等，1956）情况下的方法，他们却没有提供一个总的纲领。如格雷戈里（1978a，p. 47）指出的，“地理学对它的认识论基础注意的太少（个别例外）”。

有一篇文章在开始时并未为人注意，因为它比它们中的大多数都晚，但是在60年代新观念传播开来的时候，它却被广泛引用。阿克曼（1958）的文章《作为基础研究学科的地理学》是分析研究组织的。他指出最终目标是对现实世界的完全理解，至于当今的发展，“如果任何一个主题可用于刻画当前阶段，它将是阐明地球特征的相关关系的主题之一”（p. 7）。地理学作为一门科学，因为它涉及特殊地点，甚至可称它是研究特殊规律的科学，根据阿克曼，它需要为“不断增长的创新部分”而奋斗。它的基本研究

> 不必产生规律……地理学的许多基础研究在严格意义上还不是产生规律的，但是它关心高度的概括，并且它为后续的研究提供了价值。在这种意义上，它具有板块特性（p. 17）。

这种基础研究“可能依托计量化……精确的研究依靠计量化”(p.30)，并且应当“形成一个理论框架，它具有指引实际观察的分布模式和空间关系的能力”(p.28)。

阿克曼的文章是响亮的号角，它呼唤理论发展、计量方法的应用、关注规律和概括，并为进一步创新研究构筑框架。但是这些研究如何开展则没有详细的讨论；它是没有详细内容的呼唤。7年后，美国科学院全国研究理事会(1965)委员会关于“地理学的科学”的报告中讨论了“地理的问题和方法”，讲到

> 地理学家相信空间分布的相关性，不论考虑到其统计性还是动态性，可能是理解现存和发展生命系统、社会系统或环境演变的最现成的钥匙。过去……进步是缓慢的，由于地理学家人数有限，严格的分析多变量问题的方法和系统概念只是最近才发展起来(p.9)。

同样，关于科学研究定向的一般陈述就研究是如何进行的这一问题并没有提供任何细节。然而，比尔东在1963年发表的一篇文章中指出，知识革命——计量和理论革命——曾在地理学发生过：“革命结束了，那些曾是革命性的观念现在已经大众化了。”(p.156)一些东西已经变得习以为常了，但是这些东西是怎样的？没有人为该学科写一篇详细的说明性文章！

科学方法

没有迹象表明提议改变人文地理学本质的这些地理学家在他

们的研究中缺乏明确的合理性；事实上，他们达到目的的方法无疑相当清晰（尽管他们的一些弟子并非如此），但是他们并没有在发表的文章中详细讨论这些。如果说他们对文献的引用有新意的话，他们对所采用的基本哲学有深入的研究吗——衣阿华小组的文章（见戈利奇，1983）和邦奇的论文参考了伯格曼的工作，这是个例外。关于统计和数学方法的文章被广泛引用，其中一些是由地理学家发表或为地理学家而发表（格雷戈里，1963；金，1969），但是直到 1969 年，关于“新地理学”基本原理的第一本著作才出版，该书受到了广泛好评（哈维，1969a；以及莫斯（1970）的大约同时但较为简短的文章；注意哈维是在英国学习的，他的文章也在那里发表）。

根据哈维（图 3.1），有两种解释的方法。第一种，有时称作“培根式”或归纳法，从观察中得出概括：观察一种样本然后从中得出解释。这种情况隐含了从特例中得出概括的危险，然而，莫斯认为，解释的接受太依赖于解释者的才能和探讨的未经证明的实例的代表作。因此图 3.1 中的第二种方法更好些（见贝内特，1985a）。这种方法也是从观察者对现实世界样本的感受开始；接着设计实验，或其他形式的测试，来证明针对这些样本的解释的正确性。只有当这些想法得到成功验证才可以得出概括性结论，这些验证是针对资料而不是针对那些从中推导出的结果的。

通过第二种途径得到的科学知识，是“一种控制性推测”（哈维，1969a，p. 35），20 世纪 50 年代越来越多的人文地理学家寻求采用的正是这种方法。其基本原理即人们熟知的逻辑实证主义，是由20世纪20—30年代在维也纳工作的一群哲学家提出的（格

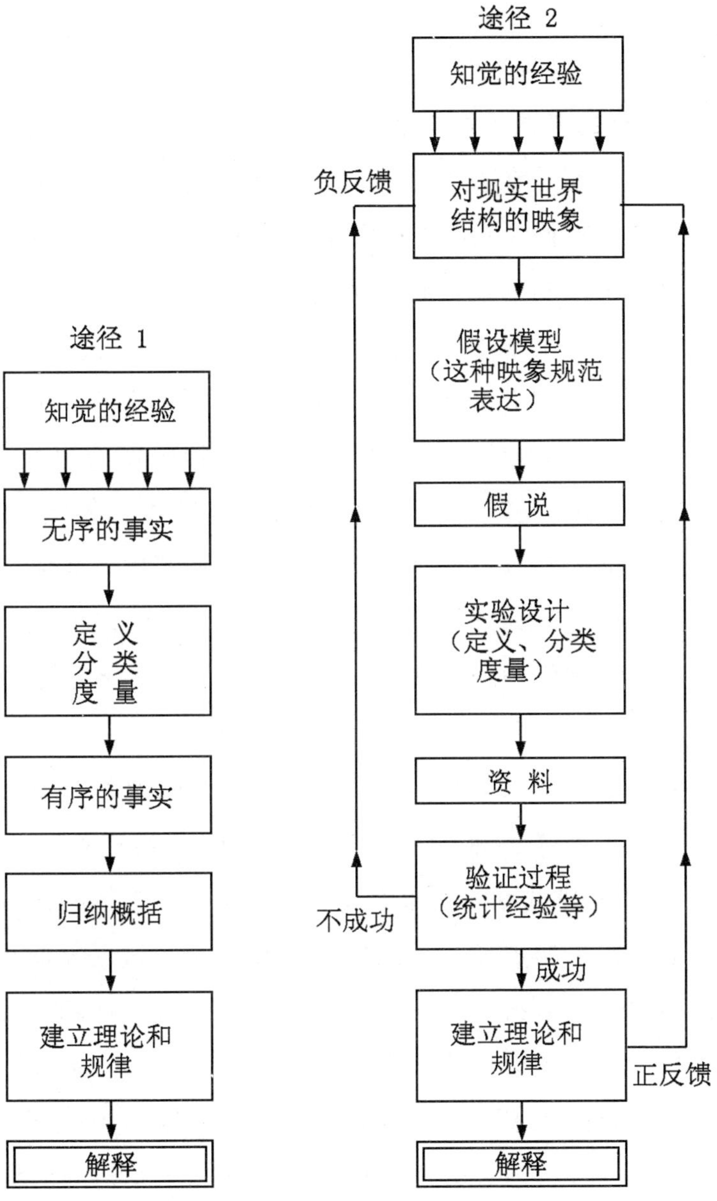

途径 1

知觉的经验
↓
无序的事实
↓
定 义
分 类
度 量
↓
有序的事实
↓
归纳概括
↓
建立理论和
规律
↓
解释

途径 2

知觉的经验
↓
对现实世界
结构的映象
↓
假设模型
（这种映象规范
表达）
↓
假 说
↓
实验设计
（定义、分类
度量）
↓
资 料
↓
验证过程
（统计经验等）
↓ 成功
建立理论和
规律
↓
解释

不成功 → 负反馈 → 对现实世界结构的映象

建立理论和规律 → 正反馈 → 对现实世界结构的映象

图 3.1 两种科学解释的途径

资料来源：哈维(1969a，p. 34)。

尔克,1978)。它基于这么一个概念:客观世界是有序的,它等待人们去探索,由于这种次序——地理学中变化的空间型式——的存在,它不可能被观察者所篡改,一个中立的观察者,不论是在亲自观察的基础上或是在参考他人观测的基础上,将会得出关于客观世界某些方面的假说(推测的规律),然后检验这些假说。假说的验证过程就是推测的规律转化为公认的规律的过程。

该原理的一个根本原则是规律必须通过客观过程来证明,并不能因为它们似乎是正确就简单接受。正如邦奇(1962,p.3)指出的,"似是而非的或直觉的事实不能作为检验理论的有效根据"。有效的规律必须能够预测客观世界的特定模式。因此,如果关于那些模式的某种观点已经成形,研究者必须将其转换成一种经得起考验的假说——即能够断定真假的命题(哈维,1969a,p.100)。然后设计检验这种假说的实验,收集资料,最后对预测的准确性作出评估。

如果实验的结果与预测不相符合,那么假说的基础——观察或者来自他人著作的推断就值得怀疑。因此会产生一种负反馈(图3.1),对客观世界的映象就得修正,然后形成新的假说。这实际上就是波普尔的观点——任何假说都必须经过反复修正。哈维(1969a,p.39)仅给出了该观点的8种情况,然而,他却指出了最一般的情况,即只有"严重失败"——他没有定义——能够引起对假说的全面怀疑(见莫斯,1977;伯德,1975;佩奇和海恩斯—扬,1979;海恩斯和佩奇,1985)。海(1985a)和马歇尔(1985)提供了在人文地理学中采用批判理性主义的波普尔方法的实例。批判理性主义的目标和实证主义相同——发展广泛的理论使得预测具有更高的确定性。两者的差别是手段而不是目的，批判理性主义者认为假说永远不能全面验证，只能是扭曲。显然，如果研究者是一个优秀的观察者和逻辑性强的思考者，假说发生歪曲的机会则会很少。另一方面，如果检验是成功的，假说的推测就变成了可接受的概括。一次成功的检验不可能使假说成为规律。既然规律是普遍的，就需要用其他资料检验；总会有歪曲的可能。

伯德(1989)用他称谓的 PAME 方法——“实用的分析性方法论和认识论”的缩写——扩展了批判理性主义。他将实用放在首位以强调对“真实世界”推测的外部检验的重要性(p. 236)，其次是分析，因为伯德采用的是假说—演绎方法，而不是“一种用单个实例来归纳的推理方法”(p. 237)。至于方法论，他暗示采用范式作为范例(见本书第 37 页)，这涉及认识论问题，因为理论知识的发展需要一系列可用的、实际的方法。总体上(pp. 238—239)：

> 研究方法的假说—演绎性质是一个稳定要素。因为该方法实际上保证和现实世界中的事物一致，方法论—认识论结构中的其他因素都可随经验改变。

对于他来说，这是一个没有尽头的过程，它不应当在寻找“终极真理”中应用，而是为了比较“我们持有的尚待证明的想法”(p. 246)。

根据哈维(1969a，p. 105)：

> 科学规律可以解释为普遍正确的一般规律，也是理论体

> 系的有机组成部分,对该理论体系我们有绝对的信任。这种严格的解释可能意味着各种科学中都不存在科学规律。科学家因此在实际应用中放宽了它的标准。

因此,在足够的(未定义)的成功检验之后,假说可能达到类似规律的状态,加入到由一系列相关规律组成的一个理论体系中去。在完整理论中有两类表达方式:一种是公理,或约定,是假定正确的表述,例如规律;另一种是从初始条件的推论,或定理,它们是由确认事实——下一轮假说——中推导出来的结果。在理论阶段到世界观的过程中有一个正反馈(图 3.1),因此旨在进行完整解释的整个科学事业,如阿克曼主张的是一个循环的过程,一轮实验的成功构成下一轮的思维框架。

图 3.1 中被忽视的一个阶段是模型——一个被广泛使用却有多种解释的术语(乔莱,1964)。模型具有两个基本功能:模拟现实世界,比如比例模型、地图、方程组以及其他模拟(摩根,1967);作为理想类型,在特定约束条件下模拟现实世界。二者都用于实证主义方法中,作为推论可检验的假说的指导工具。

计量化在科学方法中起主导作用。像加里森采用的线性规划法一样,数学在建立模型中特别有用。不过,有很强数学背景的地理学家相对较少(这在 20 世纪 50 年代尤其明显),因此在用方程组模拟现实世界方面所做工作甚少。所以数理统计在假设—检验中发挥了主要作用。可用的统计方法有两类:描述性统计可以用于代表模式和关系;归纳性统计用于从精心筛选的随机样本中建立所定义的总体的一般概括。(它们采用相同的过程。)许多地理研究混淆了二者。归纳性统计采用显著性检验来考察是否在一个样品中观察到的东西在它的总体中也发生。因此，如果分析的材料不是来自于同一总体，这种检验是不相关的（一些不同看法发表在“什么是样本？”，见迈尔，1972；考特，1972）。许多地理学家曾在以描述方式应用归纳方法，可是仍把显著检验作为验证他们发现的正确性的途径（如海指出的，1985b）。

数理统计方法对“新地理学”的追随者们的主要吸引力是它们的精确性以及在描述中很少引起歧义——与语言相比。这一看法是由科尔（1969）提出的，他注释了一篇著名的文章（斯坦普和比弗，1947，pp. 164—165）。下面是斯坦普和比弗的文章，括号中的注解是科尔的，用于显示歧义：

> 当前在英伦三岛空间的小麦种植的分布启发了两种不同类型的限度的概念。一般说来（含糊），可以说任何作物种植的可能（含糊）限度（有限的）是由地理（含糊）因素，主要是气候条件决定的，如此决定的（怎样?）限度可以描述（定义）为极度的（含糊）或地理的（含糊）极限……（科尔，1969，p. 1960）。
>
> 科尔认为，全部引文（此处仅选了一部分）充满了歧义，它可以指 40 个县的大约一万种可能的组合，简直不可能从这些描述中恢复出一幅地图。
>
> 揭示的相关性是如此地没有把握，如此地不精确，以致使读者搞不清楚为什么小麦应该种植在那里。采用标准的相关程序……它自己便可以提供一种更精确地关系表述（p. 162）。

在 20 世纪 50—60 年代，持类似观点的人越来越多，计量化成了新方法训练的必修课（拉瓦勒、麦康奈尔和布朗，1967）。

日益被地理学家采用的科学方法则是检验观念的过程，但是，这是高度程式化的。关于这一点，自然哲学家和其他人之间曾展开了广泛争论（哈维，1969a）。尽管该方法的许多方面都被地理学家采用，他们的引用表明缺少完全的实证主义哲学的深度。（此处用的实证主义指通常为大家熟悉的“科学方法”。它包含在逻辑实证主义的基本原理中，认为只有应用科学方法得到的知识才是正确的：约翰斯顿，1986a，1986b。）

对科学方法的反应

尽管（也许是因为）缺乏关于“新神学”（斯坦普，1966，p. 18）的清晰的纲领性表述，直到哈维（1969a）的著作出版，对科学方法发展的反应可概括为激烈而凌乱（詹姆斯，1965，p. 35，称争论是“持续的，艰苦的，不妥协的斗争”。）两个相关的问题是争论的主题：在地理研究中的计量化是否明智，以及建立规律是否可能。如泰勒（1976）指出的，在某种程度上，这一争论和第一章（p. 14）讨论的那种争论一样，是跨时代的。对某些“老卫士”来说，正在争论的东西并不是地理学，而是应当将其遂入学术界的其他角落。

计量化的争论不太激烈，几乎没有人从整体上批评它，尽管它的范围受到了批评。因此斯佩特（1960a，p. 387）承认计量化是“一个实质性的因素”，并且

不管你是否喜欢，这是计量时代，金・坎努特的姿态并不十分

有益或实际。如果你有足够的本领，最好去弄潮，而不是抱着人道主义的蔑视态度走向终结。用汤恩比的话说，那是走向历史的垃圾箱(p. 391)。

然而，他发现了发展过程中的三个危险倾向。首先是混淆了目的和方法。计量化主义者企图对任何事情定量(劳德·开尔文——“当你不能用数字表达时，则你的知识是贫乏或者不能令人满意的那种”：斯佩特(1960b))，但是某些东西，比如西班牙人头脑中马德里和巴塞罗那的位置，就不能用这种方式处理。其次，存在固执地分析琐碎细节的倾向，仅提出平庸的发现，斯佩特认为这是学术界的通病，尤其在它变革的时候。“是否计量化了？这是经常伴随我们的问题”(斯佩特，1960a，p. 389)，并且这个问题总是被倡导者极端化——鲁滨逊(1961)所说的 perks(过度计量化主义者)和 pokes(假计量化主义者)。最后，是计量化主义者的傲慢的狂妄，认为解决全球问题的答案伸手可及。

斯佩特不是唯一的批评家，他比许多人更宽宏大量。波顿(1963)总结了五类批评意见：

1. 认为地理学被引入歧途；

2. 认为地理学家应当坚持他们的探索工具——地图；

3. 认为计量化仅适于特定任务；

4. 认为方法超过了目的，为探索方法对方法的研究太多了；以及

5. 不反对计量主义者的态度。

然而，他相信，计量化远不只是时尚，地理学应当走出用新工

具检验相对琐碎的假说的局限，以便“使发展理论、建立模型的地理学有可能成为计量革命的成果”(p. 156)。

对地理学家的更为严厉的批评是理论问题而不是计量化，尤其是地理学中规律的作用的问题。在某种程度上，它继续了环境决定论之争，后者在英国仍在继续(克拉克，1950；马丁，1951；蒙蒂菲奥里和威廉，1955；琼斯，1956)。例如琼斯把这一争论转移到科学决定论这一话题上及关于人类自由意志的内涵中。马丁认为或然论并不仅仅是错误的，同时也是有害的(p. 6)，因为所有人类的行动都被某种方式决定。所以在人文地理学中：

> 除非我们能够假定规律存在或严格类似于自然科学中的那些规律的必然条件存在，否则既没有人文地理学，也不存在与此同等的社会科学，只有一连串的对明白无误的事件的阐释不清的陈述……除其深刻的内涵外，这样的规律和自然科学的规律没有什么不同(pp. 9—10)。

琼斯(1956)指出，企图发现人类行为的普遍规律是不可能的，并指出在物理学中存在两种类型的规律：经典物理学中的决定性的规律，这适于宏观；还有或然性的量子规律，用于描述单个粒子的行为。后者在实用过程中至少要考虑在规定的约束条件下自由意志的应用，至少要对不是“为什么”而是“怎么样”这类的问题作出回答。但是对因果关系的怀疑困扰了许多人。正如刘易斯(1956)的反论表明的那样，“原因以某种方式导致结果，而同样的方式下结果并不能导致原因，这样的假设是错误的”(p. 26)。

戈列奇和阿梅代奥(1968)提出了同样的问题,指出寻求人文地理学规律的批评家把规律定义为绝不存有例外。他们指出科学承认规律的几种类型,同时也指出类似规律的命题的确定性从未最终得到证明,因为不可能针对所有情况——所有时间和一切地点——进行检验。他们给人文地理学划分出了四种有意义的规律类型:跨部门规律描述功能关系(例如两张地图间的关系)。尽管它们可能提供某种东西,但并不显示因果关系。平衡规律,表明如果特定条件得到满足,将会观察到什么。动态规律包含了变化概念,一个变量的改变将会带来(或导致)另一个变量的变化。动态规律可能具有历史性特点,如 B 可能会以 A 开头,后面又会紧接着 C。动态规律也可能是发展的,在上述陈述中,B 之后可能出现 C、D、E 等。最后,统计规律假定 A 存在会反映 B 发生的可能性。其他三种类型的规律不是决定性的就是具有统计特性。而后者几乎肯定是地理学家的研究范围。

刚刚讨论的文章中没有一篇属于关于定量化和理论建设的争论,它们似乎是对某些看法的回答而不是发表的批评(在英国几年来没有一篇,泰勒,1976)。然而在美国的文献中则表现了一场争论,它是卢克曼(1958)发起的,是对沃恩茨关于宏观地理学(见上文第 109 页)的观点和对巴拉邦的文章(1957)作出反应;后者在其文章中声称经济地理学缺乏普遍原理,“短于理论分析而长于描述事实”(p. 218)。麦卡锡向人们表明应如何进行研究。但巴拉邦强调需要用经济学家建立的区位论作为假设的基础。卢克曼的回答认为,巴拉邦和沃恩茨的建议的主要问题在于其假说背后的假设(沃恩茨类比于物理学而巴拉邦类比于经济学)与卢克曼把地理学看作是一门经验科学的观点不一致。统计规律和主观经验并不能提供解释。源自这些模型的假说只能验证模型本身(亦见莫斯,1970)。“要检验的假说既不是统计推导出来的,也不是推理出来的,也就是说,这些假说既不是实验观察得出的,也不是社会的、经济或地理领域的已有知识推理得到的(p. 9)”。

卢克曼遭到了贝里(1959)的反驳,贝里认为这些模型就其简化和不真实的假说而言,能为理解现实提供洞察力:“一个理论或模型,通过检验生效时,可以提供一个现实的缩影、刻画各种现实的钥匙,一个多能的最重要的钥匙,而不是挂满钥匙的钥匙环”(p. 12)。卢克曼不相信,基于完备知识和竞争假设的模型,如果不是经验得出的话,对理解会有什么作用:“关键问题是建立假设要从经济地理学的经验事实出发……通过文献而不是直觉来更清楚地理解,使不太真实的变得真实”(p. 2)。金(1960)那时也加入了争论,他指出,所有的规律实际上都是假设,检验中所观察到的现象偏离了所期望的,这说明那些假设无效。卢克曼作出了三次回答,在第一篇文章中他指出,在说明美国水泥生产的地理中,达不成共识是因为经济分析忽视了“历史惯性、地理动量和人类条件”(p. 5)。他在第二篇回答金的文章中(1961),提出了一些论点,后来在明尼苏达(见下面第 177 页)和他一起工作的萨克给予了发展,他指出,引进地理学的大部分理论(如廖什的理论)不是建立在对现实提供理解和说明的基础上。最后,他提交了一篇较长的文章(卢克曼,1965),讨论了争论的几个方面的内容,总结道:

这样,我们看到科学解释远离了这些氛围,这种氛围是宏

> 观地理学家倡导的——地理研究的最终成果。科学不再解释事实，它仅解释假说的结果(p. 194)。

并且对地理学解释的进一步要求是要将建立在对现实观察的基础上，而不是引进不能给予解释的类比。它仅仅是不真实的假设。卢克曼的基本观点(从未被他的批评家抓住把柄)是，在经验事实和模型之间呈现一致性的检验仅仅是对模型的检验，而不能表明经验现实是如何产生的。

卢克曼和他的反对者们关于地理学家在寻求解释(不是关于实证主义者的科学模型，而是关于对真实世界的想象的输入，见图3.1)应采取的方法上存在的明显分歧，使人想起第一章谈到的代沟。正如贝里和金并未说服卢克曼一样，琼斯、刘易斯、戈列奇和阿梅代奥等人的文章是否平息了那些未被“计量化者”征服的人的恐惧，还值得怀疑。但是，这一差异很快就不再是议论的话题了，至少是在专题地理学家所发表的文章中。如比尔东指出的，到20世纪60年代中期，许多变化已被广泛接受，在人文地理学家的著作中区域方法从首要位置退出，计量化和理论性的文章不仅开始统治了著名的期刊，诸如《经济地理》和《地理分析》(1969年创刊的“关于理论地理”的杂志)，而且统治了享有盛誉的通论性刊物，如《美国地理学家协会年刊》。(尽管贝里声称该杂志退回了他和加里森的早期投稿，批注“不属于地理学”，但是《地理评论》是通过美国地理学会中宏观地理学家的倡议，较早“转变”的杂志；哈尔沃森和斯特夫，1978。)可是大多数工作对理论几乎没有什么贡献。在某些情况下，它是对根据理论或模型推导出的假说的定量验证，

但是很少指出其结果如何。在其他情况下，则是启发理论和模型发展的定量描述，但是更多的情况则是一系列“就事论事的报告”。到了20世纪70年代，教科书开始出版，它们在“经验科学”的实质性内容之前，先讨论科学方法和定量化（埃布勒，亚当斯和戈列奇，1971；阿梅代奥和古尔德，1975）。

科学方法的传播

在美国的人文地理学中，早期研究使用实证科学方法很大程度上集中在与经济地理学和城市地理学有关的经济方面。这无疑反映了在社会科学中经济学相对成熟，为地理学家提供了可以照搬照抄的模型，不仅可以提高它们的学科水平，也能促进对产业界和政府部门有益的研究事业。人文地理学中经验工作的长期传统意味着，无论如何，在系统领域中，研究无一例外地把对相当简单的假说的统计检验与少得可怜的数学建模或正规理论的叙述调和到一起。

在人文地理学家这些方法发展的同时，对它们起重大刺激作用的是美国一门新科学——区域科学的诞生。这是反传统的学者——沃尔特·艾萨德——的杰出成就。艾萨德是一位经济学家，他把空间要素纳入了他的模型中。在某种程度上为城市和区域规划提供了一个比先前更为强大的理论基础。用通俗术语来讲，区域科学就是一门强调空间特征的经济学，正如艾萨德早期的两篇文章表明的那样。但是区域科学协会吸引了相对更多的从事实践的地理学家，超过了经济学家。对某些人来说，区域科学与经济地理学很难区分:前者以更大程度地关注数学建模和经济理论化而独具特色,然而地理学研究仍然重在经验而又较少依赖规范语言(最初,艾萨德把地理学家看作是为区域科学家的模型做具体检验工作的)。随着时间的推移,区域科学家的兴趣被拓宽了(艾萨德,1975),但其深厚的理论基础仍然保持着。

在美国人文地理学那么多的新工作中强调统计方法导致了对自然地理学的特殊偏好。(60 年代,一流的计量地理学家莱斯利·柯里本来学的是气候学。)在一流的杂志上发表了大量的自然地理文章。越来越多的自然地理学家在大学的系里任教,像克鲁姆宾、李波尔德、舒姆和沃尔曼等地质学家都是计量思想的主要发明者,他们在培养研究生方面有共同的兴趣(拉瓦勒等,1967)。1960 年举行的关于计量地理学的学术会议上提交的论文反映出发展中的这种共同兴趣。这次会议导致了两本关于方法进展的文集的面世(加里森和马布尔,1967a,1967b),一本是关于人文地理学的,另一本是关于自然地理学的。在人文地理学文集中,比如贝里介绍了一组因子分析方法,作为分解和排列大数据量矩阵的一种手段;达西研究了线性模型,而贝克曼研究了最优路线定位。鲁滨逊对地图的统计比较继续做了工作,梅菲尔德和托马斯扩展了中心地结构的分析,马布尔、莫里尔和尼斯图恩考虑了移动类型;沃恩茨继续研究了宏观地理学。关于计量技术的会议和夏季学习班也都在这一时期举行(关于它们的影响,见古尔德,1969;塔弗,1979)。美国地理学家在发起成立国际地理联合会计量方法委员会走在最前头。

在美国地理学中的扩展

在美国人文地理学的一些专业领域开展了比尔东的“数量和理论革命”,“革命”的首要任务之一是传播“新神学”,并说服别人相信定量化和有关的科学方法可能会给他们的专业带来好处。在几项主要的倡导中,有国家科学院和全国研究理事会的题为《地理科学》的报告(1965),它是为了编制学科优先研究计划而准备的。为了更加注重“理论演绎”工作,以平衡早期关于“经验归纳分析”才出现了这样的情况。其详细的论点以四个前提为基础:

> (a)如果科学进步和社会进步不是一回事的话,至少是密切相关的。(b)全面领会世界范围内协调人和自然环境体系是全部科学中四个或五个压倒一切的大问题之一。(c)了解人和自然环境的空间关系的社会需求在上升,而不是下降,因为世界上的居住面积越来越大也越来越复杂,在不远的将来可能进入一个危机阶段。最后(d)任何科学分支的进步都关系到其他科学分支的发展,因为科学作为一个整体具有有机性质。
>
> 认识空间联系的社会需求是迫在眉睫的实际需要。随着人口密度的上升,土地利用强度的增加,对空间有效管理的需要将变得更为迫切。

对委员会的成员们(E. A. 阿克曼,B. J. L. 贝里,R. A. 布赖森,S. B. 科恩,E. J. 塔弗,W. L. 托马斯,以及 M. G. 沃尔曼)来说,地理学涉及地球表面空间分布的研究(p. 8),那么“地理研究在支持有效空间管理的科学中将是不可替代的一分子”(p. 10)。实证主义科学方法正在向地理学家推销,而地理学也正在向科学机构推销,寻求研究的财政支持。

委员会在地理学中选择了四个领域,来说明作为一门“有用的科学”的学科所具有的潜力。其中第一个领域是自然地理学。第二个领域是文化地理学,它研究“人类社区生活方式的空间差异及人为的或自身演变的特征的形成”(p. 23)。指出,该领域中的一个主要焦点是景观的发展和特定文化特征的时空扩散。“运用现代技术来研究关键的文化要素扩散的性质和速率,建立文化复合体演化的空间模型”(p. 24),这被视为发展的一条途径。第三个领域是政治地理学,委员会就边界划定和资源管理开展工作。最后,委员会认识到区位论研究,它是一项经济、城市和交通地理学的综合研究工作,在这里可以在实际和理论之间进一步开展“对话”,“在应用于其他地理领域时能够揭示出均衡方法的潜在力量”(p. 44)。区位论涉及空间模式的研究、模式中地点之间的联接和物质流的研究、动态模式研究和通过建模实践寻求有效替代性模式的研究。

在地理学的发展中,

> 区位论领域的工作者所面临的一个主要机会是当他们处理政治、文化和自然现象的空间体系时可以把自己的工作和其他地理学家的工作密切地结合起来……通过技术和概念向其他地理学家的加速扩展和通过对研究问题定义的交流,可以达

> 到这一点。结果会在整个地理学中加快归纳性的实验研究方法与推理性的理论研究方法的相遇,……在各种经验范围内验证理论应该有助于充满活力的理论总体发展和提高,并服务于地理学的进步与地方问题更快更有效地结合。

推演性的理论科学方法对促进地理研究的未来发展非常重要,所有地理学家在这向前发展的运动中都将发挥一份作用。因为:

> 地理学家们还有另一些力量可资借鉴。那些对地球某一特定部分(区域地理学)有兴趣的人发展了研究区域的自然—文化综合能力。学习地球特定区域演化(历史地理)的学生有能力说清某一地区的历史发展和变化。这两种人中都有学生特别胜任用更系统的方法认识问题,进行野外考察和实地研究,有资格对通过系统研究得出结论进行实地验证。
>
> ……彻底掌握野外考察和历史研究技术的区域或历史地理学专家如果懂得正在普及的学科群发展的方向,而且把自己工作同其不断发展的前沿联系起来,那么他一定能够使自己成为必不可少的科学家(p. 61)。

目前正出现一种明确的劳动分工,主要在理论演绎"思想家"和经验归纳"工作者"之间,这种分工显然存在不平等性,因而为一些人所憎恨(詹姆斯,1965;托马斯,1965)。

为美国科学院科学与公共政策委员会和社会科学研究理事会问题和政策委员会准备的一份与此类似的报告在五年后出版了

（塔弗，1970）。同时作为委员会（E. J. 塔弗，I. 比尔东，N. 金斯伯格，P. R. 古尔德，F. 卢克曼，P. L. 魏格纳）的成果，这份报告强调人文地理学是“研究空间组织（表述为模型和过程）”（pp. 5—6）的学科，包含人与环境之间的关系和文化景观，同时强调与规划和其他的政策问题的关系。报告的大部分是说明人文地理学的性质，情况是这样：

> 地理研究有许多发展和提高的机会，如果地理学对美国不断变化的空间组织结构能产生强烈的和有益的影响，那么它有必要继续发展（p. 131）。

由此得出六个结论：(1)社会科学之间的合作日益扩大；(2)减轻地理学人员的短缺；(3)建立制图培训和研究中心；(4)建立遥感和相关的数据库；(5)对国外区域的研究给予更大的支持；(6)制订加强“地理学家数学培训”的计划。人文地理学是作为社会科学的相关学科而出现的，其分析工具日益成熟，它集中于空间组织研究，可以为制图和数据获取提供特定的技术。

地理学的系统领域中最早采用新方法的是城市地理学的一些部门，它解决的是城市内部的空间结构问题。直到20世纪60年代，除了商业土地利用外（特别是中心商业区及郊区购物中心的格局与中心地理论的基本假设之间的关系），对这一课题几乎没做什么工作；对居住区的人文内容几乎未加注意。这也许是因为地理学被认为是关于位置的科学，而不是关于人的科学。认识到“人生活在城市中”（约翰斯顿，1969），导致地理学家对居住区兴趣的提高。这从芝加哥社会学家中的城市生态学派工作获得许多激励(芝加哥学派的一些著作早期曾由哈里斯和厄尔曼(1945)、迪金森(1947)介绍给地理学家,但不怎么成功)。社会区分析方法受到了普遍欢迎,这一方法正被到处采用(贝里,1964a)。一种新形式的城市地理学开始建立,它从社会学功能学派那里吸收了规范。社会是由社会经济阶层组成,阶层的性质和成分已被广泛接受,这些阶层的竞争群体之间关于土地分配达成了一致(约翰斯顿,1971)。这种类型的城市地理学实际上变成了一门独立的有体系的学科分支;但没有多少人从事这方面的实际研究,就像城市地理学的其他方面一样。

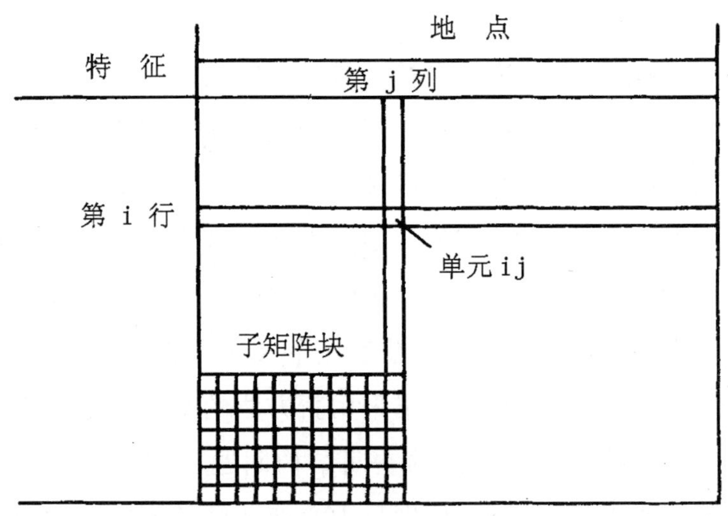

图 3.2　地理矩阵:每一单元 ij——
包含一个地理事实——其值由地点 i 的特征 j 定义

资料来源:贝里(1964a,p.6)。

那些企图广泛普及新方法的人提出的论点,多集中在解决地理问题的一套通用程序。贝里(1964b)对此作了陈述。他认为关于分布、集聚、相互作用、组织和过程等问题，地理学家强调空间。所有有关空间的数据都可由单个矩阵来描述(图 3.2)。在矩阵中，地点构成行，特征构成列；每个单元定义一个地理事实。贝里接着提出，通过注意矩阵的不同要素，就能识别出五种不同类型的地理研究：研究单个的行(地点)或列(特征)；比较两到多行(地点)或列(特征)；把行和列一起研究。增加后续矩阵，每一个矩阵代表一个时间段(图 3.3)，根据前一时期的五种类型的研究，考虑到时间变化，就可以得到另外五种类型的研究。因此，他总结道，系统和区域地理学都是同一地理事业的不同组成部分——这是哈特向(1959)论点的重复——但是两者都没有得到充分发展。

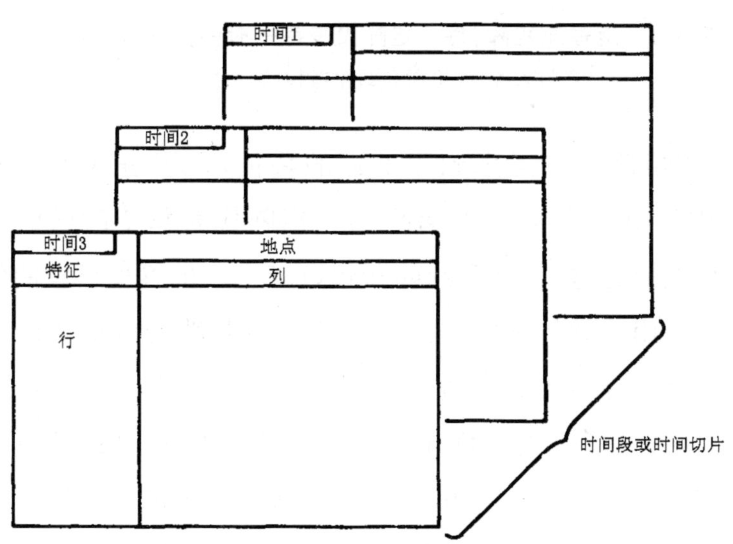

图 3.3　三维地理矩阵

资料来源：贝里(1964b，p.7)。

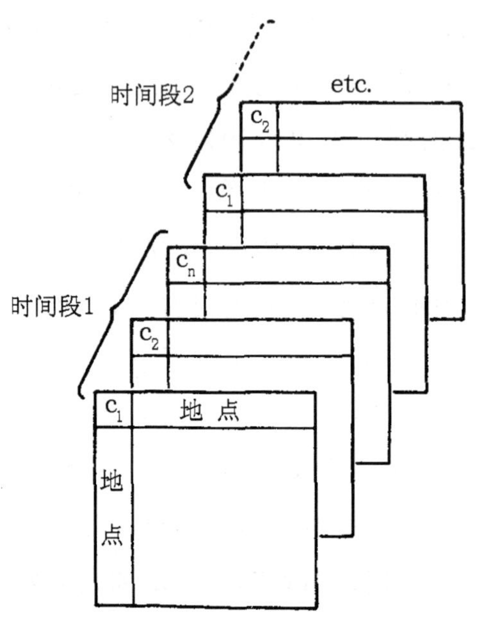

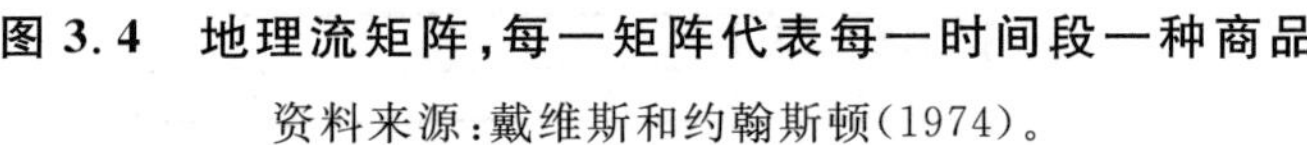
图 3.4　地理流矩阵，每一矩阵代表每一时间段一种商品

资料来源：戴维斯和约翰斯顿(1974)。

贝里的矩阵仅仅考虑到了地点的特征，再引进的其他矩阵(图 3.4)则显出了地点之间的流，第一矩阵代表每个时段的一种流的类型(克拉克、戴维斯和约翰斯顿，1974)。虽然贝里没能使之正式化，但他用这种扩展的方法把一般区域和功能区域的研究融合起来，提出一种通用的空间行为理论——贝里(1968)的场论，并把它应用到关于印度的空间组织的一个大型研究课题中(贝里，1966)。20 世纪 60 年代，采用高速计算机处理非常庞大的数据矩阵已很容易，贝里在上述课题中运用的技术得到广泛应用——如果不能说是万能的话，至少在大学学术界是这样。这些技术得到了因子生态学的大名(贝里，1971)，在地理学的许多领域得到广泛应用，结果导致了一个方法体系的产生，它在以前的系统领域是不为人知的。

在美国，50 年代的发展渗透到了这一学科的好几个部门研究，到 60 年代中叶，采用检验假设的统计方法已经很普遍。这些方法的确是把这些专业结合起来，就本质而言，这些专业仍然是地理学大厦中相互独立、易于区别的分支。尽管有贝里和其他一些人（亦见塔弗，1974）努力，但试图把部门方法纳入区域综合分析中的研究兴趣的下降，意味着目前人文地理学在本质上有离心的倾向，而在方法上却有趋同的倾向。鉴于实证主义的科学方法和统计技术的应用比单独在人文地理学中的应用得更加广泛，似乎离心趋势可能最重要。

跨越大西洋的转换

到 60 年代早期，计量和理论革命对美国以外的国家已产生巨大影响，结果出现了两件有影响的大事。其一是核心学术刊物上美国反传统主义者的成果的发表。其二可能也是更主要的是在 50 年代至 60 年代期间，许多英国地理学者不是作为研究生就是作为访问学者来到了美国，一些人带着新概念回到了英国，在他们的学生中传授这些见解。并通过英国地理学家协会计量方法研究班来向他们的学术同行传播（格雷戈里，1976）。（另外一些人留在了北美，贝里就是其中之一。）另一方面，在英国也有一些基础，主要是在自然地理领域，其中气候学家很早就使用了统计学方法（例如克罗，1936）。结果有点出人意料，第一本供地理学者用的本科生统计教材是由英国大学教师编写的(格雷戈里,1963。注意在格雷戈里的书中,实证主义方法完全没有挑明,他的序言只提到地理学家的原始材料"变得更具有计量性质",需要用贴切的数量术语把资料和结论同时展现出来(pp. xiii—xiv)。所以要求使用统计技术,但对统计技术在假说检验中的应用没有加以阐明。见p. 72)。此外,对区位论也有些人感兴趣。例如50年代早期在伦敦的大专院校(哈尔沃森和斯特夫,1978),还有对聚落结构(迪金森,933;斯梅尔斯,1946)和工业区位(史密斯,1949;罗斯特朗,1958)的研究。

虽然60年代中期,英国几所大学的地理系开设了统计课程,至少有几个教员在教授科学方法论的内容(怀特汉德,1970),但在这10年中的早期阶段,只有剑桥大学是把"新地理学"介绍给英国的主要中心。R. J. 乔莱(一位地貌学家,在美国学习过一段时间)和哈格特(剑桥培养出的人文地理学家,但他早期出版的成果是生物地理学,也曾访问过美国,并在美国经历了大发展时期;哈格特,1965c,p. vi;亦见哈格特和乔莱,1989)为其领导人物。通过革新研究和教学(S. 格雷戈里,1976),他们对英国地理学具有巨大影响。虽然他们致力改编某些统计技术,使之适用于解释地理学问题(包括自然的和人文的)(乔莱和哈格特,1965a;哈格特,1964;哈格特和乔莱,1969),但是他们最持久的贡献可能是编辑了两本文集。这些论文来自他们指导的课题,意在向教师们介绍"新地理学"。

这些书中的第一本是《地理教学的前沿》(乔莱和哈格特,1965b)。它是以1963年教授的课程为基础完成的。这门课目的在于"把教师及其一类的人领进大学,在大学课堂上面对和探讨他们专业的最新进展”(p. xi)在这本书中，例如里格利(1965)讨论了地理学不断变化的哲学思想，把使用统计技术现象的增长看作是当代地理学“特别重要”的发展(p. 15)。他指出，即使统计技术得到了传播，其自身的技巧并不构成方法论。同时，“地理学写作和研究工作近年来也缺少被人们普遍接受的对学科的总体观察”(p. 17)。他没有给出这样一个观点的轮廓，但认为分析方法中的折衷主义有可能最具生产性，另外，“最好的健全的标志是做出良好的研究成果，而不是制造一般的方法论”(p. 17)。其他许多章节所阐述的地理学，仿佛美国没有发生过“计量革命”。然而史密斯(1965)关于历史地理学的论述是与早十年前出版的美国宣言(克拉克，1954)相随的极好的英国伙伴。

在本书的其他部分，帕尔(1965)介绍了芝加哥学派城市社会学家的模型，提出了一种把距离作为首要因素的社会地理学。但是只有哈格特和蒂姆斯写的几章介绍了不少大西洋两岸的混乱。哈格特(1965a)就经济地理学中模型的应用叙述了两种模型，都是建立在对世界简单观察基础上的模型。如对杜能模型的发展(奇泽姆，1962)和从对特定案例观察中得出的模型(如塔弗、莫里尔和古尔德，1963)。他指出，

> 经济地理建模者在不远的将来将不得不面对的最大阻碍可能是感情障碍。不经过正当的怀疑，让人很难接受具有变化不定的景观系统特性的复杂事物，总会简化成最精致的模型；但更难接受的是，作为个人，我们为自己的行为遵循数学模式而感到耻辱的痛苦(p. 109)。

作为结论，他提出了在个人层次上的不确定思想并表明必须在操作模型中引进随机变量。哈格特关于规格等级问题的那一章阐述了抽样的方法以及从样品中进行地图概括的方法。蒂姆斯(1965)说明了某些统计技术在城市社会结构分析中的使用情况(根据舍夫基和贝尔的社会区分析。并在贝里对这一题目的研究之外，独立发展了这一统计分析技术，见本书第103页)，指出，

> 涉及社会变动研究的科学至今只得出很少的可同观察到的结构相比较或能被用于预测这些结构的模型……预测是得根据对现象之间相互关联的程度和方向的准确掌握来进行的，这只能通过运用容易进行统计、比较和操作的描述和分析技术来达到。如果把地理研究的目标当作是区域布局规律的系统表述及据此规律所作出的预测，那么地理研究的技术一定要比以前更具有客观性和计量特点(p. 262)。

如果说《地理教学的前沿》一书的大部分作者不曾像蒂姆斯(后来像帕尔一样当了社会学教授)那样信奉"新地理学"，这本书的编者则不同，他们在后记中有力地展示了"理论革命"：

> 我们必须认识到建立理论模型的重要性。在模型中"地理实体"的各方面按照某种有机的结构联系排放在一起，这种并排放置，将引导人们去理解，至少，可以多于从一点一滴呈现的信息中出现的苗头；最多，可掌握比初始信息应用更为广泛的普遍原理。地理教学中惊人地缺少这样的模型。……人

> 们怀疑这种沉寂的局面主要是对模型思想特性的不理解造成的。……模型只是主观的框架，……像随手可丢的纸箱，也像很重要和有生产力的容器，可以很好地展现精心选择的现实世界的内容(pp. 360—361)。

这种观点在他们更有影响的下册中占了主导地位(乔莱和哈格特，1967)。

《地理学模型》综合了大部分60年代中期之前“计量和理论革命”的追随者们完成的工作。每个作者被要求“讨论在他们各自专业研究领域内建模的作用”(哈格特和乔莱，1967，p. 19)，结果他们写出了一系列有实际内容的评论文章，一些是关于特定的专业(城市地理学、居住区位、工业区位、农业生产，还有类似的关于自然地理学的评论)，另一些是探讨跨越好几个专业的特定主题(经济发展、区域、地图、有机体和生态系统、空间格局的演变)；还有一些是有关解决方法和途径的(人口学模型、社会学模型、网络模型)。人们可以有较大自由度地使用术语模式，并可把它当作理论、规律、假说或其他任何形式的系统思想的同义词(见莫斯，1970)。不过，方法是有很追求规律性的，正如哈维(1967a，p. 551)所说的那样：

> 历史学和地理学专业的学生都面临着两种选择，要么像鸵鸟一样埋头于独特的人类历史的沙粒中，带头走过独特的地理空间，对泛泛的概括不屑一顾，就事情发生的内容、时间、地点写一篇大气的叙事文章；要么就做一名科学家，根据科学

> 家研究的正常程序去验证、剔除或修正科学先辈给予我们的那些令人振奋的思想。

书中的所有撰稿人都毫不含糊地选择了后者的道路。他们把精力集中在模型上，即对现实世界的总结上，而方法是次要的。

这本书的主要意图已在编者的导言中说明。（其主要意义有两点：首先，作为综合和提要，本书被研究人员和教师当作指南而广泛阅读；第二，作为一系列主要评论。平装本再版时，本书被作为本科生教科书广泛使用。）哈格特和乔莱（1967，p. 24）把模型看作：

> 观察层面和理论层面的一种桥梁，……涉及简化、缩减、集中、试验、作用、传播、全球化、理论形成和解释等过程（p. 24）。

模型可以是描述性的，也可以是规范性的；是静态的，也可以是动态的；是经验的，也可以是理论的（亦见乔莱，1964），它构成了范式的基础。这一范式并不想“改变哈特向确定的地理学的主要任务”（p. 38），但使之有很大的发展：

> 新范式……是建立在对其新的能力而不是已有的能力的信任基础上，……有充分理由相信，那些在数学和物理学基础上把形式模型化的学科……比那些试图建立内在或独特结构的学科地位上升得更快（p. 38）。

《地理学模型》就是表达这种信念，并说明科学方法在人文地理系统领域中的使用不断扩大的重要著作。

虽然《地理学模型》一书的编辑和作者们代表了早期推动英国地理学转向更为科学的轨道的大部分学者，但仍然有一部分学者的工作在书中未能直接反映。值得提出的是，他们中有一批（哈格特即在其中）50 年代毕业于剑桥大学，受过 A. A. L. 西泽的指导（奇泽姆和曼纳斯，1973，p. xi，都把源源不断毕业于剑桥大学圣凯瑟琳学院的一大批具有创造性的科研人员归功于西泽的作用，这一作用一直持到 70 年代末期）。这批学者包括迈克尔·奇泽姆、彼得·霍尔、杰拉德·曼纳斯及哈格特。其中只有哈格特从事“计量革命”。奇泽姆从事系统领域的理论研究（奇泽姆，1962，1966，1971a），但相对来说不怎么关注细致的数量分析（即使见于奇泽姆和奥沙利文，1973）。霍尔和曼纳斯似乎同西泽一样，都较关注当代问题的地理分析，尽管在某些情况下他们的分析也试图推导出理论（霍尔，1981a）。

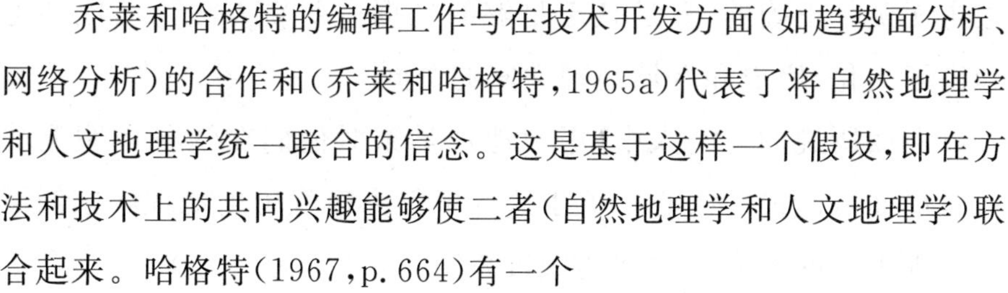

乔莱和哈格特的编辑工作与在技术开发方面（如趋势面分析、网络分析）的合作和（乔莱和哈格特，1965a）代表了将自然地理学和人文地理学统一联合的信念。这是基于这样一个假设，即在方法和技术上的共同兴趣能够使二者（自然地理学和人文地理学）联合起来。哈格特（1967，p. 664）有一个

> 基本立场，即可以根据它们共同的几何特征有效地分析广泛存在的不同地理网络。

像北美洲一样，只有地理分析的中心仍然是几何学时，自然地理学和人文地理学才能找到共同的目标（沃尔登伯格和贝里，1967）。不过，解释几何学要求研究不同的过程。

相对未涉及的领域

美国科学院社会科学研究理事会（1965）的报告（见上文第128页）表明人文地理学中没能提到的两个主要系统专业领域是文化地理学和历史地理学（亦见达比，1983a）。另外，尽管贝里试图重新构造（贝里，1964b），区域地理学仍然大体上独立于以方法论为重点的变化之外。当然，并不是所有文化地理学家、历史地理学家和区域地理学家对其他领域的变化视而不见，的确也有一些人站在"革命"的前锋，例如《地理学模型》一书中有两章就是对历史课题做过实证研究（例如哈维，1985c）的人（大卫·格里格和大卫·哈维）所写。但是总体而言，美国科学院社会科学研究理事会报告无疑是正确的，只是缺乏足够的证据表明新方法论已成功地赢得了文化、历史和区域地理学家的赞同。

上面所说的三类人中，历史地理学家对他们在学科中明显的孤立局面可能最为关心。关于这件事巴克曾就历史地理学家们需要仔细思考的研究方法问题做过总结：

> 这里有必要进行这样一个假设：方法论的重大发展可以从对其他学科发展的更多了解，从统计方法的更多应用，从理论的发展、应用和检验及行为方法的开拓等许多方面来实现。

> 重新进行思考很有必要，因为传统的教条不再令人信服。就历史地理学而言，重新思索会引起人们怀疑传统方法和技术是否得当(p. 13)。

所有这些都得小心从事，研究方法发展的潜力必须谨慎评估。但巴克毫不含糊地认为，正如经济史和社会史中所表明的那样，变革余地很大。在考古学中尤甚(见伦弗鲁，1981)。这至少是因为可获得的资料具有较好的质和量。历史地理学的某些领域，包括与城市聚落有关的领域(如沃德，1971，亦见约翰斯顿和赫尔伯特，1978，p. 20)要比其他领域更易接受这些变革。据报道，这样的研究不断增加(例如怀特汉德和帕滕，1977；约翰斯顿和普利，1982；戴维斯，1985)。然而这样的变革可能还是有意义的，如巴克所指出：

> 诸如历史农业地理研究、历史城市地理研究和历史经济地理研究似乎为更好地理解发展的基础提供了可能性，特别就地理变革随时间发生的过程来看，情况更是如此。这样一种学科结构将视历史地理学为通向目标的手段而不是目标本身(p. 28)。

在关于历史地理学与“理论和计量革命”的关系的早期探讨中，大部分注意力都集中在定量方面而不是理论上。正如万斯(1978)所指出，不管怎样，理论发展并不一定要进行“数量抽象”。就像他自己(万斯，1970)、普雷德(1977b)、康岑(1971)及其他人的工作所显示的那样。如果可能，可以用数据来验证关于以往空间结构的理论（例如戈欣，1970）。但是，拉德福德（1981，p. 259）则明确表示，理论更为重要：

> 在 19 世纪的美国城市中，做什么事都要采取一些原则以求得出一个富有逻辑的结论。

这种观点认为在历史地理学中建立理论是可能的。正如第六章阐述的那样，一些人就此而争论，因为地理学总体上和历史地理学一样。实证主义方法是客观性的，但地理学家在描述景观时却是主观的：

> 在描述景观时，难道地理学家不受他过去的训练和经历，即他的成见所影响吗？就像艺术家所画的一幅肖像，会告诉你关于艺术家及其被画者同样多的信息，所以通过对乡村的描述，你会透视到作者本人的情况（达比，1962，p. 4）。

所以对达比而言，地理学既是科学同时也是艺术。说它

> 是科学，是说我们观察到的事实必须小心准确地验证或度量，说它是艺术，是因为这些事实的任何表现（更不用说任何感觉）必须是有选择的，因此它涉及选择、欣赏和鉴别等问题（p. 6）。

这样的立场把对历史地理学持有唯心观的那些人同主张较科学态度的人截然分开，而不是主张定量。虽然有些人可能会认为上面引自达比的第一段话同样适用于实证主义工作中(实证主义的训练在选择内容和方法时也带有主观性)。

文化地理学家好像对他们比历史地理学家更明显地偏离地理活动的主流不太在意。这也许是因为在人类学中没有发生如地理学界发生的变革，而人类学又可能是文化地理学家接触最多的学科(关于总体比较，见米克塞尔，1967)。(当然，这只是一个大致的说法，如果不进行变革，人类学研究可能遭受了范式的巨大危机，这在克劳德·莱维—斯特劳斯的结构主义研究中较显著。见利奇，1974。)受哈格斯特朗(1968)工作的激发，地理学对传播扩散的兴趣不断增长，并扩大到其他领域，导致空间分析与文化分析学派思潮的接触交流(克拉克森，1970)。不过，正如米克塞尔(1978，p.1)所说：“顽固的个人主义和对学术风气表面上的淡漠是文化地理学家尽人皆知的特征”，这些文化地理学家偏爱历史倾向，注意环境变化中人类力量的作用，注重物质文化，重视乡村地区；与人类学联系在一起，倾向个人主义观念；喜欢野外工作。(这些可在《作为人类生态学的地理学》这部论文集中看到：艾尔和琼斯，1966)。同样，波特(1978，pp.30—31)在对“作为人类生态学的地理学”这一观点的评论中总结说：

> 在过去的25年中，那些对人与环境的共同联系感兴趣的人在寻求对环境决定论的满意替代品中已走过了有趣的路程。沿着这条路，金光闪闪的重力模型和……(其他)模型呈

> 现在他们面前，但一般他们却拒绝使用……在空间组织的分析中，同行们的成就给他们留下了深刻的印象，因而有时他们可能还有点嫉妒。（但是因为）（人类生态学）影响力是巨大的，全面的和综合性的，它倾向于不用常规科学的分析方法。

在北美人文地理学中，文化地理学非常令人着迷，而在英国，很少有地理学家称自己是文化地理学家。在北美由卡尔·索尔创立并领导了几十年的伯克利“学派”是研究的主流，关注景观形态学（索尔，1926），尤其是景观演化过程中种种的人类干预活动，如植物和动物的驯化，火的使用，思想的传播和人造物品的扩散及居民的建立等（所有这些问题托马斯都有评述，1956）。索尔的方法是生态学的，明显与其他研究者的决定主义观点对立，邓肯（1980）认为该学派的大多数成员都愿意把文化具体化。进而上升到文化决定论，而不是把文化看作是人类的一种创造，可以培养也能束缚人类再创造和改进文化的能力。

对这种文化地理学主流观点的另一种批评是，在很大程度上它忽视了某些社会联系。那些直接与商品和服务的生产有关的文化要素，结果，文化地理学家几乎无助于越来越多的对经济地理学和城市地理学怀有兴趣的空间科学家，也无助于那些推动社会地理学，把主要兴趣放在社会阶级概念上的人。因此在关于文化地理的导论中，斯潘塞和托马斯（1973）给出了下面的定义：

> 文化是人类后天习得行为和做事方式的总和。文化由在不同群体中生活、工作的人来创作、发展，并逐渐地加以改造。

> 因为每个人群都位于地球的特定区域，形成自己专门的和独特的文化系统。相关的单个文化因素在实践中结合一起形成文化综合体；而大量文化综合体调和到一起则构成文化系统。一种文化系统背后必然伴有居住在地球特定区域的人口，从而形成一个文化区。一组有关的文化区就叫做文化世界(p.6)。

但是他们书的内容仅仅集中在人造物品和社会组织某些方面(宗教和语言)。关于“人类后天行为的总和”的许多引人注目部分只字未提。泽林斯基(1973b)写的《美国文化地理》也有同样的偏颇。虽然他对社会组织的政治内涵提供了较多的素材，这一情况在后来编辑出版的《美国和加拿大社会文化地图集》(鲁尼、泽林斯基和劳德，1982)中仍然存在。

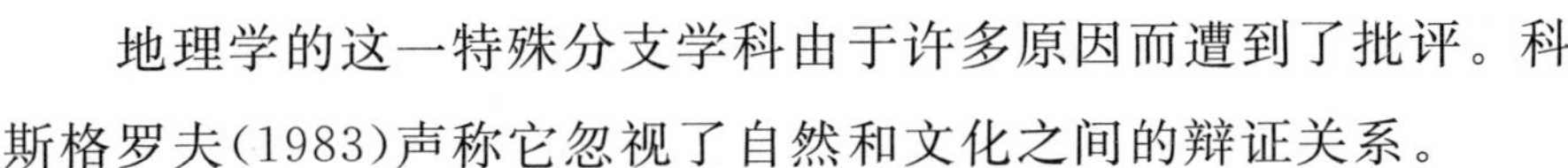

地理学的这一特殊分支学科由于许多原因而遭到了批评。科斯格罗夫(1983)声称它忽视了自然和文化之间的辩证关系。

> 它不是沦为唯心主义的文化观，将文化作为变革的动力，就是陷入美化为“可能论”的半决定主义的泥坑。……这也使文化地理学理论上空洞化，许多研究存在着理论的真空(p.3)。

他认为文化地理学

> 太分散，以致人们不太愿意用统一的目的或手段来刻画文化

> 地理的特性，而更愿意将文化地理拒绝使用的经济理论或社会理论作为指导原则来刻画文化地理学的特性(p. 3)。

科斯格罗夫提倡的经济和社会理论是本书第八章所探讨的那些理论，而不是空间科学的那些理论。空间科学家看到文化地理的反理论和经验主义倾向，也常有邓肯(1980)所说的隐含决定论特点。但两者之间根本无法发展任何联系。

最后，关于区域地理学的状况佩特森(1974)已做过调查研究，他的论文包括"关于区域地理学的写作问题"和"区域地理学能够发展吗?"两大部分。在第一部分他调查了六个问题。包括基层材料越来越缺乏(小区域研究)，区域特征越来越模糊，虽然

> 如果区域地理学家准备完成下述任务，即向读者介绍区域基本要素，用分析的眼光来阐明景观，只进行一定程度的变革还是可能的。地形和气候是所有地面景观的共同要素，人类活动与大多数地面景观关系也是如此。那么如何避免重复呢?(p. 8)
>
> 只要区域之间的差异仍然存在，不管它们是什么原因引起的，就有工作需要地理学家去做(p. 16)。

尽管存在局限，他并不否定区域地理学有发展的可能：他认为，以内容和洞察力这两条标准衡量，区域地理学能够向前发展。其中，泽林斯基的书已说明当前正在讨论的内容范围的扩大，而对迈尼希工作的讨论(如迈尼希，1972)则显示了区域地理学家敏锐

的空间洞察力。不过佩特森不得不承认冒险性并不是我们中大多数人从事区域地理学的精神(p.9)。因此，

> 区域研究的道路是敞开着的，区域研究不太受老框框束缚，不必介绍关于区域的所有情况；较多的实验性，以及，贴切地说，比过去更具有想象力，包括较广的感知能力，它或是大众层次的，或是专家水平的(p.23)。
>
> 区域地理学……的目标是一般性的，而不是特定的，它主要不是针对问题，而是意在全面均衡；它的成果是普及而富有教育意义，而不是实用性的或太专业化的；它通过吸引两个普遍的人类反应好奇和关注来获得关联性……，人们可能会想起梅多斯的断言？在科学中，我们正在逐步地从奇特事例的负担中，从特殊事物的专制中解脱出来，由此认为，有一种心境独特事物不是控制性的，但有强烈的迷惑力(p.21)。

米德(1980,p.297)坚决支持地理学家“占取他人地盘……，分享他人文化……为有关的知识积累作出贡献”。哈特(1982,p.29)认为，在“地理学家的最高艺术形式中”一个重要之处是地理学家要“选定一个地区，把自己融合事例在当地的文化中，从而对区域获得一种专家水平的认识”。

从上述内容可以看出是，一方面是许多历史地理学家，另一方面是大多数文化地理学家和区域地理学家在50年代和60年代期间人文地理学的其他分支发生的变革中，都感到不同程度地“落伍”或被“冷落”。可以肯定，历史地理学家似乎已被迫思考进行方

法论变革的可能性，而文化地理学家和区域地理学家在他们已有的传统领域继续开展工作(也见米克塞尔，1973)，但并不是所有历史地理学家都赞同巴克根据系统理论所作的“历史地理学有很长的缓和期”的简单类比(p. 11)。第六章显示了他们向实证主义方法发起攻击的程度。

结　　论

50 年代中期在美国人中对区域方法开始形成成熟的看法。在很大程度上，关于人文地理学的研究目的人们不再争论，可以看出学科领域的定义比较传统，所关心的问题都是关于手段和方法的内容。这一时期的变革涉及系统地理学和部门地理学的加强，通过建立空间结构的规律和理论，运用各种模型来说明问题，运用数学特别是统计方法来帮助概括，从而使它们从对区域地理学的较大依附关系中解脱出来。与此同时，区域主义者把地理学看作规律消费者。那些新派别就致力于提出它们自己的规律，用来解释特定的区域结果。

对地理学目标而言，这些变革手段很快为人文地理学的许多分支所接受，特别是在旨在解决当代生活的经济方面的专门领域更受欢迎。在正在兴起的社会地理学领域，它们也被很快地接受了。但在历史地理学中却相对被忽视了，在文化和区域研究中几乎完全避而不谈。文化和区域仍然关注对特定地域的特殊性研究。改进了的手段跨过大西洋(也越过太平洋)传播到了相应的研究领域。在将近十年中英国地理学家完成了包含 816 页的大部头的评论著作。证明革新派的热情和他们与其他学科之间建立的联系。但是方法还不足以使一场学术革命持续下去，除非这些方法能够应用到学术的本质核心。这种对核心的寻求，就是下一章的内容。

第四章　寻找焦点

正如上一章所述,20 世纪 50 年代的美国人文地理学,在几个中心的带动下,其发展变化多是涉及考察的方法。地理研究的宗旨依然如故——像哈特向修订后的定义(p. 56)所阐述的那样。当然,参照阿克曼(1963)和国家科学院及全国研究理事会(1965,参看上文,p. 67)的界定,也可以说人文地理学家变得更加热衷于去解释"包括人类及其自然环境在内的整个世界体系"。但是,在这总远的目标中,地理研究的最切近的目标却并不总是那样清晰。系统研究一直占据着主导地位,这样做的目的,其实是在实证主义的框架中去发现可靠的规律和理论。但这些规律和理论的确切内容是什么,却不是马上能明了的。

随着分析的深入,人文地理学家日趋要寻求自身在社会科学领域里清楚的独立地位。(实证主义哲学认为,学科的独立性取决于研究的内容,而不是研究的方法。尽管也有手段方法很特殊的学科——例如使用地图——但这只限于少数。)他们希望地理学能够为由一个相通的学科群体所共同研究的综合性课题提供见解和作出贡献。为此,地理学要求有一个新的研究焦点,如同需要新的研究方法一样。这一新的焦点已围绕着对空间差异和空间体系的研究而形成。

空间差异与空间体系

根据一位苏格兰教授的开幕式演说，地理学是一门关于距离的学科(沃森，1955)，其中心论题就是人地的相关位置。考克斯(1976)认为，对地理学来说，社会内部相关位置的问题之所以变得重要，是由于技术进步引起的社会结构变化。在原始社会里，主要的相互作用是发生在相对隔离的种群与自然环境之间，因此地理工作早期的焦点就是社会与具有“空间差异”的自然界的相互关系(p. 192)。不过随着技术的进步，主要的相互关系却变成人与人之间的了。社会内部的，以及社会之间的相互依存性，由于各地之间更复杂的差异而增强了，而这些差异正是劳动分工的反映。因此，现代人类生存的最重要的事实，是社会的空间差异，而不再是自然界的空间差异。正是不同地方的人群之间的相互依存性，创造出人类占据地球表面的种种模式，从而为人文地理学家提供了基本的研究课题。

关注空间布局或者说空间结构——人类活动中的地区差异和由此产生的空间相互作用——以及作为影响布局性质的不同的距离的作用，可以在20世纪60年代以及70年代的教科书中找到，这些教材为下一代学生概括说明了当时人文地理学家的活动。教材中的先驱者为哈格特(1965c)所写，他在描述空间结构的模式与秩序时，在结点区域中分解出五个几何要素，其后，又在第二版中增加了第六个要素(哈格特、克利夫和弗雷，1977)。

哈格特的图解(图4.1)中的几何要素是这样的，假定在一个存在空间差异的社会里存在着相互作用的需求，例如X地的居民与Y地的居民进行贸易，Z地的人需要自己不能解决的货物和服务，这样便产生了不同地方之间货物、居民、货币、思想等的运动形式。因此分析结点区域的第一要素便是运动的模式。有些运动不受阻碍——飞机可在各个方向上飞行——但大多数运动要沿着特定的路径进行，所以分析中的第二个要素便是关于运动路径或是运动网络的特点。网络有边缘和交点，在交通系统中，这些交点就叫结点，诸多结点控制着整个系统。这些结点的空间布局，则构成结点区域分析的第三个要素。第四个要素是这一系统结构中结点的层次，结点的层次规定着该居住区域结构范围内各地的重要性。原图解中的最后一个要素，则是那些位于由结点（聚落）和网络（路径）形成的框架中的地面，在不同的地面，有不同的土地利用形式和程度。

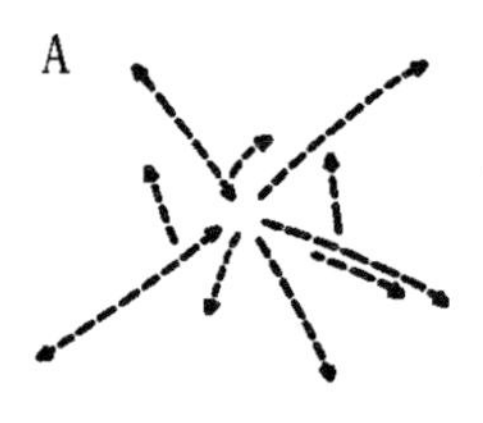

图4.1　哈格特空间体系图解要素

A. 运动；B. 路径；C. 结点；D. 结点层次；E. 地面；F. 扩散。

资料来源：哈格特、克利夫和弗雷（1977，p. 7）。

在许多社会中，人类占据地表的模式是频繁变化的，这些变化的空间秩序便构成了哈格特修订后的图解中的第六个要素。在大多数情况下，这种变化不是在整个系统内同时普遍发生：通常在一个或几个地方开始，然后由那里顺沿路径，通过结点，跨越地面，达到不同层次。这一空间与时间上的变化过程，就叫做空间扩散。

哈格特及其同事强调地理学是一门研究分布的科学。他们的侧重点是关于地域分布中各种要素的规律性。书的第一卷主要是根据其他学科的研究来谈，第二卷则介绍了一个不长时期内的地理学家们所做的工作，这些工作曾大大地影响了近来考古学的发展（伦弗鲁，1981）。其他教材在所谓空间体系研究方面亦有类似的一般性观点，只是各自对这些体系的侧重点有所不同。例如莫里尔（1970a）所用的题目为《社会的空间组织》（*The Spatial Organization of Society*），这很清楚地强调了他对社会科学这个总任务中地理分析的作用的看法，即"了解社会"。根据他的意见，人文地理的核心要素为：

> 空间，空间关系，空间中的变化——自然空间的结构如何，人们如何通过空间进行联系，人类如何在空间中组成社会，我们关于空间的概念及对空间的使用如何变化（p. 3）。

在这种情况下，空间具有五大要点，均与理解人类行为有关：（1）距离，即空间的分离；（2）可接近性；（3）集聚性；（4）大小规模；（5）相对位置。合在一起，它们可用来建立理论，例如加里森的著作所依据的理论。

> 实际上，整个空间组织理论都假定空间结构是要基于减小距离，增大点和地区在结构中的功用的原则，而不考虑环境以及空间中的不同内容。尽管地区的差异性是很有意义的，它们对区位的影响及相互作用都很大，但在空间结构中，大多数可观测的规律性都是根据同一特征地域的有效使用的原则来决定的。农业区位、中心城市区位以及城市内部模式的理论结构，根据的都是均质平原上的距离最小原则(p. 15)。

根据这一看法，一切区位的选择，土地利用的选择，都要以运动费用最小为目的。为了解社会而进行的空间研究假设了一个世界，这个世界中对人类行为有影响的先决的可变量是距离，然后在这一框架中去寻找空间模式。莫里尔的书中这样讲：

> 对空间结构的解释是从推导——在最单纯的条件下空间内应有什么结构——到归纳——本地的因素如何干扰了这个“纯正”的结构。首先，一切可引入的地方变化因素，会产生最基本结构丧失的危险。因此，大多数区位理论都强调空间因素——首要是距离——它们间的相互作用会产生有规律的、可再现的模式(p. 20)。

莫里尔建议地理学应根据距离这个单一变量来建立学术框架。他概括的空间结构“理论”的程序如下：

1. 社会要达到两种空间效率的目标：

(1)利用每一块土地,以达到最大的利益和效用;

(2)达到可能的最高交流,费用则尽量小。

2. 追求这些目标有四种决定区位的方法:

(1)在可接近性上,以地点取代交通消耗;

(2)在决定市场时,以就地生产取代运输;

(3)以集中效益取代运输消耗;

(4)改变自给自足(高额生产费用)取代贸易(高额运输费用)。

3. 空间结构取决于下列状况:

(1)空间土地利用的梯度。

(2)区域的空间等级。

由于环境变量引起的变形会产生:

(3)不太规则但可预测的区位类型。

而有时变形是由于:

(4)并非最恰当的区位。

(5)空间的扩散过程的变化。

因而与哈格特一样,莫里尔重视人类在地表活动组织的几何性,然而哈格特偏重于模式与图式,莫里尔更多的是注意能产生"有效"模式的决策过程,这个"有效模式"就是在"现实世界"中观察到的不完美模式范例的潜在基础。其他的著作(如埃布勒、亚当斯和古尔德,1971,书中着重于实证主义的方法;还可参阅古尔德,1977,1978)都是步莫里尔的后尘。(在莫里尔和多尔米泽著作的第三版(1979)中,空间变量的重要性已不再占据重要地位;区位理论提出的是“简朴的模型，它让我们着眼于人类区位的一些基本原理和因素。当然，现实世界并不与区位理论所规划的模式十分相符，因为人类景观是许多不同力量的复杂产物，这些力量有：历史的、自然的、文化的、政治的和行为的，还有经济（空间）的”。不过，后来在阐述“几个重要的地理问题”时，莫里尔（1985）又回到空间变量这个焦点之上。）

这些书把空间中心或距离描绘为20世纪60年代地理研究中感兴趣的主要焦点。注重模式，这在哈格特的著作中十分明显，而金（1969）在对“地理学家对于空间形式的分析……数学的使用和几何框架的偏好”（p. 574）的评述中，也指明了这一点。他注重的是描述性数学，要说明的是“是什么”而不是“应当是什么”。他察觉到“当那些问题被执拗地推到极端时，研究可能成为毫无结果的纯几何练习”（p. 593；可参阅金，1976，1976b）。但他又感到地理学家尚未提出过程理论以处理观察到的空间模式。他所评论的思想流派要向后研究，去发现和解释曾经有过的秩序，而不是根据人类行为去预见世界应该像什么样子。

空 间 理 论

正像上一章评述的，方法论的发展并没有任何明确的线索以进行提纲挈领的阐述，同样空间观点的成长也没有任何明确的说明。（上面提到的沃森1955年的文章并没有被广泛转引。）除了对地理学和几何学的一般性阐述外（例如邦奇，1962），这一方面仅有的努力是尼斯图恩（1963）的文章，但这篇文章在1968年重印之前没有受到广泛注意。

尼斯图恩的目标是"要考虑有多少独立的概念构成了空间观点，也就是地理学观点的基础"(p. 35，整页参考文献为1968年重印时所加)。因此，与其观察充满干扰的"真实世界"，不如探索抽象地理中的明晰的东西。为了说明自己推导的基本概念，他比喻在一个完全没有家具的讲堂内(即在每个方向都一样的平面内)，教师任意选择一个位置，学生散立周围，以便看到教师，并听到老师的讲话；他们的排列易为半圆形，成排面对老师，而且是密度很高地靠近老师。这样的排列有三个特点：

1. 方向性——他们都面向教师，能更好地听清他的话，领悟他的内容；

2. 距离——他们凑近教师而立，因为他的声音随着距离的增加会变小；以及

3. 联结性——学生们站立成排，每一个人都可以直接看到教师。

第三点联结性，是距离和方向作用的一部分，但并不是全部。正如尼斯图恩所说的那样：

> 一幅美国的地图可以展开或者折曲，但只要每个州仍然与相邻的州相连，那么相对位置就没有变化。联结性与距离和方向无关——这些特性对于建立一种完整的地理观点是必需的(p. 39)。

此外，

> 联结并不需要毗邻的边界或自然的纽带。它们可以定义为功能上的联系。空间上相互分离的因素之间的功能上的联系，由于各因素之间的交流而表现得最为明显。这种交流常常可以用人口、货物的流动以及通信联络加以计量(p. 39)。

因此，在讲堂内，教师和学生们之间的联系不仅包括他们之间视线上的直线联系，在这种情况下，也包括了他们之间思想流动的联系。

这三种概念——方向、距离、联结性——是构成尼斯图恩的抽象地理学所必需的、充分的概念。因为这种地理学研究的是位置(抽象的地点)，而不是区位(实际的地点)。

> 在我看来，含有地理观点的概念术语就是方向或方位、距离、联系或相对位置。这些术语的操作定义就是空间观点的基本原理。而其他的术语，例如模式、接近性、邻接、循环等等，则是这些基本术语的混合物。对于抽象的模式来说，这些要素的存在以及它们的性质有必要加以详细说明(p. 41)。

尼斯图恩尚不能肯定这三个概念能否组合出一整套地理论证所必需的、充分的概念来。他感到，边界应是个原始的概念，而不是三个基本概念所派生出来的(另参阅帕帕耶奥尔尤，1969)。但是他认为在一般情况下，人文地理学的讨论可以基于少量的这类概念。许多具有“空间传统”的工作实际上都是这样，只是很少做出明确的说明。

在人文地理学的理论著述中，海恩斯(1975)采用了另一种方法。他的研究基于多维分析的数学办法。他界定出五种基本维向：量、长度、时间、人口规模以及价值。这些方面经处理可以指示功能关系的有效性，例如由检查内部密度而得到的距离衰减等式(参阅 p. 100)。海恩斯对他的方法做出阐述：

> 尽管大多数计量地理学家可能主张去发现种种联系，然而严格地说，地理学并没有越过(科学发展中的)第一阶段……哪些变量是有关联的，而哪些特殊的东西在系统中应单独对待，这些问题尚未搞清。实际上，在确定度量尺度时，要考虑到观察的特殊性，而不是相反。自然科学的方法……是一种较高层次的系统，它的度量可以精确地阐述，不同的结果可以比较，试验可以重复(p. 66)。

很清楚，这是演绎式的研究，它不像尼斯图恩那样与“空间观点”紧密相联，但与他的目标却相同——发现构成地理学理论研究基础的一组原始概念的派生概念，以便在“实际世界”中去检验(另参阅海恩斯，1977，1982)。

这些孤立人文地理学原始概念的做法与目前大多数创立地理理论的努力不同，用哈维(1967b，p. 212)的话说，它们“不是处理得太简劣，就是由别处派生”。例如，中心地理论完全是以经济学上假设人是“理性的经济人”为基础，加上距离这个地理概念，于是形成关于聚落的规模和间距的理论。对很多人来说，中心地理论的吸引力在于，它显然说明地理学家不需仰仗其他学科的概念，能够为发展理论提供自己的基本概念，一如区域研究所倡导的那样。哈维(1970)认为，地理学有一组这样的概念：区位、近、距离、模式、形态；它们大多是由尼斯图恩的基本术语概念组成，可以成为理论构成中的固有要素，使社会科学理论彼此汇合时，从各个组成学科中平等地吸收概念。

涉及派生概念和原生概念的理论发展的一个例子，是传播研究，这类研究在20世纪60年代晚期很受重视(布朗，1968)。据社会学的发现，基本的有关行为的假设是：消息的最有效的流传形式是口语。地理学家则引进距离的作用将问题扩展：大多数人际流传都发生在邻里之间，所以关于新鲜事物的消息会按一定顺序从最初者的位置向外传播。对于这一假设的先驱研究为瑞典的哈格斯特朗所做，他于50年代把这一假设引入华盛顿学校，在那里又由莫里尔继续此事(1968)。1968年，哈格斯特朗所做的主要工作已然译成英文。此后，又有大量研究工作完成，有关于传播过程的，更有关于空间传播模式的。人们认为，空间传播的模式取决于传播的过程(参阅埃布勒、亚当斯及古尔德，1971，第11章)。布朗(1981)对这一类研究文献曾做评述，他把更多的行为透视引入有关的过程(参阅p.153)。

社会物理学和空间科学

尼斯图恩提出的三个基本概念之中的两个——距离以及联系——受到了那些认为地理学是空间科学的人的极大关注。而方向则相对地受到忽视，仅有少数关于移民的研究(沃尔珀特，1967)注意到方向，其中包括亚当斯(1969)的创意性论述。(方向在这里用作基本术语。在某种程度上，任何着重运动终点而轻视运动距离的关于运动模式的讨论，都涉及方向分析。）

关于空间科学的大多数研究都属于社会物理学派（p. 66）。距离与各种形式的互相作用——迁移、信息流、货流等等——的关系问题，曾由几位19世纪的作者，例如凯里（1858）、拉文施泰因（1885）、格里格（1977）以及斯潘塞（1892）所指出。这些早期研究的影响并不明显。例如麦金尼（1968）认为，斯图尔特以及其他人并不知道在凯里和斯潘塞的著作中已有"重力模式"以及"人口潜能"等思想的萌芽，他认为，从早期作者的著作中，"现代地理学家可以学到很多东西"（p. 105）。沃恩茨（1968）曾反驳说，斯图尔特对这一类著作非常了解。麦金尼则在辩解中指出斯图尔特迟至20世纪50年代的文章中才提到他们，而在40年代的文章中还没有。另一方面，拉文施泰因的文章对后代研究移民模式具有重大的影响。（有意思的是，关于距离衰减以及重力模式的开拓性著作，如同空间科学其他概念一样，产生于地理学之外，如托卡里斯（1978，p. 124）所说，"地理学家对重力概念的理论发展的贡献是微不足道的"，尽管有位贡献较大的人——A. 威尔逊——后来"变成了地理学家"。）

除了斯图尔特以外，其开拓性研究对上一章所述内容有关联的人，要算第二次世界大战以后在社会物理学中最有影响的齐普夫了。他提出"最小努力原理"。根据这个原理，一个人组织自己的生活时，要尽量减少劳务的量（齐普夫，1949）。劳务包括运动，因此，尽量减少运动是最小努力原理的基本原则的一部分。为了解释这一点，他扩展了斯图尔特的发现，即伴随着离普林斯顿的距离的增加，各州来此上学的学生数量递减。上大学包括两方面的劳务：(1)为获取大学的信息所做的；(2)实际来到大学所做的。因此，学生的家到普林斯顿的距离越远，他知道这所大学的机会也就越少，他来的可能也越小。这一距离衰减论断的可靠性在许多其他数据中曾做试验：例如关于报纸内容以及它们的发行量的材料，显示了预料之中的信息流的距离斜线；另外，地方之间运动的数据也表示，距离越远，地方间的彼此接触越少。

齐普夫把他发现的规律称为 P_1P_2/D 关系。斯图尔特指出，这个公式与牛顿重力公式之间有相似之处。

$$F_{ij}=k\frac{M_iM_j}{{d_{ij}}^2}$$

这里 M_i 和 M_j 分别代表地点 i 和 j 的物，d_{ij}代表地点 i 和地点 j 相隔的距离，k 是系数(度量系数)，F_{ij}是地点 i 和地点 j 之间的重力。作为相互作用的模式，这个公式可改写成：

$$I_{ij}=k\frac{P_iP_j}{{d_{ij}}^2}$$

其中，P_i 和 P_j 分别表示地点 i 和 j 的人口，k 和 d 与上面公式中相同，I_{ij}为地点 i 和 j 之间的相互作用的量。为了使公式适合于资料，已投入大量工作，对此，卡罗瑟斯(1956)和奥尔森(1965)都有评述。为得到合理的统计符合性，公式的各项必须加权，形式为：

$$I_{ij}=f({P_i}^a{P_j}^b d_{ij}^c)$$

其中 a、b、c 为需要分析的数据中估算的权。因为 a、b、c 的值几乎在所有的研究之中是不相同的，这说明所谓相互作用的重力模式是“一种经验主义的规律，对它还不可能提供任何理论的解释”（奥尔森，1965，p. 48；威尔逊曾提出统计学的解释，1967）。实际上，在用这种模式描述移民流动时，距离的影响明显地因地而异，因人群而异，因背景而异。正如所确立的关联性所显示的，影响似乎实质上是普遍的，只是对影响的力度的多样性尚无理论可以说明。

在第二次世界大战以后的时期，不仅在社会物理学中，在斯图尔特、齐普夫及其他一些人的著作中，距离也作为一个重要的变量而引人注意。正如普勒（1977）指出的那样，经济学家和社会学家都变得日益意识到距离对行为的影响，前者包括韦伯、胡佛、廖什等人的区位理论，他们曾激发了加里森和他的助手们的工作（p. 62），前者还包括艾萨德；后者则包括芝加哥学派的研究，从这一学派里产生出大量关于城市居住模式的研究（约翰斯顿，1971，1980b）。因此，根据普勒的意见：

> 一些地理学家已经了解到，空间研究正在地理学之外的社会科学中进行；而且由于意识到与地理学的关系，已设法与他们竞争。空间传统的显露之引人注目，不是地理学内部的发现，而是由于地理学之外的对探索的察觉和采纳。其他社会科学的以空间问题为核心的科学研究，已成为地理学家的范式，因为那些研究是空间的，而且在一些实践者看来，是与社会实际相关联的（p. 69）。

因此，既符合舍费尔提出的哲学框架，又符合“计量革命”。在采用其他学科开创的空间研究时，人文地理学家常常是有选择地采纳那些具有不同来源的观点。例如关于城市住宅类型的著述，集中于芝加哥学派的城市社会学的某些方面。将社会距离与空间距离相联系的罗伯特·帕克的见解，则推动了许多关于住宅分类的研究（皮奇和史密斯，1981），但是作为帕克见解基础的社会达尔文主义以及生态学理论，却被忽视了（参阅罗布松，1969；恩特里金，1980）。另外，帕克研究中的人文主义特点也只是最近才被注意（杰克逊和史密斯，1981，1984）。

在以距离为基础的分析研究中，各类社会科学家们不仅注意到距离本身的影响，也注意到这个概念的意义及限度。例如，在斯托弗（1940）所提出的X地与Y地之间的关系问题中，影响两地间移民的因素，与其说是两地之间的距离，不如说是其间机会的多少。实际上，他是以机会来衡量距离；地方的可用机会越多，迁移所需的工耗越少。其他学者曾继续以这种灵活的方式去对待基本变量的限度。例如，厄尔曼（1956）设计的商品流程分析图，其中两地之间的运动量与三个因素有关：

1. 互补性——某地商品的供应程度，另一地对商品的需求程度；

2. 调整机会——潜在接受地可能从较近或较便宜的供应地获得同类产品的程度，或者潜在供应地向最近的市场销售它的商品的程度；以及

3. 转运性——为了对互补性做资本计算，那么转运必须是可行的，并给定渠道、时间以及费用控制。

这个流程图并不像重力模式那样容易地进行适宜统计，但它

与重力模式的关系是很清楚的(海,1979b)。要使这些模式适合统计,需要考虑到距离的影响,如同时间和费用一样,因地、因时而异,如埃布勒(1971),富勒(1974),以及贾内尔(1968,1969)指出的那样。

所有关于各种运动模式分析的研究的发展,不仅由于其与地理学内空间科学课题明显相关和在区位理论发展中的作用,而且也得力于其在规划预见方面的明显的应用性。土地利用模式的规划以及交通运输系统(特别是公路系统)的规划,到了20世纪50年代和60年代,首先是在美国,而后在英国,在技术意义上来讲,日益变得成熟复杂。最初,是用收集的数据表明各种土地利用产生的交通能力,以及在某一城市内不同地区之间的相互作用模式。对于后者,曾用重力模式来描述。在此基础上,学者们进一步设计未来的土地利用结构,推算它们潜在的运输能力,并用重力模式来预测流动模式及所需的公路系统。后来的各种模式大多是基于艾拉·劳里开创的模式,这些模式能够评估运输流的不同组合形式,因此可以提出未来城市发展的“最佳”方向(参阅巴蒂,1978)。

对更为成熟的规划技能的需求,激发出大量的基于重力模式和劳里模式的研究。美国经济学家开创了这种研究,继而为以艾伦·威尔逊等为首的英国学者。威尔逊于1970年被任命为里兹大学地理学教授,因而成为专职地理学家,尽管他并没有接受过地理学方面的训练。他用数学方法推导重力模式,而使之具备了更坚实的理论基础(威尔逊,1967),同时又将劳里的模式发展为考虑区位、配置以及空间运动的更具一般性的一组模式(参阅下文第197页)。

这类工作的大部分,都涉及专业地理学家和实际规划者之间的合作,在美国引起了许多与区域科学相并行的发展。为适应这些以及相关领域的需要,出现两份英国新杂志:《区域研究》(*Regional Studies*)和《环境与规划》(*Environment and Planning*)。这两本杂志把许多稿件和读者从其他社会科学那儿吸引了过来。因此,新的地理学方法论证明了自己可观的应用价值。规划工作作为一个职业,在若干年中,特别是在60年代晚期和70年代初期,于大学地理学生中极为走红。科学地理学工作者们要求的地理学与其他社会科学在制订社会政策方面应有平等权利的愿望,看起来正在得到圆满解决。

空间科学与空间统计学

在人文地理学中,上述空间理论的发展是以大量的技术研究为其特征,它不仅涉及重力模式的适用性,也涉及与描述空间模式、联结性有关的一系列问题(例如,哈格特和乔莱,1969)。尽管邦奇(1962)、哈维(1969a)及其他一些人都认为分析空间形式的语言应是几何学,而这项工作实际上是集中在对空间问题运用描述性和推理性的统计学,这是符合地理工作的强烈的经验主义传统的。

大多数研究者,包括加里森在内(1956a),认为在其他领域里发展起来的统计手段,对于地理研究者来说是不难接受的。同时也有一些学者认为,在进行空间研究时,有必要对这些统计手段进行修正(贝里和巴克,1968)。但是,撇开鲁滨逊的早期著作(1956,参阅 p.62)不说,一般都认为用标准程序手段处理空间数据不存在技术问题。有不少教本著作问世，特别是在60年代晚期，但它们几乎没有引用具有地理特色的资料。它们与其他社会科学的教科书的区别，只在于举例的性质上。(甚至80年代，在《空间数据分析中的现代进展》(*Recent Developments in Spatial Data Analysis*)的纂稿者——巴赫伦贝格等人，1984年——中，几乎没有人讨论空间数据本身。大部分论文是关于标准统计程序的地理学运用。)

不过，在60年代末期，布里斯托尔大学有一批研究者开始怀疑地理研究中大多数统计手段的作用。有时，统计学家们发现，在经济分析和预测中，对时间系列的数据运用一般线型模型，尤其是进行回归和相关分析是困难的。对地理学家来说，主要问题在于自相关。模式的前提之一是所有的观察都是相互独立的；变量的某一读数对其他的变量绝不发生影响。很明显，自相关在大多数的时间系列中是存在的：例如，某一时期零售价的指数，对随后的时期会产生强烈的影响，而其本身又受着前一时期的影响。(将这一问题首次向地理学家说明的，是奇泽姆、弗雷和哈格特，1971，p.465。)因为相近的观察之间有相互依存关系，常规的回归方法并不适用：自相关会导致回归系数的偏斜，因而任何预测的可靠性都是值得怀疑的。

布里斯托尔的学者们认为这个自相关问题也存在于空间数据方面，而且较之时间序列更难于处理。时间的过程只有一个方向，而空间则是二维的，一个单独的点的独立条件会受到其四周各个方面的干扰。因此，就特定变量的值来说，空间的自相关涉及所有相邻位置的所有影响。这一点已为某些统计学家(如吉尔里，

1954)发觉,某些地理学家例如达西(1986)也有这样的感觉。达西的著作曾推动布里斯托尔的学者们对这个问题的探讨。那些学者多年来对这一问题花费了不少精力(克利夫和奥德,1973,1981),延及空间领域的许多方面,包括众所周知的重力模式(柯里,1972;约翰斯顿,1976a;谢泼德,1980;福瑟林海姆,1981)。

对空间自相关的认识,表明了地理分析中运用常规统计手段的严重的局限性。问题就在于回归分析以及主成分和因子分析等基于一般线性模式的方法的运用,对于空间数据是无效的(海宁,1980)。正如哈维(1969a)所指出的:

> 由于这种统计的技术的条件之一是观察的独立性,所以为区域化问题选择形成相关系数看起来并不合适。由于这种区域化的目的是要造成一批内部相对同质的连续区域,那么,观察的独立情形似乎必将受到破坏(p. 347)。

如古尔德(1970a)所指出的,讨论的主调是清楚的,因为空间的自相关就是地理学家力图按他们的法则和理论而建立的秩序。认识了问题的实质,一些人承认常用的统计手段在其工作中不适用(如贝里,1973b),而布里斯托尔的学者在修定哈格特的重要著作时则把常规的统计手段删去了(哈格特、克利夫和弗雷,1977)。不过,许多人,或者是由于对自相关问题的忽视,或者是认为系数偏离问题只出现在进行预测而使用一般线性模式时,而在描述方法中(参阅约翰斯顿的著作,1978a)以及某些类型的生态分析中(约翰斯顿,1982d,1984f)并不发生,因而继续使用这些方法。

然而，推测和预测是布里斯托尔学者们研究的基本问题，因为他们所从事的工作都集中在所谓空间预测上面，包括运用各种手段对诸如疾病、价格、失业的时空演变趋势进行估计和预测（哈格特，1973；克利夫等，1975）。对此，他们专门组织了一次大型研讨会（奇泽姆、弗雷和哈格特，1971），并写出了大批著作，主要是关于对时空演变趋势进行辨认和预测的技术问题（例如，贝内特，1978b）。哈格斯特朗的关于传播模式的研究自然成为这类研究的基础，这类研究着重于研究传播的模式类型，而不是它们产生的过程。现在，已有大量关于预测技术（例如，贝内特，1979）和从图示模式演绎为“空间过程”的文献（海宁，1981，1990）。

海（1978）曾评述空间预测的实质，他向他认为的空间预测的基本前提质疑，即现象是在时间和空间两者之中连贯进行的。他对类似马丁和奥彭肖（1975）的关于市场价格变量的分析研究提出疑问，那些研究将地方之间的相互关系看作在时间中并无变化。海强调考虑剧变理论的价值。在这里，控制性变量的一点小的变化就可能导致所研究的被控制性变量的很大的变化（这一大的变化就是剧变）。如果剧变发生，那么布里斯托尔等学者的线型推断模式，作为预测的手段，则明显地要受到局限；不过地理学家在解决问题时，对数学手段中这一相对新的方法用的不多（威尔逊，1976a，1981a）。（在自然地理学家中用得要多一些，托内斯，1989a，1989b。）

模式化和地理数据分析的技术沿各种途径不断进展。有些人强调地理数据的空间特殊性，他们根据对空间自相关的研究，而认为特定的地理分析手段是必需的（参阅盖尔和威尔莫特的著作，

1984)。地理空间特殊性之一就是与之相关的地域单元和规模问题。奥彭肖(1984a,1984b)在一些重要的论文中阐述了相同的数据系列的不同地域单元(如从县到地区,或者可能从人口普查统计区到社会区)如何在两个变量相互关系上产生极其不同的结果。确实,他的例子说明以多种数据系列可以得到在+1.0与-1.0间的任何一个相关系数值。因此,在采纳具体的地域单元时需要做仔细的裁断。有些人则寻求标准统计手段的正确使用(例如,琼斯,1985;里格利,1984),他们以对统计意义的检验为进一步讨论的基础(萨姆菲尔德,1983;海,1985b),肯定探索资料分析的优点一面(考克斯和琼斯,1981)。学者们寻找检验假设的较好办法,特别注意到对范畴性(或名义性)资料的使用(例如,芬格尔顿,1984;里格利,1985),以及模式分析(厄普顿和芬格尔顿,1984),和通过结构性模型来描述关系(如卡德瓦拉德,1985)。工作的许多方面由于强行把结构加到数据之上,而不是"让数据自己说话",因而受到批评(古尔德,1981)。针对后一种批评,学者们使用了q-分析数学(古尔德,1980;博蒙特和加特雷尔,1982;加特雷尔,1983;还可参阅麦吉尔编的论文集,1984)。

为得到较为正规的模式,各种空间相互关系继续是人们注意的中心,人们继续运用这些方法研究诸如疾病空间传播一类的问题(克利夫等,1987)。这类工作(贝内特和海宁,1985;贝内特、海宁和威尔逊,1985)形成研究的前沿发展,其多数成果威尔逊和贝内特(1985)均有概述。威尔逊和贝内特的概述著作成为《应用数学手册》系列的一部。在《应用数学手册》系列中出现《人文地理学与规划中的数学方法》一书,证明了空间分析领域的根本性成就。

这些技术上的进展也得助于利用高速电脑处理数据资料能力的发展（林德，1989）。对数据资料的收集，如传统的人口普查或调查，不仅采用更多的其他传统方法（如市场研究），也有新方法的使用，如卫星遥感或其他航空手段。更晚近一些，对数据资料的分析由于地理信息系统（GIS：柯兰，1984；格林等人，1985；克里斯曼等人，1989）的开发而又进了一步。地理信息系统运用电脑专用机件（由硬件和专用的软件组成），将快速发展的电脑制图与数据资料收集相结合，以分析空间数据的三个主要类型：点的（如图上的点位）、面的（如城镇和田野）、线的（如运输线）。对数据日趋进行地学编码（给予特定的空间标位，以便于进行空间分析）。技术的发展日趋电脑化，它可以收集、储存、显示和分析空间数据资料。

为纪念1086年土地调查清册出版900周年而制订的重要规划，促进了英国技术的迅速发展。GIS（地理信息系统）成为现代技术，并被投放市场作为学校或其他教育机构的辅助教学手段（戈达德和阿姆斯特朗，1986）；GIS可提供大容量的数据库，这不仅可以用以显示大范围的地图（包括全英1∶50000的军用地图系列）与图片，而且也可对那些数据作相关性分析（奥彭肖等，1986）。

地理信息系统提供了一种重要的工具，可以处理许多问题，如在较短时间和较少费用下对数据进行收集、处理和演示，这些是许多应用研究的基础，但在过去，却是很难做到的。在不到10年的时间里，英国经济和社会研究委员会建立了区域研究实验室网络，作为研究的工具设施，引导研究向纵深方向发展（参阅1988年10月号欧洲科学研究理事会通讯，其主题为“用地理信息系统工作”）。美国国家科学基金会向国家地理信息和分析中心投资550

万美元。该中心分设三个地点(参阅美国地理学家协会 1987 年 8 月及 1988 年 10 月《通讯》中的通告，以及福瑟林海姆和麦金农，1989)。对它们的利用已然在教学中得到推动(马圭尔，1989；费希尔，1989a)；继上议院特别委员会的一个重要报告后，英国建立了地理信息学会，一位地理学家(莱因德)在该委员会任科学顾问(莱因德，1986；莱因德和芒西，1989)；创办了一种专门期刊(《国际地理信息系统杂志》)；1990 年初出版了超过 1000 个条目的文献目录(布拉背等，1990)。

1989 年，在加拿大地理学家协会会长演说中，罗杰・汤姆林森，这位 60 年代以来的地理信息系统的开拓者，关于 GIS 的应用与发，说了下面的话(p. 298)：

> 地理学家在把各种各样的技术结合到“地球描述”的新形式之中，起到了特殊的作用。它们将成为地理学的基本方法，并开启更为丰富的空间分析和地理认识的渠道。

他认为，在未来，空间的问题将成倍地增加，将会变得更加复杂。由于使用地理信息系统，地理学家们在解决问题的研究中驾驭和分析大量数据资料的能力，将显示他们的“整合科学”的力量。也是“资料美”(p. 292；亦见 p. 214 下)。

多布森认为(1983b)，处理这些庞大的数据，需要发展一门他称之为“自动化地理学”的学科，一种

> 对问题进行地理学整合系统的研究，即确定问题，选择合适的

方法，再从众多的自动的和手动的技术中选取工具(p. 136)。

这样的研究主要取决于电脑的硬件和软件的发展(硬、软件已然应有尽有，参见考恩，1983)，将有助于参与大范围内的公共政策研究。许多对多布森的论文(载《专业地理学家》，1983 年 8 月号)进行评论的人认为，因为硬件和软件的主要好处只涉及数据处理的规模和速度，所以自动化的地理学的命名是不当的。他们喜欢少带情绪色彩的术语，如“电脑辅助地理学”或“电脑辅助地理系统”等。有些人，如波依克(1983)，认为这一情况不过是一种手段对另一批手段的辅助，就好像几十年前出现的计量化一样：“……我们的工具似乎吸引了一些不大合适的预言家。”(p. 349)多布森(1983b)发表了不同意见，他说：

我所说的不是一个系统或是系统的集合体。这是一门学科，运用人与电子控制系统，以进一步理解自然的和社会的系统(p. 351)。

许多事(例如关于数据资料如何显示)决定于电脑，而不是人。所以电脑应该程序化，使其适合“我们的学科的特点”，这样，无须地理学家的具体参与便能提供地理分析的结果(参阅库克勒利斯，1986b；费希尔，1989b；海恩斯—扬，1989)。

有些人认为，尽管现行地理学理论确实有所进展，有不少都早于“数量革命和理论革命”，但以上技术上的进展并不是伴随地理学理论的实质性发展而发展的。“传统”方式与 50—60 年代的发展（参阅 p. 64）的结合，乃是其主要基础。问题集中在关于点和线的最佳分布，以及在这些点之间的沿着线流动的情况。威尔逊（1984）认为，是数学的进展使我们得以将新方法与老问题（例如，冯·杜能和韦伯的问题）相结合，而建立起新的研究方式。他表示现在建立的深入的研究方式，可以将宏观人口背景、宏观经济背景、空间相互作用、人类活动区位、经济活动区位以及基础设施发展结合起来，以表现空间模式或聚落结构。这一主张曾以两篇论文（伯金和威尔逊，1986）为例，“显示了以空间相互作用和结构模式重新论证古典工业区位论结论的能力”（p. 305）。还有一些学者对这种模式表示兴趣，不过他们对行为研究更感兴趣，这将在下一章详加阐述。

反对空间分离主义

反对把人文地理学看作空间科学的意见，已发展为反对把人文地理学视为一个具有分离主义性质的学科。某些人，如克罗（1970）认为在普遍性的研究中使用空间变量乃是一种天真的空间决定论，如同早期的环境决定论一样。也有些人，他们的批评是基于空间观点对社会科学所含的分割性上。这些批评构成本书这一部分的内容。

萨克（明尼苏达大学卢克曼的前助手）在一系列论文中，坚持反对把地理学看作空间科学——他称作“空间分离主义”。现实世界具有三维性——空间、时间、事件。根据分离主义的观点，地理学是研究第一个因素的学科。然而，根据萨克的意见，空间、时间和事件，在寻求问题解释的经验性科学分析中，是不能被分离的。因此，在第一篇论文中，他论证几何学作为语言手段在这种学科中是不能接受的（萨克，1972）。几何学是纯理论数学的一个分支，它不涉及经验性的事实，它的规律是静态规律，与时间无关，它们不能从动态规律或过程规律中推导出来。地理事实具有几何学的性质（区位），然而正如舍费尔指出的那样，如果地理规律仅仅涉及事实的几何学性质，那么它们只能提供关于事实的不完全的解释。（为了说明这一论点，萨克举了砍伐木头的例子。假如回答"你为什么砍木头"这个问题时，答案是"因为斧子的冲击力可以劈开木头"，这是一个静止的、几何学的规律；而假如答案是"为供热提供燃料"，这就是过程规律，它与几何学规律彼此结合。在这一类比中，过程规律等于行动背后的意图。）根据萨克的意见，几何学的规律能充分解释和揭示的是几何问题，因此，假如地理学的目标仅仅是分析地图上的点和线的话，那么它可以是使用几何学语言的独立学科。但是，"我们不能接受在解释城市的增长时只描述其形状的变化，因而仅仅几何学是不能回答地理问题的"（p. 72）。可以得出结论：

> 解释需要规律，规律（假如它们是有效的）可以解释事件。因为事件的定义包含某些几何学的性质（所有的事件都在空间中发生），对任何事件的解释原则上都是对事件的几何特性的解释（p. 77）。

所以，在强调事件的空间面貌（规律的实例）时，地理学与几何学紧密联合在一起。但是因为几何学的发展不包含过程，那么仅以几何学作为解释和预测的基础就很不够了。

邦奇(1973a)对这种看法做了回应，他认为只靠几何学来做空间预测是完全可能的，例如中心地理论和杜能的分析。这样的几何学包含了“古典之美”，若“从地理学中清除几何学会减少我们行业的显著的收益”(p. 568)。萨克的(1973a)答复是，邦奇相信的静态规律只是动态规律的特殊情况，需要有前后条件，而且，

> 尽管几何学的规律毫无疑问是静态的、纯空间的、不能由动态规律中推断的，它们能解释和预测事件的自然几何学特性，它们不能回答地理学家提出的事件的几何特性，同时它们也不能阐述过程(p. 569)。

萨克并不是像邦奇以为的那样，主张把几何学从地理学清除出去，而仅仅是主张对空间不应脱离时间和事情去单独思考。在进一步讨论这个问题时(萨克，1973b)，他说：

> 为了使自然空间的概念能够符合概念构成的规则，并能应用于地理科学之中，任何几何学术语或空间术语必须与一个或更多的非几何学术语相结合(p. 17)。

因此，自然距离本身并不是一个概念：例如，为评价在重力模式中长度的意义，了解一条公路穿过的地带的情况是必需的——单靠几何学是不够的(考虑距离的含义，可参阅上文，p. 104；还有

麦凯(1958)的关于边界对运动类型的影响的著作)。由于没有完全真空的自然空间,因而也不存在只由距离本身构成的阻力。跨越物体时阻力是存在的,但造成阻力的是物体自身和所跨越的环境,而不单单是距离,“有阻力,也有距离,但不存在距离的阻力”(p. 22)。根据萨克的观点,地理学要解释事件,因而需要真正的规律,这些规律可以包含几何内容,例如跨越物体的阻力,但这些几何内容本身并不足以提供解释。

空间分离主义主张,基于几何学的运用,地理学在社会科学中应有一独立的位置。但是萨克认为(1974b),“空间研究企图以论证空间问题和空间规律,从而在主题上从系统科学群中脱离出来,这是不可行的”(p. 446)。有两类与地理研究工作有关的实质性规律,必须加以说明(萨克,1974a)。单一性规律没有区位性,“假如 A,则 B”的陈述具有普遍意义,无须空间说明。而叠合性规律则牵涉空间问题,“假如 A,则 B”的陈述在这里要关系到某些区位问题。这两类规律在回答地理问题时,都是有关系的和必需的。所以对人文地理学的实质性规律来说,没有任何情况有利于必需的“空间”。进一步说,必须认识到“空间是所有思想形式的基本框架”,只是“地理空间因方式、时间、文化的不同,而受到不同的看待和评价”(萨克,1980, pp. 3—4)。为说明这个问题,他在书中检查了空间研究的不同方法:社会科学家对空间的客观意义的研究;社会科学家对空间的主观意义的研究;生活和认识于空间中的人们(如儿童)的实际看法;对空间的神奇看法;还有社会组织与社会机构借以对空间进行建构和利用的概念。其中,“空间分离主义”只与第一种情况有关,它将空间与其他有关联的事务相脱离,其后果

是，这种忽视或全然无视空间的联系性，会阻碍社会科学成果的发现与确证(p.85)。

梅(1970)也反对舍费尔的地理学是研究空间关系的观点：

> 如果我们把舍费尔的论述扩展而包括时间，并把对时间序列和时间关系的研究分配给历史学家，那么所能得到的有关结果只能是：经济的、社会的、政治的以及其他方面的非空间的也是非时间的关系。因此，经济学、社会学、政治学等便成为非空间、非时间的科学。然而这是没有道理的……只要经济学定性为一个具有牢固经验性的学科，那么它的成果一定要适合给定的时空条件(p.188)。

于是，如果所有的学科都有空间内容，那么还有什么留给地理学去界定它的学科区别呢？梅列出五种可能。

1. 地理学是关于空间关系的“高高在上的科学”，一门并收其他学科的成果，“对空间关系、空间相互作用、空间分布进行概括的科学”(p.194)。这种观点把其他学科搞得残缺不全，它们的研究都不完整。这样的地理研究在任何情况下都不会成功。“把地理学视为概括性，或者说是发现规律的学科，将其置于社会科学和历史学之上。对这一看法甚至是不应予以讨论的”(p.195)。

2. 地理学是关于空间关系的低层学科，研究高层学科(一般是较为抽象的学科)的规律在实际中的应用。(这多半是对60年代地理学的评述)这种观点似乎也割裂了其他学科的完整性，并产生这样的问题：“经济地理与经济学彼此的区别是什么？”

3. 地理学研究的是地理的空间关系。这就意味着有一些空间现象是其他社会科学所不研究的，因而被看作地理学的对象。梅认为没有任何东西是纯地理学的（同样地，也没有纯历史学的）。

4. 地理学以空间方式研究"实际事物"。不过，这还是要从其他学科里抽象出来。尽管梅的确承认有一些"零碎东西"在别处都不研究，但这些东西不可能为一门独立学科提供满意的实际基础。

5. "地理学不是一门对空间关系进行概括或者发现规律的科学"（p. 203）。

前四种观点说明，由于时间、空间、事物的不可分性，所有的社会科学都涉及空间关系问题。因此，对于梅，如同对萨克一样，地理学不可能是一门基于空间差异的独立学科。萨克称那些只强调空间的几何特点、以为地理学是独立学科的人为"空间分离主义者"。大约在同一时候，莫斯（1970）也得出类似的结论：

> 对几何关系必须赋予经济的、社会的、物理的或者生物的含义，然后才能用来分析……尽管几何学是地理研究的重要工具，但它们不可能产生理论，因为它们对地理现象的类比只不过是通过特定的逻辑结构，而不是通过解释推演……这种使用表明了空间、区域、距离的重要性只是由于它们自身，而独立于任何在传播、消耗、时间、过程之中的内容。这是明显的错误（p. 27）。

格雷戈里（1978b，1980）也对他在许多空间科学家那里看到的极为狭窄、肤浅的空间过程观点提出批评。他认为那些人的观点是工具主义的，它涉及一些无法最终证实而只能在现实面前做实用性评估的理论。贝内特(1974)承认他的模式并不反映真实的过程，而是假设它们可以用于政策制定(进而产生自我实现的预言)：因为它们可以描述、解释世界今天的形成样子，于是便假定也可以预测未来。

萨克反对“空间分离主义”，但并不否认地理学的“空间观点”。在其后的书中(萨克，1983，1986)萨克发展了一种有关区域化的理论，作为理解人类某些行为的基础。区域化被定义为“人类进行作用、影响和控制的手段”(1986，p. 2)，他说明如何“在某些条件下，区域化成为较为有效的途径，建立不同的对人与资源的接近性，而使其易于交流。它还可以用来展示人的关系，包括控制者与被控者之间的关系，以及人与地方法规之间的关系”。他用一些例子加以说明，得出的结论是：

> 显然，区域化本身造成的社会关系变化，并不能改变整个社会的局面。但是，通过其内部的动力，它可以驱动至此不能预见的，并常常是不情愿的社会后果。对古代文明是如此，对罗马天主教是如此，在美国领土体系和工作地也是这样。从各方面说，在社会主义国家是如此，也可以期待它在试图建立比较乌托邦式的公社组织时同样如此。地域化的作用是复杂的、重要的，一定要认真对待(1986，p. 215)。

这样，萨克以另一理论取代“空间分离主义”，在这个理论中，空间为个人或集团所使用，以达到社会目的。后来，还有其他学者也讨论这个理论。(关于对萨克观点的扩展,参见约翰斯顿,1991。沃尔赫和迪尔 1989 年的著作《地理学的力量》的副标题为"地域如何塑造社会生活",不过书中没有对这里所说的区域化问题作广泛探讨,书的焦点主要是在下面(p. 240)将要讨论的区位研究问题。考克斯 1989 年的著作涉及了区域化问题,但重点却在他所说的"地盘政治"。)

本节所评述的这些观点,对 60 年代流行的地理学家们的大部分工作多有批评,"自然科学至上的维多利亚神话"(格雷戈里,1978a,p. 21)驱动着 60 年代的风气。与那些风气不同的研究工作将在下一章讨论。虽然对 60 年代多有批评,但空间分析的主张仍然继续着。例如加特雷尔(1983)就反对萨克对空间科学的批评,但同意将空间与事物分离是站不住脚的这一点。加特雷尔并非把空间分析归入实证主义哲学,他说:

> 我对结构主义者和人文主义者的答复是,由于他们十分注重关系(个人之间或社会集团之间,或人与环境之间),他们不可能回避空间的概念,因为任何关系都规定着一个空间。此外,因为每一种关系都伴随着几何学……他们不可能回避这样的事实,即几何学是他们处理的大部分事物的基础。结构……本质上是空间的,但绝非在任何简单的地理意义上(p. 5)。

他的关于空间的定义显然比仅仅是距离要广泛,所以,在他提倡空间分析时,并不是把它看作地理学的单独范式,而是看作一个在各种经验研究中所用的工具的宝库。他还指出(加特雷尔，1985,p.191),经验研究的多数问题都涉及对在空间中排列的事物的描绘，要探索限制人类空间组织的距离的作用，并需要实现区位分布的效率。

系　　统

一般认为，系统研究是1962年由乔莱首先引进地理学。但富特和格里尔一伍滕(1968)则主张系统分析是索尔(1925)在其纲领性论文《景观形态学》中提倡的，索尔在该文中说:“在景观中共存的物体存在于相互关系之中”。加里森(1960a)的评述文章持有类似看法。尽管近来的整体性研究在方式上与索尔的有很大差别，但在某种程度上，系统研究的采用有点“新瓶装旧酒”的味道。从更一般的意义上说，系统这一概念已有很长的历史，如贝内特和乔莱(1978,pp.11—14)所指出的:目的论的传统，便视世界为一个“符象大系统，上帝通过这些符象教导人类如何行为”(p.12)。而功能论者则将观察到的现象连接起来，作为可重复、可预测的规律形式的例证。

系统研究的关键是事物的联结性。正如哈维(1969a,p.448)指出的，现实是由众多彼此联系的事物所组成的无限复杂体，系统分析一个系统包括三个部分(p.451):

1.一系列要素因子；

2.要素因子之间的一系列联系(关系);

3.系统与环境之间的一系列联系。

最后一个部分可以不存在，这种情况下的系统称之为封闭系统。封闭系统在现实中极为罕见。比如一台包含一系列相联因子的内燃机，它由环境获取能源，并向环境排出废气。再如一批由交通信息网络联结的聚落，构成一个空间系统，并与所界定的系统区域外面的聚落相联系，作为与环境的接触。不过，为分离出系统的显著特征，常常可以创造封闭系统，或者用实验的方法，或者用制造人工界线的方法（在人文地理学中常用后者）。在一个系统之内，因子都具备量的特性，物质沿连线运动。在系统运行时，各类要素因子的量度会发生变化。

60 年代的人文地理学家广泛使用系统术语来描述空间聚合体，例如，哈格特的开创性著作（1965c）便以此为基础。但并非所有的系统术语都用在有显著空间特点的系统的研究上。在很多情况下，因子是一些空间位置并不清楚的现象，它们之间的联系只是功能上的。在这种情形中，对因果关系系统的地理学研究，无异于其他学科中对于结构类似的问题的研究。不过，如果现象具有位置特征，联系又跨越空间，所以就另外需要一个地理学眼光，以探索那些因果性的空间系统。

地理学中关于系统分析的早期文献多是构想性的，而不是应用性的，设想着系统术语如何在研究与教学中使用，通常是对旧材料进行重新解释（麦克丹尼尔和埃利奥特·赫斯特，1968），相对来说，没有什么应用性研究被报道出来。十多年以后，由其他领域的学者（贝内特和乔莱，1978）对不少地理文献着重进行了评述。然而哈维（1969a）认为：

> 如果我们放弃系统这个概念，我们就放弃了一个极为有力的手段，而这个手段正是要用来对我们提出的有关周围的复杂世界的问题提供满意的答案。所以，问题不是我们是否应当在地理学中使用系统分析或系统概念，而是要考虑我们如何利用这些概念与分析模式去获取最佳的效果(p. 479)。

在寻求这个问题的答案时，人们采用了两种办法来研究系统问题。第一个是系统分析；第二个是一般系统理论。后者是要建立一个比现行的学科分类更具综合性的学科。这两类办法时有混淆，但这里，我们则分别讨论。

系统分析

确立了一个具有地理特色的系统(包括随后出现的要处理的问题)以后(哈维，1969a，pp. 445—449)，如何来研究它？学者们提出若干系统和系统分析的类型。

乔莱和肯尼迪(1971)区分出四种系统(图 4.2)。现象系统，表述静态关系，即单元之间的联系，它们可以是表示由道路连接的各个地方的地图，或者是表示不同事物之间功能关系的公式。本章前面所介绍的多数空间分析均属现象系统。串联系统，包含若干联系，能量经由这些联系从一个单元进入另一单元。工厂可以比作串联系统，在很多情况下，一个工厂的产出品就是另一工厂的投入品。每一单元可能本身就是一个系统(比如同一工厂中有彼此联系的各个部门)，所以可以看出串联系统中有等级层次，就像哈格特(1965c)的结点区域，还有经济的投入——产出矩阵(艾萨德，1960)。贝里(1966)将以上两例串联系统结合起来，研究印度经济区域间的投入——产出问题。在串联系统内的每一个单元中，材料的流通乃由某种方式管控(如工厂中的工业程序)。在研究时，管控程序的性质可能完全被忽视，而仅仅注意投入和产出。这种情况下，单元被喻称为黑箱。白箱研究要考察转换过程，而灰箱研究只对其做部分描述。

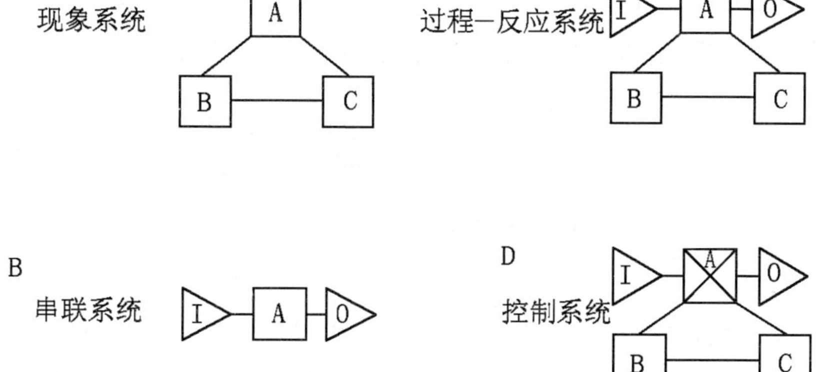

图 4.2　系统类型

A、B、C 代表系统中的单元，I＝投入，O＝产出；在控制系统里，A 是阀门。

资料来源：乔莱和肯尼迪(1971，p. 4)。

过程—反应系统，以研究联系单元之间的彼此作用为特色。它研究的是过程和因果性互动关系，与注重形式研究的前两种类型不同。在系统意义上，它可以涉及变量 X 对另一个变量 Y 的作用，而在空间系统分析时，它涉及 a 地的变量 X 对 b 地的变量 Y 的作用，有点像美国的通货膨胀稍后会对英国的失业有影响的情形，也像一国之内的疾病从一个地方向另一个地方传播的情形(克利夫等,1975)。最后,控制系统,是过程—反应系统的一种特殊情况,其特点是具有一个或多个关键部件(阀门),这些关键部件规范着系统的运行,亦可用来对系统进行控制。

人们关注的是后两种系统类型。例如,兰顿(1972)认为过程—反应系统为人文地理学关于演变的研究提供了出色的框架。他提出过程—反应系统的两个子系统。简单行动系统,具有单向性质:X 的刺激使 Y 产生反应,也许 Y 接下去又进一步对 Z 产生刺激。这样一条因果环链,其实就是"传统科学所涉及的原因—结果关系特点"(哈维,1969a,p. 445)的翻版,换一种说法,就是过程规律。

对人文地理来说,更重要的,也是比较新鲜的,是第二个子系统:反馈系统。根据乔莱和肯尼迪,

> 反馈是系统或子系统的特点。当变化通过系统的某个部位进入系统,系统的结构演变使变化的影响返回到最初的那个部位,产生行为循环(pp. 13—14)。

反馈可以是直接的:A 影响 B,然后 B 影响 A(图 4.3A);或者是间接的:从 A 产生的影响力在返回 A 时,经由一系列其他环节(图 4.3B)。具有负反馈的系统由一种自我调节过程(即所谓的自平衡态或静态)保持着稳定状态。"使超额利润逐渐缩减,直到空间系统达到平衡的竞争过程,即其典型例子"(哈维,1969a,p. 460)。而正反馈的系统的特点则是产生态的,即由于 B 对 C 的作用而出现的特点的变化,通过 D 使 B 进一步变化(图 4.3D)。

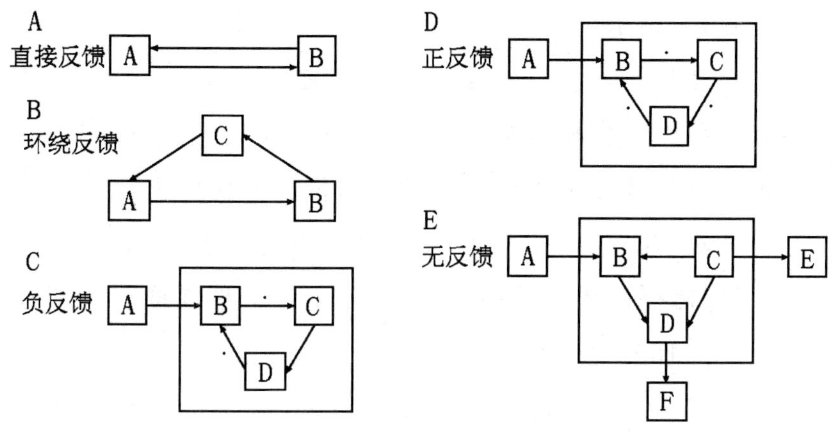

图 4.3　系统内反馈关系的不同形式

资料来源：乔利和肯尼迪(1971,p.14)。

反馈的概念，再结合自平衡态和产生态的概念，构成"变化系统理论的核心"(兰顿，1972，p.145)。由此，兰顿认为反馈的属性应为地理研究的焦点。在不少空间系统中，反馈是无法控制的，但另有些空间系统的反馈则可以有调节者，如规划政策(贝内特和乔莱，1978)。不过，对反馈过程所做的地理学的研究为数不多。关于自平衡系统，兰顿援引了对中心地动态演变特征的研究，其中，服务中心的分布模式依人口分布的变化而调整，而达成原先的供求平衡(如巴德科克，1970)。关于产生态系统，普雷德(1965b)用城市增长过程模型对之做了说明。在城市中，一个经济部门的扩展，通过一系列的环节，又使该部门产生进一步的扩展，就像米达尔(1957)的关于累积因果关系的较为概括的理论，这些系统模式已用来预测城市的未来(福里斯特，1969)。但是在大多数研究中，吸收系统论的地方还很少，这使兰顿(1972)得出如下的结论：

> 首先，在系统论术语的采用范围与其概念的严格应用之间并没有什么关联。术语的“空泛”使用是非确指的，即使其具有多种微妙模糊的含义，典型的例子如反馈一词的使用，那只是一个解释的手法而不是对问题做根本性的描述。
>
> 其次，反过来说，许多系统论的概念已然在地理学中使用，不像晦涩的术语，没有明显的从系统论中直接获取启发的样子(pp. 159—160)。

第二个结论以为，一个学科应独立地发展自己所需的概念框架，而无须从有关学科引入相关概念。不过兰顿辩解道，系统论澄清了现存理论中的很多问题，它直接关注变化过程，并促进细致的分析研究。

贝内特(1975)关于英国西北部的区位与发展的动态研究，是运用系统论研究人文地理问题的力作之一。他对系统——其要素单元、连接环节、反馈关系——进行了揭示，评价了各类外部(如全国性的)事件对系统参数的影响，专门考察了政府政策(工业发展证书)对系统结构的影响，并预测了区域未来的时空形态。在后来的论文中，贝内特发展了其方法的预测部分(1978a，1979)，提出如何最佳分配政府的财政资助(1981b)，还概述了在新税制的影响下可能的空间变化(“人头税”，1989b)。

人文地理与自然地理的交错领域的研究，属于坚持采用系统方法的一类。生态系统是一个过程—反应系统，涉及能量在生物环境中的流动，其中包括人或人的影响。它又是一个控制系统，其中有生命成分起着能源流动调节器的作用，“在这一点上，它们进一步表明，人类控制系统必须与自然界相互作用”（乔莱和肯尼迪，1971，p. 330）。多数自然生成的生态系统通常处在自平衡态（见查普曼，1977，第七章），但由于人类的介入，带来潜在的突变影响，常常将它们转变为产生态系统（约翰斯顿，1989b）。

斯托达特（1965，1967b）认为生态系统应成为地理学的基本问题。不过，尽管有若干其他构想（例如，克拉克森，1970），包括两个基于有关社区概念（摩根和莫斯，1965；莫斯和摩根，1967）的构想，兰顿的结论看起来是正确的（见格罗斯曼，1977），即没有什么实质性的研究。在邻近学科中也有类似的努力，但不大涉及生物环境，而且只是偶然地刊登在地理文献中。社会学家（如：邓肯，1959；邓肯和施诺尔，1959）的人类生态系统模型曾被用作探索移民（乌尔利奇，1972）和城市化问题（乌尔利奇·克洛赫，1975）的框架。经济学家的操作性研究技术，连同它们重要的反馈机制，激励了交通地理学家的工作（如：辛克莱和基斯林，1971）。

把系统方法与地理研究相结合的最深入的尝试是由贝内特和乔莱所做（1978）。他们著作的目的是要提供“一个对‘人’和‘自然’结合关系的多学科一体化研究”（p. 21），有三个主要目标：

> 第一，希望开发系统研究，从跨学科角度研究环境结构与技术。第二，检验一种方式，即使系统研究有助于一方面的社会—经济理论与另一方面的自然—生物理论的结合。第三个目标是对这一结合的内容进行揭示，回应当前人类与环境的两难困境……期望系统研究能提供有力的手段，以阐明在时间与空间上日益严重的环境形势，以减小我们在日趋复杂的

决策时的犹豫不决(p.21)。

这一庞大任务目标(写成了624页的巨著!)不仅要阐明自然与生物科学的“硬系统”,还要阐明社会科学的“软系统”特征。关于后者,他们投入了大量丰富的篇幅,首先讨论作为思想者的人的认识系统,和人(个人或群体)所运用的决策系统;其次讨论由众多相互作用的个人或群体所组成的社会—经济系统。他们最后试图把这两类问题结合起来,因为:

> 在大范围的人类—环境系统中,人类作为欲控制的系统中环境之一部分,造成了社会—经济控制目的的非确定性。……我们需要询问:什么是控制的政治和社会内容,控制是为了谁,是由谁来控制?(p.539)

毫不奇怪,在书的结尾,他们讨论了许许多多在把这两类问题结合起来时遇到的实质问题,尽管其中不少问题已在文中阐述过。(书的前面有一涉及广泛的前言,其中所介绍的批评性文献,本书将在下面章节中讨论。)

人文地理学的许多实证主义研究的前提(常常是隐含的),是系统分析的使用的基础,这个前提就是人类社会可以与自然现象——包括复合体和构成体——进行有效的类比。系统中的各个单元因子的角色都是预定好的,它们只能按某种方式动作和改变,这取决于系统的结构和系统与环境的相互关系。作为一种描述手段,类比使社会的结构与运作以及社会的各组成部分都可以被描绘和分析。它还是一个产生思想见解的园地，由此产生假设（参见科菲，1981）。一旦系统被界定，模型被确立，系统分析便可以用作预测的工具，跟随环境的变化而揭示单元因子与联系的性质（例如经典的劳里模型，就可以在预测土地利用组合变化对交通流动的影响时，分析新的要素与联系的出现的问题。巴蒂，1978）。

这种类推法的潜在优势已由几位作者做了探索。例如，威尔逊（1981b）曾讨论环境系统分析的方法，他将环境定义为“自然的、人性的、制造而成的‘利益系统’”（p. xi），在所有的利益系统中，

> 主要问题是系统的复杂性，其各组成部分表现出高度的相互依赖性。所以，“整个”系统的性能通常大大超过各部分性能的总和（p. 3）。

他的看法是沼泽地生态系统、水资源系统、城市（他最初的三个例子）均可用同一方法进行研究，对此他在书中探讨了研究的方法。威尔逊较早的一本书（1981a）曾提出研究变率与变向突发的系统的数理方法。哈格特（1980）也类似地阐述了系统分析在人文地理与自然地理中广泛应用的问题，并考虑到人与环境相互作用的界面，他在书中也提出了系统分析的方法（又见哈格特和托马斯，1980）。只要成功地建立起系统的模型，便可以用控制理论来操作。控制理论

> 是一种动态优化技术……它可以使优化区位历久不怠……

(并且)将重点由单纯的模型建构变为模型使用(乔莱和贝内特,1981,p.219)。

根据乔莱和贝内特的意见,在污染控制、排水管理、跨区域资源配置和城市规划等领域内,描述系统的模型与系统控制论的结合具有广泛的潜在应用性。由于注重了方法,它显示了在应用自然地理学与应用人文地理学之间兴趣的共同性。

系统论、信息、熵

本章至此关于系统的定义是:由一系列彼此联系相互作用的因子而构成的运行整体。这个定义受到查普曼(1977)的挑战,他的书以这样一段话开始:

> 我不认为系统这个概念对于地理学将具有长时间的重大的可行意义。这代表了一种理念,即世界不能百分之百地把握。但另一方面,从概念意义上来讲,我认为这个概念是很重要、很有用的。对在为自己的研究设计技巧的人来说,它有巨大的、立竿见影的作用。作为一种分析框架,它在目前是无可匹敌的(p.6)。

按照查普曼的意思,系统包含一系列因子,这些因子可以处于不同的状态。他依据罗斯坦(1958)而做出的定义是:

> 系统是一组客体,其中每一个客体都具有一组可能的转

> 换状态：任何给定客体的实际状态都部分地或全部地取决于它在系统中的角色，一个不具备转换状态的客体不是系统的功能部分，而只是个静态属品（p. 80）。

若干个各自都含有一批土地的农场所构成的系统，可作为一个例子：每一个农民都必须决定如何去使用每一块土地。在某种程度上，每一个决定都将影响农场的整个运行以及所有其他土地的使用。在另一方面，每一个决定又受到外部市场的作用，以及受到其他考虑自己土地的农民的决定的影响。这样，土地系统中存在大量的可能状况，即各色各样的土地利用组合。按照查普曼的看法，系统分析应包括对这些不同状况的考察，以及在转换背景下处理所得出的模式：

> 仅仅对事物的现存状态进行理论说明是用处不大的。假如我们把自己局限于此，所有的解释都不过是历史的偶然性。在所有阶段，最重要的是考虑还有什么其他情况。系统组构的概念明显地要求对其他的情形做出评价（pp. 121—125）。

泰勒与格杰恩（1976）在一个特定的研究范围内同样指出：他们不是简单地询问“一个政区的选举分区中有没有偏差？”而是要问“在系统的限制中，什么是产生偏差的可能？”另外，他们还运用很强的计量方法，研究选举分区、选区的空间单元构成及其后果等问题（格杰恩与泰勒，1979）。

这些分析着重于在系统的一系列组合中，提取某一组合作为典型。他们的关键性概念之一是熵(entropy)。一般说来,系统的熵是非确定性的指标。(热力学第二定律说,系统内熵的增大就是系统非确定性的增大。在冷水体上置放一层热水便是一个很好的例子。最初,这两种水是分开的,比如人们完全可以确定热分子的位置。但是,在没有受到外界影响的情况下,二者逐渐混合,直到温度相同为止。在混合过程中,熵增大。)

社会科学家使用熵,是出自两个既有区别,又有联系的界定。热力学的熵关联于系统运行规定中因子的最有可能的组构形式。在信息论中,熵是指跨越一系列可能状态的因子的分布,是因子的散布的指标。如果所有的因子处于同一状态,便可以完全确切地预测某一因子的位置。反之,若因子均衡分布于所有可能的状态中,则最不确定、最难于预测某个因子的位置。(例子可见约翰斯顿的关于国际贸易伙伴模式的著作(1976a),也可看韦伯(1977)与托马斯(1982)的有关熵与非确定性之关系的书。)

在其最简单的形式中,信息论对熵的度量是另一种说明指标,但可以从多种形式上加以发展。查普曼(1977)列出三种用处:

(1)作为人口分布的一系列变量指标;

(2)作为景观中的冗余指标,这里,冗余被界定为具有规则性,因此,以a地周围的土地利用的知识来预测a地的土地利用,是可能的;

(3)作为非确定状态下形势反应的一系列尺度。

一般来说,除细节方法外,它们一直是斯图尔特和沃恩茨的宏观地理学(macrogeography)的传统(p. 67):其目的是对模式的描述而不是解释,尽管用于推导熵值的规定性可以导入一种分析的解释模型(韦伯,1977)。

熵在发展统计技术(而不是信息论)中的运用,由威尔逊(1970)引入地理学文献。他最初的例子是一个流动矩阵。已知一系列居住区所产生的居民流量,又已知到达一系列工作区的流量,但进入矩阵的输入值——何人从何居住区进入何工作区——却不知。什么是最可能的流动模式?甚至仅就少量区域和相对较小数目的流动者来说,其变动的数目也是很大的。威尔逊界定了这个系统的三类情况。第一是宏观情况,包含每一起点的流动者的数目和每一终点的工作数目。第二是中观情况,包含特定的流动模式:例如,五个人从A区到X区,三个人从同一起点到Y区,但是不知道哪五个人属于第一类,哪三个人属于第二类。另一种情况是微观情况,是流动模式的具体特例,众多组合的某一种:八个人从A区出发,五人去X区,三人去Y区。最大熵值手段发现,中观情况含有的微观组合的数量最大;换句话说,正是对于中观情况,最难于确定是什么组合产生了该模式。这个程序表明:

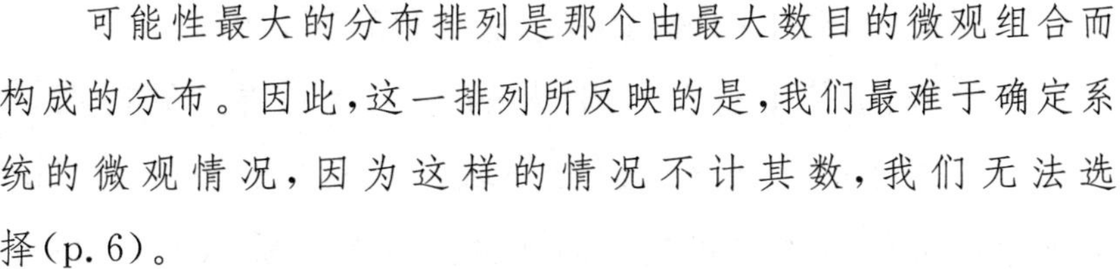

> 可能性最大的分布排列是那个由最大数目的微观组合而构成的分布。因此,这一排列所反映的是,我们最难于确定系统的微观情况,因为这样的情况不计其数,我们无法选择(p.6)。

这也是宏观地理学的传统,目的不在解释。而威尔逊认为他的工作是解说

> 熵的概念在建立城市与区域模型中的应用，也就是在假设发展，或理论建设中的应用。（“模型”与“假设”为同义语，理论则是经受检验的假设。）……最大熵值手段使我们能够以一种固定的方式处理极为复杂的局面(pp. 10—11)。

假设流动矩阵的输入符合最可能的分布排列。这一假设可以由“真实”的资料检验。如果全部或部分地错误，它可以用增加限定条件的方式进行调整。例如，威尔逊对其城市内部交通模型的调整，是以引入费用限定、流动人的类别(阶层、年龄等)、工作类别等等来做的。目的是用给定的不完全信息量来描述最可能的系统结构。

威尔逊既建立了他的模型的理论，也发展了模型的实质性应用(威尔逊，1981b)。他的总论(1974)包括一套完整的模型，这些模型可用以表现，进而预测一个复杂空间系统(诸如城市区域)的众多组成部分。模型中的一部分已被扩展(例如，里斯和威尔逊关于人口的著作，1977)，而在对西约克郡地区的研究中，所有的模型均已得到应用，获不同成功(威尔逊、里斯、莱，1977)。

威尔逊的工作得到了别人的运用和发展(见巴蒂，1976，1978)，它也被扩展到其他研究领域，例如约翰斯顿(1985b)的对英格兰选举行为的空间变化的评说。在评论威尔逊 1970 年的研究时，古尔德(1972)称之为“我在地理学著作中读到的最困难的东西”，但他继续道“他树立了一批罕见、深刻的概念，为我们提供了一个新鲜而又极为不同的世界观”(p. 689)。韦伯(1977)扩展了威尔逊的论述，即最大熵模型的目的是从一组数据中获取结论，这些结论是“自然”的，是那组数据自身的功能，而没有解释者的偏见。对他来说，最大熵模型提供了一个方便可行的办法去组织关于复杂世界的思想过程。他建立了一个“最大熵范式”(p. 262)，以研究区位模型(特定时间、特定地点之个体的存在的可能状态)、相互作用模型(特定时间的某一流动的可能状态)以及区位/相互作用结合模型。在里兹的研究中，威尔逊的最大熵方法被扩展到微观模拟领域(伯金和克拉克，1988，1989；克拉克和霍尔姆，1988)，在宏观资料(每一年龄层的人口数目及各自的癌症患者的数目)的基础上，对人口的微观特征(如 25—34 岁癌症患者的数目)进行可靠的统计性评价。

由于注重集聚模式，所以属于宏观地理研究。根据韦伯(1977)的意见，“最大熵范式表明……虽然对个体行为的研究不无益趣，但研究集聚性社会关系时，它不是必需的”(p. 265)。由模型所得的模式乃是限制性(即由中观状况所得的信息)产生的功能作用，所以，这些知识意味着“最大熵范式对短期的操作问题能够提供有意义的答案”(p. 266)，因而对眼前的规划目标具有无比价值。然而，

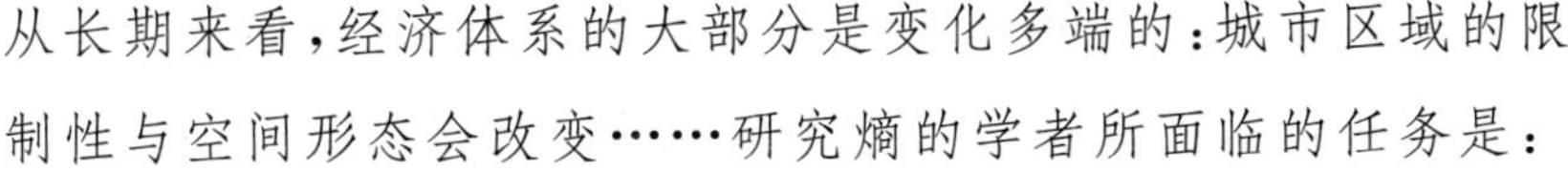

> 从长期来看，经济体系的大部分是变化多端的：城市区域的限制性与空间形态会改变……研究熵的学者所面临的任务是：
>
> (1)确定作用于城市系统的限制性，这部分是经济问题。
>
> (2)运用形式主义，推断系统中个体之间的经济关系的不同方面。
>
> (3)建构一个解释限制性的发生的理论。只有第三个任

> 务完成了，这个范式才可以说确立(p. 266)。

所以最大熵模型不仅是作为预测手段的“黑箱子”(p. 118)，也是一个假设：如果表示的系统的运转能够被理解，那么原理，即限制性，自身便可以解释。给定限制性的性质(在威尔逊最初的例子中，指人们何以住在他们住的地方，人们何以工作在他们工作的地方，他们何以在交通上花费一定数量的时间、金钱和能量)是个大任务：最大熵模型的目标是将此说清，并指示最具成效的调查途径。

系统研究允许将动态过程结合到地理分析之中，而不是关注这一过程产生的静态模式。因此，前文(p. 106)所述的许多数学的发展都与研究这样的过程有关，以便提高对变化的理解和对变化的预测能力(关于这里所用的过程一词，可看海与约翰斯顿的评论，1983)。动态系统理论与分析是里兹大学 A. 威尔逊及其助手 70 年代中期以来指导的一个主要研究项目的焦点。其中不少进展都是关于变化分析的，尤其是，他们的注意力由相对直线性模型转移到表现复杂变化，变化被表现为非持续的、不必是单向的(见威尔逊，1981a)。

许多动态系统的地理分析集中在静态空间模式或结构上，将其表现为运行的动态过程之中的均衡或稳定状态。于是，如克拉克与威尔逊(1985，p. 429)描述的，对变化的把握可以凭借

> 预测(在其他理论或模式中)与某一系统关联的各独立变量，然后计算新的均衡或稳定状态。

> 不过，他们对动态系统分析的应用说明这种方法是站不住脚的，因为在复杂系统内转变为不同类型的均衡或非均衡状态的可能性太多了(p. 431)。

因而令人怀疑预测的传统方法以及地理模型对规划贡献的可靠性。所以，要重新考虑这些贡献的实质，因为有条件预测没有什么价值——“可选用的可能性太多了”(p. 446)他们认为，新的贡献应包括：

> 第一，经常可能的是识别某些非稳定状况，或向非情愿状况的结构性变化的“临近”。政策重在保护。第二，也可能去设想如何刺激起向希望状况的转化，用变更政策，从而通过关键价值去变动参数的方法。第三，动态分析的思想与现代计算机技术的能力，二者有助于建构规划系统，重点在信息回收……与监视；因此，规划者与决策者在查明困难情况时，可以较迅速地反应(p. 446)。

当这些地理学家们致力于世界的内在复杂性，以及不可预测性时，他们也就是在重新评价自己在处理这些问题时的作用(克拉克与威尔逊，1984，1987)。

系统的理论与一般系统论

像沃尔特·艾萨德对区域科学的影响那样，一般系统论(GST)的发展也与一个人的学术生涯紧密相连——这个人就是

L.贝塔朗菲(参阅冯·贝塔朗菲,1950)。这反映了一种努力,即通过高瞻远瞩来统一科学,而不是通常的以简化的方法来进行的学科分划。其焦点在于同形现象,即不同学科所研究的系统的共同特征,而“它们的主题是关于各种系统的共有原则的方案与衍生”(沃姆斯利,1972,p.23)。目标是建立一种超级理论(metatheory),包含可适用于各种情况的规则;应用(指系统的理论,而不是GST)通常是由一个学科中类比到另一个学科,以求进一步的理解认识(如查普尔和韦伯,1970,用电学类比空间传播过程。还有最近的利用电脑模型的人工智能,库克勒利斯,1986a)。对地理学来说,GST提供了一个组织框架;GST本身是一个运用归纳法从个别学科的发现中制作一般理论的实际练习(见科菲,1981)。

有人认为,GST在理论基础与实际运用方面都没有进展(格里尔一伍滕,1972)。不过,有些地理学家运用了GST:例如,沃尔登伯格和贝里(1967)将河流的等级序列与中心地系统进行了类比;贝里(1964a)论证了城市是稳定局面中的开放系统,其稳定的行为描述的均衡性可以作为例证;还有些作者(例如雷,维尔纳夫和罗贝热,1974)运用了异速生长这个概念,即在某些情况下,有机体某一部分的增长与整体增长成比率关系。

GST的辩护者认为,GST对于人文地理学的有利之处,在于它的跨学科方法,它的高度概括性,以及它的关于开放系统的稳定状态的概念(格里尔一伍滕,1972;沃姆斯利,1972),但他们也一直认为,地理学的强烈的经验性传统意味着它给予GST的要比从那里得到的多。不过,有评论认为,“一般系统理论似乎有一种脱离实际的分心涣散”(奇泽姆,1967,p.51),这种观点主要来自乔莱的关于戴维斯景观发展系统的论文(1962)。奇泽姆概括 GST 的情况为：

(1)需要研究的是系统，而不是孤立现象；

(2)需要确立支配系统的基本原则；

(3)运用与其他事物类比的方法论证，是有价值的；

(4)需要能够概括各类系统的一般原则。

不过，在他看来，有些像超级理论一样的大理论则不是必需的，为的是鼓励人们去自己弄懂他们研究的东西，认识到跨学科接触的价值，并了解用类比法论证的潜在的丰富性。

向前发展

本书的其余章节将是关于研究人文地理的与现在谈论的不同的方法。大多数不同的方法都是基于对“实证主义空间科学”的批评。没有人比哈维(1989b)的批评更刻薄，在评论《地理学中的模型》(乔莱和哈格特，1967)出版以后二十年的情况时，他说(pp. 212—213)：

> 我猜想，那些从轻率的日子以来热衷于搞模型的人，之所以能够那样做，是由于他们对问题的性质做了限定。我承认现在可以为诸如上班路途、零售活动、流行性麻疹的传播、污染物的大气扩散一类的空间行为建立模型，而且比过去可靠、精密得多。我也承认这件事的成就不小。但是，关于70年代第三世界借贷的暴涨、对新颖又十分不同的弹性积累方式的

明显推进、地缘政治紧张关系的出现，甚至关键性生态问题的界定，我们能说些什么呢？关于重大的历史——地理的转变（资本主义的兴起、世界战争、社会主义革命等等）我们还能更多知道些什么呢？况且，沿实证主义的路子去追求知识，并不一定能产生可用的概念组合与理论。到目前为止，在地理文献中，一定有上千种假设，在某个适合的意义上，被证明是正确的，这给我留下的印象好似沧海一粟。

这是他第二次关于许多地理研究的脱离实际的空间科学风气的评论（第一次是在 1973 年，详见本书 308 页）。在他初次发表意见的讨论会议上，引起众多反响，这些反响都反映在麦克米伦的辩解中（1989b）。

在 70 年代和 80 年代，假如我们在第一章（第 14 页）讨论过的范式模型问题对地理学是有关联的，那么本章所谈论的研究兴趣则有所减弱，如果不是完全消失的话。相对来说，减弱是毫无疑问的，因为出现了另一种世界观（本书后面将予以讨论）吸引了人们实质性的关注。但是，仍然有相当数量的工作依然牢固地站立在本章所讨论的世界观立场上。这类世界观的一部分拥护者试图接受批评（如威尔逊，1989a），但另一些人进行了反击，强调他们观点的合理性与生命力。在反击者中有一种基本一致的看法，即尽管在向前发展中着重点有不少改变，但模型的方法仍是人文地理研究的可行方法。

近来的评论认为，人文地理学之中的模型方法导致了学科的“引人注目的进展”（威尔逊，1989b，p. 29），“从长远来看，它的贡献是实质性的”(克拉克和威尔逊,1989,p.30)。威尔逊承认这个方法的局限性——模型“对个人行为所直接提供的东西相对不多”,但又认为它们是重要的工具,“可以帮助我们处理不同情况下的复杂问题”。他的评论主要集中在寻求发展“经典”的区位论(如杜能、韦伯、伯吉斯和霍伊特、赖利;还有克拉克和威尔逊,1985)的工作(不少都是他自己的)。他认为在这一方面,通过数学的精制加工,对理解提供了实质性的进展。(威尔逊,1989b,声称由于用数学对复杂事物建立模型,使他的工作与实证主义拉开了距离:统计在测定和实验模型时是需要的,但是“单纯的统计方法对理论和模型建立的范围是有限的”,而且“更直接地与实证主义有关联”,p.41。)

模型化的成就同样得到麦克米伦的赞许(1989a,1989b),他把它同“计量理论建设”相提并论。对他来说,理论是可以受经验检验的对“一切实际命题的陈述,即规律性概括”(1989a,p.93)。所以,模型化研究涉及包含可以检验的“量化命题”的理论发展。它已然“帮助地理学取得了广泛的、具有意义的进展”(1989b,p.292)。在研究模型的学者群中,人们的感觉是“挫折下的乐观主义,而不是悲观主义”(p.291)。他反对回到对地方独特性问题的研究(见第八章),认为:

> 如果我们要理解饥荒,我们一定要注意在任何地方发生的饥荒的过程,对照它们检验我们的理论(p.305)。

不过,有些作者认为要改变研究中的重点,这是受近来信息技术发展与资料的可获得性增大的影响。麦克米伦(1989b)区分出模型研究的三个不同领域:统计学的、数学的和数据库的。奥彭肖(1989)对最后一类做过有力的论证,称"在假设—演绎的框架中应用数学工具对城市与区域系统进行模型化",就像在威尔逊的研究中那样,是个"高尚的目标"(p.7)。他指出,已有的模型可惜还没有被充分利用(另见巴蒂,1989),这导致了一种局面,使计量人文地理学的大量智力资本被包裹在理论模型中,而这些理论模型看起来在地理学以外毫无用处(p.72)。以演绎方法来理解事物,后来又进行应用,"已走得太远,并且没有什么特别的成功"(p.73):

> 无论是对于工作的质量还是数学方法的功用,都是不容怀疑的。而批评的焦点是在缺乏现实的应用性,和缺乏对实际问题研究的倾向,以及没有鲜明的地理特色。

自从这些工作开展以来,曾出现收集资料的热潮,以及大量的可供机器阅读的信息(不过奥彭肖和戈达德,1987,指出了其中的问题,即许多资料像商品一样被掌握在私人部门)。奥彭肖建议把资料财富资本化,以一种他称之为"信息经济中的电脑资料模型化"的工种来操作。

按照奥彭肖的意见,资料拥有者(包括那些在公共部门中日益需要调整收集资料的成本以便将其出售的人员)首要考虑的是对信息的"增值",分析如何使它更便于使用,从而更容易销售。理论对现实的联系能力大大小于它对空间资料分析的指导能力,这种分析主要依靠的是归纳法而不是演绎法,即他所承认的实用主义,不过他是要将其作为保障这个学科在近期内能够生存的手段(p. 81)。他是这样说的：

> 在人类历史中，从未有过如此大量的关于如此众多的人的空间行为模式的信息被储存在电脑里，因而，从理论上讲，可以方便地拿来分析。但是很可能，如果地理学家在将来也要得到如现在这般如此丰富的资料资源，那么，他们面对信息服务，则或者要付钱，或者参与进去成为资料持有者(pp. 81—82)。

他选择的发展途径是后一种情况。地理学者运用分析技能，包括 GIS(p. 109)，不是要发展理论认识，而是要用归纳的方式寻找可行的方法，以改进事业和预测效果，比如能够回答这样的问题："在给定某一地区人口状况的前提下，什么是可期望的消费模式?"还有"该区的房屋价格能否准确地预测?"所以，资料库应当开发，以便确立模式，提供有用的、可销售的信息。在这一背景下，他搞出了一个他称之为"地理分析机"的东西(奥彭肖、查尔顿、怀默和克拉夫特，1988)，可用来识别疾病群的暴发，并提出发病原因的假设(奥彭肖、查尔顿、克拉夫特和伯奇，1988)。他还用 GIS 技术去探讨英国境内遭受核打击的可能的影响后果(奥彭肖、斯特德曼和格林，1983)，探讨核电站的位置(奥彭肖，1986)，以及核废物的处理(奥彭肖、卡弗和费尔尼，1989)。

奥彭肖呼吁返回归纳方法，将其作为对资料增值的手段，从而验证地理学在现代社会中的有用性。这一呼吁得到其他人的支

持，他们认为技术能力就是计量法，是地理学家最被广泛接受的东西之一（如博蒙特，1987）。因此，莱因德（1989）认为，地理学家应成为有用信息的“守门人”，以保持“行动的中心”位置（p. 189）。这显然是在呼吁更具应用性的地理学（对这一问题后面要详细讨论，p. 188）。此外还有海宁（1989）的关于更精深的技术分析工作的论证。不过，像克利夫和哈格特在研究疾病传播问题上的应用（1989，又见斯莫尔曼一雷诺和克利夫，1990）已显示出基于演绎模型的精深的空间分析能够付诸使用。

在归纳法的“摊数字牌”与“演绎模型”之间出现的界线，说明了在计量人文地理学家群中生长着的裂痕：一方面，有一些人采用的是熟知的、常常是比较直接的、容易运用的方法，并力求它们的广泛应用。另一方面，一些人则推进精深研究法的发展，这类方法的使用要求有相当的专门技术。考克斯（1989）认为后者对地理学整体的影响力是有限的，因为：他们向人们显示了空间资料是“混乱不堪的”，需要特殊的分析手段，而一般说来这种手段却并不现成，所以造成了“知识上与实践上的困难，（这些困难）限制了认识理解的广泛性和对已获得的较为正确手段的应用性”（p. 206）。其次，除了少数例外（诸如克利夫和哈格特的研究），这些方法手段尚未用在地理认识的主流问题上，在已知的“人文过程或行为”中没有地位，从而处于大多数地理学家兴趣的边缘。这样，大多数计量分析研究在地理学领域中已退居边缘。不过，奥彭肖方法和GIS的拥护者们已然能够推行容易被欣赏的专门技术，这些技术是可销售的。

> 很明显，专攻地理信息系统的地理学家只有把高超的技术同对现实政治，如拨款、合同、委员会、管理人、企业家等问题的趣味与才干结合，才能继续生存。对商务和政治现实的机敏洞察力，像任何特殊学术素质一样，是必需的(p. 207)。

他认为，将产生一种危险是，“根据资料的先入为主会取消想象力与创造力”(p. 208)，然而正如应用地理学后来所显示的那样，在考虑实用性与销售性是工作的关键特征的情况下，许多人把它看作保存学科的主要办法。

少数地理学家继续提倡发展地理研究的分析方法，而且一些人至少已经看出这种发展涉及更好的解释手段和预测方法，这些手段与方法将导致地理学技能的更广泛应用。但是，更多的人则既不大关心方法的精深，也不大关心高度概括的研究。正如弗劳尔迪(1976)很有说服力地指出的，他们研究的经验性的趋向很强，目标是描绘他们所接受的“客观”世界，描绘那些突显的需要研究的因素。很大一部分研究是描述世界的变化着的地理，在对变化的规模与速度的研究方面，有大量论著发表。例如，在全球范围内，记录人类生产活动地理的重大演变(如迪肯，1986；诺克斯和阿格纽，1988；华莱士，1989)；就区域来讲，各个国家的地理演变已成为重要的关注题目(关于英国：约翰斯顿和多恩坎普，1982；约翰斯顿和加德纳，1990；刘易斯和汤森，1989。关于美国：诺克斯等，1988。举的仅是少数例子)。同样，社会结构的变化以及它们的地理结果也是重要焦点，例如研究服务产业的兴盛(丹尼尔斯，1982，1985；普赖斯和布莱尔，1989)。

这些研究并非全然不讲理论——如经验主义和实证主义批评家所说的无价值观和中立性，选择研究什么问题（如，什么有意义）和怎样去研究问题，一定有理论背景，即使是潜在的——这些研究也没有脱离地理学内到处进行的理论方法的发展讨论。很多地理学家并不愿卷入那些讨论，但愿意从中吸收他们认为适用的成果，来充实自己的研究。他们自己研究的趋向则近于哈特向的众所周知的观点："描述和诠释作为人类世界的地球上的从一个地方到另一个地方的不同特征。"本书所勾画的讨论与发展仅仅直接涉及了一少部分（当然超过了起码的数量）从事研究的地理学家，而这些地理学家直接或间接地受到他们在地理学中的个人嗜好的影响。

结　　论

正如上一章所强调的，50 年代与 60 年代人文地理学的发展主要是在对方法论以及传统地理问题的研究上。不过，除此以外，人们还试图创立和贯彻特殊的地理观点。我们已然评述了两个获得发展的主题。第一个主题——空间科学——相当广泛和迅速地被许多地理学家所接受，他们将空间差异变化作为研究的核心问题。如同下一章要说明的，他们的工作在 60 年代中期受到越来越多的抨击。第二个主题——系统——尽管常常受到人们的认可，但它受到的关注比较粗略。在统计方法发展的过程中，空间科学研究很快便被吸收了进去（虽然也有批评，见 301 页的讨论），相比之下，系统研究对技术有较高的要求，也许由于这个原因，它对活跃的研究者的吸引力比较小（但科菲，1981，对此有辩护）。不过，它们依然是丰富思想的源泉，在整个70年代持续发表了这方面的重要著作，与下面章节要介绍的学术发展运动相平行，或从某些情况看，是对那些运动的回应（如贝内特和乔莱，1978）。作为空间科学的人文地理学于50年代在北美兴起。到60年代后期，它成为北美以及其他英语国家出版刊物的主导内容。大部分研究都有实证主义的风格（如果不是在细节上的话），寻求描述空间结构的模式，这些模式被认为是人的行为的距离因素的影响。绝大多数研究是用计量的方法，并提供理论上的贡献，或者在空间组织的一般理论上，或者对某些特殊的问题（如工业区位，史密斯，1981）。此外，正如这里介绍的，这些研究对其他学科和规划工作都产生了影响。

70年代以来，实证主义的空间科学在英美人文地理学家中受到严厉的抨击，这个问题将在以下两章讨论。不过，正如一份英国作者对计量地理学的重要评述（里格利和贝内特，1981）所指出的，这些抨击对这类研究的数量并没有多大影响，这些研究受到了资料处理技术和演示方法的进展的刺激和援助（莱因德，1981）。与此同时，这类研究在英美以外的地区，特别是西欧，则受到推进，西欧对计量研究的反应要比英美强烈（见贝内特，1981c）。研究的巨大数量好像说明实证主义方法取得了“进步”。是否真的如此，不那么容易判断。当然，如这里所说的，在精深模型与分析技术的发展与采用方面，存在实质性的进展（关于前者，见帕帕耶奥尔尤，1976），尽管对有些人来说，这些进展虽然是“最高秩序的学术”，但可能反映了“一个错误的努力方向”（金，1979b，p. 157），因为他们并没有对空间组织做出应有的说明。不过，新技术仍在不断地发展。在空间科学的气氛下，经验主义的研究多采取在一个总理论框架内的个案研究的形式。另外，——某些一般性的调查工作除外(如哈格特、克利夫和弗雷，1977)——还不清楚这些个案研究是否比历史地理和文化地理提供了更一般的认识。历史地理和文化地理在现在所谈的这个时期里，学者们分头工作，持续不断地、平静地进行着。不过，关于空间科学对人文地理的影响之大，是毫无疑问的。

这一时期对人文地理学界定的最为显著的特征之一，是作为焦点的空间——特别是作为空间构成部分的距离——成为地理学研究的核心。因此，正如萨克(1980)所明确指出的那样，它提出了对空间差异变化的独特看法。这种对人文地理学——一个关于空间行为法则的学科——的概念设想，很快受到了挑战。对此，后面章节将做介绍。

第五章　行为地理学

到60年代中期，上一章所叙述的各种变化在人文地理学中产生了实质性的影响（如比尔东，1963，关于“计量革命和理论地理学”的内容）。这一情况不仅出现在美国、加拿大、英国，也出现在那些在学术传统和生活方式与北大西洋国家密切相连的国家。正如前面所叙述的，这些变化也曾遭到了一些地理学家的抵制，这些地理学家为他们曾借以从事研究的（常常是暗含的）哲学和方法论进行辩护。但是，如前所述，“新的”大大胜过了“旧的”。到60年代晚期，另有一些批评者加入了对“计量革命和理论地理学”的批评行列。这些新的批评者并不是基于“新”、“旧”之别，而是由于察觉到“新”派在提供可行的理解途径上的失败。相当多的批评建议采用了其他的哲学和方法论，其中有人（少数情况，影响不大）提及过去的人文地理方法，而更多的人则提倡较为激进的观点，这些观点将在第六、八章中讨论。不过，也有来自一般空间科学内部的尖锐批评，这些批评者过去曾试图采用“新的”方法，也为其中许多法则所吸引，但对它们的“成就”感到失望。

对空间科学方法的修正，导致了一类学术活动的发展，这就是渐为人知的“行为地理学”。一部充满生气的论文集（考克斯和戈列奇，1969）宣布了行为地理学的诞生，而对成熟以后的行为地理

学做出评论的，则是 12 年以后的一部姐妹篇（考克斯和戈列奇，1981）。它的基本内容，按照戈列奇和蒂默曼斯（1990）的说法：

> (a)探讨人类模型，此处人类的概念，与常规区位理论中的经济和空间理性人的概念有所不同；
>
> (b)探讨环境的概念，这个环境不是指客观的物体，而是人的决策与行动发生的场所；
>
> (c)侧重对人类行为与物质环境的过程性解释，而不是结构性解释；
>
> (d)旨趣在于展示心理、社会以及其他方面的人类决策与行为理论的空间特征；
>
> (e)由侧重研究集聚人口，转变为侧重研究分散的个人与小团体；
>
> (f)需要发展新的资料来源，而不是概括起来的政府部门汇集的大量统计，这些统计混淆并过分概括了决策过程和行为结果；
>
> (g)探讨新的方法，而不是传统的、揭示资料内部结构的数学和推理统计方法，新的方法能够处理一系列不像传统表示区间性和比率性那样强有力的资料；
>
> (h)力求将地理学与跨学科的更广泛的探索的主流结合起来，去发展理论和解决问题。

本章将对他们界定的这个领域进行评述（关于与心理学相关的实践者所做的评论，见斯潘塞和布莱兹，1986）。

向一个更积极、更行为化的空间科学发展

在实证主义派别内部出现觉醒的主要原因，是由于日益认识到所提出和所检验的模型并不是对事实的很正确的说明。因此，地理学理论发展的进程极为缓慢，结果，它的预测力也很微弱。举个例子，运用中心地理论的大部分工作是基于人类行为的某些公理法则，并考虑到不同的空间选择，根据这些公理法则，推导聚落模式。然而，这些推导常常只是模糊地反映了聚落的现象，这说明，这些公理法则为理解社会的空间组织提供的是些不牢靠的基础。中心地理论说的是在特定的经济理性决策的环境条件下世界的样子，而在这一环境条件不具备的情况下，则要求以另外的方式来观察世界，以便理解人类怎样行为、如何构建他们的空间组织。正如布鲁克菲尔德(1964)所说的，考虑到当时流行的全部模型，

> 我们或许感到，在回答问题方面，我们可能做得足够多了，我们检验了足够数量的事例，能够下诸如此类的断言：人口密度由城市中心向四周递减；农田在居住中心向外某一段步行距离以外减少；位于大中心覆盖范围内的航空中心不能指挥与它们的人口规模相符合的交通量……这些答案代表着大量观察(或者用统计，或者用其他方法)的主要结果，其价值在于它们自身，可满足多方要求。但是，它们又都是一种类似需要自我证明的观察，或者事实上是不可捉摸的。进一步说，每一个概括都会有例外，另外，在很多情况下，它们只是在有限的范

围内保持正确。对这些例外与局限都要求做解释(p. 285)。

所以,问题不在于实证主义研究的基本目标——建立概括与理论——而在于达到这个目的的独特途径。批评集中于所用的模式,以及基于完备信息上的理性经济行为的公理。从这些模型所得出的假设,至多在经验研究中做些稍微的修正。需要的是更好的模型,而为寻找这些模型则采纳了比以前更加归纳性的途径。对行为应当做归纳式的考察,由此得出一系列最佳的模型,而不是将假设建立在对行为的假定上面(这包括发明一个新的"对真实世界结构的想象"。图 3.1)。

土地利用中的合理性

为了用归纳的方法去探索行为,以便对它们进行模型化处理,地理学家最初的尝试之一,是对人类面临环境灾害(首先是洪水)时的反应的一系列考察。这些考察是由芝加哥大学在 50 年代后期和 60 年代初期组织进行的,主持人为吉尔伯特·怀特(Gilbert White),他本人曾于 1945 年发表过有关人类适应洪水的论文。怀特的助手们建立了一种研究灾害反应的行为方法,这一行为方法又是基于赫尔伯特·西蒙(Herbert Simon)的决策理论。例如,罗德(1961)在研究托皮卡的居民们对未来的可能洪水的态度时,得出结论说:

洪水的危险性是影响在洪涝平原上的人们进行居住地选择的众多因素的一种,还有很多别的考虑使他们不会离开洪涝平原，甚至是在准确地意识到灾害的时候(p. 83)。

看起来，这样的行为不那么容易符合最大利益决策原则，而时下地理学的理论却都是建立在这个原则之上的。

行为方法的一个主要倡导者是凯茨(1962)，他最初研究的是洪涝平原的管理问题，认为“人们如何看待这个不稳定平原的危险和机会，在他们决定管理办法时起着很重要的作用”(p. 1)。在研究这类决策问题时，凯茨设计了一个方案，他认为这个方案可以解决很广泛的行为问题。它基于四项假设：

1. 人们在制定决策时是理性的。这样的假设可能是规定性的——人们应该怎样行为，或者是描述性的——人们实际上是怎样行为。后者看起来最富有成果。为理解过去的决策和预测将来决策，两者都可以用。凯茨建议采用西蒙的有限理性概念来作研究的基础，根据这个概念，决策是基于理性的，但当与决策者的环境相关联时，他可能与“客观现实”或与研究人眼中的世界都大为不同。

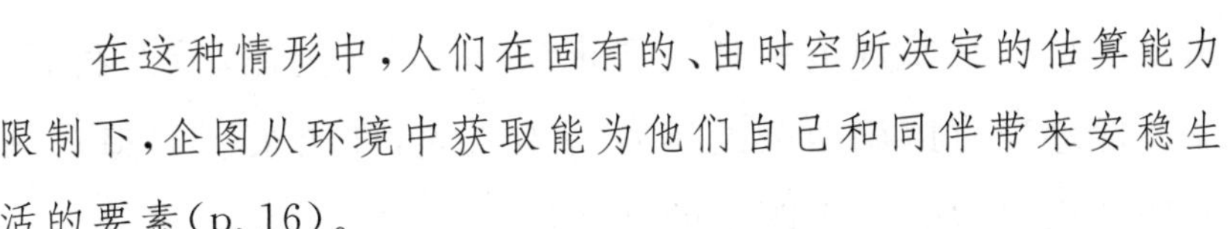

在这种情形中，人们在固有的、由时空所决定的估算能力限制下，企图从环境中获取能为他们自己和同伴带来安稳生活的要素(p. 16)。

所以，理性的决策是受到约束的，并不一定达到最大理性，如本书前面章节讨论过的新古典规范模型所假设的那样。人是在他们所察觉和认知的世界中进行决策，这与他们感知的可能不同(与做研究的地理学家们认识到的也不同)。

2. 人们进行选择。许多决策或者是些细微琐事,或者是些日常惯例,所以在决定之前,不需做什么考虑。有些关于环境利用的较大的决策也可能是习惯性的,但这类行为常常是发生在一系列的自觉的选择之后。这一系列的自觉选择形成一种惯例,在以后遇到同样的情况时,做同样的反应。

3. 在认识的基础上选择。只有在极少数情况下,决策者才可能将所有有关的信息集中运用。而经常的情况是,他们不能吸收和运用他们得到的全部信息。

> 所以,关于选择的描述性理论必须区别处理信息充分的情况与不充分的情况,以及在有把握、无把握、冒险等不同情况下的选择……这样的理论也必须考虑到知识条件的差别,以及对相同信息的不同的个人理解(p. 19)。

4. 对信息的评估取决于给定的标准。在习惯性选择时,标准是以前确定的。但是在自觉性选择时,一定是按照特定的标准去衡量信息。某些规范性理论要求最高标准(例如,最大利润)。而描述性理论可以用西蒙的满意行为概念,即决策者只追求一个满意的结果(比如,一个既定的利润值)。

决策的结果虽然与空间科学家们的理论预测不符,但这并非意味着行为是非理性的。相反,大多数决策是理性的,是基于对信息的有意的选取,是要达到某种目标,而不是要求一个完美无缺的决策,另外,决策的标准也是因人而异的。当针对某些特定的问题而获得满意的结果以后，决策者再遇到类似的问题，仍会照此办理，除非情况发生变化，才需要做重新评价。

凯茨的研究是要弄懂人们为什么选择有洪水的地区居住。这些人的信息来自他们的知识与经验，他们属于一种对未来的洪水抱有把握的人。在权衡他们的选择时，大多数人都是有限制的理性的，而且都是自觉地选择，以求达到某种安全的目标。在怀特指导下的其他一些人也提出了类似的研究报告，而且，如怀特指出的，他们的发现对美国的公众政策的制定产生了影响（怀特，1973）。这样的工作被扩展到对更广泛的环境灾害的研究，它们为国家政策和国际合作项目提供了帮助（伯顿、凯茨和怀特，1978）。不过，在一开始，特别是早期，这些工作并没有对地理学产生更大影响，这可能是因为他们研究的问题是界乎人文地理与自然地理之间，在美国没有多少人研究这类问题。倒是后来由其他人将西蒙的思想更有效地引入了地理学界。

近些年，在这个研究领域中的人文地理与自然地理的合作，要比在其他领域的紧密得多。在库克（1985a）等人看来，这是可以预期的，这不仅是因为人类对灾害的反应、社会对环境的改造等类问题本身的重要性（如休伊特所说，1983），也是因为地理学家在社会科学与自然科学之间扮演着一个综合角色。但是，在这些重要问题的研究上，确实将两类科学综合在一起的还很少（约翰斯顿，1983a，1986a），库克说道（1985a）：

> 在撰写战后地理学史时……一些极端的人……试图略掉或淡化那些在研究社区、文化与自然环境的关系上作出卓越

> 贡献的地理学家。在他们的评论文章中，卡尔·索尔、吉尔伯特·怀特以及他们的众多学生都不是显要人物(p. 146)。

而且在索尔和怀特的研究中找到属于自然地理的内容，并加以评论，是很困难的(例如，K. 格雷戈里，1985)。

索尔、怀特(见凯茨和伯顿，1985)以及库克自己的研究(1985b)在揭示社会对自然环境的认知和利用方面，启发很大(布莱基，1985，他的讨论是在现实主义的框架中进行的，见 p. 223)。另外，还有一些人的研究则揭示了社会对环境的影响(如，古迪，1986)。社会与环境的相互关系对于地理学家来说，是长期以来的有兴趣的题目，有人做了很坚实的努力，使这个题目保持在地理学主要的教学内容里(佩珀，1987)。道格拉斯(1983)曾论证了这个问题在城市研究中的重要性。但是，有人认为，关于社会与环境相互关系的这些研究，没有将自然过程与人文过程结合起来(要理解这一论点的含义，可见约翰斯顿，1986b，与格雷厄姆，1986)。此外，塞耶(1983)认为，人文地理学不需要这种结合的研究，

> 我们可能对洪水的原因感兴趣，它们会包括“社会的”和“自然的”事件。但是，尽管洪水会对社会行为造成影响，可是这并没有使洪水成为社会性的……了解了造成洪水的社会行为特点……对了解洪水并没有实质的意义(pp. 55—56)。

怀特和他的学生们、库克、还有许多其他人的工作都说明，人的行动是按照他们对环境资源的“产业”眼光，其着眼点是争夺“在

开发自然资源时谁能受益”（里斯，1985，p. xv）。佩珀（1987）认为，地理学家要寻求改变这些眼光。这可能最终产生一种有趣的具有未来行为意义的结果，但是眼下，还没有什么研究能说明需要理解自然过程以加深对人的行为的理解。（弗劳尔迪，1986，有这样一段话：“基本说来……大部分人文地理实质上与自然地理没有关系，反过来也是同样”，p. 263；约翰斯顿，1989b，介绍了在理解人类对环境的反应与利用这个问题时的必需的社会科学文献。）

沃尔珀特与空间场合下的决策过程

对许多人文地理学家来说，可能是朱利安·沃尔珀特 1964 年发表于《美国地理学家协会年刊》上的论文提出了与正在流行的规范式研究不同的行为式研究。（沃尔珀特的论文是以他在威斯康星大学的博士论文为基础，而进一步显示了那里地理学家的创新素质，以及他们与其他社会科学家（包括农业经济学家）的联系性。他的研究是在瑞典进行的。）当时许多地理学家所拥护的规范式理论假设了一个理性的经济决策者，据沃尔珀特（1964）的看法，这个理性的经济决策者

> 不受目标的多样化与知识的不完备性的影响，而这两者会导致我们决策行为的复杂性。经济人有个单一的利润目标，又有无所不及的感知能力、推理能力、计算能力，又被赋予了完美无缺预测能力……他的行动的结果可以被确切无误地知晓（p. 537）。

然而，在对空间模式的研究中，

> 应当容许人类获取与储存信息的能力、对最佳方案的计算能力、对结果和未来事件的预测能力，都是有限的，即使他只有一个利润目标(p.537)。

这样，农民在进行土地利用的决策时(包括制定土地利用图)，他们面对的是个不确定的环境——自然的和经济的。沃尔珀特认为，在农民的决策与“经济人”的决策之间的差异，正反映了农民的经济环境与社会环境的特点。

将瑞典一个地区的农场的劳动生产率与最佳决策者所应有的成果相比较，沃尔珀特指出，农民可能是心满意足者。只是这一假设还难于被确证，因为尚缺乏足够详细的知识。农民行为的方式无疑是依据着他们现有的信息，另外，在不同的生产能力层面上的清楚的空间差异，形成相对应的知识的空间差异。只有明显的变化才被考虑，其结果是理性行为，是对不确定的环境的适应。

沃尔珀特(1965)在这个主题上，继续研究了移民问题，研究的目标是移民决策，这些决策影响着人口统计中反映出来的移民模式，对这些移民模式空间科学家曾着力分析。沃尔珀特认为，在说明这些流动模式时，重力模式并不恰当，事实上，“移民距离的点位使那些曲线勾画者无法再固执己见”(p.159)。有限理性的个体都要做一系列的决策，首先，是否要移动，其次，向什么地方移动，这些都是基于地方的实际利益。他们要对每个地方(包括正在居留的地方)满足其特定需求的程度做出衡量。不仅反映地方实际利益的信息远不是完备的，而且对于很多地方人们的知识简直就是零。所以，每一个人都有一个行动的空间——“对地方实际利益的认识和反应”(p. 163)——其内容可能相当地偏离那部分本应反映的“真实的世界”。当第一个决定——移动——已经做了，那么空间可能会改变，这是在准备移动的人在寻求可能的稳当的目的地时而产生的，另外，如果必要的话，在得不到所寻求的适合的结果时，空间会被扩大(见布朗和穆尔，1970)。

沃尔珀特的论文——十分适时地，并有一定影响地——预示了所谓行为地理学的发展(考克斯和戈列奇，1969)，这一发展将基于人的行为原理的地理学理论建设，与具有明显的空间关系和/或空间结构内容的社会和心理机制结合起来(pp. 1—3)。这种行为研究的焦点是空间背景下的决策问题。例如戈列奇(1969；1970)考察了对空间认知和习惯性行为的模式。他与布朗一起(戈列奇和布朗，1967)，还研究了空间探询的模式。另一些人研究了决策所依据的信息流问题，说明地点环境对行为的影响(考克斯，1969)。布朗和穆尔(1970)将沃尔珀特的地方实际利益与行动空间的概念引入城市内部居住迁移问题的研究。

根据戈列奇、布朗和威廉森(1972)的看法，行为地理学的目标是建立与基于“经济人”的理论不同的理论，它“更需要去理解空间里的行为何以发生，而不是行为将产生何种模式”(p. 59)，这需要“研究者去考察其决策影响着区位模式与布局模式的人们的真实世界……并对个人、小团体或群体行为做出具有经验性的和理论性的阐述”(p. 59)，个人是主动的决策者，而不是一个对某种惯常刺激的反应者(考克斯和戈列奇，1981；思里夫特，1981)。在评价

为行为研究所做的努力时，戈列奇、布朗和威廉森指出了哈格斯特朗(1968)的具有开创意义的影响，他运用普通信息场的概念(类似某地居民的行动空间)去建立移民流动和采纳新事物时的模型。最初的对资源管理决策问题的兴趣(如上文所述)，又由环境感知和决策问题扩展到意向与动机问题。这些被运用到移民、政治行为(特别是选举)、感知、选择行为和空间探询与认知等问题的研究中。研究这些方面的行为过程，可以促进地理学者对空间模式发展的理解，补充他们已有的描述空间的能力。形态学的规则和体系本身对于理解问题是不充分的，把从其他社会科学获得的关于决策的概念与地理学的可变空间概念相结合，将发展对形态做考察的过程理论。

进一步的发展包括沃尔珀特及与其相关的学者们的一系列论文，这时候是关于政治决策问题的研究。关于某些人为现象在景观中的分布，沃尔珀特(1970)举例说明，一个公共设施在城区的位置，常常是政策妥协的产物：

> 有的时候，为了一个新的发展而最终选定的位置，或对一个已有的设施重新选定的位置，由于做了选择，都成为发生抗议最少的地方。决策可能只不过是一些强有力反对选择其他地点因素作用的表现，而不是经过左右判断去选定最佳、最合理、最满意的地方……这些人为的东西很少有“最满意的结果”，而且常常是无论对负责开创的人还是对使用的人都不能满意(p. 20)。

(这一论断回避了对最佳的界定,无论是经济方面的还是政治方面的。)这样的决策属于沃尔珀特所说的非适合性行为。凯茨以及其他人的研究认为,决策是由非确定性、实际利益、解决问题的能力所限制的适合性的理性活动。不同利益团体间的对威胁的相互交换的应对策略,不会形成周到而有条理地对可能性进行探索,直到发现满意的结果再做决策。决策是不同意向、不同动机的团体之间斗争的结果,既不是一起应用具有共识性的标准的结果。

> 这种观点为解释区位决策提供了框架,决策看起来更是压力下反应的结果,既不是一个毫无偏见、深思熟虑的对经典的规范研究的结果,也不是西蒙的有限性理性所提出的可能性选择的结果(p. 224)。

沃尔珀特及其同伴运用这种观点研究了各类情况,诸如城市内高速道的路线,以及社区精神健康设施的位置等问题(沃尔珀特、迪尔和克劳福德,1975)。

感知地图

行为分析中,一个为许多学者热衷采纳的概念是环境感知地图,它引导着决策者的思考。感知地图这个名称在地理学文献中并不新鲜,伍尔德里奇(1956)在描述农民于其领悟的环境中做土地利用决策时曾用过这个词。古尔德在一篇 1966 年发表的创意性论文中又用了这个词,他的指导思想是:

> 如果我们同意空间行为是我们关注的事情，那么，人们所具有的关于周围空间的感知图像，可能反映了一个关于人在地球表面行动的结构、模式和过程的关键(p. 182；参考 1973 年重印本)。

他认为，在区位决策时，人们日益注意领悟的环境的质量。所以，有必要去了解人们怎样评价他们的环境，以及他们的看法是否为同时的其他人所认可。考察这样的问题，古尔德要求不同国家的考察对象，按照适于居住的程度，排出不同地方的等级次序。对这些排列进行分析，古尔德确定出人们的共同之处——群体的感知地图(古尔德和怀特，1974，1986)。他认为，这种地图不仅能用于分析空间行为，也可用于社会投资计划，例如用薪金差异吸引人们去不太满意的地区。

一些接受古尔德思想的人，对一系列识别和分析空间选取的方法进行了探索(波科克和赫德森，1978)。不过，所得的结果对理论的发展作用不大，唐斯(1970)写道：

> 甚至对流行观点(即人的空间行为模式可以部分地由研究感知来解释)最热衷的人也承认，探索的最终结果尚没有对理论发展作出有意义的贡献(p. 67)。

除了古尔德的等级次序的方法，唐斯建立了另外两个重要的方法，以研究环境意象：结构方法，研究人的意识中的以及日常所使用的空间信息的属性——林奇(1960)的著作是这类方法的一个典范。还有评价方法，在这类研究中，“问题在于，人们认为的环境中重要的因素有哪些，以及在评价出相对重要的因素后，人们在决策之中是如何利用这些因素的”（唐斯，1970）。由于使用了评价方法，地理学研究便进入了一个更为宽阔的地图认知的领域，地图认知是“由认知过程所构成，在这些过程中，人们能够认识、编码、储存、提取和处理关于他们空间环境的属性的信息”（唐斯和斯蒂，1973，p. xiv）。在这些研究中，与地理学家并肩工作的既有心理学家，也有规划师。心理学家变得对个人与较大区域的关系，比个人与近身环境的关系，更感兴趣，他们对相关的非实验性研究手段的兴趣也越来越大。规划师则更关心建造“可居住”的环境。《环境与行为》杂志创办于 1969 年，以迎合这一跨学科的发展形势。不过，除了某些成果（如段义孚，1975a；唐斯和斯蒂，1977；波科克和赫德森，1978；波蒂厄斯，1977）以外，总的来说，这类研究在人文地理学中没有造成大的影响。（关于人文地理学与心理学的联系与差别，可参阅斯潘塞和布莱兹，1986。）

“感知地图”的概念以及与其相关的“地图认知”的过程——“似乎提出了视觉图像的问题，这些视觉图像具有我们所熟悉的在‘实际的’地图中的那种内容构成”（博伊尔和鲁滨逊，1979，p. 60）——成为行为地理学家之间以及他们与外界批评者之间热烈争论的中心。古尔德的创始性工作，以及由此所发展积累的工作，被批评为只研究空间选取（戈列奇，1981a；还可看戈列奇，1980，1981b；格尔克，1981；鲁滨逊，1982）。但是，如唐斯和迈尔（1978）所明确指出的，“感知地理学”——“相信人的行为在很大程度上是感知世界的作用”（p. 60）——大大超越了启发和绘制空间地图的范围。行为地理学的基本论点是:(1)存在着环境意象;(2)这些意象可以被准确地识别(如景观的评价,彭宁一罗塞尔,1981);(3)"在环境意象与实际行为之间存在着紧密的联系"(萨里南,1979,p.465)。这些意象的实质——无论是照字面上理解的地图,还是研究者的深刻洞察——依然是有问题的:"感知地图"可能是误导,但是,对于行为地理学家来说,"感知地图"的概念所基于的论点则不是误导(关于对地图认知的研究的评述,见戈列奇和拉什顿,1984)。

时间地理学

60 年代后期以来,哈格斯特朗发展了一类研究,它有时被看做是行为地理研究,但又吸收了人本主义与现实主义哲学(对这些哲学将在后几章讨论)理论,这类研究由于普雷德(1973)的介绍而广为人知。如卡尔斯泰因等人(1978)所解释的,时间与空间被看做是限定人的活动的因素。在任何具有移动的行为中,个体要通过一个同时穿越空间与时间的路径。如图 5.1 所示,横轴表示沿空间运动,纵轴表示沿时间运动。任何行程,或是生活线,都含有两种运动,因此要由一条既不是垂直也不是水平的线来表示,因为垂直的线表示在某处原地不动,水平线对人来说不可能存在,尽管它们(实际上也是如此)是为传达信息而设的。

哈格斯特朗认为,在空间与时间中的运动由三个方面所制约。第一,能力限制:在时间方面,包括二十四小时中要有八小时睡眠的生物性需求;跨越空间的运动受到现有交通手段的制约。第二,组合限制,需要特定的个人或群体在规定的时间处于特定的地方

(例如学校的教师与学生),因此,"自由"时间的移动范围是有限的。最后,权威限制,将个人排除在规定时间与特定地方之外。这三者结合在一起,建立了一个时间—空间的棱柱形时空框(图 5.1),这个时空框包含了所有从特定地点出发,又在特定时间内返回该处的个体的可能的生活线。

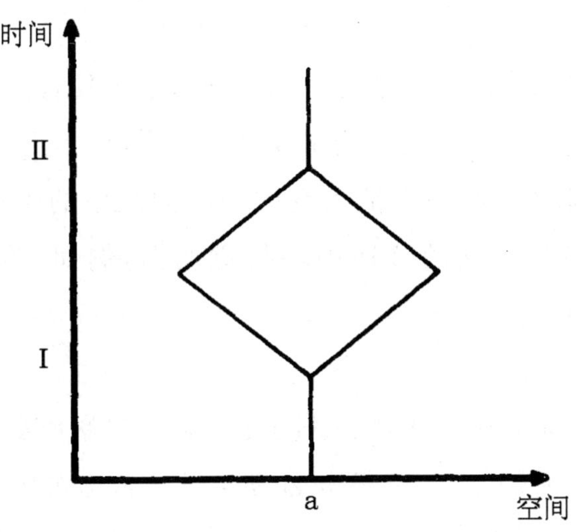

图 5.1 棱柱形时空框

这一简例表示一个人从 a 点开始:经过时间Ⅰ以后他才能离开 a 点,到时间Ⅱ他又必须返回 a 点。两段时间中的棱柱体表示他的最大可能的空间范围。

普雷德(1977)声称,时间地理学"对'旧式',区域地理学者和历史地理学者,还有所谓'现代'人文地理学者所习惯提出的一些极为不同的问题,具有潜在的说明力"(p. 207),因为

这是……一个巨大挑战……它如此认真地停止谈论距离本

> 身……认为空间与时间普遍地、不可分隔地彼此结合。认为地球表面人类组织、人类生态以及景观评价等有关问题，不能脱离空间与时间的限定。……这一挑战转向描绘个人的与集体的存在的“舞谱”——拒绝对学科间和学科内的过分专门化，而要关注各种伴随过程(p. 218)。

所以，在某种程度上，这是对人文地理学中具有支配地位的空间分析研究的批判。但是对哈格斯特朗来说，还不止于此，他希望讨论的问题是将人们一起纳入空间与时间之中的生活质量的内涵。这在他晚些时候的著述中讲得更明白，例如(哈格斯特朗，1984)，我们可以

> 观看到在其他情况下我们进行分别挑选观察的事物的共存状态。在某种联系中，邻居与邻居相遇。我现在所关心的问题是：他们的共同出现是怎样发生的，他们如何一同行事，后来将发生什么(p. 375)。

为了揭示普雷德(1977，p. 213)称之为“共同原则”的问题，哈格斯特朗使用了三个概念——路径、方案、情景。路径(早期术语称为生活线)的意思很简单，是一个人经历的“一连串的状况”(哈格斯特朗，1982，p. 323)。单纯研究路径，只需做一幅关于这些结果的地图(一如其他行为地理学家所做的移民图或购物图)，但这样做却未能说明

> 活着的生命主体，他们具有记忆、情感、知识、想象和目标——换句话说，他们的极为丰富多样的能力，除了决定为路径的方向以外，无法以其他想到的象征方式来表示(p. 324)。

路径是为了实现目标而寻求方案的人所创造的——其可能只是幸存下来的。单纯研究路径很难揭露相关联的事情背后的“目的和意义”。所以，方案产生路径，相交的路径形成状况，即在特定的地方的历史过程中的某一瞬间。对地理学家来说，传统上对这些状况的研究常包括景观概念，借以描述“一切连续体的瞬时部位和相对位置”(p. 325)。不过，哈格斯特朗认为，这个概念不能充分地结合

> 人的主体，人具有记忆、感觉、思想和意向，另外他又是方案的建立者(p. 320)。

哈格斯特朗更喜欢用情景这个概念，它通常是指博物馆里展示的常态环境中的(静止的)人和动物。而对于哈格斯特朗来说，这个概念是指

> 历史中产生的混合体中各种实体的相互联系，不管是可见的还是不可见的……(我们)要理解的是状况如何成为集合性结果。行为者们出于不同的立场，曾设想和提出各种方案，但结果状况与行为者们的特定希望可能很不一致(p. 320)。

他论述这一观点时叙述了童年时代的家，以此说明日常生活流中的组合、权威、能力制约的重要性。他还对由此产生的结果，即情景（特定状况），做了说明。如果时间地理学要恰当地描述“真实的人的真实的生活”（p. 338），单纯研究路径是不够的。学者们强调（如巴特默，1983；比林，格雷戈里和马丁，1984），自传材料对于研究方案和情景是重要的，因为

> 只有人的自身的经验才能提供切近的细节，以深化对方案和状况的研究。个人毕竟是他自己的意义世界的专家（p. 338）。

哈格斯特朗的初期工作，以及其他人对其所进行的解说，均注重对路径的研究。所以许多人认为，它于其他行为地理学中，建立了实证主义的风格。确实，思里夫特（1977）在其总体评论中，仅仅介绍了时间地理学中的这个方面，他强调说“‘物理主义的’方法是研究的主干”（p. 4）。运用这种方法，帕克斯和思里夫特（1980）探索“人文地理学家意识中固有的地方时间”（p. xi），他们称自己的研究为年代学的研究，认为“地域、社会、时间一起，成为城市学与社会地理学的基本成分”（p. 34）。

情景这个概念，以及它所表示的状况的“集合性”，在早期研究中是缺乏的。仅仅有一些思里夫特（1977，p. 7）之类的人对哈格斯特朗（1975）的含糊引用，如“每一个状况都不可避免地植根于过去的状况”。方案这个概念曾被提到，如思里夫特（1977）说道，“所有的人都有目标。为达到目标，他们必定怀有方案，即一系列的任务，作为达到目标的工具。这些任务合起来便构成方案”（p. 7）。

但是，将这样的方案概念吸收进集合性资料分析和政策规定研究（这些是大多数行为地理学研究的特点）之中（参看帕姆和普雷德，1978），则是不明确的。范帕森（1981）认为，哈格斯特朗的研究实质上属于人本主义的，目的是“要深入探索人的属性中特别人性的东西……以及阐述人类的特殊状况”（p. 18）。哈格斯特朗（1982）在考虑人的意愿问题的时候，接受了这一观点。后来，情景这个概念使人们把哈格斯特朗的工作更看作是现实主义（将在第八章中讨论）的研究，而不大是人本主义（本章所概述）的研究。例如，社会理论家吉登斯（1984）在论证结构方法（见下文，第 326 页）时，大量吸收了哈格斯特朗的观点。然而，他过分地强调了物理主义的和行为的因素，他说：

> 哈格斯特朗的方法主要立足于识别对人的行动的制约的来源，而人的行动是先决于他的身体属性和行动发生的物质环境的（p. 111）。

（注：不过，格雷格森（1986）批评了吉登斯试图把时间地理学纳入结构理论的做法。）

毫不奇怪，对时间地理学的批评，主要集中在对路径的物理主义描述上。巴克（1979）这样说：

> 当空间和时间被考虑为资源，其竞争性配置决定着使用的模式，对它们又可以做经验主义的观测以及做理论化的模型处理；那么，首要考虑的应该是人们为控制和组构时间与空

间而进行的争夺——决定着形式的过程—的实质，而不是叙述时间的和空间的组织形式(p. 563)。

至于空间科学的其他方面，对结果的无论多么精细的描述，都不能阐明它们产生的过程。(在这里，过程被界定为机制，是人的主动性的产物，而不仅仅是连续的阶段。参看布茨和盖蒂斯，1978；海宁，1981；海和约翰斯顿，1983。)在回应巴克观点时，思里夫特和普雷德(1981)反对他的物理主义的解释。他们认为：

时间地理学远远不止于此。它是一个学科的超越，一直在展现日常的社会运转和个人经历。它是一种高度灵活和成长着的语言，一种关于宏观世界的，也是关于个人生活的事件、经验或者内容的，思想方法(p. 277)。

他们认为，时间地理学必须考虑事情的决定过程；以时间和空间为思想概念，作为引导个人的路径的手段；还要考虑人的主动性在决定某一状况时的巨大作用。所以，他们将时间地理学纳入吉登斯的关于结构的思想，并联系到马克思主义的人文主义。他们总结说：

有些人以为时间地理学所使用的图线只是些简洁的艺术，但另一些人却能洞察图线所表达的见解，并以路径与方案的概念为思想方法，去思考世界和他们自身。我们相信，这将是时间地理学的可以传世的精华(p. 284)。

巴克(1981)的反应相当积极,他承认时间地理学在重组地理学研究上是有价值的。他说:

> 我们应当考察空间与时间的社会组成,而不是社会的空间和时间组成,因为后者等于是把车摆在了马的前面(p. 440)。

格雷戈里(1985a)则较为谨慎,他认为哈格斯特朗太乐于关注路径问题,而不去注意人。是人的计划方案造成了那些路径,因此,哈格斯特朗未能揭示隐藏在决定着人生的任务的背后的意义。

行为地理学的方法

人文地理学的空间科学一派的理论家与模型建立者们从新古典经济学中(有的是通过区域科学)获取许多启示,但行为地理学却主要结盟于擅长经验研究的社会科学,尤其是心理学和社会学。行为主义的研究是归纳性研究,目的是从运行中的行为过程里提出一般性的阐述,其研究的领域则很大程度上受空间科学学派的影响。如布鲁克菲尔德所说的(引文见下章开头),空间科学的理论与模型,例如中心地理论,引出的很多疑问都是行为研究者所要追究的问题。当行为研究者看到空间科学的理论不能适用于“现实世界”时,则更刺激起他们的研究。所以,在可接受的科学解释的途径(图 3.1)方面,行为地理学是要跳出那个循环过程之外,而引入一系列新的可以建立高级理论的观察。在这样做的时候,行为学者并没有远离空间科学的风格。他们的不少方法的确都是前人所使用的，例如古尔德的感知地图研究，用的是与因子生态研究(factorial ecologies)同样的技术(p. 82)。

与这种行为研究的通常趋向有所不同，普雷德(1967，1969)在其两卷本著作《行为与区位》中，提出了一种雄心勃勃的研究以替换基于“经济人”的理论建造。在开头部分，他基于三类理由批评了现行的区位理论：逻辑矛盾——彼此竞争的决策者们一齐获得最佳区位决策是不可能的；动机问题——要最高还是要满意；人的收集、吸收和利用所有可能信息的能力。所以(普雷德，1967)：

> 邦奇的理论地理学与地理区位论有明显的差别，因为它的最优终极目标与现实世界的经济现象的解释相脱离……还因为这些相似的目标只能产生一种理论，这个理论在所有意图和目的上，完全是非行为的和静态的，而不是动态的(p. 17)。

关于区位和土地利用的决策，都是由掌握着不完备知识并容易出错的个人所制定的。结果，在所得空间模式中必然存在混乱(另一批评见巴尔内斯，1988)。

为了取代他所批评的理论建造式研究，普雷德提出了一个行为矩阵(图 5. 2)，它的两轴一个表示可用信息的数量与质量，另一个表示利用信息的能力。信息最全、最理性的决策者位于右下角。由于信息流的性质和重要性，在前一轴上的位置部分地取决于决策者的空间地位，第二个轴上的位置则反映了愿望程度、经验以及个人所归属的团体的准则。矩阵中处于不同位置的不同的人，决策的情况也因此不同。显然，处在同一位置的两个人，其行动的基础和方式也可能不一样。

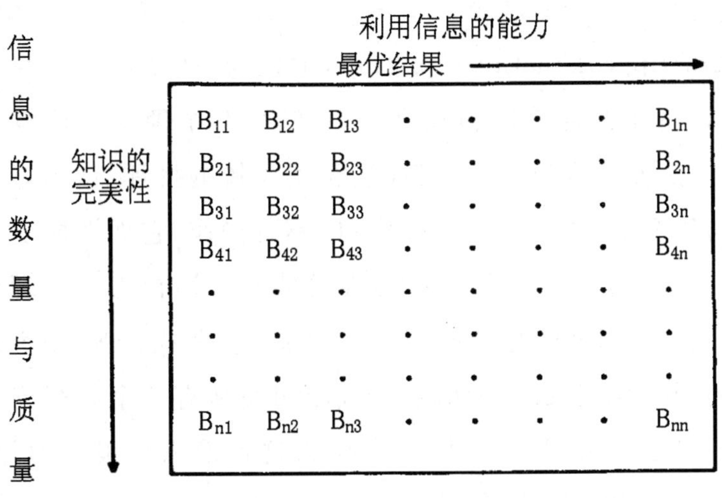

图 5.2　行为矩阵

资料来源：普雷德（1967，p. 25）。

在矩阵中，个人并非停在某个位置上不动，空间模式不是静态的。所以，在书的第二卷中，普雷德（1969）引入一个动态因素，即变动人在矩阵中的位置。当一个人的位置变动，并改变决策时，对于其他人来讲，环境也改变了。人会学习，他们要求更多更好的信息，从而变得更善于利用信息。他们朝向矩阵的右下角发展，一些人比另一些人前进得快，而后进者则从"决策领导者"那儿得到益处。不成功的人逐渐被淘汰，随着时间的推移，"优秀"的决策者都趋于集中在最优的位置。但是，外部环境的变化会造成参数变动，它导致决策者的信息的减少和确切性的降低。结果，他们会退回矩阵的左上角，开始另一个学习周期。只要是参数变动发生的频繁程度高于学习的进度，那么，最优位置的状态将永不会出现，除非是一些偶然情况。

普雷德(1969)称这个行为矩阵是一个“总体第一近似值”(gross first approximation)(p. 911)，他认为，即使模型本身无法验证(p. 141；亦见普雷德和基贝尔，1968)，有个理论总比没有强(p. 139)。然而哈维(1969b)对此进行了尖锐的批评，认为矩阵中两个轴向的意义含混不清、模棱两可、不可操作，它把性质复杂的行为过分简单化了。哈维(1969c)在总体上怀疑行为区位理论的可行性，奥尔松(1969)也持有同样的看法。奥尔松认为，研究过程是困难的，并指出多数行为地理研究不过是从有关个人行为的汇集资料中来推论过程。不过，有人认为这种推论是很有力量的。例如拉什顿(1969)承认，行为——他称之为空间中的行为——的任何一种模式，主要是其发生环境的空间结构的作用(例如人们对购物中心的选择)。但是，他主张，空间行为的一般规则，能够由某一特定模式所呈现的选取类型中推论出来：

> 如果说这些选取不能独立于进行决策的环境影响之外，那就是说存在着人们无法对之进行决策的环境(p. 393)。

所以，距离衰减模式反映了其所处的环境的情况，但是这种模式的产生则是人们基于所遵循的一些特定法则进行决策的结果。拉什顿建立了一种方法以抽取这些法则。不过，它的有效性曾受到怀疑(皮里，1976)，另外，像普雷德的行为矩阵，它并没有吸引很多的追随者。(拉什顿还指出了一种“习惯成自然”的世界的活动，见 p. 179。)

哈维(1969c)提出了两种不同的行为区位理论——进一步发展规范理论和构建一个随机区位理论。他感到在理解空间模式上,这两者比行为区位理论提供更直接的成果,因为后者在概念上和度量上都存在问题。随机区位理论也得到柯里(1967b)的赞赏,他认为大型模式形成于小型模式的不确定性,个体选择在特定的限制之内可以有任意性,但当大量任意选择汇合起来时,将呈现出不可忽视的秩序(见上文,第 166 页)。同样,韦伯(1972)采用常规的方法,试图建立非确定情况下的区位决策过程的模式,他的结论是"非确定性引起经济的集聚性"(p. 279),导致经济活动的更大的集中,而人口的向城市流动则可用根据"经济人"建立的模式进行预测。游戏理论是一种数学的方法,可以处理非确定情况下的决策问题,然而人文地理学家对它注意的并不多(古尔德,1963)。在依赖这类很少人注意的理论的研究中,雄心最大的要算艾萨德等人(1969)。在一些人看来,基于个体层次的微观分析是不可能的、不必要的,或者会产生误导,而宏观分析则可提供充分、深入的行为研究,这些行为能产生集聚性模式。但是沃森(1978)认为,两种分析都是需要的,宏观分析是第一步,提供总的看法,由这些总的看法中,提出必须通过行为研究才能回答的问题。

行为研究并没有带来一场变革,使人文地理研究脱开空间科学的焦点,而事实上,行为研究成了空间科学的附属品。当各种常规的研究对人的行为进行某种假设(一般是对问题进行简化),然后根据这些原理推演其空间模式时,行为地理研究者则寻求以归纳的方法修订这些假设,这种归纳方法是要找出行为的规律,以用

来预测(也就是解释)空间模式(盖尔和戈列奇,1982)。就整体来讲,行为研究涉及一连串的相互关联的考察。个人面临决策,要么是一个关于直接的空间投入的,要么是关于空间后果的。要进行决策,这个人要建立起标准,收集信息,然后对照标准来评价信息。作为评价处理的结果,得出行动的决策。结果也可能是改变原来的标准,或再收集更多的信息,或是两者兼而有之。(在这种情况,问题解决的办法很像图 3.1 所表示的科学的方法。)不过,很多考察并没有从头到尾完成全过程,而只是集中于它的某些方面,诸如信息流,由这些方面来推论过程中其他因素的特点。

空间科学学派(前几章所评述的)许许多多的研究用的是出版的资料(如人口统计)或较小规模的调查资料,而行为研究则更需要人文地理学者们从个别的决策者那里收取资料。这种对各类问题进行社会调查的需要,加强了地理学家与社会学家、心理学家,以及在较小程度上的与政治学家的联系,它同时也扩展了地理学家们必备的掌握资料的能力。这种研究所存在的问题是,人文地理中的许多题目,例如研究移民、上班、购物、投票等等,都要涉及数目极大的决策个人。对于这些行为,必须有大量的抽样调查才能得到可靠的概括结论,然而,调查的有限性意味着只能局限于整个行为过程的一小部分和某些环节。因此,布朗和穆尔(1970)的研究城市内部人口移动决策的框架模式,只能验证其中的一部分(例如,克拉克,1975,1981)。比较成功的对行为过程的研究也许是在人文地理学的这样一些分支,它们的问题所涉及的决策者的数目比较小。例如在传播研究中,布朗(1975)试图把注意力从空间传播的完整模式以及全部采纳(或不采纳)的理由,转移到能对当地产生更新的决策。这些更新大多涉及产品销售，他因此称之为“消费更新”(亦见布朗，1981)。同样，一批工业地理学家从研究聚合模式转到研究企业中的决策行为(如，汉密尔顿，1974；卡尔，1983；海特和沃茨，1983)。聚合模式可以比于用新古典经济学分析方法所预测的那些东西(史密斯，1971)。

在行为地理学之内，80年代的一个主要潮流是分析方法的日益精细。从结果来看，大多数工作是在空间科学所设定的框架中，并以它的实证主义风格进行行为模式分析。目标是，通过数学模型法和统计分析法，来解释行为的某一方面的多样性(如选择上班的交通方式)，也就是一些单独的可变事项(诸如决策者以及其进行决策的环境特征)的多样性。这种研究的资料在形式上常常范畴明确，需要做的是分类(如交通方式选择与通勤者性别的关系)，而不是依间断率或比率而度量出区别。行为地理学家为分析这些材料做了许多工作，进行了很多相关的统计方法的探索。里格利(1985)对众多方法进行了综述。戴维斯和皮克尔斯(1985)研究了运用横向资料进行长期趋势推论的重要问题。同样，有人还探索了关于数量研究的态度以及其他方面的人的特点和行为特点的研究方法，包括用日益精致的测量器具去调查人们如何认识和知晓他们的空间环境(戈列奇和蒂默曼斯，1990)，和以技术方法用定量的方式表现人们的那些认识(见艾特肯等，1989)。

许多选择模型的建立都是基于最大功效理论，这些模型构成了行为地理研究的基础，它们在80年代的更加精深的研究中日趋明显。在卡德瓦拉德(1975)等人的早期著作中，这类研究开始出现，而里格利和朗利(1984)的研究则是它更完整细致的范例，它逐

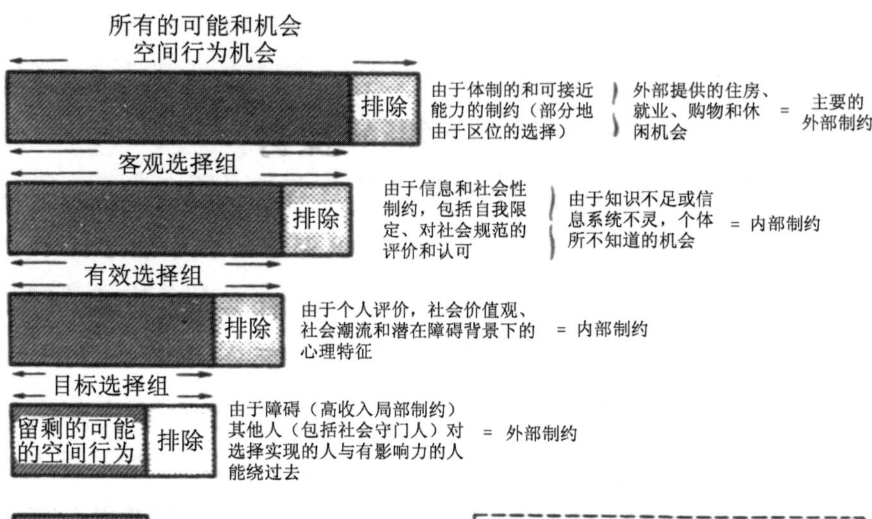

图 5.3　伯德（根据德巴拉特）的空间决策过程中的选择组

资料来源：据伯德（1989，p. 145）。

渐成为一批新文献的基础内容（戈列奇和蒂默曼斯，1988 对此有详细介绍；蒂默曼斯和戈列奇，1990 中也有评述）。按照这些理论，决策者是在一批提供给他们（或他们所察觉到）的可能性中进行选择，根据的是对各个可能性的功效的评估。如蒂默曼斯和戈列奇（1990）所说的，它们"都是基于一种概念化模型（的各种变体），它明显地将选择行为与环境相联系，考虑到感知、优先方案和决策"（根据功效来衡量优先性）。所以，全面的分析分散选择（discrete choices），需要分别知道：选择的几种可能性、每个人考虑的选择的因素、每个决策者评估每一种选择的标准，以及他们赋予每个标准的相对的重要性。德巴拉特（1983），接着是伯德

(1989)对此做了图解(图 5.3):其过程由所有的可能性开始,有一部分可能性被排除,形成“客观选择组”,这一组内的某些内容经过鉴定,也被排除,于是产生了一个“有效选择组”,再经过进一步鉴定,精简为一个“目标选择组”,最终的选择就包含在这里面。举例说,某个城镇中的可能的房屋购买者,由于不可能掌握全部信息,会忽略许多可能性,再经过对已知的可能性的削减,剩下的是真正要购买的最后的清单,从清单中再进行选取。

在实证主义趋向的研究中,行为地理学被广泛接受。它对人与环境的相互关系进行提高概括,寻求环境中的空间模式,然后以它们为发展变化的基础,进行环境规划,“修正影响我们和他人的空间行为的环境”(波蒂厄斯,1977,p. 112)。古尔德(1980)在书中说,这种研究基于四大特征:

1. 个体行动的环境是他所察觉到的环境,它“可能与真实世界的实际性质有显著的不同”(p. 4)。

2. 个体与环境相互作用,反应于环境,也对环境进行再造。

3. 研究的焦点是个体,而不是群体。

4. 行为地理学的研究是多学科的。

在这个总的框架中,研究的方法具有相当大的差别,但总的趋向——归纳概括,以规划改造环境——则是不变的。人们最终希望的是出现一个“强有力的新理论”(考克斯和戈列奇,1969)。尽管这个新理论还没有出现(戈列奇,1981a,p. 1338;还见 p. 144),但是,戈列奇认为,由于对“个人的偏好、观点、态度、认知、认知地图、感知等等”(p. 1339)——他称之为过程差异——的研究,在理解空间行为上已取得了实质性的进展。

对行为地理学的探讨

除了技术性问题之外，大多数行为地理学研究中的实证主义基础成为重要的争论对象。这一争论，乃是对社会科学的这一哲学与人文地理学的关系的更为广泛的考察的一部分。戈列奇，行为地理学的一位带头人，对这一争论作出重大贡献。他认为，实证主义是具有约束性的哲学，而且（库克勒利斯和戈列奇，1983）

> 行为地理学的进展表现为逐渐地摆脱其所诞生的那个哲学的原则，因为这些原则看起来已成为进一步发展和理解问题的障碍（pp. 333—334）。

他愿意使用分析研究这一术语去描述他喜欢的方法，这就是：

> 这个方法并不是作为一种独特的话语模式的哲学，它是理论语言的一个可能空间，理论语言应符合明确、连贯以及 inter-subjective 有效的标准，另外，它从不忽视经验（p. 334）。

不过，他保留了一条实证主义的核心原则，也就是“寻求普遍性”（戈列奇和库克勒利斯，1984，p. 181），“对特殊的低层事物……进行有意义的概括”（戈列奇，1980，p. 16），以及需要将研究从“较狭窄的空间行为透视”转向“对空间行为的一般性理解”（戈列奇和拉什顿，1984，p. 30；还可参阅上文第 204 页）。希尔（1982）

全面讨论了实证主义的主要问题,他认为,“那些奉行许多实证主义核心原则的人,很少把他们自己看做实证主义者”(p.43)。他提出了十点自我评价的标准,运用这些标准,许多人可能发现他们有“实证主义倾向”,不过,离开多远才不算实证主义者,则并不清楚。

戈列奇和斯廷森(1987,9)认为,戈列奇所采纳的对他称之为分析行为地理学的研究方法的分类,是基于“实证主义理想中确实积极的东西”。他们反对被他们称为“经典的实证主义的价值和事实的分离”,而赞成能够“以科学的态度解释价值和信仰”的实证主义立场。他们把这种立场称之为交互的或相互作用的立场,其特征为:“(1)逻辑和数学思维的重要性;(2)需要结果的公开的可检验性;(3)寻求综合概括;(4)强调用分析的语言来探索和表达知识结构;(5)假设求证的重要性和在综合概括或建造理论时选择最合适的基础的重要性。”很明显,其目标就是要发展用定量方法进行确证的理论(麦克米伦,1989b)。

这种对实证主义哲学关键要素的持续地强调,关联到行为地理学的第二类研究,这类研究在数量上很小。如皮普金(1981)指出的,在确立行为模式方面花的力气过多,而对支撑行为的精神、心理结构的考察则太少。因此,在理解人们行为的原因上,并没有取得明显的进展,格林伯格(1984)这样说:

> 在很大程度上,行为感知地理学家的意图并不在于解释社会的空间组织,而是说明个体在空间中的行为(p.193)。

目前，人工智能（AI）领域的工作，似乎多用来研究认识过程（T. 史密斯，1984），它使用电脑模型方法来显示决策制定过程，从而洞察（通过模拟）到人类大脑的本质，正如库克勒利斯（1986a）指出的那样，这可比喻为“电脑人”，利用它，

> 诸如问题解决、模式识别、决策制定、学习以及自然语言理解这一类的认识功能，都由电脑程序来探索，主要是模拟相应的思维过程（p. 2）。

很清楚，用预测后果的方法来模拟过程的做法（如史密斯、克拉克和科顿，1984）并不能等同于对过程的理解（见第 153 页关于工具主义的方法）：正如库克勒利斯（1986a）在总结研究人类行为时使用人工智能的详尽讨论时说的：

> 对意图系统作可靠的预测，甚至可以依靠……完全空洞的心理学理论（p. 111）。

无论是想知道人类是怎样行为，还是想知道人类为什么要行为，都是至关重要的：一般认为，人工智能方法可以再现前者，但是它能否有助于了解后者？尼斯图恩（1984）怀疑前一种看法，他认为：

> 在今天已有的人工智能方法中，我看不出有什么办法可以解决在空间决策研究中认为是比较重要的问题，例如移民

问题……这些过程需要空间认识和置换(trade off)行为的详细模型,然而即使是最简单的儿童认路模型也是复杂的,包含着重大的尚未解决的方法论问题(p. 358)。

不过,假如前一种看法能够确立,那么尼斯图恩将会乐意看到它们的成果。他只承认,这种方法能提供结构上的解释(见上文第101页对卢克曼观点的讨论),但是

我感到震动的是,生物学家对蝙蝠的解剖学的以及行为的详细经验性分析,并不能引导人们发现蝙蝠是如何在黑暗中飞行的。要解释这一点,已超出了人们的想象力,除非发现一种纯粹的人类系统(接受声呐的雷达),并用以类比蝙蝠的行为与解剖,这样,一切才会清楚(p. 359)。

换句话说,假如你能够重复某一过程,那么你会从中受益匪浅。尼斯图恩是这样说的:

假如一个设计好的电脑程序,可以以一种对地理学家来说是很有用的方式,反复地解决不同空间条件下存在的问题,那么人们会说已经弄懂了那个问题。这是一个站得住脚的说法:即问题的解决是由于程序所具备的逻辑或能力,无论这些逻辑和能力是什么样子。这里没有必要去说,它一定是人类空间决策的进行方式(p. 359)。

然而，这种工具主义观点遭到了一些人的反对（例如格雷戈里，1980），并导致了对实证主义的反对意见（对此，本书其他几章里有所介绍）。

继续进展

在1981年出版的一份评论中，思里夫特（1981，p. 359）认为：

> 行为地理学平静的日子已经远去，行为地理学家对于他们在研究领域内的解释力进行夸耀的日子也随之而去了。不过，他们的研究领域在人文地理学内仍占有一席之地。

他认可对行为研究的批评，这些批评有的来自这样一些人，他们认为行为研究将个体决策者只不过比作偏好程序（对刺激进行反应）的自动装置。批评也来自另一些人，他们认为行为研究忽视了比个体总和大得多的整体的社会的重要性。（这两种批评所提出的观点，将在下面第六章和第八章内详细讨论。）这种情况使他承认行为地理学可能是"半盲目性"的：

> 但是，说行为地理学是半盲目性的，并不是说它什么也看不到。它的解释可能是有限的，但这绝不意味着这些解释绝不存在。

换句话说，行为地理学提供了一种有用的方法论，在人文地理学家的众多的方法中,它自有效用。

假如思里夫特的结论是正确的,这应导致行为地理学研究步伐的减慢。在许多方面,可以说情形正好相反,80 年代发表的著作的数量依然可观(简要评述见戈列奇和拉什顿,1984;戈列奇和蒂默曼斯,1990;以及蒂默曼斯和戈列奇,1990),并且在规范学科(见上文第 229 页)的范畴内取得了实质性的进展。不过,还是可以说行为地理学不仅仅变得只是少数人(虽然是强大的少数)的兴趣,而且在人文地理学内变得越来越孤立,这是由于其学术带头人在理论上和分析上的深奥性而造成的。当许多人文地理学家为了描绘人们对空间的了解、表现和在其中的行为时,认为有必要通过问卷或类似的方法去收集个人资料时,相对来说,很少人能跟上前面说过的方法论的发展。因此,我们所谈论的既有对地理学实践的一般性影响,也有与主流有所脱离的一小群专家们取得的进展。

这样一群专家的活力可以以戈列奇和斯廷森(1987)的著作《分析行为地理学》为例。他们将源自 60 年代的一种方法,解释为(p. 1):

> 为了在既定的环境中生存并理解它,人们必须学会从大量的经验之中组织关键的分类信息。他们感受、储存、记录、组织并使用少量的信息,最终是要复制日常的生活事项。在做这类事情时,在从大量"致有关者"的信息——即源自我们生活的世界的信息——中进行选择的基础上,创造知识结构。来自各种环境的不同的要素,被赋予不同的意义和不同的价值。正是对于认识、环境、行为之间的关系的明确识别,在开

始时推动了地理学里行为研究的发展。

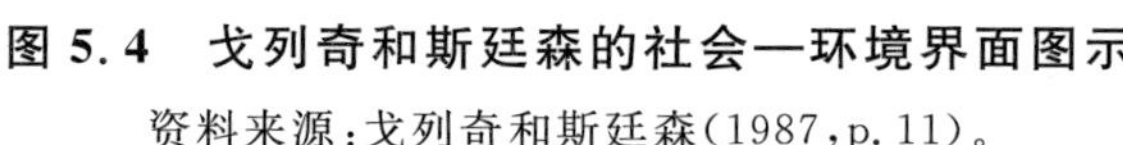

图 5.4 戈列奇和斯廷森的社会—环境界面图示

资料来源:戈列奇和斯廷森(1987,p. 11)。

接着,他们阐述了工作是如何开展的,并通过一份图示来表现这一分支学科研究的结构。在图示中,决策个体被置于环境与行为的交界面上(图 5.4),人们在环境中学习和行动,而在行动时又改变了环境。他们的书的内容,既包括行为地理学家所使用的方法,也包括他们在各种课题领域内达到的成就,提供了对一个具有活力的分支学科的清晰观察。这也可以在他们开列的参考文献的数量上看出来。此外,还对大量论文进行了评述,本章的部分段落就是采自那些被评述的论文。

第六章　人本主义地理学

人本主义地理学涉及对空间科学研究内容的重新组构，但保留了其实证主义的框架。与此同时，从 70 年代早期开始(其根源当然更早)，出现了对实证主义方法的深刻批判，其中也包括了戈列奇以及其他人所从事的行为地理学。这些批判虽然也强调研究个体决策者，但反对行为地理学中所固有的旨在解释与预测的研究目的。它们不是一套反对实证主义的系统连贯的观点，而是一个对“新地理学”的主张持批判态度的联盟。(最近的关于这个问题的有说服力的介绍，见科斯格罗夫，1989a，1989b。)这些批判的性质、观点的差异和实际的发展正是本章的主题(与这一问题有关的另一著作，见皮克尔斯，1986。)

文化的和历史的行为地理学

如前几章所指出的，文化地理与历史地理学者既没有卷入计量和理论革命，也未曾受其吸引。虽然有些人运用统计学的方法，试图使研究的领域显得更“现代”(有些并非是历史地理学家或文化地理学家所为)，但是在所进行的研究中，没有造成什么实质性的变化。到了 70 年代，历史与文化地理学家们率先起步，倡议与实证主义不同的哲学，这些哲学在倾向上都是人本主义的。

变化的开始可以追溯到两篇论文，其中一篇比另一篇对整个地理学的影响要更大。首先是约翰·K.赖特(1947)引进了“地理知识论”(geosophy)这一术语，指对地理认知的研究：

> 它包括各色各样的人们的地理思想，真实的或虚构的——这些人不仅仅是地理学家，还有农民、渔夫、商务代理、诗人、小说家、画家、贝督因人和霍顿督人——由于这个原因，它一定要涉及主观概念的问题(p.12)。

赖特承认，关于这些主观思想的研究，无法运用自然地理学的严格的科学法则。但他认为，这种研究为地理学的工作提供了必不可少的背景和前景：

> 这样或那样的地理知识是人类所共有的，而绝不是由地理学家们所垄断……这种知识首先是通过对各类事物的观察而获得……因而，这些知识的获得，要以文化与心理因素的复杂的交相影响为条件……几乎每一件人类从事的重要活动，从田间掘土、撰写著作、经营商务，到传播福音、进行战争，在某种程度上，都受到当事者的地理知识的影响(pp.13—14)。

这些言论本应通报的是比此时更早的行为地理学的发端，但是，显然由于随后的著作对它们缺乏注意，在赖特的美国地理学会的同事引用它们以前，其影响不大。这位同事是大卫·洛温塔尔

(1961),他提出了一篇广为引用的论文,这篇论文"关注所有的地理思想,科学的或其他的:它们是如何被获得、传递、改动以及融进概念体系的"(p. 259)。基于广泛的考察,洛温塔尔指出每一个人的经验世界都是相当狭小的,仅仅覆盖整体世界的一小部分。虽然对于世界的许多方面都存在一致的看法,但是个人会错误地以为他自己的看法就是人们共同的看法。我们都生活在各自的世界里,它们的"广泛性比公共世界既大也小"(p. 248)。我们对个人世界的感知也是因人而异,它们不是幻想,而是有着坚实的事实根据。但是因为"我们在看世界时,只选择一部分,而忽略其他"(p. 251),所以基于这种感知的行为必然具有某些独特性。不同的文化都有各自的习惯规范,这常常反映在语言上,它们要创造适应这些规范的氛围。

> 大地的表面成为个人的塑造品,折射着文化风俗和个人想象。我们都是艺术家和景观设计者,按照我们的感知和爱好来创造秩序,组织空间、时间和因果联系(p. 260)。

这些思想也被运用到其他方面,以考察作为社会准则和品位的折射的景观解读问题(如洛温塔尔,1968;洛温塔尔与普林斯,1965)。迟至此时,赖特的思想才终于被传布到可能更愿意接受它的广大听众面前。

另一篇人本主义地理学的开创性论文出自英国地理学家柯克之手,但发表于印度(柯克,1951;后又在博尔和利文斯顿重印,1989),他在后来的文章中又重申了主要的论点(柯克,1963)。柯克也强调环境不仅仅是一种“东西”，更主要是“被人类感知赋予了形状、聚合性与含义”的整体(柯克，1963，p. 365)，一旦含义被赋予，它会被代代相传。柯克区分出两种彼此区别又相互联系的环境：表象环境和行为环境。表象环境指大地表面的全部，行为环境是指表象环境中被人类认知的部分。

> 表象环境中不属于社会认知环境的那些部分，与理性的空间行为无关，因而不属于地理学考虑的问题(p. 367)。

由于地理学主要关心决策及其后果问题，对行为环境的认识应当是地理学研究的核心。莱(1977a)认为人们如果对行为环境的内容没有了解，他便不能行动，甚至“匹兹堡是一座钢城”这样一句中性的话，也反映了地理学家——外人的含有价值观的看法，这可能与居民——本地人的感知不同。所以，

> 经常有这样的危险，即我们的地理学反映的是我们自己的想法，而不是作为我们描述对象的人和地的含义……地理事实完全是社会产品，如同社会景观一样(p. 12)。

如第一章所指出的，科学学科可以分解为一些“看不见的学院”，即研究同一问题的、彼此参考的学者群。赖特、洛温塔尔和柯克在 60 年代初期不属于任何主要“学院”，因此对本章开头所说的行为研究的第一个时期没有什么影响。(例如普雷德(1967，1969d)的参考书目中，没有他们三人的东西，在沃尔珀特的著述

中也不见。戈列奇、布朗、威廉森(1972，p. 75)，只顺便提到洛温塔尔的研究——“在具有洞察力的研究者那里，对过去和现在的文学与其他艺术资料的分析，可以有很强的解释力量。在评价空间感知时，主观因素的作用是公认的，但在许多其他研究中，它的作用则较为含混，会有把问题搞糟的可能”。注意，柯克(1978，p. 388)提到他对非地理学家的影响，那些人曾采纳了行为环境的概念。斯佩特(1989)曾引用柯克的头一篇文章；在IBG大会上也曾讨论这篇文章，视其为“饱和溶液中的晶体”(p. xix)；坎贝尔(1989)对柯克的观点有详细解释。)60年代中期的行为研究大多有实证主义的风格，但上面所说的三位作者则不然。

一些文化和历史地理学家采纳了行为/认知环境的概念。在文化地理学家中，布鲁克菲尔德为主要人物之一，他是英国学者，在60年代中期曾到南非、毛里求斯、新圭亚那以及一些太平洋海岛进行野外工作。在评论文化地理学家关于外国的研究时，他说(1984)：

> 有两种地理学家，他们的研究方法明显不同。一类地理学家的目标是空间形态，他们很少去解释人的行为、态度、信仰、社会组织以及人群的特征、相互关系一类的问题；另一类地理学家并不把空间形态放在首位，而更倾向于研究过程以获得解释(p. 283)。

布鲁克菲尔德认为，社会组织是解释许多问题的关键，所以，

> 当某一个人文地理学家到了外国的一个小角落，想对这个角落的地理做一番解释，那么对他来说，要有对当地人的环境感知的深入了解，否则是很困难的(p. 287)。

但是地理学家们基本不去深究社会组织的细节，由于研究的区域是那么宽阔，他们多注意分布问题，而不注意过程，他们回避所谓的“微观地理”问题。人文地理学的研究应包含三个阶段：

1. 对地区模式和相互关系的一般描述；
2. 针对一般描述中所提出的问题，进行详细的区位研究；
3. 将一般性材料与区位性材料进行组织，求得概括性解释。

布鲁克菲尔德的观点主要是关于第二阶段的微观地理研究，为实施比较方法提供基础，以便获得概括性结论(布鲁克菲尔德，1962)。

布鲁克菲尔德(1969)后来考察了一些研究文献，这些研究表明“决策者在某一环境中进行决策时，其决策的基础是他们所认知的环境，而不是真实的环境。但另一方面，决策所产生的行动却是在真实的环境中进行”(p. 53)。参考了“现代”行为研究和文化地理研究，他指出将认知环境——它是“复杂的、一元的、曲解和间断的、不稳定的、分散无关的”(p. 74)——孤立起来并将其纳入分析方法的做法是有严重问题的。在工作组织、时间定位、制定预算等问题，以及消费与距离的意义等方面，需要更多的资料，它们对于全面理解人—环境系统，这些都是必需的。

认知环境的概念在历史和地理类学科中颇有渊源，只是没有使用现在的词汇。格拉肯(1956，1967)关于对环境的社会态度的考察便是一个很好的例子(还可参考 N. 史密斯,1984,和佩珀,1984)。有人认为(普林斯,1971a)历史地理学家研究三种世界:由文献和景观记录的真实世界、由过去一般空间模式描绘的抽象世界和认知环境——“过去人们眼中的、根据他们的文化爱好和文化偏见、由假设想象塑造的世界”(p. 4)。按照这三个世界,有可能提供关于景观变化的解释,而这种解释从假设的以一套资料表示的过程是不可能获得的(亦见穆迪和莱尔,1976)。如普林斯(1961—1962,p. 21)所说的,“这是一个智力的领域:观察事实,将其化为秩序,并发现其间的关系。但它是一种想象,运用判断和领悟去赋予它们各种意义”。重建过去的环境是极为困难的,因为这涉及用作者的文化眼光去看待文献资料:

> 对过去行为环境的研究提供了理解过去行为的关键,也是解释景观变化原因的关键。在弄懂景观之前,我们必须理解人和他的文化;我们必须理解他所具有的身体和心理的限度;我们必须知道他的文化为他规定了怎样的选择,知道他周围的人加给他怎样的规矩让他遵照执行不得违反(普林斯,1971a,p. 44)。

也许任务的这般艰巨使许多对过去景观的重建都集中在相对晚近的时代,例如对引导定居美国西部的环境感知的研究(参见刘易斯,1966)。不过赖特(1925)曾研究过欧洲十字军东征时代的同样问题。

并非所有的认知世界都是过去的或是现在的,有些景观出自于关于未来的乌托邦思想(波特和卢克曼,1975;鲍威尔,1971)。总的来说,无论是关于过去、现在或是未来,对地理知识论的研究并没有流行开,而只有一些好奇性的研究(见洛温塔尔和鲍登,1975)。然而直接或者间接地,它导致了人文地理中要求改变实证主义研究的想法,这些想法、观点正是本章下面要讨论的内容。

对实证主义的批判与人本主义研究

从70年代早期开始,在一些文化地理和历史地理的研究中,出现了对空间科学的实证主义的批判。为了取其而代之,人们提出了种种人本主义的研究方案,注重对决策者和他们的认知世界的研究,而否认可供实证主义研究的客观世界的存在,意图在于使人文地理学向更加人本主义的方向发展,恢复其综合的特点,重申研究独特事件的重要性,反对不真实的概括。

反实证主义、观念论、历史地理学

各种人本主义地理研究有很大的共同之处,但在目前的情况下可分作不同的派别。首先要讨论的是与两位作者有关的研究,他们于60年代末期同在多伦多大学,且都是历史地理学家。

第一篇文章(哈里斯,1971)的主要观点是:地理学是一门综合性的学科,研究的是现象的特殊聚合。地理学不是研究空间关系的科学。因此,

当撰写50年代和60年代北美地理学史时,一个必须解决的

> 奇怪问题是:为什么——不需要什么讨论和逻辑的证明——那么多地理学者把自己的学科看成研究空间关系的科学(p.157)。

与梅和萨克一样,哈里斯(自 p.112 往下)认为空间观点会把地理学搞的支离破碎,空间问题专家们与其他行当的人交流越来越多,而与地理同行交流得越来越少,所得出的理论都是讲特定条件下世界应该怎样,而不讲世界的本来面目。

> 构想地理学理论的困难性到了这种地步。发展理论必须对特殊情况进行抽象和简化,排除复杂性,显示其公共特性。但是,如果认为地理学有一个特别的研究对象,那么它绝不是其他学科不来染指的单独的一类现象。它是一个复杂的现象整体,其他学科分别对它研究,只有地理学研究它的整体复杂性(p.162)。

哈里斯认为,地理学与历史学显然类似,因为

> 几乎没有历史学家要建立关于革命的一般理论,做这类事情,会失去一种洞察风格,而这种洞察正是优秀的历史综合研究的特征(p.163)。

历史学与地理学的目标都是综合,进行综合时,可以使用实证主义方法。历史学家可能善于使用规律,他们会运用其他社会科学的概括理论去研究个别事件，地理学家也可以这样做。但另一方面，历史学家和地理学家也都可以运用观念论的方法，认为人的所有活动都基于个人理论。因此哈里斯(1978)另外讨论了“历史头脑”的问题：

> 这样一种头脑是考虑背景，而不是发现规律。有时候它被以为是运用规律，但历史头脑的特点是对解释人类生活一般模式的高层规律抱半信半疑态度(p. 126)。

他认为这种头脑是开放的和调和的，使用的是不规范的研究方法，在背景联系中观察事物，注意动机和价值观念，不排除什么事物，对包罗万象的概括持审慎态度，其目标是理解，不是规划。这些情况也应该适用于“地理头脑”。(理解一个事件是要认识它发生的原因，目标是人本主义的。解释一个事件是预测，将其作为一个(或一组)一般规律的例证，目标是实证主义的。)

在阐述历史学与地理学的相似性时，哈里斯(1971，p. 7)提出了关于历史学性质的四个要点：

1. 关心的首要问题是独特性；
2. 研究时要考虑与事情有关的个人的思想；
3. 研究中可以运用一般规律；
4. “历史研究十分仰仗个体历史学家的反应判断”。

基于这四点，他进一步指出：

> 如果地理学所要描述和解释的不是一些独特的事件或人

物——作为地球表面的一个独特部分，那么这些关于历史学的要点也适用于地理学(p. 167)。

(“独特部分”一词似乎可以从广义上解释，因为哈里斯本人(1977)寻求理解西北欧殖民者社会的性质，他的理解模型是：殖民者建立了一种对“新世界”的共同反应。)景观产生于行为，行为背后是思想，研究思想才能理解景观。所以综合是十分重要的：

> 综合思想本身变得更加重要，因为日益明显的是我们的多数问题超越了狭隘的依研究对象区分的领域……在更广泛的理解中达到……结合性，当然有统计方法和电脑的协助，也有一些习惯于从总体上观察事物的智慧人物的判断作用(p. 170)。

可以预测，地理学家会成为那样的智慧人物。人们不止一次地指出了白兰士所建立的基础，如布蒂默(1978a)认为，

> 这一任务在其他学科并不存在(历史学可能例外)，它要考察形形色色的现象和力量如何与特定地方的有限空间交织、连接在一起。时间性和空间性是一切生活的特性，所以历史研究与地理研究是并行的(p. 73)。

实证主义研究追求同样的目标——整体的相交织的部分——不过这些部分都是总体规律的实例，而不是独特事件。

哈里斯的许多观点被他的多伦多的同事莱昂纳德·格尔克所扩展。格尔克的第一篇论文(1971)是对使用实证主义方法的地理学的“构想狭隘的科学研究”(p. 83)的强烈批评,他反对地理学中寻找规律的做法,质问实证主义的拥护者规律如何符合科学的可接受性的基本标准,尤其是在预测方面。虽然他们可能对他们所研究的现象进行概括,但不大可能得出可以适用一切相关观象的规律。统计出来的规则并不是规律,而且,

> 除非新地理学家能够说明地理学中可以发现的规律比概括更加深入——那些概括描述的只是现象之间共同的、非本质的联系,否则对于他们的主张一定要慎重……没有什么让我们乐观的理由,尤其是地理学家所广泛使用的统计方法,并不能看作是发现规律的办法(p. 42)。

关于地理学是运用规律的科学的问题,格尔克认为,人类行为的规律绝不可能在任何事情中都能发现,而只能在最概括的形式中发现。因为许多行为都具有文化的特殊性,而事先说明这些行为的决定性条件是不可能的。所以,“人文地理学家不能把自己看作是运用规律的科学家……因为他们没有什么规律可以用”(p. 45)。

至于在地理学中使用理论和模型的问题,格尔克指出,在寻求理解时,为了正当的目的而运用理论和模型,必须建立能够在事实面前检验的标准(亦见纽曼,1973,关于对综合一词模糊使用的问题)。格尔克认为,这样的标准还没有,也不可能说清。在他看来,

对中心地理论的验证研究好像使用的是这样一种规则："只算打着的，不算没打着的"（p. 48；又见格尔克，1978，p. 50）。人们常常把重复事实时的失败解释为试验的环境不理想，还常常拿出特定的假设来解释所出现的不一致性。对于人文地理学家来说，模型和理论具有启发价值，可以澄清某些方面的问题，但并没有解释性的力量。

格尔克的（1971）的结论是：

> 新地理学……并没有得出任何科学规律，而且……未来得出规律的可能也不大……理论和模型……经不起实际的检验……新地理学家坚持……逻辑的和自圆其说的理论和模型。但是，他们的理论体系向来简单，无法准确地描述现实世界。他们获得了内在的自圆其说，却失去了对现实的把握（pp. 50—51）。

格尔克的与此不同的方法是哈里斯所提到的观念论方法，它是"一种人们可以用来对所要解释的行为者的想法进行再思考的方法"（格尔克，1974，p. 193）。依照观念论的方法，所有的行为都是理性思考的结果，而理性思考的内容则由一种理论限定。反之，理论又是"人根据活生生的感觉所发明、获取或引申的思想体系，是感觉将外部世界的现象连接起来"（p. 194）。许多这样的理论都是当事者所栖息的社会和文化的部分，包括它的宗教、神话和传统。运用它们"可以完成对行为的解释，即发现行为者的目标并达到对他的情况的理论理解……必须发现他所信仰的内容，而不是发现这种信仰的原因”(p. 197;但塞耶有不同观点,1981)。因此人文地理学家并不需要建立理论,因为导致行动的相关理论已然在行动者的头脑中存在了(或存在过)。分析的任务是将这些理论分离出来(柯里(1982)认为这是一个十分困难的任务,因为人们并不总是能够确认他们行动的理由)。对一些特殊的人来说,行动的理论可能是独特的,例如哥伦布向西方航行的理由。但是,也存在许多人大体上共同遵循的理论,它们代表着人们自己在世界上造成的秩序。要理解它们,并不需要更多的理论。

查普尔(1975)向格尔克的观点提出了挑战,他指出,观念论仅仅关注个体的行为者,而忽略了环境对其行动的限制和影响(参见格雷戈里,1978a)。格尔克(1976)承认这些限制和影响的存在,但认为关于这些东西的研究超出了地理学研究的范围。他感到,研究背景环境原因会变成生理学和心理学,注意力会偏离“人类行为最关键的问题,即行为背后的思想”(p. 169)。查普尔(1976)的回答是,“如果说没有可能适合的理论来解释人的理性以及由此产生的行动,则走得太远了”,是没有道理的。“范式不仅可以解释事实,还是整个学科研究的指南”(p. 171)。他认为,格尔克的关于行为的最终原因的研究超出了人文地理学的范围的论点,会将地理学家置于学术分工的不利地位。

在另一篇文章中,格尔克(1975)向历史地理学家谈了观念论的思想,用以反对主张采用实证主义方法和技术的观点。他说:

> 很清楚,计量技术常常是有用的……统计方法套上实证主义的缰绳是一个危险的结合……历史地理学家要反复考虑

> 的，不是技术，而是哲学……最好的办法是从眼前应用地理学的解决具体问题的研究，转移到历史学家广泛使用的观念论的方法上来(p. 138)。

格雷戈里(1976)同意这段话的前一半，但不同意后面的解决办法。像查普尔一样，他认为需要在限制条件下来考查个人的行动(见下文第324页，以及柯里，1982a)。

海(1979a)为人文地理学中的实证主义方法进行了辩护，反对观念论的攻击。他既回答了他们的批评，又针对那些变换办法提出了新的论点。他认为，格尔克的根据是不充分的，是基于对实证主义概念的误解，例如所有的理论必定是规范的，必定以理想的决策概念为基础；再如科学性就是法则的推理以及把预测等同于预言(而不是简单的、从已知到未知的测试)。他进一步说，格尔克是以实证主义检查方法来反对实证主义，他没有意识到在改进理论时特定的综合的价值(这正是拉卡托斯的研究纲领概念及其积极启发性的基础——本书第22页)。海认为，格尔克问的问题不应该是“这个理论能解释问题Y吗?”，而应是“这个理论对理解问题Y有帮助吗?”

> 关于转而采用观念论的问题，海提出了研究群体而不是个体时的问题。格尔克的关于人的行为背后的思想的假设，脱离了当事者的数目问题……如果有上千人开车去工作，观念论会假设每一个行程都是涉及思想的行动。在这种情况下，考察者不可能调查每一个人，但他可以设法分离出典型情

> 况的一般性因素……（对它们）他可以很好地运用统计方法……统计分析的价值主要在于一般性说明或论题解释中的成功组合（p. 55）。

这种方法与行为地理学家的方法类似（关于行为地理学的评述见前一章）。第一，群体的本体意义不在于它只是个体的集合体，就像“传统”的区域观一样，整体的意义大于其各个部分的总和。第二，海指出，除了行动者的思想以外，客观事实也必定影响行为的结果：哥伦布之所以发现了美洲，是因为那里存在一个美洲。第三，他认为观念论忽略了存在无意识或下意识行为的可能性。总之，观念论是简化主义，而世界比大量独立决策者的总和要大得多。

马博古涅（1977）也对观念论提出批评，他认为“关于客观事物的理论是一种求得对事件解释的手段，脱离这种理论，会使我们在考虑问题时遗漏对社会行为后果的探索”（p. 368）。另外，地理学家应当去建立更好的理论以包容那些价值系统的差别，而不是去关注特殊问题——“寻求对每一种情况的特别解释，而说明其中运行着的不同的价值系统”（p. 370）。另有些人提出了如何对观念论的解释进行确证的问题。（默瑟和鲍威尔，1972，提出了有关现象学的类似的问题，他们怀疑两个现象学家能否对同一现象产生同样的“直觉”。）格尔克对这一问题有所准备，对于他所采用的查普尔的方法，他指出要仿效的是法庭，而不是实证主义试验室。

一个好的观念论解释应该是“说明一个行为模式与某种思想根源相一致。在资料与事先预想的解释不一致时，则需要一种新的假设"(格尔克,1978,p. 55)。格尔克的这个观点与他先前的看法有些矛盾,他先前认为理论不应由观察者凭空杜撰。即使如此,他说:"不能保证解释中没有错误。人类社会的复杂性和相关资料的缺乏,不可避免地会造成许多观念论的解释的不确切性"(p. 55)。这一立场十分类似穆斯(1977)所说的历史解释中的演绎法。

格尔克认为,观念论的哲学包括两点:一是形而上论,即"精神活动是独立的,并不受物质事件和物质过程的控制";另一个是认识论,即

> 对世界只能通过思想而间接地了解……一切知识终归为个人对世界的主观经验,并包含心智结构和观念。不存在独立于心智之外而被认识的"真实"世界(p. 133)。

实证主义空间科学之所以被批判,是因为它相信存在"真实"的世界,并企图通过一般的行为规律去解释这个世界的性质。行为地理学同样受到批判,不是因为它的可以成立的(对格尔克而言)前提,即行为可以被理解为对认知想象和主观评价的反应,而是因为它的两点假设:"可以确认、可以准确度量的环境想象的存在……(和)在环境想象、优选与实际(真实世界)行为之间存在着密切的联系"(邦廷和格尔克,p. 453)。邦廷和格尔克认为,这种研究把人文地理置于单因论的桎梏,很像早期的环境决定论,而且,即使这种方法是可以接受的,行为地理的研究却未能证实它。他们提倡观念论的方法,注重对公开的行为的解释,"为了寻求真

理，学者要与他的证据进行重要的对话，在一定的时候，他把成果提交给同行们评价”(p. 458)。唐斯(1979)、拉什顿(1979)和萨里南(1979)在回应邦廷和格尔克的批评时指出，邦廷和格尔克在很大程度上歪曲了行为地理研究，虽然对公开性行为的研究可能为回答“为什么”之类的问题提供线索，但只有研究决策才能提供具有规划价值的理解，例如对环境公害的研究。戈列奇(1981a, p. 1328)也向邦廷和格尔克提出反驳，他认为真正行为地理学的研究是关注公开性行为，但更重要的是，在各种不同的解释差异之中必须包括“一个或更多的过程差异”。

柯里(1982a)对格尔克的观念论的许多内容提出批评。格尔克思想的核心是实证主义科学的方法与对人类行为的研究没有关联性，行为是理性思想的产物，所以要想解释行为只能通过重建那些思想的方式，这就是回答“你为什么这样做”的问题的唯一答案，这种答案构成解释。但柯里认为，

> 首先，在日常生活中，我们在做许多事情时并没有意识到理由，同时，我们又很难把这些行为看作是非理性的。第二，在当时和事后，我们所说的理由常常不是我们行为的“真正”理由。第三，我们常常赋予行为一些理由，而它们显然与行为无关(p. 43)。

那些不易察觉的理由倒有可能是影响个人行为的规则，不管是有意或无意的。这样的规则不必是决定性的——像下棋规则那样，它只是确定既定条件下的行动的可能性，而不是限定应该做什

么。所以我们必须在行为的背景下研究行为。

> 没有规则，人的行为将是偶然的，因而是无法理解的。观念论地理学家……必须考虑到人类世界的整体性，其中充满了规范意义，如同在有限范围内看到的规则或行为准则一样(p.46)。

作为对批评的答复，格尔克(1982)重申他的观点，即地理学是一个思想性学科，寻求对“大地之上的复杂的人类活动的理解”(p.52)，其范围是

> 地理学家关心的不是小麦价格的波动或利率的高低，而应该是这些因素对——比如说——加拿大西部农业的影响(p.53)。

因此，在寻求对行为的理由的理解时，他认为陈述理由并非总是有用，必须要有“对思想的历史性重建”，以阐明人的后天反应，这种反应是“人的文化传统的一部分”(p.54)。这样做并不需要了解下意识的东西，虽然它们可能影响到那些传统的构成。不过，格尔克同意柯里所说的许多东西，认为，

> 对我们两个人来说，人文地理学都是要理解人类在地球表面、在特定的文化背景下的活动的意义(p.57)。

但柯里(1982a)不同意这种说法,他以为“我们之间的差异比他想象的要大”(p. 59),因为他关注的是理解行为背后的思想的形成过程,而格尔克只对思想本身感兴趣。皮克尔斯(1986, p. 34)赞成柯里的观点,认为格尔克所主张的观念论并不是要“感情意义的”理解,而是要“规则与证据的”确实性。

现象学及相关方法

现象学比观念论更吸引人文地理学家的注意。首先直接提倡现象学研究的是雷尔夫(1970),他也与多伦多大学地理系有关。尽管有不同的解释,雷尔夫认为现象学的基本目标是要提出与实证主义的假设求证和建立理论不同的方法论,其基础是人们生活的经验世界。现象学家认为不存在独立于人类经验之外的客观世界——“一切知识来自经验世界,并且不可能独立于那个世界之外”(p. 193)。恩特里金(1976)认为“现象学家所做的是描述而不是解释,现象学家要‘取回’资料中意识的含义,而解释是(观察者的)构想,因此对立于现象学”(p. 617)。(西蒙(1984)也认为现象学是“描述科学”。)

在人文地理学里,现象学所关注的问题是柯克所说的现象环境(见本书 253 页)。环境对每一个人来说都有独特的内容,其构成要素是有意识的行动的结果——每个人赋予它们含义,含义影响人的行为,而没有含义环境则不复存在。现象学研究这些含义的确定方式,研究者要以完全客观的方式考察个人是如何构建环境的。为理解这些问题,研究者应毫无自己的先入见解。(主观问题是研究的焦点所在,但绝不是研究者的主观问题。在实证主义那里，研究者却将自己的主观见解强加给世界。莱，1980。）现象学家可能乐于获得设身处地式的理解。当然，有些人要进一步去揭示本质——个人的意识中的要素，这些要素决定着含义的建立（约翰斯顿，1983b；皮克尔斯区分了“变化的本质”与“不变的和普遍的结构（仔细理解）”的区别，1988，p. 252）。现象学研究人对事物的估价行为，考察的层面是个人，但也要寻找估价行为中（表现出来的，而不是商定）的共同性因素。

雷尔夫的文章得到另一位与多伦多大学有关的地理学家的支持，这就是段义孚（1971）。段义孚说地理犹如镜子，反映着人类本身的存在与奋斗，了解世界就是了解人类自己，就像仔细分析一座房子时会了解房子的设计者和居住者那样。所以对景观的研究就是对创造景观的社会的自身的研究，就像是研究文学艺术也就是研究人类生活那样。地理学家的这类研究显然是以人性，而不是以社会科学或自然科学为基础。段义孚（1974，1975b）为说明这些问题发表了不少文章，例如对地方的含义一类题目的深入分析。

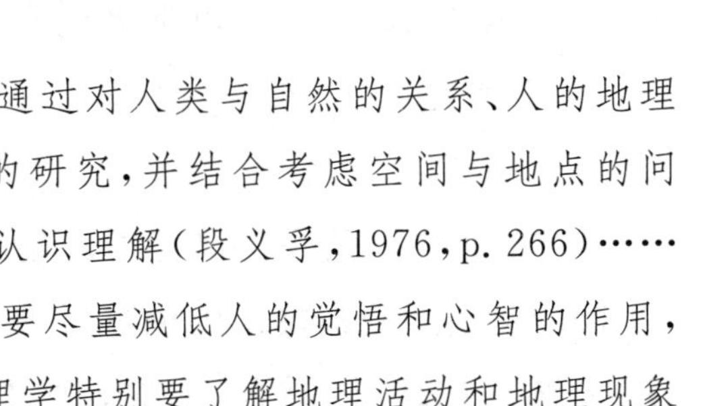

> 人本主义地理学要通过对人类与自然的关系、人的地理行为、人的感觉与思想的研究，并结合考虑空间与地点的问题，达到对人类世界的认识理解（段义孚，1976，p. 266）……以科学方法来研究人是要尽量减低人的觉悟和心智的作用，与此相反，人本主义地理学特别要了解地理活动和地理现象对人的觉悟的反映（p. 267）。

为说明这个思想，段义孚列举了五个研究主题：地理知识的属性及其在人的生活中的作用;地域在人的行为中的作用以及地方特性的创造;以文化为中介的群体与个体的相互关系;知识对生活的影响作用;宗教对人的活动的影响。这些问题在历史地理与区域地理中研究最多,它们对人类生活的价值是弄清人类经验的属性(参见阿普尔顿,1975)。段义孚(1978)说,“研究人性问题的区域地理学家的楷模是……维多利亚时代的小说家,他们力求将主观和客观综合起来”(p. 204)。他援引了 E. M. 福斯特的《印度之行》的前两页作为范例。

段义孚的讨论没有包含哲学探讨,也很少涉及任何具体研究,但他对人与环境的相互影响做了各种不同的探索。如他自己所说(段义孚,1984),

> 我的出发点很简单,人在(自然和人文)环境中的经验的属性是来自人的——以文化为中介的——感觉、思想、行动的能力……我曾探讨过人对地方的归属的本质、人对自然和景观的恐惧感的成分、主观世界观念和日益分裂的空间中的自我意识的发展(p. ix)。

例如,他指出恐惧感既是对环境的反应也影响着对环境的创造(1979),空间分割模式的创造反映了人们从整体向局部的撤离(段义孚,1982),园林的创造反映了控制环境的愿望(段义孚,1984)。这些研究暗含着现象学的方法,它们显示了行为的一般性本质或刺激因素的存在,只是任何书中都没有提到现象学这个术语。

与其他一些提倡现象学方法的地理学家一样，默瑟和鲍威尔(1972)认为在地理学中运用实证主义方法“造成了太多的技术人员，而缺乏学者”(p. 28)。他们指出，土地利用模式不可能根据“几何学和收款机的初级指标”(p. 42)来理解，对世界的把握理解只能通过人们对它的意向和态度。在一个关于现象学本质和它在其他学科(尤其是社会学)中的应用的长篇讨论中，他们指出“以为在研究者头脑认识中‘存在’着组成的概念，这些概念并能同样清楚地在他的对象的头脑中组成，是研究者的一个真正的危险”(p. 26)。他们提出另一种研究方法，可以产生考察者和被考察者之间的沟通。在地理学中，这要求“我们在观察问题和状况时，尽可能避免我们自己的角度，而要从行为者的情形出发”(p. 48)——这是一种“专业的朴素”的科学立场。

同样，安娜·布蒂默对可渗透到生活和思想的各个方面的价值的地理研究进行了一般性讨论(布蒂默，1974)。她感到由实证主义社会科学建立的秩序、精确性和理论的代价太高——“我们常常失去对日常世界的价值和意义的充分把握”(p. 3)。前面所讨论过的那种行为地理学还是以机械主义的、自然科学的眼光将人类看作一种先决的对刺激的反应者。莱(1981)也指出了行为地理学中的实证主义成分和条件：即人们对各种刺激的反应是先决的，因此可以照此处理行为问题。另一方面，根据布蒂默的看法，“一个具有存在主义意识的地理学家……对通过预想的分析模型建立对人的学术把握不大感兴趣，他们更感兴趣的是以开放的、主观沟通的方式去研究人和事势”(p. 24)。这样做的结果是“对生活的深思”，比起其他更专门化的学科的人，地理学家可以对生活经验做出更深入的反映，因而阐明生活的动态结构。预测是不可能的，除非是“经验的最常规化的方面”(p. 29)，但是更深入的理解可以提供比目前更有效的社会行动和计划。

在后来的一篇文章中，布蒂默(1976)指出地理学家应注意生活世界这个概念，它是事实和事物世界与价值世界的混合体，价值世界包括个人经验——“习以为常的经验、不成问题的意义、常规化的行为准则”(p. 281)。实证主义方法不适宜研究生活世界，因为它把研究者与被研究者分开，结果无法正确评价人类的经验。观念论同样也不适宜，因为它承认人的意识之外存在着真实世界。不过，现象学可以提供达到理解的途径，在理解的基础上可以进行有根据的规划：

> 现象学有助于阐明何以……过去的经验中的意义能够影响和左右今天……极为重要的是它不仅为科学步骤提供了开端，也为存在主义的意识打开了大门。它可以使人更清楚地把握关于人的正常生活方式的价值问题，正确评价教育和社会交往问题，这些问题对于经历了不同生活环境的人来说是需要搞好的(p. 289)。

研究的结果是对行动的理解，它是类似行动参与者所具有的那种理解，而不是抽象的、外部理论模式指导下的理解。当获得理解以后，人文地理学家可以将其转变为他们的议题，而有助于对他们自身的理解和对其潜力的认识。这样，应用地理学家好像以一个内部人的身份，促使而不是迫使人们的发展(布蒂默，1979)。

贝里(1973b)也支持现象学的研究,呼吁

> 以一种形而上的地理过程的角度来观察世界,形而上的地理学的意思是指处理对现实感知后面的原则的超越性地理研究,包括的概念有本质、原因、特性等(p.9)。

不过,不是所有的人都相信现象学可以完全取代实证主义方法。例如沃姆斯利(1974)接受上述说法的正确一面,同意人的许多决策都是基于"经验的"而不是"事实的"概念。但是,他感到地理研究的范围以及一些实际研究的长期传统需要保持实证主义的方向。必须意识到,认知世界与现实世界不必相同,但"逻辑的连贯性和实际的真实性仍然是地理研究的核心,要承认它们的重要价值"(p.106)。

格雷戈里(1978a)对实证主义和现象学都持批评态度。他认为主张前者的人们是使"社会科学成为社会之上而不是社会之中的活动,它描绘社会,同时又疏远社会"(p.51),他们要做的是一种永远无法肯定为什么不能、什么时候能够对现实进行复制的事情,而他们常常假定验证模型的条件都是相同的(p.66)。人本主义的方法是必要的,但它不足以提供一个满意的基础,因为人本主义者们忽略了"社会行动的限制因素,这些限制因素是行为者的习以为常的生活世界的重要部分"(格雷戈里,1978b,p.166)。所以,

> 关于生活世界的地理学必须决定被社会典型化了的意义与行

> 动的时空协调性的联系，并揭示行动背后的意向性的结构（格雷戈里，1978a，p. 139）。

然而，

> 一个大的欠缺……是对社会结构的有限性概念，尤其是对社会行为的物质规则和后果的忽略，还有对施加于行为之上又产生于行为的外部限制性的忽略（同上）。

现象学和观念论必须结合对那些规则和限制性的探索，这种结合产生出一种重要的科学，本书第八章将对这种科学的性质进行讨论。

实证主义/空间科学地理学的一个重要特征是实践者的数目大大超过宣讲者，而现象学运动（如观念论一样）的主要特征却相反——宣讲的很多，实干的很少（雷尔夫，1981a，曾指出在地理研究中缺少现象学方法的实质性应用。但杰克逊和史密斯有不同看法，1984，p. 44）：

> 在这种超越哲学的深思与社会科学的实际关注之间存在本质的差别，所以，不足为怪的是……地理学家的……努力是要摧毁作为哲学的实证主义，而不是建立一种现象学风格的地理学（格雷戈里，1978a，pp. 125—126）。

但是有些人对现象学进行了方法上的尝试，如段义孚的几项解释性研究，还有雷尔夫，他“希望看到实质性的应用现象学研究，而不愿只是讨论使用它的可能性”(1977，p. 178)，他出版了《地方与无地方》一书，在书中含蓄地表示用现象学的方法“来阐明我们对地方的经验的差异和强度”(雷尔夫，1976，p. i)。他的实质性主题是人的地方性意识和属性的形成，以及随着现代化设计的无地方性的增长这些意识和属性的解体(亦见波蒂厄斯，1988)。一般认为属于现象学研究的还有一些关于新世界中欧洲人聚落的研究，例如鲍威尔(1972)撰写的有关对澳大利亚的意象的著作。在一项重要的关于维多利亚西部平原聚落的研究中(1970)，他还考察了官方的与流行的环境观念的冲突，考察了两者的交流对话，并研究了人们的认识过程，这个过程导致了最终的聚落模式(亦见鲍威尔，1977，关于殖民过程中的意象的形成的研究)。不过，比林格(1977)对这些工作是否都属于现象学研究提出了质疑：

> 有一个流行的看法，即由于我们学科的某些分支不大受计量方法的影响(由此，讨论错误地延伸到科学分析问题)，我们就可以确证我们的不完全公式化的假设，开发我们资料的非典型性，不再担心我们重建工作的可靠性，并且在一些不怎么严谨的框架中将所有的研究称为现象学(p. 64)。

对认知环境的研究代表了一场“重要的、朝气蓬勃的运动”(p. 65)，但是，比林格认为，现象学不仅仅是研究感知环境，它是一种研究主观因素的方法，没有事先的假设，注意人的意识本身，而不仅是它的后果，所以，“我们并没有成为现象学家”(p. 67)。

事实上，许多所谓的现象学的研究可能更接近观念论，它们并不需要探索本体。

皮克尔斯(1985)对地理学家采用现象学的做法提出尖锐批评，原则上他并不反对这种做法，但他认为人们在进行现象学研究的时候的设想是错误的。他认为，如果没有比反对实证主义更多的理由，则“不能否认当时的现象学在地理学中的建立和引导反映的是良好的愿望”(p. 68)，但是布蒂默和雷尔夫等人对现象学的使用结果却“在方法上缺乏基础，立论根据不足，实际上是将未曾验证的假设强加于人”(p. 71)。他因此争辩道：

> 我们现在需要离开地理学文献中被认为是现象学的东西，而去了解真正的现象学本身(p. 89)。

在认真阅读了胡塞尔和海德格的原著之后，皮克尔斯指出，现象学并不是要解释已成为结果的主观含义，而是一个“关于科学的科学，解释起源的科学”(p. 97)，其目标是确认决定具体含义的本体：

> 在具体事物与其本体之间的实质性联系——对每一个具体事物来说，存在着相对应的本质结构，而对每一个本质结构来说，却存在一系列相对应的具体例证——必然导致事实科学与本体科学之间的一种相应关系(p. 111)。

所以，要探索生活世界的主观性问题，以洞察那些支撑着知识自身的本质结构。

按照这种观点，现象学与一些结构主义哲学有许多共同之处（见本书第347页；约翰斯顿，1986f；皮克尔斯，1988，也表示了这个意思），它关心的基本问题，既不是实际问题的外在表现，也不是决策的制定过程，而是观念意识的深层结构。在这种情况，它并不那么符合支持现象学的大多数地理学家的人本主义思想。皮克尔斯认为，现象学是要寻求为地理学提供必要性的那些本质问题，而经验科学则关心行为的独特方面。（每一门经验科学都应当以某一本质问题为基础。）所以，

> 我们寻求一种对人类的空间性的普遍性结构的本体论的、存在主义的理解，以此为前提条件去理解空间和地方的问题。也就是，地理学要能建立它的作为人文科学的区域本体论，关注人的空间性。在这个基础上，我们完全可以弄清人的原生经验（p. 155）。

他声称空间性就是本质，这一本质以德文的名词 Raum 和动词 Räumen 表达最佳，

> 它的意思是清除，除去榛莽，或者说，开辟空间。Räumen的意思则是进行清除或开辟地方，为人和物的安居和坐落开辟空间（p. 167）。

在这种情况下，空间和地方为两个密切相连的概念。（另见古

尔德,1981b。)

与现象学密切相关的另一哲学是存在主义,有些地理学者感到这两者很难区分(恩特里金,1976)。两者的基本区别是,现象学假设本质是第一位的——含义的获得是存在的意识结果——而存在主义的基本信条是“存在先于本质——或人创造自身”。人的确立(本质的创造)包括对环境的创造。所以环境可作为传记来阅读——“对于每一个景观或每一个存在环境来说,总有人对它们具有说明意义”(萨缪尔斯,1981,p. 131)。在分析这些景观时,概括是可能的。例如,阿普尔顿(1975)认为景观反映了两个基本需要——展望(寻求生存手段的需要)和庇护(避开他人威胁的需要)——不过个人或群体在满足需求的方式上可能互不相同。另外,洛温塔尔(1975;以及 1985)认为,人们有以在景观中选择保存对象的方式、重新撰写自己或祖先传记的愿望。

所有这些表明,人本主义地理学是要研究个人以及他们对现象环境的创造(和在其中的行为)(如罗尔斯,1978),或者是分析储存着人类含义的景观。鉴于此,人本主义地理学可能与大多人文地理研究——特别是与行为地理学的考察环境中日常活动——的主题不同。不过,现象学的方法曾被改用于行为地理学,舒茨研究了他所谓的“习以为常”世界(莱,1977b)。许多日常行为都被忽略了,以为它不涉及原本的关系。这类行为是习惯性的,因为所有遇到的促激因素都被处理为某种类型的例证。这些类型不是对个人的外部界定,而是个人的创造。关于习以为常世界的现象学是研究那些个人界定的类型——属于未曾被考虑的“社会现实世界”,而不是属于“由科学的考察者所虚构的、不存在的世界”(莱,

1980，p. 10，转引舒茨）。柯里（1982a）讨论了“个人普通的、日常的行动”，这些行动为地理学者创造出“一个复杂的地方和行动的复杂世界”，其中个体决策者的作用“只决定于个人，并且因事而异”（p. 38）。当然，社区中人们的交往会产生共同的典型性，计量方法可用来确认这些共同因素，但它只不过是一种叙述手段。（计量方法不一定属于实证主义，除非用于建立规律和其他概括，约翰斯顿，1986a。）

人本主义地理学乃是基于对实证主义的深刻批判，涉及关于决策本质的重要假设和由科学方法确认的人类行为的归纳性规律（莱和萨缪尔斯，1978；鲍威尔，1980）。人本主义地理学主张将个人理解为“活生生的、行动着的、思想着的”存在者。但对有些人来说，人本主义地理学只是一种批判——恩特里金（1976，p. 616）认为：

> 人本主义地理学并未像某些它的拥护者所说的那样，提供一个与科学地理学不同的研究，或是为科学地理学建立一个没有前提条件的研究基础。最好将人本主义地理学理解为一种批判的形式，作为批判的人本主义方法有助于抗衡一些科学的地理学者的过于客观化、抽象化的倾向。

另有一些人认为，人的情况只能由人本主义来说明，因为人的态度、印象、与地方的主观联系（地方的含义）不可能用实证主义的方法来解释。如皮克尔斯（1986，p. 42）所说，“人本主义的价值就在于它持续不断地提出许多其他理论所无法处理的问题……人本主义是人类抗衡理性、抗衡科学的呼声”。

一些评论者以为，人本主义地理学考虑的是比较琐碎的事情，而不像应用地理学那样着重考虑改造世界的大事。而布蒂默（1979，p.30）认为那种应用地理学是管理性的，管理人与环境的问题，而不是推进“人的发展”的过程。雷尔夫（1981b，pp.139—141）则认为它含有地理主义的意思，即：

> 在地理的、两维的空间中，人应当按照理性行事……城市、工业、交通道路应当按照最有效的方式来安排。

当以地理主义作为规划的基础时，

> 将轻视社区和地方的特色与个性……地理主义是要把一般性强加于景观的特殊性上，造成千篇一律和无地方性。

像布蒂默一样，雷尔夫认为规划应重视主观方面与个人方面的问题。也许科学家、工程师和规划师要寻求生活的改善，但这样做的同时却否定了人的个性，使他们成为无根的人。规划必须结合考虑环境的温馨，这样

> 地方和社区就会日益成为适宜居民生活与工作的场所，而不是毫无趣味的专业人员的对象（p.201）。

在这种情况下，人本主义地理学不仅仅是反对空间科学和行

为地理学中的非人性化处理方式，也向在景观建设中使用那些处理方式的应用地理学提出了质疑，同时主张一种无序主义，鼓励个人去认识自己、认识控制自身和环境的方式（参见皮克尔斯，1986，p.47）。西蒙（1987）在评述一项重要的现象学研究时指出，它是“一个学习工具，可以帮助我们更多地了解自己、别人以及我们生活的世界”（p.21），因此，它可能具有在环境规划上的实践意义。

人本主义地理学的实践

人本主义地理学的多数实践是探索和解释人的行动的主观问题及其基本含义（个人的和多人的），而较少涉及观念论、现象学、存在主义以及其他哲学的命题。这些实际研究明显受到哲学的和方法论的讨论的影响，其中由20—30年代的社会学芝加哥学派发展的实用主义（和符号相互关系论）的影响最大（人文地理学者以往曾忽略了芝加哥学派的实用主义方法，他们的注意力多放在芝加哥学派的以伯吉斯的城市内部结构模型为典型的少数空间分析上面。约翰斯顿，1971）。实用主义将生活描绘为连续的经验、试验、权衡过程，信仰在其间不断地被修订，这种修订乃是一个社会过程。在与之交往的人的信仰的氛围中，个人获得认识，并从事行为（关于相互关系论，杰克逊和史密斯，1984，第4章；史密斯，1988；杰克逊，1988，各有论述）。

在这一广泛框架中来研究社会生活，需要做参与性的实际调查（埃文斯，1988，有详细说明），S.史密斯认为这种调查的方法是“地理人本主义的主要标志”（1984，p.353），她说：这

> 需要热心于实地工作，目标是获得由活跃的社会个体所描述的世界含义中包含的资料。这一做法的有力之处在于它提供了对“凡人”和“民间”的感知与行为的唯一洞察。的确，从实用主义原则来说，这种方法可建立对社会现实的真正认识，即经验其中的人所知的社会结果(pp. 356—357)。

用这种方法可以解释地方社会的发展情况，这正是芝加哥学派民俗学研究的目标(杰克逊，1984，1985)。莱在其关于费城社区的详细考察(1974)以及关于城市社会地理学的通论(1983)中，成功地进行了这方面的研究。

不过，到实地与该地的人们做或长或短的交往，这只是获取他们生活结构信息的一种途径。还有另外的文本，即另外的储存含义的地方，波科克(1983)说人本主义的考察办法包括“从钻图书馆，到实地考察，到实际参与”(p. 356)。景观是这样的一种文本，它是正在曾经生活在这里的人的创造物。洛温塔尔(1985)对这个问题进行了专门研究，他不是用景观去反映过去，而是用它洞悉今天。他说，

> ……传统和复兴支配着建筑和艺术，本地历史和祖父们的回忆熏陶着学校的孩子们，而历史传奇与往事传说充满着传媒。所以，可以肯定，想象出来的过去多是今天的作品。无论我们如何忠实地进行保护，无论我们恢复得多么可靠，也无论我们多么深深地沉浸在逝去的日子里，过去生活所基于的存在方式和信仰方式与我们今天是不可比较的。的确，一个重要之

点是过去要有所不同，如果它与今天没什么两样，就不会有人去向往它。但是，我们不能不透过今天的眼睛来看待和赞美过去（第 xvi 页）。

在多数地方，今天的景观都是许多不同时期遗物的混合体，由于是部分的保留，使我们产生了对于过去的偏见。

每一次识别行为都改变着过去的遗留。且不说美化或仿制，仅仅是欣赏或保护一件遗物，都影响着它的形式或我们的印象。就像选择性回想会歪曲记忆以及主观因素左右着对历史的观察，对古迹的处理会重塑它的外形和含义。与遗产的相互作用持续不断地修改着遗产的性质和氛围，或者是由于选择，或者是由于偶然的机会（p. 263）。

所以，当我们将景观视为文本时，我们阅读的是一长列早期形式的选择性遗留物，因此，我们了解的是历史的一部分，人们曾以这些部分去建造他们的现实与未来。所以，

我们必须设身处地来认可古人……但是古人的地位却不是简单地摆在那儿，如一个独立的外国，它已被我们同化，复活在充满变化的今天（p. 412）。

过去并非独立存在，而与想要解释它的人们无关（泰勒，1987，在另一场合进行了清楚的说明）。景观告诉我们更多的是人们想要保留的过去,而不是经验的过去。(它也告诉我们许多讲述过去的人们的事情,如波蒂厄斯,1988,以身体肖像来比喻景观描述。)

人们越来越多地用文学的办法来解释含义问题——怀特(1985)称为“创造性文学”,波蒂厄斯(1985)说是“有想象力的文学”,在这里,地理学者是要进行选择的:

> 戏剧不必考虑,诗歌间或用之,小说占据首席地位。小说的优势在于它的长度(丰富),它的文体(易懂),它反映人类状况(关联性),还有它的包含(辞藻华丽的或其他样子的)细节的风格,这些细节直接描写了景观和地方(有地理性的)(p. 117)。

他指出,用小说为文本时,地理学者多集中于19世纪农村题材的小说,特别关注“地方的意义”的问题。为改变这种情况,特别是改变后者,他提出两种情形变化,一个是主体处于内部还是外部,另一个是被描述的地方是“家园”还是“外地”。“家园—内部者”可以反映地方的意义,而很少提到的“外地—外部者”则指那些经历着所谓无地方世界的异化的人。(怀特,1985,用小说来表述移民者的情形——而不是他们生活的地方——可能最符合这一分类。)“家园—外部者”是指未能与周围建立起内部型关系的人,“外地—内部者”则指描述经历的旅行者(如关于“路途、流浪、垮掉的人的小说”里的人物,波蒂厄斯,1985,p. 119)。

很多人本主义地理学著述是要描述和评价人类情形的经验差异。(例如,艾尔斯,1989,为“向广大读者介绍目前题目中一些最令人兴奋的挑战”，描写了地方和景观，而没有涉及哲学。）对于诸如人类意识的起源等哲学问题考虑得不多，所关心的几乎全部是经验世界的实际问题，甚至必须借助第二手材料时也是同样。（不过，沃森，1983，认为文学作品不是第二手材料，而是“关于整个想象世界的第一手材料”——p. 397——它们说明了地方的“灵魂”。）关于这种研究的现实意义，波科克（1983）认为，

> 它企图解释在世界中存在的性质，探索作为人类存在的组成部分的地方的存在主义意义。简而言之，这是地理学对“人是什么？”这个最根本问题的贡献（p. 357）。

迈尼希（1983）对此做了更为有力的表述：

> 由于将自己局限于描述、衡量和分析世界的个别方面，地理学家则拒绝了深入探索世界全部意义的可能性。如果不能传达世界的意义，我们就无法推动它向可能的方向发展（p. 325）。

解释世界的意义，要求地理学的实践具有艺术性，这一学科应牢固地站在人性的立场，如同站在科学和社会科学的立场一样。

在一系列著述中，奥尔松（1978，1979，1982；另见普雷德，1988）向地理学家指出了这类工作的一个问题，即文本的媒介既有推进性也有限制性。奥尔松尤其关心作为媒介的语言，关心词汇的概念与使用在应用时的限制性，以及基于词汇的思想方式。

所以，

> 任何社会科学家都是因使用方法论的规矩而变成残疾人，方法论的规矩要求他们比实际上更愚蠢些。为了学科的利益，为了验证和交流，他们主要依靠视、听这两个感觉。所考虑的东西就是能够考虑的东西，能够考虑的东西就是能够指出来的东西，能够指出来的东西就是能单独命名的东西。关于可命名的东西的知识的积累则成为科学家们竞赛的目标（奥尔松，1982，p.227）。

于是，含糊可以变为确实，世界的复杂性可以大大简化，这只需用词汇将现象纳入范畴。由于语言的丰富性，我们获得思考能力，但同时受到语言范畴的限制。前者帮助我们理解，而后者却又掩盖了理解（所以，如批评家清楚地指出的（p.227）作为交流的主要媒介的语言可以被有意识地用来推动某种形式的理解。赫尔德，1980）。

实践中的文化地理学与人本主义地理学

前面章节谈到，地理学界只有少数人参与了有关哲学和方法论的讨论，在人们关注经验主义/实证主义研究时，多数学者却开展自己的对实际问题的研究，他们虽受到那些讨论的影响，但只处在它们的边缘。在很大程度上，人本主义地理学的情况也是这样。只是少数人关心它的哲学基础，重视观念论、存在主义、现象学、实用主义等等。其他人一般承认讨论的要点，如博尔和利文斯顿(1989，pp. 7—8)所述：

> 我们可以放弃去发现世界中名称和对象之间的直接的实际联系，我们可以不把知识看成是对世界的一种正确体现，而只是用它与世界相处，或改变它。同样，真理与准确地代表——或者如罗蒂所说反映——现实无关。根据罗斯的看法，真理只是“我们被给予的、在目前信仰前提下所坚持的东西”。那么，地理学的目的并不是告诉人们世界“真实的”样子，它没有告诉我们区域、景观、经济结构、人的能动性的事情，因为它们只不过是语言的虚构。地理学只是要寻求“正当的词汇、正当的术语、最好的话语，以此得出想法，在最基本的意义上帮助我们决定去做些什么”。

(以上转引自罗斯，1987。)皮克尔斯(1986，p. 29)认为，进行人本主义研究需要“考古学”，发掘人类行为的地层，以确认那些行为背后的经历。这涉及对文本的解释——“文字记录、文化物品、城市景观或其他东西”(博尔和利文斯顿，1989，p. 15)，这些文本是人类意义的储藏所，而对它们的解释正是人本主义地理学的目标。

有些在人本主义框架中进行的没有明显哲学基础的研究属于文化地理学。如前所述，文化地理学有着悠久的突出的历史，现在依然如此，尤其是在美国，其奠基人是索尔。在《美国的地理学》一书中发表的一篇评论文章否认存在“旧”文化地理学与“新”文化地理学的差别。朗特里、富特和德默什(1989,p. 215)认为,“虽然传统文化地理学偏于研究具有历史深度的问题,但对日常生活和景观的兴趣与重视正在增长”。不过他们承认,在英国出现、由科斯格罗夫和杰克逊所推进的潮流确实与传统的研究(以同书中一篇关于文化生态学的文章为代表,巴策,1989;亦见特纳,1989)有深刻的差别,并指出“英国的发展是否会成为北美文化地理学的组成部分,还要拭目以待”。参考科夫曼(1988)的看法,他们认为,“‘新’文化地理学说的比做的多”(p. 209)。

科斯格罗夫和杰克逊(1987)不仅指出了文化地理在解释过去的和现在的景观以及其他文本方面的持续的生命力(他们欣赏肖像学这一术语,如科斯格罗夫和丹尼尔,1987,一样;亦见鲍威尔,1977,但他们未曾参考此文),也指出了它与当代社会地理学的日益增长的联系。(其后不久,IBG的社会地理学研究会更名为社会和文化地理学研究会。)他们认为,当代文化研究提供了“文化理论研究的不同的方式,而没有特意参考景观概念”(p. 98),注重的是当代亚文化及其政治方面的斗争,而不是“传统文化研究那种偏好杰出人物和文物”。对这个问题,《社会与空间》的特号(格雷戈里和莱,1988)与杰克逊(1989)的《含义的地图》做有说明。杰克逊在书的开头讨论了作为“新”文化地理学标志的文化概念(第ix页)。

> 本书采用的文化概念比文化地理一般所采用的要更为广阔。它既注意民族主题精英文化,也注意社会边缘群体的文化。它感兴趣的既有流行文化,也有乡土民间文化,既有当代景观,也有含有过去特色的遗物。

人们批评索尔以及伯克利学派(上文第58页)的研究有些狭窄。研究者将文化与相匹敌的思想概念联系起来,文化研究涵盖了通俗文化、两性问题、种族问题、语言问题。在对未来的展望中,文化的范围更加广泛,涉及体现在社会经济组织中的多方社会联系,并就此将文化地理学与激进地理学(见下文第340页)紧密结合。可以预料,这样的研究将会进一步向“天真的”传统文化地理学提出挑战(朗特利等人,1989,p.214)。

结　　论

一个共同的思路将本章与前几章讨论的内容联系起来,所谈的都是积极的而不是规范的研究探索,目的是要揭示人在世界中如何行为,而不是把空间行为的真实模式与规范理论所预测的模式比来比去。这些都属于社会科学中一个朝向以人为核心的总体趋势,这一趋势则反映了外部环境的新动向。60年代中期以来,人们对科学技术日益冷漠,对社会科学愈加热衷,这种情况在学生中间尤甚。在社会科学中,重点由研究群体转变为研究个体,对微观问题的研究相对增加,社会科学家在规划中的作用日益动摇。行为(或行为主义)地理学与各类人本主义地理学都反映了这一发展趋势。

除了都将个体看成决策者这个一般性共同点以外,行为地理学与人本主义地理学便再没有其他共同之处。如已经指出的,行为地理学与实证主义/空间科学的传统保持着紧密的联系。资料虽取自个人,但都是关于行动中的意识因素以及影响后果,它们通常被汇合起来进行统计处理，对空间行为做出坚实的概括性结论，这类研究无疑属于空间科学的规范模式。而对人本主义一派来讲，目的是要认识和理解个体的人性与个性，坚实的概括结论则不那么重要。这表明，实证主义的精神传统对于全面接受新兴哲学和方法论表现出很大的约束力量。70 年代以来的许多人文地理学研究采用的是行为概念而不是“经济人”的概念，但成为人本主义地理学家的人却不多。

这两种研究派别在许多方面是对立的。行为地理学将人看做对刺激的反应者。它要探索不同的个人对特定刺激如何进行反应(以及同一个人在不同情况下对同一刺激的反应)，分析这些不同反应的相互关系，建立对特定刺激反应的可能性模型。其最终成果将放入环境改造过程，人们以喜欢的方式对这个环境进行反应。其结果也可以用来改变刺激因素，并用以改变行为。(这样环境规划是由某些人进行的社会控制。)而人本主义地理学将人看做与环境相互作用的、既改变自身也改变环境的个体。它要研究和理解这些相互作用，它们体现在个人的行为中，而不是体现在由科学规定的行为模式的样板中。人本主义地理学要传达这种理解，帮助人们揭示自身，使他们能以自我满足的方式去发展与环境的相互关系。行为地理学与人本主义地理学无法结合在一起，因为行为规律的概念与人本主义的观点不相一致。人本主义的观点是，人们对自己的处境和命运各负其责，他们以自己愿意的方式——如果他们要这样选择的话——去实行这些责任。从事行为地理学研究，或从事人本主义地理学研究的人，没有谁完全否认另一方。人本主义者认识到，行为地理学和空间科学在研究某些集合现象时

是有效的，这些集合现象包括商品流（莱，1981；段义孚，1977）和交通系统规划等。行为学者则认识到，行为方法不适合研究情感问题和一些景观方面的问题（如研究空间的两个主要途径，萨克，1980）。尽管，行为研究与人本主义研究的共同之处很少，却都在争取人文地理学的哲学的中心地位。

D. M. 史密斯（1988）认为，人本主义研究与一场“新运动”有关，他与艾尔斯合编的这本书（p. 266）。

> 对地理世界的解释方式进行了一些具有说服力的论证，它们即使不是对流行的正统观念的取代，也是向它们提出的挑战，至少提供了一种不同的有力观念。由数学过程模型和政策参与许诺所确立起来的实证主义和经验主义范式……已经让位于对人类实际成就更为敏感的研究了。

史密斯认为，范式之间的竞争显然在继续。现在，人本主义的解释在实际研究中、在哲学批判中都变得十分丰富。

第七章　应用地理学与关联性的争论

自20世纪60年代末以来的这个时期是这里所研究的国家经历创伤的年代。根本问题是经济的不稳定性：在20年具有较高的经济增长率和繁荣以后，美国和英国的经济开始经历各种严重困难。另外，人们日益清楚地看到，先前几十年的繁荣并不为全体社会成员所共享。美国民权运动的不断高涨，英国北爱尔兰由民权运动引发的动荡和内地一些城市大多与种族歧视问题有关的骚乱突出地说明了这一点。1968年在几个国家中爆发了学生抗议的浪潮（当然并不都与越南战争有关），并且人们越来越多地表示出了对自然环境遭受破坏的关注。另外一些引起人们更加重视的问题包括在西方社会中妇女相对受到压抑的处境（其中也包括地理学界的妇女。泽林斯基，1973a）。

60年代后期的多数抗议都集中在一些特定问题上，时间都比较短暂，对许多抗议活动的参加者来说，目的是以传统的自由主义的方式在社会内部赢得改革的胜利，而不触及社会的主要结构。但对某些人说，理想的破灭导致他们如皮特（1977）所称的那样与自由主义"决裂"，进而采取更为激进的政治立场。正像皮特所说：

> 出发点是自由主义的政治社会科学范式，它基于相信在一个经过改造的资本主义社会中，各种社会问题都能够得到解决，或至少可以得到重大改善。这种信心带来的必然结果是倡导实用主义——与其进行徒劳无益的革命，不如着手解决一部分问题。政治舞台上的激进化则有所不同，正像其初期那样，它反对这样一种观点，即多改变一次政策，多变换一副“新面孔”(p. 242)。

皮特最后说，激进主义最终冲破了“以最危险的、引起巨大灾难的方式来维护晚期资本主义的浓厚的意识形态”(p. 243)。并决定接受社会主义的形态(参见布劳特，1979；皮特(1985)已适时增补了这一历史)。

20 世纪 60 年代末开始出现的那些被称为“激进派”的主要内容将在下一章中详细讨论。这里涉及的是应用地理学的更为普遍的问题及其在学科中的作用。正如在第一章中所指出的那样，对更多的应用性工作的压力形成于 70 年代末，并贯穿于整个 80 年代，最初是作为对困扰这里所讨论的这些国家在那一时期的经济衰退的反映。此外，自那一时期起的高等教育政策(尤其是在英国)日益注重应用性工作。如为学生提供职业和专业培训并力求从研究活动获取“收益”以缓解公共事业支出的压力。因此，关于应用地理学的争论既涉及与社会问题相关联的问题，也涉及了学科生存的实际问题。

学院式地理学的醒悟和幻灭

卡斯佩松(1971)预见到了人文地理学中即将到来的一场反对行为研究中固有的保守主义的革命:

> 在地理学中,研究对象从超级市场和公路向贫困和种族主义的转变已经开始,我们期望它会继续下去,因为地理学的目标正在发生变化。新一代的人们看到地理学的目的和医学的目的是相同的——都是延缓死亡和减少痛苦(p.13)。

资深地理学家、1973年美国地理学家协会(AAG)主席威尔伯·泽林斯基在他的著作中阐述了这种变化。他的观点也许并不完全具有代表性,但肯定比他的同辈人所持的观点陈述得更为明确,反映了地理学界内部对过去的成就日益增长的失望(参见库克和罗布松,1976)和对未来方向的彷徨。

泽林斯基(1970)的首次阐述是这样开始的:

> 这是一本小册子……请读者考虑在人文地理学家的议事日程上我认为是最适时和最重大的课题:研究先进国家中人口持续增长的实质;研究这些国家中商品生产和消费的加快;研究新旧技术的滥用,以及研究对由此造成的各种困难的有效反应(p.499)。

他发展了三个基本论点：

1. 人类正在将自己引向一种严重困难状态和生存危机之中；

2. 这种状况起源于“先进的”国家，而且只能在这些国家中解决；

3. 目前的“增长综合症”有着深刻的地理含义。

他认为物质的积累不能再被认为是进步的了，因为它不是可持续的；目前人们的努力错误地用在了追求规模上，对人们的努力重新进行合理分配是地理学涉及的一个主要任务。

泽林斯基提出对“增长综合征”的种种问题有五种态度：

1. 不予理睬；

2. 承认最终将会产生重大后果；

3. 承认种种问题的存在，但是认为它可以很容易地由自由市场得到解决，或许也要有政府的指导；

4. 声称束手无策，但在任何情况下我们都将生存下去；

5. 认识到潜伏着紧迫的、空前的麻烦。

显然，泽林斯基本人的态度属于这五种中的最后一种，他建议面对这场正在来临的灾难，地理学家可以充任三种角色。首先，地理学家作为诊断专家，将“地理诊断器运用于十分紧迫的人口学”(p. 519)，绘制出他所谓的地表人口负荷量、环境污染、人口拥挤和压力的地图。这一点承担的政治责任最小，而且“应当不得罪甚至是最僵化的保守派学者”(p. 518)。其次，地理学家如同预言家一样，要设计和预测未来。最后，地理学家作为乌托邦的设计者，对于种种问题及其可能的解决办法进行教育，并对具有指导社会渡过即将来临的“伟大转变时期”的政治愿望的不知名的领导者给予支持。

泽林斯基以一种悲观的语调结束他的“良心宣言”，关于地理学家，他说道：

> 我们是如此可悲地缺乏实际工作人员，既劣于质，也贫于量，而且我们还缺乏与现实相关的技能，但其中最主要的还是我们在思想意识、理论和适当的机构设置方面都茫然无知（p. 529）。

然而泽林斯基的批评范围并不局限于地理学，在他对美国地理学家协会所做的主席演说中（泽林斯基，1975），他把这些批评指向全体科学家。科学对泽林斯基来说是20世纪的宗教，但是他宣称科学并没有阻止正在来临的危机（参见哈维，1973，1989a，将在后文予以讨论）。科学的各个学科的专门化和相互隔绝“使对重大现实问题认识模糊不清”（p. 128），而“比较有新意、深刻的见解，与出色的文章一起，都出自当代敏锐的新闻记者笔下”（p. 129）。

泽林斯基确定了五条基本原则作为科学的基础：

1. 因果性原理对于研究一切现象都是适用的；

2. 所有问题都是可以解决的；

3. 存在着一个完备的知识的终极状态；

4. 研究成果具有普遍的有效性；

5. 科学的绝对客观性是可能的。

他指出，社会科学未能遵从这些原则，有几点理由：社会科学的不成熟性；社会科学被用作平庸之辈的庇护所；研究有关人与人之间联系的题目的困难性；观察和实验方面的种种问题；在应用其提出的解决办法时涉及的政治和其他问题。此外，社会科学失败的主要原因还在于自然科学的模式与对社会的研究不相关：

> 如果我们除了信息或知识以外再没有别的追求，那么拷贝所谓硬科学中一项研究的标准公式还有些价值……然而如果我们追求的是比知识更为深奥、更为珍贵的东西(即认识)时，那么这种简单的说教形式的价值是极为有限的(p. 141)。

换句话说，被实证主义的空间科学家所采纳的自然科学方法有助于描述世界，但无助于理解它。

泽林斯基的观点得到美国地理学家协会另一位主席金斯伯格在就职演说时的响应，他(1973)写道：

> 地理学中的很多所谓理论……是从现实中抽象出来的，但当我们对它们进行检验时，却几乎难以承认它们的现实性……日益增长的要精确地揭示日常琐事的要求已经给整个社会科学带来了困扰……由于最重要的问题是最难回答的问题，因而人们往往回避这些问题(p. 2)。

大约与此同时，美国地理学家协会设立了一个社会和公共政策常务委员会(金斯伯格，1972)，怀特(1973)希望该委员会应该“注意辨别那些愚蠢的问题和平淡无奇的消防活动或软弱无力的改革活动”(p. 103)。怀特是在美国地理学家协会1970年年会的一次关于地理学与公共政策的会议上讲这番话的；英国地理学家协会(IBG)1974年年会选择了同样的主题。然而应当指出，并非所有地理学家都接受怀特提出的目标——利用美国地理学家协会去影响公共政策。但同时，人们不否定地理学方法在社会管理中的价值。按照特里瓦撒(1973)的说法：

> 当他提出成为社会变革的一个工具应当是我们专业团体的共同义务时，我必须反对……从一开始，美国地理学家协会的唯一宗旨就是把地理学和地理学家的事业向前推进；它过去从来没有打算成为一个社会活动机构……所有各种研究，无论是纯理论的还是应用性的，美国地理学家协会都应当一视同仁地予以支持(p. 79)。

根据以上所回顾的材料的内容，可以确定两个主要论点：地理学研究应当与解决重大的社会问题关联起来；以实证主义为基础的空间科学的方法论对完成这样一种任务也许并不合适。正如有些人很快就指出的那样，这些论点都没有特别新的内容，尤其是第一点。例如豪斯(1973)回顾了英国地理学家介入公共政策的传统，而斯托达特(1975b)认为19世纪后期雷克吕和克鲁泡特金的观点是“与社会关联的地理学的起源”(p. 190)——后者后来又由“激进派”重新发现(皮特，1978)。与自由主义“决裂”的那些更“革命”的方法也不是特别的新东西。例如桑托斯提醒英语国家的地理学家注意琼·德雷希的论述资本在非洲流通的著作和琼·特里卡特论述阶级冲突和人类生态学的著作，这两部著作受到马克思主义的影响，均在第二次世界大战以前出版；基思·布坎南的关于需要研究“国家（特别是在非西方世界中）的地理的绝对首要地位”的主席演说（布坎南，1962）遭到斯佩特（1963）尖刻的反驳。

关联什么？为谁关联？

地理学研究应当更加与重大社会问题关联起来的种种主张引起了关于这种关联的性质的疑问，而且很快就清楚地看出，对于应当做些什么和为什么要做等问题并没有一致的意见。20世纪70年代早期英国杂志《地区》上刊登了一系列文章展示了由此产生的讨论。

打头阵的是奇泽姆（1971b），他区分了政府官员与学者之间的差别，前者的兴趣在于有利可图的研究和视决策为首要问题；后者中某些人关心的是保护学术自由和他们作为研究什么、发表什么的唯一裁判的权力。从传统来看，地理学家已经作为信息收集者和“熟练的综合者”而向政府提出建议，但他们在制订政策的最后阶段并不介入：他们一直是探索者和中间人，并不是决策者。不幸的是，对于后一角色：

> 当对计量方法所能提供的“货物”的说明进行仔细审查时，它的魔力似乎不太使人兴奋（p. 66）……经验科学的危险是缺少对在各种选择中，应做何种选择做出合乎规范标准的引导（pp. 67—68）。

按照奇泽姆的意见，人文地理学面临的挑战是规定这种标准。

艾尔斯(1971)则认为关联研究的中心应当是“社会中某些社会的和空间的不公正现象”(p.242)，人文地理学面对的挑战是研究社会中作为配置稀有资源机制的权力的分配。因而这种研究应找出相对无权者的不利之处——这将为重新分配资源的政策提供依据。

同样是在1971年，该年美国地理学家协会年会上的两个报告将美国地理学界进行的讨论介绍给了英国读者。这并不是首次在会上提出重大社会问题：1969年的会议原来应在芝加哥举行，后来移到安阿伯，以表示对1968年在芝加哥召开的民主党全国代表大会上所出现的事情的抗议。在安阿伯，激进派杂志《对立面》创刊了，与会者也目睹了底特律黑人居住区的种种问题。到1971年的会议时，“一种失败的情绪深深地影响了许多地理学家”(普林斯，1971b，p.152)，这种失败是在处理重大社会问题时遭受的。但正当有些人注意“外部世界的痛苦时”(p.152)。另外一些学者仍然“在个人争论上纠缠不清，全神贯注于平常的琐碎小事，修改和确证已被公认的观念”(p.153)。

史密斯(1971)在其关于1971年的会议的报告中提出，为了反对“地理学过分把精力用于研究商品生产和自然资源开发，而同时却忽略了人类福利和社会公正的重要条件”的状况(p.154)，美国的地理学将要经历另一次革命。这一即将到来的革命涉及对研究工作、教育活动以及基本的社会哲学思想作出根本性的再评价，并在会议上通过泽林斯基等人组成的“承担社会、生态责任的地理学家”(SERGE)团体的活动和在年度总会上一项谴责美国卷入越南

战争的动议表达出来。然而史密斯不能肯定这场强调社会问题而不是经济事务的革命是否会扩散到英国：

> 这些在美国促使激进地理学产生的条件包括：大量受压迫的少数民族的存在；富人和穷人在社会公正方面的不平等待遇；一种对社会经济地位低下的人的需求漠不关心的权力结构和价值体系，以及一场使国家的经济和道德力量逐步削弱的不得人心的战争。这些情况在英国并不存在，或者是以并不十分严重的形式存在，因而激发地理学中社会活动精神的刺激因素远远小于美国(pp. 156—157)。

(10年以后，史密斯也许改变了他的这一看法。)迪金森和克拉克(1972)对史密斯的报告的反应是：英国地理学家长期以来一直关注着“关联”问题，特别是关于第三世界的。

关于1971年美国地理学家协会于波士顿召开的会议，贝里(1972c)作了另一种评论，他觉得他已看出这不过是“进入地理学界的新人为寻找‘地盘’的一种新的狂热而已。”他可以确认他们没有真正的责任感：

> 看来绝大多数新的革命者本质上是“白色自由主义者”，他们善于为想象中的社会弊病而悲叹，把怜悯之心像徽章和旧式学校制服的领带一样挂在身上——而且更善于避开调查分析和行动所需要的踏踏实实的工作。一小部分持强硬路线的马克思主义者不断给自由主义者的悲叹火上加油。没有任

> 何一个集团对使用民主手段来产生建设性变革怀有发自内心的承诺……如果这些都算是20世纪70年代的“新地理学”的话，我可不敢苟同(pp. 77—78)。

贝里主张从事学院式学术研究的地理学家应当提供能够用以制订政策的知识基础，这涉及对未来的政策制订者进行教育的问题。不过布洛尔斯(1972)却认为：“这并不是我们怎样能够与决策者合作的问题，而是我们是否应当合作和在什么意义上合作。这是一个价值观问题”(p. 291)。他认为贝里提出的东西是对现状的强烈支持，不大可能产生根本的社会改革。史密斯(1973a)回答贝里说：“怜悯心有时候能够帮助我们把注意力投向重要的问题，而且马克思主义者在寻求改变现有制度和政策时，能够做出有价值的贡献。”(p. 1)他还指出：目前的“狂热”并没有比10年前计量学者的那种狂热更厉害。然而较早的那次“革命”的结果并没有解决多少社会问题，因此史密斯对美国地理学家协会作为其地理学和公共政策运动组成部分而提出的几项巨大设想有无价值表示怀疑。研究的焦点应当集中在某些特殊问题上，同时教育应当强调“人与自然界的和谐，而不是对自然界的统治；强调社会的健全而不是经济的健全；强调公正而不是效率；以及强调生活的质量而不是商品的数量”(p. 3)。奇泽姆(1973)主张在权力中心要小心谨慎，因为地理学家已经做了大量不恰当的研究来支持一种“强行推销术”；艾尔斯(1973，p. 155)认为任何进入那些中心的人都“假定导致政策选择的结构基本上是健全的”；布洛尔斯(1974)写道，在权力中心一个人只能够施加影响，并不能做出决定，对于后一任

务，地理学家必须增强政治信念，并在行动上相应地一致。

地理学家是否应该以及怎样投身于解决种种社会问题的辩论，是英国地理学家协会 1974 年年会的主要议题。科波克(1974)在他的主席演讲中，陈述了地理学参与制订公共政策时所面临的挑战、机遇和内容，他认为是受到当代学生欢迎的一种参与。他感到决策者在很大程度上忽视了地理学贡献的潜力，但与此同时，地理学家似乎没有意识到“实际上当代地理学的各个方面都在某种程度上受到公共政策的影响”(p. 5)。科波克试图改变这种状况，让地理学家明确他们所能够做出贡献的地方，鼓励他们去进行与这些贡献相关联的研究，并与能够对公共政策起指导和完善作用的人进行对话。

会议的另一些参加者却既没有科波克那样的乐观精神，也没有他那种责任感。黑尔(1974)是加拿大政府的一位顾问，他对未向地理学家充分咨询的抱怨所做的反应是“谢天谢地”。他的论点是，地理学作为一门学科，与公共政策制订这一另外的领域没有关联，尽管地理学家因其个人有广博的知识，可以提供许多有价值的意见。他的结论是“地理学不必，地理学家可以”(p. 26)。他的观点是对斯蒂尔关于增加对社会关注的意见的一种不同反应，后者(1974)向英国地理学会说：

> 作为地理学家，我们常常因为许多理论经济学家受到发展中国家政府的咨询而恼怒。我们认为如果世界银行的各国调查报告由地理学家来起草(至少其中一部分)就会完善得多……不知道各大学地理系为什么不比现在更经常地以咨询

> 为立足点进行工作，而且我们对伦敦的海外开发总署的总部中只有几位地理学家而感到惊奇，我们认为那里应该有一大批地理学家才更为合适(p. 200)。

黑尔(1977)在后来的一篇文章中认为，最近几年中地理学没有对公共政策做出贡献的一个主要原因也许是地理教育的落后：最近几年中我们“把地理系一股脑儿并入艺术与科学学院中的社会科学部，在那里，我们从充当地质学家或评论家的副手，学会了去充当经济学家和社会学家的副手”(p. 263)。他认为，地理学家必须以社会—环境相互作用为核心基础，以大力依靠生物学思想和资料的全新的自然地理学来重建他们的学科。因此：

> 我们必须重新申明这个古老的、重要的真理，即地理学是研究作为人类栖居地的地球，而不是这一巨大课题的某些小的枝节(p. 266)。

而且区域综合必须得到重视，因为

> 认识到区域观点在政治中的必要性就可以找回强者地位(p. 269)。

(亦见斯蒂尔，1982；哈特，1982。)

黑尔关于当前地理学与公共政策不相关联的观点得到霍尔(1974)的支持，他认为：

> 地理学既没有明朗的，也没有含蓄的基础规范，这在所有社会科学中是最明显不过的……空间效能……不过是人类在现实情况中寻找做些什么的记述……而不是……所要达到的目标或最大功能目标(p. 49)。

决策者必须到别处寻求他们的规范准则。与此同时，地理学家必须发展一种新的政治地理学，它将有助于在构筑空间体系中理解各项政治决策的关键作用(约翰斯顿，1978b)。

提交给英国地理学家协会 1974 年年会的另外两篇论文反对科波克的纲领。例如利奇(1974)宣称，政府作为一个财务出纳，已经限制了地理学者的研究内容，其结果是地理学家被利用了；他们唯一可选择的是政治。哈维(1974c)的论文题目是《哪种地理学为哪种公共政策服务？》，他认为，诸如个人抱负、学科扩张、社会需要和道德责任等因素，促使一些人期望参与决策。从另一方面说，在整个学科的层面上，通过大学，地理学被日益与大公司联手的政府所吸收，而地理学家则在旨在维持现状的决策过程中，有着具有某种权力的假象。的确，对哈维来说这种公司化政府是“原始的法西斯主义”(p. 23)，是向奥威尔《1984 年》一书所说的野蛮主义道路过渡的一步。他主张学者的作用是反对这种倾向，消除种族主义、民族中心主义和来自学科内部的堕落的家长主义，而且树立人本主义的主题，并以此帮助全体人类“控制和改善我们自己的生存状况”(p. 24)。

哈维(1973)先前曾经认为，地理学中流行的分析模式，对解决紧迫的社会问题没有多大作用：

> 现存的有生态学问题、城市问题和国际贸易问题，但是我们似乎对于它们中任何一个都不能说得很透彻。当我们谈到它们时，都是些陈腐而且十分可笑的看法……正是这些暴露出来的客观社会状况和我们明显的无力应付这些问题的素质，充分说明了地理学思想革命的必要性(p. 129)。

哈维承认有三种类型的理论：

1. 现状型。它准确地反映出现实，但只是静态的方面，因此它不可能做出将会导致根本社会变革的预测。

2. 反革命型。它也反映出了现实，但掩盖了真正的问题，因为它(有意或无意地)忽略了重要的形成因素，因而所能促进的变化将不会明显改变那些真正因素所引发的变革。这是"一种彻头彻尾的非决策的手法，因为它把注意力从根本问题引向了表面的或并不存在的问题"(p. 151)。

3. 革命型。这种类型立足于它试图反映的现实，因而它的体系中包括形成社会变革的各种矛盾和冲突。

哈维明确希望采用革命的理论，从而推翻现在流行的范式。他为地理学设想的蓝图

> 并不需要另外一种经验性调查……事实上，向人类描述再多的人的明显的非人性的证据，是反革命的，意思是，它允许我们之中那些有着恻隐之心的自由主义者去假称我们正在解决问题，而事实上，我们并没有。这种经验主义是不具备关联性的。信息已经足够了……我们的任务并不在这里。它也不在

> 那类只能称作“道德手淫”的东西那里，与那种东西相伴的是受虐狂式的一套日常不公正事情的档案堆。这也是反革命型，因为这仅仅起到了赎罪的作用，从来没有促使我们去面对各种基本问题，更别提针对这些问题做些什么了。沉湎于那种吸引我们和穷人生活、工作在一起“一段时间”的感情旅行也不是一种解决办法……这些……方式……仅仅起到了使我们放下手头重要任务的作用。
>
> 当前的紧迫任务不是别的，而是通过对我们现存的分析构架的深刻批评，自觉和有意识地为社会地理学思想构建一个新的范式。这就是我们最应当去做的事情。我们毕竟是用学术的手段进行工作的学者……我们的任务是调动我们思想的力量，运用它去完成引起有人性的社会变革的任务(pp. 144—145)。

因此，在哈维看来，与实际问题相关联的地理学涉及地理学理论的修正，这种新型理论将建筑在马克思主义的基础上，它的传播会通过教育过程达到社会变革的目的。(这一通过教育推动改革的渐进主义者的观点，在哈维的著作中只是很含蓄的。约翰斯顿，1974，p. 189；1986g。)布劳特(1979)认为马克思主义理论的有利之处是能够处理两个实证主义理论不能解决的严重问题：日益加剧的不公正与突出的经济和社会的不稳定。

10 年以后，哈维(1984)在一篇副标题为《一个历史唯物主义的宣言》的论文中，对他的观点做了详尽而有力的阐述。他坚决认为地理学不但要记录、分析、储存关于社会的信息，而且要对“这些状况是怎样因人类活动而产生连续性变化增强自觉的意识”(p.1)。由于它收集和传播的知识的性质反映了地点上和时间上的社会背景,因此在“资产阶级时代”,地理学的作用像是“一个传播种族、文化、性别或民族优越性的活跃的工具”(p.3)。当时实证主义者的活动是寻求建立关于空间关系的普遍科学,但遭到了人本主义者和马克思主义者的反对。后两者共同提出建立一门注入新的活力的地理学,但是他们缺乏

> 一个明确的脉络,一个理论上的参考框架和一种能同时把握当代重构社会、经济和政治生活的全球过程和个人、群体、阶级及社区在特定时间和地点所发生的具体事件的语言(p.6)。

哈维认为历史唯物主义提供了那种框架(但 E. 赫斯特在1985 年的一篇文章中认为,如果哈维继续坚持他在 1972b 那篇论文中的主张,即学科界限是反革命的,那么就很难理解他后来怎么能提倡一个以学科为基础的宣言)。

哈维认为,地理学家不可能是中立的,所以他们的工作必定对社会内部某一特殊利益集团有价值。他明确认为那个集团不应当是“将军、政客和大公司的头头们”(p.7),而是被剥夺权利的人。他的“深深根植于大众意识的活水源头,贯穿于日常生活千丝万缕之中”的民众地理学,

> 还必须敞开各种信息交流渠道,打破狭隘的世界观,而且要对抗或推翻统治阶级或国家。它必须通过确定共同利益的物质

> 基础来穿越种种障碍达到共同的认识(p. 7)。

这样一种地理学将不是单纯地向被剥夺权力的人揭示社会是如何建立和重建的,于是研究

> 城市中心对外围地区的剥削,第一世界对第三世界的征服,资本主义势力为控制受保护空间(市场、劳动力和原料)的竞争。一个地方的人民对另一个地方的人民的剥削和压迫(p. 9)。

它也应有助于他们去

> 确定一个设法在历史的和地理的条件下从资本主义向社会主义过渡的政治计划……我们也必须确定一个根本性的指导方针:即探索超越物质需要的自由王国;开辟通往创造新型社会的道路,在这个社会中普通人有权按照自由和相互尊重对方利益的想法来创立自己的地理学和历史学。仅有的另外一条道路……则是维持建立在阶级压迫、国家统治、不必要的物质剥夺、战争和否定人性基础之上的现状地理学(p. 10)。

自由派的贡献

在目前所论及的范围内,自由派被定义为"许多当代美国自由主义者所共有的一种观念,这些自由主义者的特点是,为了减少社会弊病,他们既信仰民主资本主义,同时又极为热心于行政和立法

运动”(布洛克,1977,p. 347)。因而自由派关注的是全体社会成员的生活不能低于某一最低福利水平(有各种不同定义),并且为了达到这一目的,准备在资本主义体系内进行全国性运动。在地理学领域内,在这种思潮引导下的大多数研究都集中于描述事实,而不是构建理论。只有少数例外,其中包括奇泽姆(1971a)的对作为不涉及利润最大化目标的规范理论基础的福利经济学潜力的探索(参见威尔逊,1976b)。

由“应用地理学家”在他们的研究和相关活动及教学中所做的自由主义的贡献,早已有之(有关评论见豪斯,1973;霍尔,1981b)。在英国,作为收集和综合信息的应用地理学也有很长的时间和丰富的记录。20 世纪 30 年代斯坦普的《英国土地利用调查》,他对战后土地利用规划准备工作的参与,以及地理资料在这一准备工作中的利用等,就是这方面的重要例证(斯坦普,1946)。30 年代和 40 年代土地利用规划的其他方面,也使地理学家产生了兴趣。就此,在皇家地理学会进行过几次讨论(弗里曼,1980b)。在美国地理学界亦有类似的参与(科尔摩根,1979)。第二次世界大战(这时期地理学家作为情报综合者与搜集者——后者包括航空照片的判读——做了许多事情)以后,在大范围内开展了土地利用规划,训练有素的地理学家在这些工作中占有很大比例。许多专业地理学家一直在应用领域积极工作。例如,制图学和数据处理技术的发展使他们得以参与为国会选举重新划分选区(莫里尔,1981),各种各样的制图活动(莱因德和亚当斯,1980),以及建立人口普查统计的区域资料库(库姆斯等,1982)。各种政策得到了评价(基布尔,1976),许多熵最大系统模拟为共同进行土地

利用和运输规划提供了操作方法(威尔逊,1974;另见巴蒂,1989)。

这些研究大多数是在经验主义和(通常是隐含的)实证主义的框架中进行。就前者而言,地理学家被认为在收集和整理数据(例如在土地利用调查)方面具有出色的技能。对于后者,这种数据的使用常常预设了某种关系的存在和保持这些关系的必要性。例如,农业土地利用规划预设了在自然环境和农业生产率之间有一种明确的因果关系;而工业区位规划则预设了通过使总的运输成本最小化而获得效率的需要。(有意思的是,正如某些批评家指出的那样,这种最优化模型的最大限度的利用并不在"资本主义的西方",而是在"社会主义的东方"。由于实证主义工作的开展(例如在土地利用配置和交通流量的布局方面),地理学在空间规划工作中的潜力得以加强(许多最初被培训为地理工作者的人转而成为专业规划人员)。这些工作大部分是各种技能的实际应用,但也有一些是试图在这一范围内评价政策的影响力(如霍尔等,1973)和建立一种决策理论(霍尔,1981a,1982)。)

地理学家的经验主义角色在 20 世纪 80 年代继续得到了加强,既是对经济危机和与之相关的危机的持续反映,以及人们对确凿数据的需要(这种需要并不总是被某些政府意识到,例如他们试图减少收集公共数据的数量),亦是对国家要求大学和其他研究机构为解决社会问题多作贡献的压力的反映。例如在英国,政府在 1983 年提出了一个 3 年规划,目的在于为各大学的研究工作提供"新鲜血液":设立了 792 个讲师职位让各大学公开竞争,此外在信息技术领域还有 146 个名额。各大学地理系得到了 11.5 个职位(占总数的 1.1%;在 1982—1983 年,地理系全体人员在所有大学

的在职人员中占2%)。D. M. 史密斯指出,地理学不仅在这场竞争中相对来说是失败了("赢家"是工程技术、物理学和生物科学),而且在地理学内部,这些职位有选择地集中分配给了某些部门:例如研究遥感数字制图的有5个,研究各种数学模型的在3个以上,(2个在自然地理学)只有一个反映"地方特色"问题的职位分配给了历史—文化地理。史密斯对这种情况作了如下解释:

> 遥感(及与之有关的数字制图)的突出地位反映了一种观点:地理学是技术上先进的收集和显示信息的手段。地理学家作为制图者把同时代的重要问题与信息技术连接起来的传统……似乎是将地理学的需要与一种社会需要的概念(其中重点主要放在经济而不是社会上)相融合。很难看到一两个以上的职位是为解决社会问题而设立。给人突出的印象是:这是一个反社会的世界观,在这里面社会关系、阶级结构和政权力量似乎都奇怪地消失了(pp. 241—242)。

克莱顿(1985a)的响应是:这未必是干涉学术研究方向的唯一实例(又见他的关于地理学应当如何对政府干涉做出反应的分析,克莱顿,1985b)。的确,1986年大学资助金委员会公布了每所大学各系研究成绩的等级——依据的标准并不明确,但其中从外部挣得的研究收入明显地占据重要地位——并开始有选择地向反映出这些等级的大学分配经费(见史密斯,1986)。

除了一些人主张更多地投入经验主义/实证主义风格的应用地理学研究,因而不言而喻地要接受某种思想方式外(约翰斯顿,

1981a),还有一些人对这种观点是解决紧迫社会问题的最好方法持怀疑态度。对他们而言,需要的是重新评价地理学家怎样才能有助于认识这些问题的根源,而不是提出很少能抓住根本原因的解决办法。这两部分人的主要作用是下一节讨论的主题。

编绘生活状况图

在20世纪60年代,在因子生态学的总标题下,发表了许多运用多元统计方法对体现人口空间差异特征的大型数据矩阵进行分析的研究成果(见本书第132页)。按照史密斯(1973b)的看法,这些工作过分依赖某类普查数据,因而没有提供多少关于社会状况的信息。在早期曾有人试图对这类数据进行结构分析,以达到特定目的,例如农村社会学家在关于农民生活水平——由刘易斯(1968)引入地理学文献中的一个概念——的研究(哈古德,1943)和汤普森等人(1962)在对纽约州各地区间经济繁荣水平差异的调查。然而只有到了70年代,因子生态学的分析方法才被有效地用于编制社会福利地图的工作。

有两位作者在这方面走在了前面,诺克斯(1975)认为,地理学的一个基本目标是表示出生活质量的社会和空间差异,这既作为规划程序的基础,也作为对目的在于改善福利的政策监督手段。为了这一目标,生活水平的概念以三组变量来表示——自然需要(营养、房屋、健康);文化需要(教育、休闲和娱乐、安全);高层次的需要(由剩余收入来满足)——而统计方法可用于对满足这些需要的空间变化做出准确的描绘。利用这种绘制好的地图,地理学家接着必须决定他们是在唤醒人们认识贫富悬殊的程度上发挥作用，还是在“一种责任驱使下去帮助社会改善这种状况”(p. 53)。

史密斯(1973b)的十分类似的工作是建立在这样一个背景下，即美国社会指标变动和人们日益相信国民生产总值和国民收入“在广义上说并不是度量生活质量所必需的直接尺度”(p. 1)。他的目的是创立地区性社会指标的收集和传播，指出在美国出现的居住地地域方面的歧视程度。多元统计方法再一次用来提供所需要的州之间、城市之间和大城市内部等尺度的地图(参见考克斯，1979，他把讨论扩大到了国际范围)。在后来的一本书中，史密斯(1979)试图“提供一种基础，凭借它可以更好地理解作为一种地理状况的平等的起源和在人类生活的机遇中促进更为平等所面临的困难”(p. 11)。

用奇泽姆的话，这两本著作把地理学家比拟为挖掘工和制榫工，是一位信息提供者，在这一信息基础上才能制定更公正合理的社会规划。另一些关于单纯变量的研究，在规划中也起到了类似的作用，也提出了可以导致社会改善的空间政策。例如哈里斯(1974)研究了犯罪率的空间差异和司法管理，并认为在实证主义框架中建立的犯罪类型的预测模型有助于安排警察的活动；香农和德弗(1974)与菲利普斯和约瑟夫(1984)调查了保健设施的提供方面的差异，主张进行改善提供给患者的服务的空间规划(它不同于预防地理学；富勒，1971)；莫里尔和沃伦伯格(1971)研究了美国的贫穷地理，提出了减轻这类社会问题的社会政策——较高的最低工资、稳定的收入、有保障的职业、强有力地反对种族歧视的法律——和空间政策——诸如使经济分散到区域增长中心网络上的全面计划——这将缓解主要的社会问题。

邦奇提出了一个不同的、高度个性化的图示人们生活状况差异的做法，他为故乡——底特律的黑人聚居区的一部分——编纂了一部“地理传记”(邦奇,1971)。他是一个对人类前途深切关注的人道主义者，他解释说这是保证儿童健康成长的一种需要；他希望对专为儿童设计的区域实行“儿童专政”——“愿这是个充满世界幸福的区域”(p. 331)。这要求减少对有害于儿童健康的机器的推崇(邦奇,1973c)，并绘制从未被外部的机构收集过的差异类型图，这就需要在世界各大城市内开展地理调查。这些地图应包括吸食大麻的区域、没有公园的区域、没有玩具的区域和鼠类伤害儿童的区域(邦奇,1973b)。有人已为底特律和多伦多绘制了一些这种地图(邦奇和博德萨,1975)。

在理解上的尝试

上文讨论的调查地图在极大程度上是描述性的，所提出的任何方案都是以有限的理论为基础。另外一些调查研究则试图确立必需的理论理解。例如考克斯(1973)考察了美国的城市危机——种族紧张关系和骚乱、城市的财政崩溃和政府在城市经济中的作用——对争夺权力占有而发生的冲突作了分析。这是打算作为教育课程的一部分，因为：

> 如果认为我们能够在我们分析的基础上提出解决问题的方法，那将是不切合实际的。区位问题和政策的区位后果交织在一起，成为一张复杂的网，使问题难于解决。所有我们能够期望去做的事情是提供情况。意识到这些问题及其复杂性

> 也许会在公民中引起某种敏感，他们到目前为止对其他观点已经很不耐烦了(p. xii)。

尽管如此，他的著作中最后一章的标题是“政策的含义”，讨论了在提供公益服务时求得更大公平的两项需要——道德需要和效率需要(后者适用于社会生活状况的总体水平)。书中提出的政策涉及为达到期望的公正而进行的空间再组织，包括都市一体化、社区管理、人口的再分布和交通的改善。马萨姆(1975)评论地理学对社会管理的贡献时也把视野集中在空间再组织上，他是按照距离和可达性的空间变量来评价服务设施的，用主要章节论述了行政区域的规模和形状，以及在这些行政区内设施的有效布局(参见霍贾特，1978)。

考克斯的著作预示了地理学对一个几乎完全被忽略的领域——国家在资本主义社会中的作用——的更大的兴趣(参见考克斯、雷诺兹和罗坎，1974；迪尔和克拉克，1978；约翰斯顿，1982a；考克斯，1979)。在传统上，政治地理仅从宏观尺度上关注国家，研究政治区域和边界以及国际政治体系的运行(例如缪尔，1975)，同样尚不成熟的选举地理学曾强调投票情况的空间差异，但在地理因素对投票的影响和投票转化为政权的地理性后果两方面却很少涉及(泰勒，1978，1985a；泰勒和约翰斯顿，1979)。正如比沙南(1962)和科波克(1974)所强调的，政府在许多方面都与经济地理和社会地理有关，但很少有地理学家考察过这方面的情况，或考察建立政府的选举基础(布鲁恩，1974；约翰斯顿，1978b)。

科茨、约翰斯顿和诺克斯对理解生活状况的空间差异进行了尝试(1977)。在界定了生活状况的组成并在三个范围内——国际、国内和城市内部——用地图表示出它们的差异后,他们提出了造成这种差异的三组原因:劳动分工、商品和设施的可达性和对区域的政治管理。(参见考克斯,1979。)最后,他们评价了目的在于减少空间不平衡性的空间政策,如以各种形式存在的区域歧视。对于他们提出的三组原因,他们的结论是劳动分工是社会生活水平的主要决定因素。这种分工虽然有着明显的空间后果,但它的形成是一个社会的而不是空间的过程,因此,

> 空间上不公正的根本原因不能单靠空间政策来处理。不公正现象是社会和经济结构的产物,披着厚厚伪装的资本主义是其中最明显的例子。当然,不公正现象可以采用空间政策加以缓解……但是缓解不等于根治:不过,在资本主义统治时代,补救性社会行动也许是可能的最好办法……不公正现象必须在社会重建中寻求解决(pp. 256—257)。

(参见约翰斯顿,1986h。)哈格斯特朗(1977)得出了即使不是更悲观的,也是类似的结论:

> 当这个世界处于稳定状态,并且/或者是不受束缚的自由主义流行的话,那么对于地理学家来说,除了为了生存而在大学地理系内尽力保持资格并培训师资,说这个世界安排得是多么智慧以外,或许就没有别的事情可做了(p. 329)。

(在这一情形中,哈格斯特朗关于自由主义的定义毫无疑问指的是经济自由主义,它支持在"市场"上进行价格竞争,而反对"国家干预":布里坦,1977,p. 188。)

史密斯(1977)在他的书中对解释生活状况的空间差异做了更为努力的尝试。他在书中主张:

> 作为一种在空间上可变的社会生活状况应当是地理研究的焦点……如果在人文地理学中人类是我们渴望了解的对象,那么他们的生活质量永远是使人感兴趣的(pp. 362—363)。

为进行这种研究,他

> 围绕生活状况这一主题来重建人文地理学……在评价和政策制订的标准范围内提供正确的知识指导(p. ix)。

这本书内容的顺序是从理论出发,然后是标准,然后是应用。理论部分是规范的福利经济学与马克思的价值论,加上为夺取权力而进行政治斗争的混合体。

> 这一分析不可避免地会揭示当代资本主义的——竞争的——物质化的社会的某些根本弱点,但是对现存结构进行更为激进的批评却被阻止,采用的是基于学科的已然具备的一种传统方法(p. xi)。

有两种对已被认识到的空间不公正问题的解决方法，即：自由主义的干预和进行根本的、结构性的改革——前者被视作重点，因为“最重要的社会变革是渐进而不是革命”(p. xii)。因此，尽管后来地理学家被要求“充分解放思想，去认识在苏联、中国、古巴等国家实施的有着并不很顺利的成就的发展战略的重大长处”，但作为结论的一章——标题为“空间的再组织和社会改革”——强调了行政区域的再组织。另外，既预见到了反对革命的可能性——“过分关注空间的再组织可能会掩盖一些更为根本的问题而符合目前富人和权势者的利益”(p. 359)——也预见到某些社会主义的论点——“空间和自然资源应当由私人拥有这一点，包括对空间和自然资源的利用受个人的贪婪、利他主义或一时奇想的支配，愈来愈不合时宜了”(p. 360)。结论是：

> 作为地理学家，我们有一种特殊的作用——真正的创造性和革命性的作用，即去揭示空间的机能失调和不公正现象，并能设计一种社会空间形态，在其中人们能够真正自由地满足自己，这肯定将是地理学的进步(p. 373)。

他在后来的一本论述同一主题的书中认为(史密斯，1979)，那种设计将涉及多国合作的公共管理，而且在那一管理中将有更多的公众参与，并伴随着权力分散。但他对这会导致与社会主义平等观念有关的论述并不抱乐观态度，因为“追求不平等似乎已成为人类生存的一条准则”(p. 363)。

环境论

20世纪60年代后期是对环境问题的关注迅速增加的时期，正如米克塞尔(1974)在描述美国的情况时所说：

> 到了60年代末，美国公众因一场环境危机即将来临的断言而感到不知所措……从那时以后，关于危机的讨论和对种种复杂问题做出简单回答的想法就让位于对环境理解的比较深入和慎重的研究。生态学研究也就机构化了(p.1)。

对于问题的起因，进行公开辩论的两位代表人物的意见不一致(奥赖尔登，1976，pp.65—80)：埃利希认为人口增长是首要原因，并普及了人口零增长的概念；康芒纳则认为是技术的发展及随之而来的资源的迅速消耗，加上各种污染物的积淀，造成了这些重大问题。

正如泽林斯基和其他学者所认识到的那样，这两种论点都包含有明确的地理学成分，而且地理学家在资源保护方面有着大量的活动记录。例如在美国，乔治·珀金斯·马什在1864年就写出了关于这个题目的著作(洛温塔尔，1965)；在20世纪30年代，气候学家沃伦·桑斯威特就已积极投入到了由“尘暴”现象而引发的土壤保持运动中。他们对于改善景观的兴趣被索尔及其追随者所发展，并反映在《人类在改变地球面貌中的作用》这一专题论文集中。在其他国家也同样有人对此表示关注，例如由坎伯兰撰写的论述新西兰土壤侵蚀的开创性经典著作。不过，米克塞尔写道：

“地理学的发展一直是这样的；在国家面临环境问题的几个时期中并没有引起我们对这些问题的一般警觉和发展这方面的技能”(p. 2)。

作为美国地理学家协会对公众事务增加义务的一部分，它的大学地理委员会设立了环境教育小组，并进一步建立了一个环境质量特别工作组。后者认为(洛温塔尔等，1973)地理学家在当前的教育任务中能够成为优秀的领导者，因为：

1. 地理学家学识广博，具有处理和综合各方面的资料的能力；

2. 他们承认因果关系的复杂性；

3. 他们所受的教育使他们可以获取广泛的信息；

4. 他们对事物的分布的兴趣；

5. 他们在这一领域内有长时间的研究传统。

所有这些，促进了在环境感应、植被演替、土地利用和土壤侵蚀之间的关系等工作中专门知识的发展，这些专门知识可以作为环境影响报告、环境选择分析和国际合作研究的基础。

地理学关于社会—环境相互关系的工作分两种类型。第一种是传统地理学的方式，注意描述和分析。这方面的书籍有《环境问题透视》(曼纳斯和米克塞尔，1974)，还有关于城市地区的自然环境问题的专门著述(德特韦勒和马库斯，1972；贝里和霍顿，1974；贝里等，1974)。第二种方式更明确地把注意力集中于环境管理问题(奥赖尔登，1971a，1971b)，并尤为重视它的经济方面和社会对环境公害作出的反映(休伊特，1963)。正如凯茨(1972，p. 519)所指出的：经济学为20世纪60年代(及其后，见里斯，1985)提供了理论和解决问题的方法。一个特别令人感兴趣的题目是对休闲的研究,即对人们日益增长的对娱乐设施的需求和娱乐活动对环境影响的研究(帕特莫尔,1970,1984;并参见欧文斯的著作中对多数此类工作的评论,1985)。

尽管做了这种努力,但米克塞尔仍在1974年的著作中做出结论说,到那时为止,地理学对环境主义的贡献并没有多大。例如,对于《增长的极限》(梅多斯等,1972)一书中的种种预测,他评论说:"这一对所有方面都最富有意义的问题的争论显然没有引起地理学家的注意"(米克塞尔,1974,p. 19)——除了艾尔(1978)以外——他进而做出更为普遍的结论说:"必须迅速地补充一句,对近年来暴露出来的许多环境问题和在环境保护运动期间进行讨论的许多社会问题和哲学问题,地理学家都没有给予充分注意"(p. 20),细看一下近期一些地理杂志的内容和奥赖尔登(1976)的冗长参考书目,会发现这一结论是对的。

斯托达特(1987)更进一步认为,地理学不仅要在社会—环境的相互关系方面做更多的工作,而且这种关系的研究应在整个地理研究中占据中心地位。他开始就说明,他的许多同事并没有庆祝一个世纪以来地理学取得的专业成就,而是"不仅对地理学的现状,而且也对地理学的未来感到沮丧,几乎不抱任何希望"(p. 328)。他认为这是因为他们中的大部分人"要么放弃,要么从未认识到我所说的我们学科的中心的含义及其在知识界所具有的不言而喻的作用"(p. 329)。他认为地理学已变得分散,缺乏中心点,这个中心点应该是(p. 311):

地球的多样性和资源,人类在地球上的生存。

这涉及一门自然和人文统一的学科，在这门学科中：

> 任务是要确定地理学的问题，即区域内部人和环境的问题——不是地貌学的、历史学的、经济学的或社会学的问题，而是地理学的问题，并利用我们的技能去尽力缓解这些问题，或许还能解决它们。

他认为，这要求地理学家们去“找回自己的大道理”，把焦点对准“关于人、土地、资源和人类潜能等重大问题”，而放弃许多目前已经做的东西：

> 极其坦率地说，我对那些无视这些挑战的所谓地理学家没有多少耐心。我无法认真对待那些提出如“地理在加拿大电影业中的影响”或“特拉维夫快餐店的分布”这类研究题目的人。我也不能把过多的时间用在我只能称之为是当代迷恋于我们自己富足的城市化社会中细枝末节的沙文主义式的自我放纵上面……我们不能在无关紧要的问题上投入如此多的精力。如果你愿意，你尽可以随意去说，但至少应该认识到“罗马在燃烧”①。

伯德（1989，p. 212）指出，尽管斯托达特倡导“重实效、统一和承担义务”的地理学，而且“对斯托达特而言，这一地理学显然是存

① 意思是应该意识到社会上存在着严重问题。——译者

在的，但我们并未被准确告知它究竟是什么”。

其他人也有类似的呼吁，不过不那么响亮（例如道格拉斯，1986；戈迭，1986；亦见科斯格罗夫和丹尼尔斯，1989）。结果斯托达特所忽略的当代社会科学许多方面的关联性已经被发展为评价社会—环境关系所必需的了（布莱基，1985；布莱基和布鲁克菲尔德，1987；约翰斯顿，1989）。

斯托达特的观点显然是建立在文化生态学的影响之内，他的观点是在一篇首先提交给在加州伯克利大学举行的第九届纪念卡尔·O.索尔报告会的论文中提出的。凯茨（1987）在同一年中提出了类似的观点，他对空间科学在地理学中占主导地位感到失望，并且认为当20世纪70年代早期环境问题成为与公众及政治事务有关的大事时（p. 526）：

> 就在知识界和科学界的领导作用而言，没有一门学科像地理学这样处于有利地位。旨在环境革命的自然科学应当是关于人类环境的科学。然而学术的领导却被分割为生物学的、经济学的和工程学的。它们将各自有关自然界的理论、经济学的理论或技术科学的理论运用到了人类环境范围之中，但没有谁能提供一种真正综合性的观点……因此，人类环境的理论成了植被或动物生态系统的理论、普遍外在性理论或者是技术或管理安排的理论。

于是，对地理学家而言，没有能力满足环境科学家的要求（提供“能够跨越自然科学和社会科学界限，提供分析、综合和领头作用的地理学家")就是失去机会,"有路不走"。但马尔萨斯理论的两难困境仍然存在,给社会出了一系列的巨大难题,而地理学家在寻求这些难题的答案的过程中可以发挥他们独特的学科优势(p.532):

> 我们拥有比跨越自然科学和社会科学的知识更多的东西……我们拥有一些有用的处理数据和信息的工具……我们拥有以观察为基础的野外研究的牢固传统……而最重要的或许是:我们尊重并且也教育别人尊重他人的理论。因此,关于为什么需要地理学的问题……我们的答案是:社会是需要我们的,我们是有用的。当我们的学生向前发展时,他们了解众多难题的性质、拥有比跨越自然科学和社会科学的知识更多的东西,他们去过野外,收集并处理了新的资料,并对这些资料进行了理论分析。

但是为了确保他们被要求以这种方式发挥作用,地理学家必须进行必要的改革,某些部门应当在人类环境的传统中重建专门知识的中心。

地理学家已经把他们的注意力转向当代社会的其他"巨大难题",例如核武器和核动力的问题。关于将核技术用于福利事业,地理学家对于民防政策以及由核爆炸和放射性尘埃可能造成的死亡等持批评态度(奥彭肖、斯特德曼和格林,1983),并将注意力放在了地理学对和平研究的正在发展的贡献上(佩珀和詹金斯,1985)。关于核能的和平利用,比如说,他们主要分析了与核电站的位置有关的问题(奥彭肖,1956)和核废料的运输问题。另外一些人则强调了地理学在和平研究的其他方面的贡献(佩珀和詹金斯,1983),例如国际关系(范德伍斯滕和奥洛克林,1986)。没有人比吉尔伯特·怀特说得更严厉,他将人类之家看作是"受到它的新发现的能力的折磨和驱使,通过更为残暴的行为把一个完整的过程置于一种不良状态"(p. 14)。《一个危机中的世界?》(约翰斯顿和泰勒,1986,1989)的两个版本将重点放在了许多此类问题上,从大范围的地缘政治的研究到对个人的人权的考察。

奥赖尔登的著作标志着现代环境论研究的深度。这部著作的大部分内容是遵循本节已经叙述过的自由主义的人道主义传统。奥赖尔登得出四点结论:环境论对西方资本主义的许多方面提出了挑战;它指出了一些不甚明确的、似是而非的解决办法;它令人相信较好的生存模式是可能的;它是一场具有政治色彩的改良主义运动,其基础是认识到面对即将出现的萧条需要行动,和对西方民主缺乏信任(pp. 300—301)。一个新的社会——环境秩序是必要的。奥赖尔登确定了三种可能性——中央集权、独裁主义和无政府主义。他的选择是自由主义的,为了走中间道路:

> 我们必须个别地和合作地抓住当前形势的机遇去结束剥削时代,而进入一个人道主义关怀的新时期,并怀着迫切的愿望共同努力重建舒适节俭和愉快共享的古老的价值观(p. 310)。

这个新时代将包括建立在地方自主和超国家主义相结合基础

上的一个新的政治秩序，它可以通过教育来实现——环境教育将会为公民精神打下基础。

对于某些作者来说，对环境问题恢复兴趣——主要通过研究资源及其管理——提供了一条连接人文地理学和自然地理学的当代纽带。然而没有多少研究著作和教科书指出两者的结合（约翰斯顿，1983a；1989b）因为焦点总是集中在由一门分支学科所研究的过程上。例如自然地理学家是将人类行为看作促进环境过程的因素和作为诸如人口增长、技术进步、城市化以及对资源的需求等趋势的结果来研究的。但他们认为这些趋势是理所当然的，并不追究产生它们的过程。同样地，人文地理学家把自然环境的资源看作是给定的，并不探询它们的起源和发展。这样，当横跨人文—自然地理学分界的桥梁建立起来时，并没有把自然过程和社会过程的研究整体化。对人文地理学家来说，他们与其他社会科学家的联系就远比与环境科学家的联系密切得多（例如，在奥赖尔登1976年的著作中缺乏自然地理学的参考文献就是一个例证）。

地理学家和政策

这里提到的大部分研究一直关注于社会内部各种问题的识别——包括它们与自然环境的相互关系——并提出解决它们的办法。地理学家应当更多地介入制订和监督政策，这一基本论点一直是他们各种方法的基础，然而，是哪种政策？如何介入？

贝里（1973a）曾经提出规划政策可以分为四种类型。第一种是起改善作用的解决问题的类型，包括识别各种问题和提出即刻的解决办法——例如排除交通阻塞点。这种解决方式很可能导致在后来产生更多的问题，因为它抓住的只是近因（交通阻塞的特征），而不是真正的原因（车辆的增长）。第二种类型——布局的趋向调整：面向未来的规划——包括识别各种趋势，评估这些趋势可能产生的最好结果，然后分配资源，引导被规划的系统去达到那个目的。第三种类型——寻求开发的机遇：并行于未来的规划——识别种种趋势，然后寻求从它们那里获得最大的利益，不考虑可能的长期后果。与前面的类型相比，这一类型有一个主要的短期重点。最后一种类型是为了未来的规划目标定向规划，以阐述目标和未来的前景开始，然后制订一项保证目标将能够达到的战略。

政策的制订很少属于第四种类型；而大部分包含其他三种类型的内容，并对目标作一般的阐述，但是对于可预见的将来没有明确的策略。正如下面将详述的那样，某些批评者认为，这意味着参与决策和评估的地理学家不加批判地承认了社会中的控制势力，并导致这样的观点，即他们主张的科学客观性和中立性只是蒙在关于社会性质的思想政治判断外面的一件伪装（常常不被人察觉）。不管他们个人动机如何，这类地理学家的行为代表了依靠维持不公正和不平等的社会结构来生存的（私人和公众的）既得利益集团。

克拉克（1982）承认这些观点，他认为：

> 学术团体并非是独立的：在各种有争议的解释和因此提出的各种政策建议之间并无客观标准（p.43），

但是他仍然同意“政策分析的原则和学者参与决策的做法”(p. 48)。然而这种参与不能被看作是中立和客观的，因为所有社会科学的“解释”都是不完备的，因此为与别的解释竞争而提出巧妙的解释和解决方法。于是，克拉克提出了将会引导学术界对政策分析做出贡献的4项建议(pp. 55—59)：

1. 学者们在做出政策选择和影响评价时，必须了解他们自己的价值观和信仰；

2. 政策分析者必须是某些特别理由的拥护者，而不是想象中独立的、客观的知识评判者；

3. 政策科学应当是对现状持批评态度。

4. 主办机构必须支持所提倡的信仰，并使之能为公众接受。

在接受这些建议以后，参与政策分析的学者应当被看做是“政治过程的一部分”(p. 57)，其作用将保证

> 选择将毫不含糊地被公开，并成为依赖于政治(而不是专家)的过程(p. 59)。

当前的状况是把专家当作偶像崇拜，助长了社会科学是客观的、中立的知识的神话。克拉克的观点是，社会科学家不可能是一名中立的专家，因为他们的“价值观、旨趣和规范的世界观”意味着他们的表述虽然是高深缜密的，但必然是片面的。(1981年塞耶从稍有不同的角度作出类似的论述，强调任何周密的社会科学考察必须立足于合理地维护价值判断。客观性并不要求中立性。)

在另一篇论述地理学家在应用工作中的作用——仅限于城市

地理学家——的文章中，帕乔内(1990a)认为实践者们对构成他们所做工作基础的概念问题并未给予足够的重视。他提出了纠正那些错误的9条“原则或准则”:(1)纯粹客观研究的想法是一种幻想;(2)城市，作为地方，是可以研究的有着含义的实体;(3)空间观点是非常有价值的;(4)应用城市地理学主要强调解决问题;(5)现实主义者的立场为这一工作提供了视角(见本书第350页);(6)和(7)分析者必须综合考虑各种空间尺度;(8)必须借助于各种有关定性和定量方法的工具;(9)地理学必须综合多学科的发现。约翰斯顿(1990b)向帕乔内提出了6个问题作为反应:问题是什么?问题总是能解决的吗?什么是科学?什么是地理学的视角?谁来解决问题?什么类型的社会?他得出结论说，有些原则/准则并不是不重要和/或与实际无关，有些是未经验证，还有一些是错误的，因此帕乔内对应用城市地理学的理论说明的贡献是微小的。在约翰斯顿看来，如果帕乔内“不准备着手解决‘问题是什么’和‘如何解决它们’这类基本问题，那么，他不大可能对我们中间那些既想让当前所认识到的问题得到解决，又期望出现一个不再产生这类问题的社会的人有所帮助”。约翰斯顿认为很多问题是难以解决的，指出只是需要在几种相反的观点之间做出裁决，这些观点没有一个具有绝对真理的性质。(这一点在关于不同地理学家如何看待以色列地理学的讨论中以另外方式得到了表达:沃特曼，1985;法拉赫，1989;霍特和沃特曼，1990。)

因此，从事以“关联”为特征的研究——与解决社会问题有关联——向有关的个人提出了重大问题。这样，按照米切尔和德雷珀的观点(1982)，

> 当发挥倡导人和顾问的作用时，地理学家必须有意识地决定如何解决这样一个矛盾，即是考虑推进一种观点，还是对所有观点进行严格评价并取一种平衡态度（p. 2）。

还存在着伦理学的问题。米切尔和德雷珀认为，

> 当发挥的是一个纯粹研究者的作用时，地理学家必须以对获取必要的资料的考虑去平衡对所研究的人或物的尊严（p. 3）。

这也适用于"关联性"研究。他们宣称，地理学家大大忽略了这些伦理学问题。他们的专业团体与其他学科的不一样，没有颁布过行为的法典。他们表明矛盾常常存在于力求"发现真理"和尊重被研究者的权利之间。他们拥护个人的、机构的和外部的控制。

这种对地理学家要更多地参与政策分析的观点的评论，完全是抱支持态度的。他们强调了**敏感的**地理学参与。另一些人对这种参与的基础表示怀疑，他们把重点放在了发展革命性的理论上（见本书第 308 页）。这些内容将在下一章予以讨论。

变化着的背景与应用地理学

如上所述，开展一般称为应用地理学研究的要求在最近几十年中有所增加。这在很大程度上似乎是对英美人文地理学家所工作的社会环境的变化的反映。按照泰勒（1985c）对地理学史的分析，这并不是一种出人意外的趋势，他认为，在经济萧条时期，削减

有关高等教育和研究的公共基金在预料之中。而为了弥补资金的不足,地理学家被迫四处寻找财政援助(包括承担研究项目的国家军队部门)。只有学科中有些个人,甚至是代表学科的各种团体能够让可能的赞助人相信,对地理学和地理学家投资是有价值的(即可能的"收益"),才可能得到支持。根据这一论点,同时受到格拉诺(1981)的影响,(他确立了影响学科发展的两个外部因素),"在学术界内部,地理学家必须侧重于基本知识,以保持在学术界的资格地位;而在更为广阔的外界,地理学必须证明自己花费了公众钱财的活动是有用的"(p. 100)。这就分别产生了"纯理论的"地理学和"应用"地理学,两者对学科的未来都是必要的,但在不同的时间和地方,对两者的重视程度将有所不同。因此

> 外界压力在经济萧条时期特别巨大,此时各类公共开销必须花得值得。所有学科都将强调他们解决问题的能力,这时我们可以期望应用地理学将占有优势……相反,在经济增长和社会状况良好的时期,外界压力将减小,因而可以预见学术界受到的外部困扰较小。地理学家因此能够仔细考虑学科问题,而对这种行为并没有多少内疚感。可以预见,"纯理论的"地理学在这一时期将会有较大发展……

基于这一论点,泰勒认为,纯理论地理学和应用地理学的交替周期与经济繁荣的周期是一致的。

按照泰勒的分析,20 世纪 70 年代末和 80 年代初应该属于应用地理学占优势的时期。这一预测被那些年代的状况所证实。根

据对实现经济目的作用对学科进行调整的压力是很大的，对各类研究合同的寻求变得更有决定意义（结果连诸如《地区》这样的学术刊物都开始每季报道一次由地理学家和诸如英国地理学家协会等团体获得的资助和合同的消息，试图促进学科的发展并强调其实用的一面）。在20世纪80年代，随时间的推移，经济衰退减弱，但对应用地理学的压力并未减轻。这在很大程度上是由于国家机器内部的态度不利于恢复为高等教育提供资金的形式，在英国尤其如此（但并不仅仅是在英国），而这种形式将会支持一个新的纯理论地理学的时期。相反，纯理论的部门仍然需要从外界赞助人那里募集研究基金。

改变重点

对可不可能要求应用地理学在一段连续时期里一直占有优势，是上面所讨论的那种争论的进一步的焦点。有些人明显地接受了这一时代思潮，强烈主张在地理学内部开辟一条新路。但他们主要关心的要么是地理学在哈维（1973，p. 193）所称的现状理论的应用中发挥其已被认识到的特殊技能（如帕乔内，1990）。要么就是探究地理学如何才能对实现变革做出有责任的贡献（克拉克，1982）。

贝内特（1989）把对地理学所做的工作的重新定向建立在“时代文化”已发生了重大变化这一信条上。这个变化是，脱离了“福利主义”——一种旨在通过集体和政府干预改善生活质量和必需品供给的普遍的思想方式——而转向他所称的“后福利主义”。后者强调个人决策而不是集体决策，强调市场的作用而不是政府的作用(p. 286)：

> 新兴的“时代文化”已经兴奋地看到市场既导致了新的需求，又满足了这一需求。人们趋于将社会主义甚至还有社团主义的社会民主主义看作与令人憎恶的、家长式的对待个人的方式相联系，而不再把市场看作是残忍的和实行剥削的制度。

这导致了他对那些采纳“社会理论”的，和接受福利主义的地理学家的批评，那些人必定是“政治的左派”。他向他们的“相对贫困的核心概念及由此产生的对相对不公的关注和对‘社会的’和‘空间上的’公正的关心”提出了挑战(p. 285)。贝内特并不愿看到这样一种社会，即在其中“出现的所有差异，都交给国家干预来解决”(这就不可避免地导致“国家在所有事情上全面干预”的状况)，而是认为(p. 286)：

> 在撒切尔时代宣布消费者选择和经济变化的时候，社会理论和社会主义的政治则试图保卫生产方式，并诱导人们从事劳动密集型的工作和容易受到技术革新影响的乏味的工作。个人市场自由的精神已经预示了一种消费和服务经济的出现，这种经济使人们摆脱了最没有吸引力的劳动，并且似乎提供了满足许多人最贪婪梦想的可能。

他将这个新的、市场化的社会看作是向那些考虑应用性作用的地理学家们提出的严峻挑战。

在贝内特看来，那些主要作用是协助政府干预，但并不追究那种干预的有效性的地理学研究已不再可行了。他也反对下一章所讨论的对资本主义的批评态度。他认为，对地理学家的挑战包括不再接受建立在强调权力和相对需求的社会理论之上的福利国家的概念，因为基于这种理论的政策"不能被证明是有效的……甚至社会民主主义也很难提出解决办法"(p. 287)。但市场确实失败了，所以：

> 后福利主义社会面临的两个关键问题是：第一，(政府)支持如何才能通过被证明是有效的，并且是具有合理成本效益的实际政策加以改善；第二，政府行为应到什么程度为止……因此需要的是更好地认识什么是以及什么不是通过集体行为所能实现的"社会的"可能。或许社会理论和社会民主主义的允诺太多，因此导致了在它自己的允诺中的理想的破灭(pp. 287—288)。

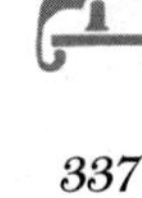

回答这些问题是他分配给地理学家的角色的中心任务：

> 学科的宏伟目标应当对这些问题的讨论做出贡献。但它一定是在实践上的贡献。

这需要一门对实际手段的关注比关于理论目标的争论要重要得多的学科。在一个后福利主义社会中：

> 福利国家及与之相关的公共决策，不再具有仅仅通过相信公众或国家利益的陈述来证明是正确的特权地位：公众利益和提供给他们的政策必须被证明在满足社会需求方面是有效的政策必须发挥作用，并且必须比其他方案更为有效(pp. 288—289)。

尽管贝内特以赞赏的口吻提到了奥彭肖(1989)的论点，但他没有详细说明这种后福利主义地理学应该是什么样的。他只提出了两个简短的意见。第一是对马克思主义及有关著作的批评：

> 关键……是要更好地认识经济刺激和经济权利的结构，而不是阶级……我们需要确定一种新的关于"权利"或"性质"，而不是阶级的语言。这里我说的是权利的"选择"概念，它促进自治、自由、独立自主和人类发展；而不是权利的"利益"概念，它使人们接受其他人的服务而成为被动的受益人。

另外是一条建议：

> 对于纯理论的地理学科而言，这意味着要有相适应的教学和研究框架。我认为这种情形的一个方面是需要在各种分析方法上的更为严格的训练。这些方法包括以模型为基础的方法，信息系统和要素分析技巧等。

因此，地理学家要参与对福利国家的重新评价，将注意力集中于对个人选择和集体行为二者的限制方面，并发展一种将会促进政策评价，从而对研究过程，政策辩论和实践贡献“有用的知识”的分析技巧(p. 290)。在开创应用地理学的新形式方面，这一号召得到响应的程度还有待于观察。在这本书(其中有贝内特所写的一章)的最后的评论文章中，麦克米伦评论说：“关于福利主义传统大势已去的想法，看起来大有疑问。”

第八章　激进派

20世纪60年代后期以来，人文地理学内发展了由一组相关思想组成的学派，很难用一个描述性的形容词来界定它。最初，这个学派被称为“激进派”（见皮特，1977，1978，1985b），到了80年代，由于这一词语也被用到与“新右派”、“撒切尔主义”、“里根经济政策”相联系的政治运动中，便不再广泛使用。一些人改称为结构主义、现实主义等，另外一些人却直接把激进主义与马克思主义（关于不同的见解，哈维，1973）的观点联系起来。虽然沃克（1989a，p.135）强调“就社会理论而言，并非每一个现实主义者都是马克思主义者，……而每一个马克思主义者一定是现实主义者”，但后一句话仍未被广泛接受，所谓的“激进”派缺乏合适的定义与逻辑上的连贯。

近些时期，这些流派已按照两种新的方式进行了划分。就这些流派对美国地理学的贡献，沃克（1989b）在他的“左派地理学”一文中评价道：“它带来了分析的构架和马克思主义的进步社会观念，并把各种思想派系融合到大多数传统的学科领域中”（p.619）。沃克认为，为了取得一个比“资本主义社会更为明晰的空间理论”，一些学者更进一步地发展了马克思主义理论，一些学者着眼于方法，并认为“现实主义、批判论、结构主义理论有助于对

社会发展过程及其控制的理解”(p. 620),还有一些学者仍在寻找诸如地方劳动力市场之类的“中间理论”。沃克指出:

> 虽然地理学并不总是以其诠释深度或忽略人类压迫和解放的问题而著名,但左派地理学家完全能够以他们在学科上取得的成就而自豪。他们有理由相信自己为地理事业增添了理性的广度。

沃克随后又阐述了“左派”地理学家工作的广度。

皮特和思里夫特(1989,p. 3)不愿用“左派”来概括这一广泛的领域,也不赞成“激进”的称谓,他们选择用“政治经济”

> 来涵括这一派别的全部观点,虽然有时各观点彼此相异,但彼此却拥有共同的研究对象和相似的见解。这一称谓并非意即地理学是经济学的一种类型。确切地说,这个经济就是一种广义的社会经济,或建立在生产基础上的生活方式……显然这一定义受到马克思主义的影响……但地理学的政治经济学派现在不会,以前也没有限于马克思主义……因此,政治经济指的是涉及领域广泛的一系列主张、观点,这些概念的中心即:政治经济地理学家从事的研究是综合批判论的一个组成部分,强调社会生产的存在。

这些流派起源于 20 世纪 60 年代的“激进地理学”,是当时由越南战争和美国国内人权运动而引发的对资本主义危机的反应;

70 年代以大卫·哈维为首的学者对马克思主义作了深层次的探索;80 年代由于马克思主义受到批判,这一学派变得“更加谨慎、不那么好战了”(见本书第 23 页),80 年代的经济萧条使地理学转向了有条不紊的调查研究,随着对社会主义经济问题的大量了解,对变革的期望就越来越小,地理学领域日益狭窄并且专业化,一些“激进的反现状的少壮激进分子团体”的成员重新接受现实。不过,他们总结道:

> 政治经济学派经历过反击、批判和经济及专业上的困难时期,已日趋成熟,成为当代地理学思潮的一个主要流派。

本章所述即是这一学派的活动。

激进主义的起源

皮特(1977)指出在 60 年代后期,地理学家从事的早期的“激进的”研究是自由主义的(p. 142):

> 激进派研究的只是这些问题的表面——即社会问题是怎样在空间表现出来的。对此,我们要么认为传统的方法足够胜任,要么认为仅需对“目前的研究方法作一定程度的修改,就可以为……激进主义运用中的分析和重建政策服务(威斯纳,1970,p. 1)”……我们一直习惯已有的市场……服从现存的思维方法……我们能为“重时效的”的国家政策方向的形成

提供背景思想，这样我们就不可能进行激进主义的分析和实践(p. 245)。

这可以从皮特自己的关于美国的贫困的论文得以说明(皮特，1971)——在这篇论文中，他像莫里尔和沃伦伯格(见本书第315页)那样，主张在贫困地区建立一系列增长中心——这也是激进派杂志《对立面》早期一些文章的趋向。例如莫里尔(1969)强调

反对"新左派"提出的革命是唯一进步之路的前提……对革命的幻想过于天真……"新左派"过分夸大了潜在的支持……提出的"革命纲领"过于简单，没有实现的希望……"新左派"低估了我们社会进行变革的能力……无能者用手中权力来扼杀改革，似乎所有的革命都遭到他们的玩弄(pp. 7—8)。

而后莫里尔(1970b)又指出：

简单马克思主义形式的变革，即企业所有制从私有成为官僚政府(或单位)所有，十之八九会抑制生产，也必然不会带来任何基本状况的改善。关键是维持私有制度，同时对它的交易建立社会控制并限定它对人民的权力(p. 8)。

福尔克(1972)在批判哈维(1972)的关于少数民族贫困区的形成和反革命理论的论文时，第一个正式提到马克思主义的观点。福尔克认为，地理学与其他社会科学是"极为复杂、着重方法，但主

要是描述性的学科，与解决尖锐、似又顽固的社会问题少有关联……其理论反映了统治阶级的价值观和利益”(p. 13)。以莫里尔为代表的自由主义的论点已被放弃，因为它不可能获得成功。莫里尔早先发表在《对立面》上的两篇文章主张说服可以引起变革，从而形成一种资本主义—社会主义的结合。这种社会民主办法在瑞典得到实行。

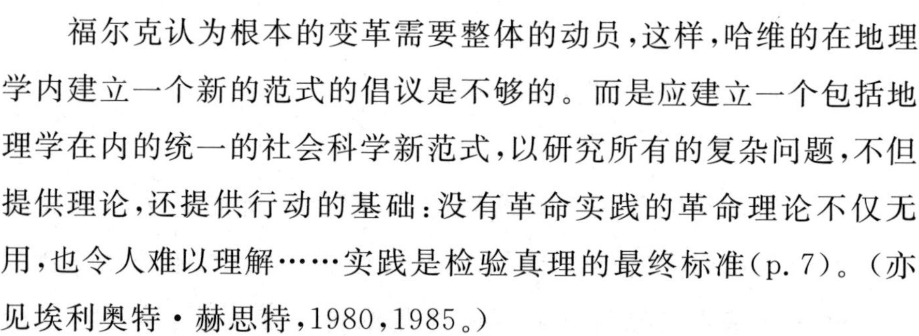

> 那里的情况一再显示，对雇主和雇工而言平等是一种幻想。经过半个世纪之久的社会民主统治，不公正和不平等现象仍然盛行……当一小群专家的主张与社会统治势力的利益背道而驰时……这些主张只能是徒劳的。统治势力的兴趣不在平等与公正，而是在于利益(福尔克，1972，p. 15)。

福尔克认为根本的变革需要整体的动员，这样，哈维的在地理学内建立一个新的范式的倡议是不够的。而是应建立一个包括地理学在内的统一的社会科学新范式，以研究所有的复杂问题，不但提供理论，还提供行动的基础：没有革命实践的革命理论不仅无用，也令人难以理解……实践是检验真理的最终标准(p. 7)。(亦见埃利奥特·赫思特，1980，1985。)

在地理学内对马克思主义的唯物主义理论发展作出重要贡献的是大卫·哈维，其观点最早表现在他的论文集《社会公正和城市》(哈维，1973)中。此书是以自传体形式表述的，阐述了哈维逐渐接受马克思分析方法的演变过程：

> 作为调查的一种指导思想……我并没有因它内在的优越性所具有的超前感而转向它（虽然我发现自己很自然地与其变革的一般前提看法一致且赞成变革），因为我从中找不到完成我解决问题的方法和我所必须理解的东西（p. 17）。

哈维的这本书第一部分的标题是“自由主义的方案”，由一系列论文构成，着眼于收益分配的机制来分析社会的不平等问题；着重机制中可达性和区位的作用。哈维试图定义地区的社会公正，把分配收益的过程与产生收益的过程分隔开来。只有在该书的第二部分——“社会主义的方案”——

> 他才最后承认收益（为公正分配所关注）本身的定义是由生产规定的……生产和分配之间、效率和社会公平之间区分的否定，是所有这种二重性的普遍否定的一部分，这些都是通过接受马克思的观点和分析方法后完成的（p. 15）。

哈维关于少数民族贫困区的论文（哈维，1972）标志着他观念的转变。他从批判库恩的科学发展模式（p. 11）出发，质问现行范式是如何产生异常的，这些异常又是如何发展成危机的。哈维认为库恩分析问题是假定科学不受周围物质条件支配的，而实际上科学与既包容它又约束它的社会是非常密切的。地理学家承认这一点是很重要的，因为：

> 隐藏在社会科学范式后面的推动力量是根据人类利益驾

驭和控制人类活动的愿望。这样，问题马上产生了，即谁将控制它们，按照谁的利益去进行控制，如果按照整体的利益去实行控制，那么将由谁承担确定公众利益的责任？（哈维，1973，p. 125）

哈维认为（1973）马克思主义的理论提供了

理解资本主义生产的思路，不是从控制生产方式者的角度……而是从对资本主义权力结构构成威胁的角度（p. 127）。

马克思主义理论不仅有助于对具有多方面不平等现象的现行体制起源的理解，还为避免不平等现象的发生提供了选择的措施：

我们要成为社会进程的积极参加者。知识分子的任务是识别真正的选择，因为它们隐藏在现实情况之中，并且要采取行动想办法证实或否决这些选择（p. 149）。

在这种条件下，地理学不再可能是单纯学院性的，把自己孤立在“象牙塔”里。从事地理学研究的人员必须敏感政治并参与行动，投身到创造一个公正社会的行动中，来替代现存社会，而不是对它进行改革。但哈维这本书（1973）的其余部分对这种观念并没有阐述清楚；本书其余部分主要包括两篇论文，一篇是关于土地利用和地价理论的论文，研究复杂的地租概念；另一篇论文是关于城市化的性质，阐述了马克思主义者对城市化过程的解释。不过他以后的著作(1984,p. 197)《历史唯物主义宣言》对上述观念作了十分清楚的阐述(亦可参见埃利奥特・赫斯特的批评,1985),他的著作《资本的极限》(1982)是发展马克思主义理论的一次尝试。

皮特也从一个自由主义者转变成为一个马克思主义者,他立足于不平等现象是资本主义生产方式所固有的假定,以一篇用马克思主义观点解释的文章(皮特,1975a)来代替他早期论述贫困的论文(皮特,1971)。这使他转向研究一种影响千百万人生活的巨大力量的超理论(p. 567)。其中

> 环境学或地理学理论从各自的角度研究永存的不平等现象的机制,而这种超理论研究推力和阻力两者的合力,这种合力直接影响个人的人生历程(pp. 567—568)。

这样,环境资源起着约束的作用,因为它规定了社会环境;在这种环境中人是社会化的人,社会环境决定着人们在资本主义制度中参与的机会。(亦见索娅,1981。)因此,只以税收政策为基础,通过自由机制来进行收入的再分配不能解决贫困问题;皮特认为,地理学家需要寻求不同的环境方案,以去除中央集权官僚主义和代之以无政府主义的社区管理模式。(哈维——1973,p. 93——不赞成后一观点,指出除非资源在各社区和各地区得到平衡,否则社区管理的唯一结果将是"穷者愈穷,富者愈富"。)

结构主义

马克思主义作为一种分析方式是结构主义哲学的一个变种

(结构主义有许多不同的形式:见约翰斯顿,1983b)。一般说来,结构主义分为3个层次:(1)表层,或上部结构;(2)过程,或下部结构;(3)控制,或深层结构。这3种层次中,只有第一层次可以明白理解;社会的表层结构包括其社会、文化、政治和空间组织。但这种上部结构不能用来解释自身的存在。创造上部结构的过程在下部结构中,这是不能观察到的:其性质只能通过理论认识并与上部结构的表象进行比较。

在结构主义的大多数形式中,其上部结构和下部结构之间不存在决定关系。同一过程,不同的因素可以产生不同的结果。为了说明这一点,法国社会人类学家克劳德·莱维—斯特劳斯进行了实验模拟,用凸轮轴驱动机器切出玩具拼板锯齿状的轮廓(图8.1)。这个机器只限于产生某几种运动,但是运动出现的秩序是随机的,这意味着能产生大量不同的玩具。研究某一个玩具不能揭示机器的特性,必须研究机器本身。因此,结构主义是研究机器的,但跟模拟不同,没有现成的东西去考察。结构主义者的研究必须提出机器的理论,并且弄清楚上部结构的内容是否与理论一致。(注意,上部结构的内容不能预测,再用上面那个比喻,机器的某一特定运动是不能预见的。)

结构主义的某些形式,如莱维—斯特劳斯的社会人类学(利奇,1974),进一步断言下部结构运转过程是由深层结构控制的。因此,研究上部结构的各种型式可揭示深层结构的性质(某种程度上类似现象学中识别本质的方式:p. 173)。这样,根据莱维—斯特劳斯的观点,所有乱伦禁律都是印记在每一个人意识中基本禁律的变异。这种禁律在各个社会、各种文化中表现略有差异,但如果对所有的禁律进行仔细比较，就可发现它们的共同点，从而进入到人类神经系统结构方面。

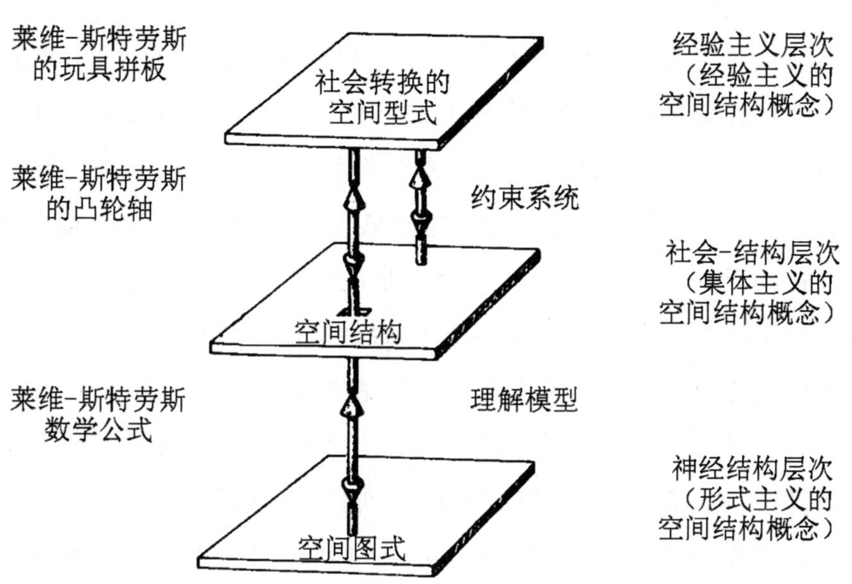

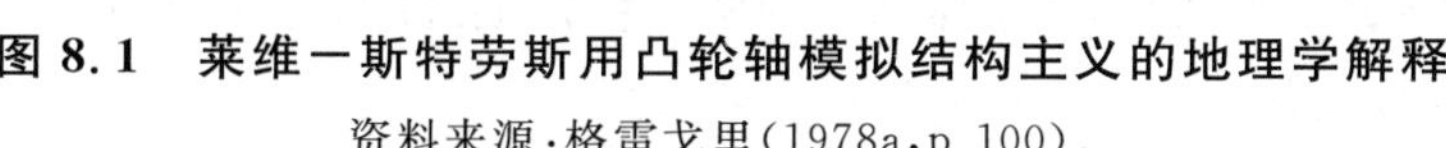
图 8.1　莱维一斯特劳斯用凸轮轴模拟结构主义的地理学解释

资料来源：格雷戈里（1978a，p. 100）。

对深层结构的探求并不是人文地理学的主要研究领域，不过可以认为一些人本主义地理学家研究的某些空间概念——地方观念、地区性、方位——是深层结构的体现（例如在萨克 1983 年的一篇关于地区性的重要论文中，决定“避开人类的地区性是否出于一种生物学的倾向或本能这一问题”；参见约翰斯顿，1986c）。只有瑞士结构主义者皮来格特的研究受人注意。他宣称一个深层结构的存在可使个人去认同和适应新的实体。戈列奇（1981a）认为皮来格特的观点对行为地理学的研究有一定意义，但是目前没有迹象表明它曾产生过重大影响。

马克思主义和现实主义

马克思主义者的结构主义大多忽视与深层结构有关的问题，他们把目光集中在下部结构和上部结构。马克思主义以唯物主义为基础，因而断言下部结构由一系列经济过程所构成。无论何时何地，上部结构的表现是下部结构运转的反映，而其社会环境是以前运转的反映。但这些运转过程不是决定性的，因为上层建筑（上部结构）是由人类创造、维持和改变的。上层建筑可用不同方式解释经济过程，因为没有哪一个过程只表现为一种方式——就像世界上有各种形式的政府和西欧、北美有各种形式的政党和选举制度那样（泰勒和约翰斯顿，1979；约翰斯顿，1984a，1986d）。解释必须与过程相符合，它可以促使也可以约束人们的决策。解释的后果可能会对未来环境起限制作用。它们也会对过程起作用，但不会使之转向。

马克思主义的分析主要是寻求识别在下部结构中运转的过程，并把这些过程与上部结构中的各种表现形式联系起来。在人文地理学中，这意味着推导出历史唯物主义的一般理论来解释各种特定的表现形式。这些表现形式本身不能用来识别过程——尽管它们可以对过程的内容提供线索。过程只有从理论上加以识别，并与上部结构相比较，看看其结果是否与假定的经济驱动力相对应。例如在人文地理学内，哈维（1975a）曾提出为什么社会—经济的隔离总是发生在城市居住区，使之成为重新产生阶级体系和排除阶级之间冲突的手段。基本的过程是一个拉开距离的问题

（约翰斯顿，1980b）。这可以解释隔离存在的原因，但不能解释它所表现的特定形式：富人住宅郊区化是这一过程的充分反映，但不是必然反映（沃克，1981a）。对政治地理学而言，泰勒（1982，1985b）已经提出了一个世界经济运转的唯物主义的框架，在这个框架中国家发挥着作用。同时这个框架也衍生出关于国家的定义和职能作用的理论，但不涉及国家对具体时空的个别刺激因素的反应（约翰斯顿，1982a）。

现实主义哲学（有时称作先验的现实主义，以与直接的现实主义相区分），不少马克思主义者的研究工作都归属这个范畴，它是建立在分离 3 个领域的基础上（巴斯卡尔，1978）：经验领域只关心经验，世界是感知的；现实领域既关心经验也关心事件，认为一个事件（例如人类的某一项行为）可由个人（由行动者或由其他亲身经历者）以不同方式进行解释；实在领域关心那些不可直接感知的结构，但是它包含着导致事件发生及其经验感知的机制。现实主义者认为所有科学都是研究这 3 个领域，但自然科学与社会科学研究的方法各不相同。

与实证主义相似，现实主义的目的是通过“寻找什么产生变革、什么促使事情发生、什么允许或强制变革”来发现原因，以解释事件（塞耶，1985，p. 163）。但是它又不同于实证主义，因为它主张

> 引起事情发生的原因与发生或观察到发生的次数这个问题毫无关系，因此也与它是否形成规律性无关（p. 162）。

确实，在社会科学中“规律性”（即法则和类似法则的推论）是不太可能出现的。正如塞耶(1984)在他详尽评述现实主义时所清楚阐明的那样,这种规律性的出现必须有两个条件:机制必须是不变的,以及机制与出现规律性的条件之间的关系必须是恒定的。如果两者都具备,那么有关的科学研究的是封闭系统:事件的有规律结果应当出现(自然地或实验室条件下出现)。如果一个或两个条件都不具备,那么研究的对象是一个开放的系统,规律性将不会出现。社会科学研究的是开放系统:

> 我们能以不同的方式解释相同的物质条件和状况,由此学会新的反应办法,所以我们实际上成为不同种类的人。人类的活动以调节各系统的组合为特征,这就破坏了……(第一个)条件,……同时我们认知和自身变革的能力又破坏了……(第二个)条件(p. 113)。

这样,包括人类社会各种机制的趋势是用各种不同方式进行解释的,并以那些解释的结果为未来解释的新条件。机制是一个抽象的概念,它在偶然相关的条件下实现:例如,

> 价值规律涉及的是资本由于其结构而必然具有的机制(如,由各种竞争的、独立运转的资本组成,每一资本为利润而生产,并依靠剩余价值而存在,等等),只有在诸如特定技术、资本与劳动力的关系和国家干预等因素的协调下生效。仅以纯理论为基础是不能指望有一种社会理论能“预先”知道这些偶然因素的性质和形式的(pp. 128—130)。

因此，尽管各种机制能够被理论化，它们各自的具体表现却不能够理论化，因为它们取决于人类的作用、取决于个人在其对经验世界解释的背景下对机制的解释（见约翰斯顿，1989a）。

现实主义对因果关系的研究，涉及塞耶和摩根（1985）所谓的内涵研究程式。在这种程式中，提问题的方式是“动因究竟干了什么”，它涉及对一个事件或一组事件因果过程的调查。与外延研究程式（常见于经验主义/实证主义人文地理学）相比较，其答案是不能加以概括的。经验主义/实证主义人文地理学“主要是寻求发现全部群体的一些共性和一般模式”（p. 150）。由于外延程式研究的几乎肯定不是封闭系统，所以不能加以概括；因此，它们只能是描述性的和提要性的，而内涵研究程式是解释性的，并且

> 由于内涵研究可在与它们关联的特定背景内识别因果关系的动因，使举荐政策对变化动因有“因果关系的控制”，从而比外延研究提供了一个更好的举荐政策基础（p. 154）。

正如马西和米根（1985）所阐明的，外延研究要通过大范围的研究，去除样本资料的相异性而获得共性。而内涵研究把相异性看作由偶然条件形成的必然联系的复杂的相互作用；内涵研究的目标是找出那些必然的联系。不过，舒纳德、芬彻和韦伯（1984）则认为实证主义者和现实主义者的研究行为有相似性：

> 因为社会科学家（按照定义）在特殊的因果机制、过程和经验事件之间不能保证有一种恒定的联系，由理论假定的“法

> 则”只能作为趋势而不是作为经验的规律性来处理……甚至非现实主义的人文地理学家实际上已经采用了这些对实验和科学法则的解释(p. 374)。

尽管这些非现实主义者断定，随着研究的充分，一旦能解释所有可能的相互作用，就可预测行为；但现实主义社会科学家并不接受这一论点。

正是上部结构内容的时空特殊性，为现实主义对实证主义的批判提供了一个重要的因素。与在其他领域一样，实证主义在地理学中也寻求识别普遍适用的法则；而现实主义否定这种可能性(塞耶，1979，1984)。批评的基点不是计量化，而是在寻求达到实证主义者的目标时对计量化的运用(见塞耶的不同观点的批评，1984，及约翰斯顿的回应，1986a)；计量化作为一种描述的工具是完全可以接受的(沃克，1981b；泰勒，1981)。

在人文地理学中，实证主义的研究由于寻求与下部结构中的过程无关的上部结构的“法则”，受到现实主义者，也包括马克思主义者的批评，由于在下部结构中变化是固有的，因而在任何情况下“法则”是不存在的。行为主义和人本主义的研究由于明显地赋予个体行为者完全的自由，从而使他们脱离了行为的环境，也遭到同样的批评。对于前者，例如考克斯(1981，p. 275)就提出“行为地理学……无意识地接受了个人与社会分离的假设”；对于后者，N. 史密斯(1979，p. 467)认为“现象学派……没有认真地把外部社会与个人结合起来”，瓦格纳(1976，p. 84)则认为“存在主义及其在现象学中的类似者似乎对历史进程和广泛的地理学研究范围弃而不顾，这样就可能缺少直接的关联性”；沃夫（1986，p. 279）也同样写道：“现象学的极度唯意志论夸大了有意识行为的作用，并且根据对一套固定社会关系的假定，推断意识产生于历史真空中”。

因此，在实证主义和人本主义的地理学中，个人并没被看成受社会约束的行为者：

> 在“经典”区位论中，推动者是个别的、自发的、理性的经济机器。在行为论中，兴趣产生的主要机器是“决策者”，由于忽视经济条件，它的重要性被夸大，从而产生了唯意志论的“区位择优原则”（塞耶，1982，pp. 80—81）。

现实主义则强调行为是受经济过程约束的，但这并不否定人的作用。下部结构规定了“无意识行动的决定因素”（p. 81），但在这些决定因素中个人作出决策，其中决策本身也许会增加对未来决策的约束力：下部结构就是这样既起约束作用，也起促进作用；它既限制但又促进选择。

像图 8.1 模拟显示的结构主义的其他形式一样，现实主义承认在结构的约束范围内的“聪明行为者”，这意味着它并不强调上部结构的内容是由下部结构的过程决定的。它倒是强调只有靠后者有关的理论发展和“试验”（塞耶，1982，pp. 85—87）才能理解前者。例如，马克思主义是一种过程的理论。它并不是一种经验学科——它对上部结构具体内容明显忽略，琼斯（1980，p. 257）批评它“放弃对分布模式的研究，而分布模式通常认为是地理学调查的出发点”——但是它提供了一个框架，在这个框架内经验的细节得以研究，而没有这个框架就不可能理解经验的细节。然而，马克思主义的地理学却承认环境本身对上部结构内容的影响。文化区域是被塑造的(注意格雷戈里 1978a 的那本书，在此书的末尾，他倡议建立在认识经济过程中关注空间变化的更新的区域地理学)。在一篇被邓肯和莱(1982，p. 37)称为不负责任的陈述中，皮特(1979，p. 167)认为：

> 无论环境或空间，当社会关系渗透到它们时，都不是被动的。……当阶级关系向空间推移时，它们会从社会形成的各种区域获得一些特性。……区域和周围环境的各种直接和间接的内容输入到阶级关系里。……从而转化为社会—空间—环境关系。空间关系是以阶级关系为基础的，阶级关系包含了空间和环境的影响。

阶级冲突支配着资本主义的经济进程。但不同地区对这种冲突的不同解释，在上层建筑里产生了微妙的差异。这些差异可能导致在整个资本主义范围内产生自持的、隔绝的文化。而这些文化的差异又会使行为者对正在发生的阶级冲突的解释出现更大的差异。(然而文化从来没有成为一个决定性因素——邓肯，1980——它只是一个次要的约束条件和促进因素，说它次要是因为它要满足经济进程的需要。)因而空间/环境的问题对马克思主义分析经验差异非常重要(关于马克思主义对资本主义的本质概念的分析见奎宁，1982，亦见 N. 史密斯，1984)。

所以，马克思主义是现实主义的一种形式，它寻求把一个经验世界的内容与下部结构的决定因素——经济进程联系起来。然而，它的努力并不仅止于此；它也是旨在变革这些经济进程的政治纲领的基础。按照皮特和莱昂斯（1981，p. 205）的看法，

> 如果我们希望理解我们——资本主义世界的人民身边发生了什么，……我们需要一个强有力的、合乎逻辑的、连续的、政治的分析方式，对事件起因提供一个深入的、精确的解释。

马克思主义，包括马克思主义地理学做到了这一点，而且也提供了“一个进行反抗的强有力的理论和政治基础”。马克思主义的目标是变革经济进程，因而要废除资本主义对个人行动的专横控制。这个目标是建立在马克思的人道主义基础上的。他断言人与人的不和，尤其是无产阶级受剥削，他们的尊严被剥夺，是由资本主义造成的。为获得尊严，为让个人完全自由和掌握命运，必须推翻资本主义，代之于共产主义。论点是（雷尔夫，1981b，p. 122）：

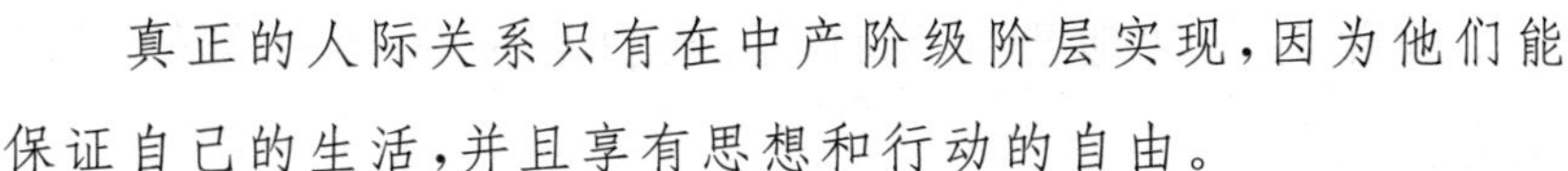

> 真正的人际关系只有在中产阶级阶层实现，因为他们能保证自己的生活，并且享有思想和行动的自由。

资本主义只有通过革命来推翻，而革命必须在无产阶级意识到自己受压迫，并决心废除它时才能实行。要达到这种认识必须解放思想，只有这样，才能使每个无产者日益感受到他们受剥削的地位（约翰斯顿，1988）。批判论的目标就是使无产者觉醒，它结合马克思主义的现实主义进行深入浅出的解释（解释学），从而使每

个人都能理解真实的社会运转过程——即理解下部结构。只有日益觉醒，能动作用才能得到发挥。（这里的结构概念与结构主义以及现象学所假设的那类深层结构不同（p. 221）。马克思主义者坚信，所有的人类行为模式是社会的产物，这样当把问题视为人的基本能动性时，马克思主义在处理地区性概念时存在困难。）

由于马克思主义研究的政治目的，因而使对实证主义的批判成为其主要内容——正如哈维对 3 种理论类型的识别所揭示的那样（p. 196）。实证主义者的经验主义把上部结构现状看成一系列的法则，因而在规划中运用这些法则来维持现状。由于这种现状是一种剥削，所以实证主义者的规划是为进一步的剥削服务，来保持目前不公正的资本主义结构，而不是朝着人们所期望的社会经济变革努力。这种研究在任何情况下都很少去理解上部结构所发生的一切，仅仅是加以描述而已。应用这种片面的理解被称为工具主义（格雷戈里，1978a；1980）。实证主义者只想把它的法则强加于社会，却不承认它的研究成果只是对辩证的、从不重复的变化着的事例的描述（马琴得，1978）。

因此对人文地理学家而言，马克思主义和有关的现实主义认为：

1. 对上部结构中空间组织和社会环境关系的各种模式的解释，只能看作是对在下部结构运转的经济进程的认识；

2. 经济进程不能被直接认识，只有通过建立适应上部结构表现的理论才能被认识；

3. 经济进程是连续变化的，它们的影响也与它们一起变化，因而其上部结构的普遍法则是不能推导出来的；

4. 阶级冲突(资产阶级与无产阶级)是经济进程的中心问题;

5. 上部结构对经济进程的体现反映了受经济进程和先前认识约束的个体行为——个体既受约束又是能动的,但不是被决定的;

6. 用以实证主义考察为基础的规划方法来维持上部结构现状的任何努力,只能够帮助现时不公正的制度持续;

7. 理解经济过程及其表现形式,需要各社会科学间即使不是相互融合,也要比以往更紧密的合作;

8. 学术研究的目标只能是寻求解放,引导社会的变革。

采用上述思路涉及改变现代西方社会模式。按照艾尔斯(1974,p. 39)的分析,主要有两种模式:

> 一种基于合作,一种基于冲突。前者强调社会生活必须符合社会准则,以合作、互利为基础,以协调、融合和持久为特征,生活在其中必须承认法律的权威、承担共同的义务并保持团结一致。后者以局部的不同利益为生活基础,因此其社会生活以分裂、利诱和强制统治为特征,并产生结构性矛盾……(而这正是)社会系统的主要问题。

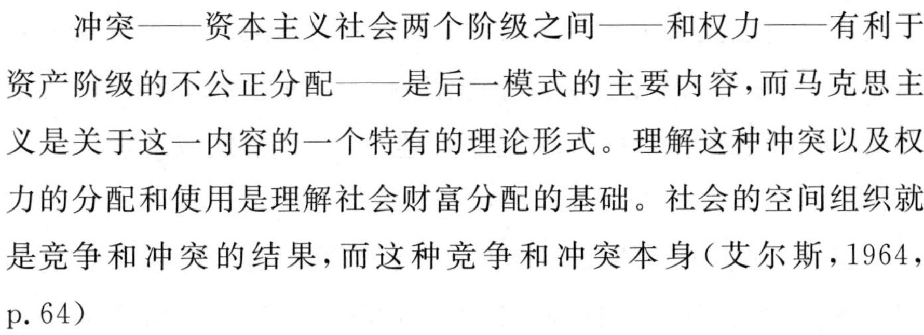

冲突——资本主义社会两个阶级之间——和权力——有利于资产阶级的不公正分配——是后一模式的主要内容,而马克思主义是关于这一内容的一个特有的理论形式。理解这种冲突以及权力的分配和使用是理解社会财富分配的基础。社会的空间组织就是竞争和冲突的结果,而这种竞争和冲突本身(艾尔斯,1964,p. 64)

就已经隐含了输赢结果，即胜利者必然是在经济竞争中拥有所有权并控制生产过程的人。这样，在这种体系下的经济增长将最可能导致更大的不平等。显然，离开权力和不平等，是不能理解贫困和空间体系里的真实财富分配的。

现实主义的应用

运用现实主义的研究传统包括几个方面的内容。（现实主义是一个集合名词，包括各种不同的派别。）首先是对实证主义的空间科学和行为地理学，以及对人本主义地理学的批判，如里塞尔（1973）和梅西（1975）的研究。其次是提供一般性的理论框架，使经验研究能在其中开展（如泰勒的研究，1982，1985b；哈维，1982；关于城市化和工业化的一些重要论文集——迪尔和斯科特，1981；斯科特和斯托佩，1985）。再次是寻求在结构性的规则范围内进行个人行为的研究（约翰斯顿，1983c，对这一方面有研究），如艾尔斯（1981，p. 1386）就曾强调虽然"离开马克思主义，地理学或任何社会科学都不会完整"，但这是不够的。还必须关注实际生活的世界，即"家庭、社会关系、社区和邻里"的微观世界，这就需要把结构主义的马克思主义和人本主义哲学结合起来。随着研究人员的日益增多，更多的人开始关注人们生活和行动的场所的重要性（常常称为"区位"和"区位性"），并且要求建立一门"新区域地理学"（吉尔伯特，1988；普杜普，1988）。

最初，现实主义的大部分研究主要是揭示受实证主义影响的研究的缺陷，尤其是对行为地理学。如格雷（1975）在城市地理学

方面就提出对房屋市场运行研究的批判，这种研究热衷于追随人们的居住迁移方向，并认为这是人们择优选择的结果。格雷认为这种研究：(1)假定人们可以自由选择房屋类型和房屋位置，而实际上大多数人只能在限定的城市的某一地区和某种类型的房屋中选择；(2)假定这种居住模式是大多数居民决策的结果而不是少数开发商和机构负责人所决定的；(3)认为要认识城市地域的结构，研究消费者是关键。但人们是不可能自由选择的：

> 相反，许多群体由于他们在房屋市场的地位，其选择受到限制，只能进入特定的住房形势，而少数个人和机构……控制了特定的住房体系(p. 230)。

与格雷批判相一致的研究关注于住房选择的控制者，即被称为“城市管理者”的个体。帕尔(1969)的一篇富有创新的论文认为，城市居住模式是两组约束条件的结果：接近资源和设施的空间约束，通常用时间/成本距离来表示；社会约束——由政府管理者操纵的官僚主义的条例和程式——它也左右着空间约束并反映了社会权力的分配。这样对后者的研究就着重于关键的管理群体，诸如住房建筑协会及其租赁政策(博迪，1976；丁吉曼斯，1980)、地方政府公共住房的管理者(格雷，1976；泰勒，1979)、负责私房重建的地方政府机构(邓肯，1974，1975)和组织房地产次级市场的房地产代理商(帕姆，1979)。帕尔(1975)指出，规划者仅仅是“资本主义的管家和房地产代理人，权力很小”(p. 7：不过，帕尔后来修正了自己的观点，见帕尔，1979)，因此关注规划者和其他管理者容易趋向：

> 从生活低下的当地居民的眼光看问题，认为地方官员控制太多、应负较大的责任，却不归咎于当地的雇主和国家政府……这种针对“地方社会机构管理人员”和“其他具有各自目的和利益的中间层次行动者”的批判，可能导致人们对社会名流和统治机构不加鉴别地迁就(pp. 267—268)。

因此，管理者是经验世界的重要角色，但却不是独立的能动者，他们相当于图 8.1 模拟中的凸轮轴。讨论管理者必须以他们处在约束条件下为前提，在约束之外研究他们就可能像某些行为地理学那样，成为简化主义者(参见威廉斯，1978，1982；伦诺德，1982)。

362

当管理者流派关注对那些诠释机制并使其运行的代理人的研究，并提出居住分异模式时，哈维则更注意对机制本身(虽然只涉及某一方面；哈维，1974e)的研究。居住分异是资本主义社会阶级差异重新组织的一种方式，是由对金融资本的操纵行为造成的。金融资本的运行解释了资本主义生产方式的基本机制，并产生了一系列空间上分隔的次级房地产市场，各个家庭在其中进行选择，从而形成各种小范围的迁居模式。

> 但这种行动有一定的尺度，否则，个体将丧失对社会生存条件的控制……当面临不可抗拒的力量，在特定的制度下，甚至对总的政治机制的控制都会感到绝望(哈维，1975a，

p. 368)。

在美国这种力量包括对郊区化的倡导，哈维(1975b,1978)认为郊区化是在生产过剩的危险潜伏时期刺激消费(指住宅、汽车和耐用消费品等)的一个重要手段(亦见沃克，1981a;关于它的某些结果，见约翰斯顿，1984b)。对于现实主义的城市地理学家而言，其基本的任务是把对资本主义(或其他)社会的运行机制讨论、主要代理人(管理者和关键人物)对机制的诠释以及实际后果和经历结合起来研究。因此他们更关注于社会怎样运行和为什么运行的研究，而不是寻求一般的经验结论(如巴塞特和肖特的研究，1980;巴德科克，1984;约翰斯顿，1980b)。

城市居住模式的研究只是城市化研究的一个方面，斯科特(1985)把城市化与资本主义的性质直接联系起来：

> 生产机制、企业间的紧密联系和地方劳动力市场的形成……相结合共同产生了这样一个过程，在这个过程中，生产者追求利润(降低成本)的本性的必然结果，直接导致资本和劳动力在空间上的大量聚集(p. 481)。

因此，城市既是劳动力市场，也是劳动力再生产的场所，类似卡斯泰尔(1977)等人所说的由国家生产的，而不是在市场上购买的商品的"集体消费"(参见平奇，1985);时至今日，斯科特更明确地指出，一些城市也是"国际城市"，是跨国公司经济的控制中心(参见约翰斯顿，1987)。斯科特(1986,1988)进一步提出了有关资本主义城市化起源和“先进工业化”国家城市近期发展趋向的理论雏形。

根据这一观点，城市化只是资本主义社会不平衡的地区开发过程的一个方面（见哈维，1985a；N. 史密斯，1984）。一般来说，发展模式传统上是经济地理学家而不是城市地理学家研究的内容。近年来，对现代化模式和进程（即变化模式：海和约翰斯顿，1983）的研究是关注的热点，它选择一系列的变量来代表社会经济变化的不同方面（根据资本主义的、技术上的定义），对这些变化用统计方法处理制成所谓的现代化轮廓图（如古尔德，1978b；里德尔，1970；索娅，1968）。德赖斯代尔和沃茨（1977）对这种研究比喻道：

> 有时，地理学家就像一个旁观者，坐在山巅上俯视战场，被峰烟升腾的方向所吸引（p. 41）。

布鲁克菲尔德（1975）对此作了严厉的批评，指出这种含有价值观的描绘虽然作为一种描述练习是有用的，但却使人联想到

> 一个极好的匠人忽略了自己制作所采用的材料。这种愚蠢方法的最好说明是（古尔德）一群人在日益需要地理学家直接参与的地区作出自己真正贡献时……的长期失败（p. 116）。

这种参与包括地理学家对政策法规的干预，但布鲁克菲尔德发现这方面尝试更麻烦。例如，贝里（1972a）曾写过一篇论文，把开发的扩展比作中心地等级体系内创新和疾病的传播；布鲁克菲

尔德把这篇论文描述为“使用他著名的却是令人怀疑的美国电视传播的相关数据来讨论等级体系传播的一篇高等数学论文”(p. 110)。同样，布莱基(1978)批评这种传播研究走进了“空间的死胡同”(参见布劳特，1987)；而斯莱特(1973，1975)利用它们发动了一场对实证主义的批判，他称这种研究是“盎格鲁-撒克逊主流”的抽象经验主义。

与经验主义者研究现代化的外貌和传播模式相反，现实主义者(包括马克思主义者)主张研究不平衡发展理论，强调(斯莱特，1975)

> 任何空间结构发展的决定性因素是盈余在空间的循环、集中和利用的方式(p. 174)。

哈维(1982)的《资本的极限》一书是关于这方面的重要论著——它对马克思经济学作了重大修订，把原先大部分被忽略的空间因素考虑了进去。哈维关注的核心是资本主义制度的运行，他认为“那些看来不可调和的矛盾把资本主义带进了社会危机的大灾变中”(第 xvi 页)。考察过那些危机的经济原因后(如，利润率下降和通货膨胀等)，他转而从理论上去研究资本和劳动力的地区流动，以揭示

> 资本主义的矛盾至少在原理上是如何受“空间不变”的影响的——地区扩展和地区不平衡发展阻止了矛盾四起的资本主义矫正自身的可能性(p. xvii)。

这种“空间不变”不是逃避危机的永恒办法，尽管“空间组合确实有可能解决一点儿问题”——(p.429)因此，虽然资本日益流动(按照某些人的意见：高度流动，罗斯，1982)以逃避危机，但全球性的危机终将出现(参见约翰斯顿和泰勒的论文，1986，1989)。

任何空间范围内发展的空间结构都引起了现实主义地理学家的浓厚兴趣，并提出了不同的理论(作为一种评论，见科尔布里奇，1986；巴尔内斯，1985，1989a，1989b，他选用新李嘉图流派与马克思主义和新古典流派相对照)。哈维(1982)的理论分析认为，不平衡的空间发展是资本主义积累过程的先决条件；一些人认为这是一个必然的后果。但布劳伊特(1984)反对这两种立场，他认为：

> 虽然区际不平衡可以加以利用，并在重建过程中由于资本的引入这种不平衡将日益加剧，但这并不是资本主义生产方式的必然结果，与资本主义生产方式也没有逻辑上的必然联系(p.156)。

布劳伊特强调真正的剥削关系并不存在于贫富地区之间(对他而言这只是空间表现的具体化)，而是存在于劳动力与资本之间，如果仅停留在空间上就偏离了对真正问题的研究。N.史密斯(1986)称这种观点为“反向崇拜”，如同空间崇拜一样都是对事物的歪曲，他提出了相反的看法(在1984年的著述中有较全面的论述)，认为

> 任何空间范围内的地区不平衡发展，在逻辑上都是资本积累

的必然结果(p.97)。

科尔布里奇(1986)对他所称的“激进的发展地理学”作了大量的批判,他感觉它过多地沿袭了武断的宿命论的内容(即假定资本主义及其发展规律在时间、空间范围内基本保持不变)(p.245)而没有采用“批判的观点(即强调资本主义的时空变化及其存在条件)”。他不能确定最终将采用上述哪种方式。如哈维(1982,1985b)的研究因倾向前者而受到批判。初期,过度积累问题是通过“时间修补”——信用制度——来解决的。当这种方法不灵时,资本主义转而采用“空间修补”——帝国主义。但帝国主义也终将失败,随后将爆发世界大战。

这种宿命论根本不是我谈及时间、空间及存在条件时所想的东西……如我们真想搞清资本主义世界体系对(比如说)巴西和中国台湾的不同影响,那么我们必须进行一些资本主义发展模式的研究,这些模式没有固定的中心,也没有固定的外围(新马克思主义);或者仅根据帝国主义势力的……需要建立第三世界的理论(结构主义的马克思主义)。更确切地说,我们对资本主义不同国家和地区发展差异的解释,必须承认变化着的资本主义世界经济的原动力总是通过现存条件(人口增长率、性别关系、国家政策等等)发生作用,这些现存条件随时空而变化,并且不直接受制于宏大的“世界体系”。(pp.246—247)。

这种观点有点类似于后面提及的有关区位和结构性的讨论(p. 236)。沃茨(1988,p. 163)把科尔布里奇的观点概括为“对宿命论轻率的批判”,并且坚持认为科尔布里奇所提出的问题都是激进的发展地理学关注的大部分内容。科尔布里奇(1988,p. 239)承认“马克思主义的发展研究的内部有一个持续的交流”(在这方面他引用了沃茨的研究成果,见沃茨,1989)。但他保留他的观点,认为“马克思主义的理论核心存在严重的缺陷,必定会出现问题”(p. 254),因此他期望从法国法规主义学派及其不同的积累观点中获得启示(如弹性积累,见 p. 251)。

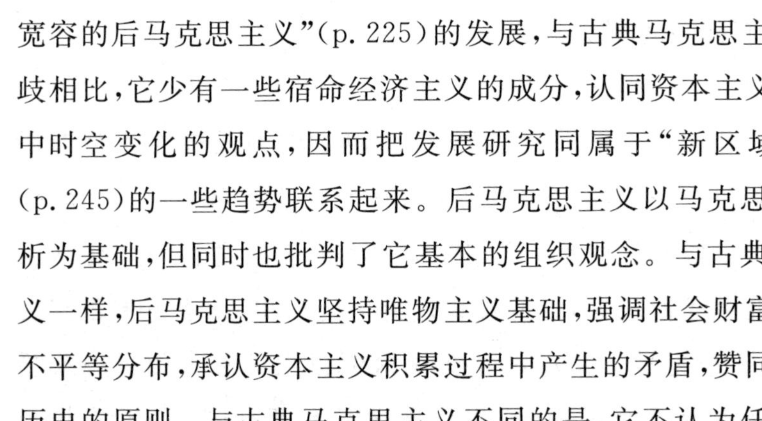

科尔布里奇(1989)在后来的一篇论文中评论了他称为“较为宽容的后马克思主义”(p. 225)的发展,与古典马克思主义及其分歧相比,它少有一些宿命经济主义的成分,认同资本主义积累过程中时空变化的观点,因而把发展研究同属于“新区域地理学”(p. 245)的一些趋势联系起来。后马克思主义以马克思主义的分析为基础,但同时也批判了它基本的组织观念。与古典马克思主义一样,后马克思主义坚持唯物主义基础,强调社会财富及权力的不平等分布,承认资本主义积累过程中产生的矛盾,赞同人民创造历史的原则。与古典马克思主义不同的是,它不认为任何非马克思主义的观念都是与己不相容的——科尔布里奇据此提出“马克思主义与非马克思主义一些观念的谨慎结合的概念”(p. 246)。它认为经济问题不一定是最重要的。它怀疑古典马克思主义作为基础的劳动价值论。它从诸如女权主义等一些派别汲取思想提出了公认的关于权力和文明社会的一般理论,它不承认革命必然是唯一可接受的政治途径。科尔布里奇指出,虽然还留有许多待做之事（主要有 7 个方面的任务），但在发展地理学中已有一些这样的著作。

国家在造成生产的地理不平衡性的各个方面的作用，越来越激发起人们对政治地理学的研究兴趣。国家在社会内作为一种机构的性质始终是人们在理论上和经验上很感兴趣的题目，人们试图认识国家对资本主义积累的必要作用、国家作为资本主义社会上层建筑的一个机构所相应的自主权，以及国家作为一种具有明确地域界定的制度所特有的特征（例如，见克拉克和迪尔，1984，对这些问题有充分的讨论；泰勒和约翰斯顿，1985，用同样的观点审视英国）。哈维和泰勒意识到了国家的重要作用，如哈维（1982）把不平衡发展过程与全球地缘政治联系起来；泰勒（1985b，1989）在认识了国家发展资本主义并使其合法化的功能后，对政治地理学许多基本方面进行了重组。从而使人们认识到国家干预下的空间变化（如泰勒的研究，1986），但这种认识绝不是决定论的；与现实主义观点一致，国家的行动（即在它的范围内带有权力的那些）就是那些聪明的代理人以特有方式表演他们角色的行动（克拉克，1985，和约翰斯顿，1984b，都对美国的法院作了阐述；参见约翰斯顿和泰勒，1986）。

不平衡发展的研究还包括对社会与自然关系的研究。如前所述（p. 204），60 年代末及 70 年代初，对环境的关注日益增长。哈维（1974d）把马克思主义的观念引入到这一领域，指出当前对资源、人口关系的认识是以先入思想为主的，是通过研读马尔萨斯、马克思和李嘉图的著作所确认的。离开对自然的社会评估，资源是无法界定的，并且这些评估反映的是当前的生产方式。因此，诸

如《增长的极限》(p. 206)之类的预测,代表的是眼下的理论观点(p. 196),而其他的理论则可能得出不同的结论:

> 让我们看一下这个简单的句子:"人口过剩是因为满足巨大人口生存条件所需的可用资源的匮乏"。如果我们把(生存、资源和匮乏的)定义带进这个句子,就是:"世界人口过多是因为我们所要求的某种目标(连同社会组织形式)和自然中我们能够加以利用的资源不足于提供我们习以为常的东西"(p. 272)。

对于第一种说法,应对的政策很简单——减少人口。但对第二种说法,哈维就要分析以下 3 种可能:(1)改变对目标的要求和社会组织;(2)改变对自然所进行的技术和人文的评价;(3)改变关于资本主义制度及其造成匮乏的基础的认识。哈维认为,埃利希—康门内的认识(p. 206)属于第一种,并被资本主义统治阶级利用作为一种大众观念(控制生育的需要)的思想支撑。比沙南(1973)同样认为第三世界控制生育的观念是"北方白人的"帝国主义政策的一部分,目的在于保证它继续使用国际周边地区的资源(甚至在某种程度上破坏环境,造成资源匮乏:布拉德利,1986;布莱基,1986),约翰斯顿、泰勒和奥洛克林(1987)连同其他一些和平科学家探讨了比沙南(1973)所称的结构贫困地理:

> 贫困作为无节制生育的一种表现,更应该是一种结构贫困,它是由极少数国家不负责任地浪费世界资源所引起

的(p. 59)。

在资本主义制度下,环境(或自然界)同劳动力一样被当作商品,可以买进、开发并出售。就像N.史密斯(1984.)指出的那样,在资本主义思想意识中,自然被当作社会以外的事物,作为“人类生产力的对立面……它具有使用价值而不是交换价值”(p. 32)。但分析表明自然界实际上是受资本主义影响的。这样,

> 当资本主义盲目向前发展时,它为自己的将来设立了新的障碍,造成社会资源短缺,降低尚未枯竭资源的品质,滋生新的疾病,开发威胁整个人类未来的核技术,污染为了再生产我们必须生活的整个环境,并在日常工作中威胁创造社会重要财富的人们的生存(p. 59)。

就像空间组织和重组是资本主义连续积累过程的产物一样,自然也是如此(菲茨西蒙斯,1989)。佩珀(1984)指出,自然作为一种抽象的概念对社会而言是没有价值的,它之使人感兴趣只是因为它是人类活动的空间。佩珀因此把“自然的历史性”(自然在特定的时间和地点是如何与人类活动相关的)与“历史的自然性”(自然条件与人类活动的关系——这一关系在环境决定论中有不成熟的阐述)分离开来(p. 40)。一个社会的形成部分地涉及自然历史性的问题。

> 劳动是人类把自然改造成于己有用形态的手段。自然一

> 般不会提供人类现成的生存物资，人类也不可能直接拥有自然资源。人类必须对其进行转换。这个转换过程就是一个社会的过程——人们必须同另一些以某种特定方式组织起来的人共同实现这一过程……所以通过改造自然，人们形成了他们自己的社会以及他们之间的相互关系(p.162)。

由上所述可以明了，就像社会关系(利用资本剥削劳动剩余价值的手段)的形成是社会构成的一部分一样，社会—自然关系的形成也是如此；并且也像社会关系内部就蕴涵着资本主义积累危机(阶级冲突)的种子一样，社会—自然关系也是如此(环境问题)。约翰斯顿(1989b)对不同生产方式以及国家法规干预作用下的社会自然关系作了进一步研究：布莱基和布鲁克菲尔德主编的论文集(1987)对这一主题作了全面阐述。

地方性、结构性及“新区域地理学”

本世纪80年代，马克思主义者及其他现实主义者对前文所述的问题的研究使得他们对资本主义社会的本质的地理学解释与其他的社会科学家，尤其是社会学家的认识日益相融合。这一切主要是基于这样的认识，即虽然资本主义是一种全球现象，但资本主义乃是运行在彼此相互联系的大小不同的空间范围里。泰勒(1981b,1982)关于范围尺度的论文对这种联系阐明得很清楚，他提出了3种规模。首先是全球性的世界经济，泰勒称为真实的规模；资本主义的运行没有国界的限制，其运行的机制(在真实的领域）是它所及的全球范围。这种真实的规模超出了人们对于全球资本主义话题的一般理解，但人们的日常生活形成了他们的经验规模：他们感受不到资本主义的直接影响，除非能突破形成他们生活世界的有限的空间范围。在上述两种规模之间是国家——意识形态的规模——它是把人们在资本主义社会的经验与现实联系起来的主要思想力量。上述 3 种规模为泰勒论文（1985b，1989）提供了三段式的副标题，即政治地理——世界经济、国家和社区（参见肖特的论文，1984，三段——资本、国家和社区）——泰勒在研究中阐述了他的基本观点，即资本主义在全球是有组织的，在国家内是有法律根据的，但在局部地区却是经验的。

结构性和地方性

经验的范围是近年来对各种背景下的空间结构和资本重组研究的主要内容。例如吉登斯（1984）就用地方性的概念来描述它。

> 地方性是指利用空间来提供相互作用的场所，这种相互作用的场所反过来对说明它的背景是极其重要的……地方性为社会机构提供了重要的稳定基础……地方性的标识通常是根据它的物理属性，要么是它的物质特征，更常见的是这些特征与人造物的结合。但如果认为地方性能单独用这些意义来表述，那就错了……一座“房子”之所以被理解为具有地方性，是因为观察者认识到它是一个具有一系列其他属性的住处，这些属性在人类活动中可被对房屋的利用方式加以说明（p. 118）。

吉登斯认为，地方性可以有不同的规模，从几间房到数国的领土；它们提供了使相互作用得以组织起来的场所，因此地方性是经济、社会和政治生活的背景。

对生活及其结构和重组背景的地方性的认识，使地理化的社会理论和重建地理学得到发展。对于社会理论，思里夫特(1983)发展了哈格斯特朗的观点，对他所谓的组成论和背景论进行了重要区分。组成论根据某种标准对个人进行分类，并相应地划分了他们的信仰和行为的地方性模式(用马克思主义和韦伯的阶级概念)。背景论却着重作为场所的地方性的作用，在这种场所中人们得以发挥自身的能动性；对他们的组成模式只有在特定的地方才能认识。这样吉登斯(1984)提出了结构性这种理论方法，来解释人们认识和改变社会结构的方式。结构性是一个空间性(和时间性)的过程；一个人的背景(包括他的语言：见 p.184)对他的发展有重要影响(作为地理学家的一种解释和应用，见穆斯和迪尔，1986；迪尔和穆斯，1986)。

作为背景论的一个的例子，结构性理论清楚地指出把社会关系和空间结构分开的做法是错误的；格雷戈里和尤里(1985)认为：

> 现在空间结构不仅仅只是展现社会生活的舞台，更是社会关系形成及其重组的媒体(p.3)。

他们俩一起提出了空间性(即社会—空间辩证关系)的过程，索娅(1980，1985)用它来描述空间的社会生产(哈维，1982)和社会的空间结构相互结合的特征。吉登斯和一些人认为，在他的结构性概念与哈格斯特朗的时间地理学间有许多共同的地方（格雷格森，1986，有不同的看法），普雷德在他的许多论文中采用上述两个观念来说明它们与认识他自己职业生涯（普雷德，1979，1984a）及某些地区演变（普雷德，1984b，1984c）过程的关联。

> 我对过去，即贝克莱和瑞典当时当地的认识，出自于我现在所持的知识、态度和价值观念，而此时此地在贝克莱的现在却在不停地消退。但现时我所持的知识、态度和价值观念仍是根植于我过去经历、过去参与的项目和产生这些项目的社会习俗背景（普雷德，1984a，p. 101），

而且

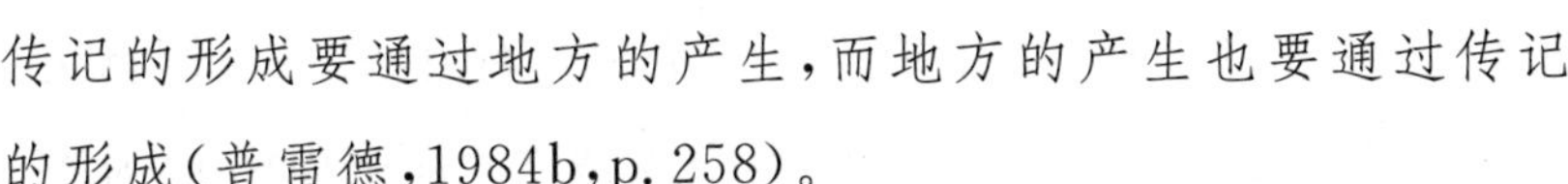

> 传记的形成要通过地方的产生，而地方的产生也要通过传记的形成（普雷德，1984b，p. 258）。

较少有人采用结构性研究法。格雷格森（1987b）“在吉登斯的结构性理论被证明对经验研究确实重要之前就对摆在人们面前一些重要的、又没有解决的问题”提出了自己的见解（p. 89）。她对穆斯和迪尔（1986）的两个层次的分析法进行了研究：首先（第一级）是对涉及人的事件产生的个体人的分析；其次（第二级）是对那些人在其中产生作用的结构的高层次分析。他们认为，依照吉登斯的“结构二重性”概念，二者是结合在一起的，是结构与能动个人间相互依存的关系。他们称之为“抽象性”，但格雷格森却对他们

是否真的“在常常是一般的理论范畴和在特定时空发生的具体事项之间”提供了处理方法提出了质疑(p. 81),格雷格森认为他们二人提供的只是“抽象性而没有具体性”。她进一步指出(p. 83):

> 不要以为结构性理论能提出经验研究问题或提出适宜进行经验分析的范畴,那是不合情理的。并且……把结构主义者的观念直接搬进经验分析中也是没有道理的。

这是因为结构性研究的是次级问题,是关于社会科学的问题,这些问题靠获取实际材料的方法不能解决,而不是社会科学中第一级的问题。

格雷格森关于“结构主义的观念和范畴不会,也不应该被用于去规定特定经验研究”(p. 84)的观点似已被其他一些学者接受,他们反过来,仅用它来建立经验研究的组织框架。他们认为:地方性由社会系统构成,社会系统为个人成为“有见识的行为者”提供了舞台,萨雷等人(1989,p. 43)把“见识”定义为:

> 从复杂的、矛盾的社会形势和社会过程中推断出主要的规则和最有利的战略、战术的个人能力。

人们运用见识的能力又反映出他们按自己希望的方式行动的“能力程度”。因此,他们的地方性既是能动的,又是受限制的,即:说它能动是因为地方性为人们提供资源——见识——他们行动的基础,说它限制是因为地方性限制人们所能采取的行动(既包括它所提供的见识，也包括它可被人们利用的环境）。他们的行动又形成一些规则，这样就使社会系统继续约束并促成下一步的行动（他们的和其他人的）。但由于他们行动并进行了选择，所以在某种程度上他们可以改变规则，对未来行为形成一套新的、能动的、限制性条件。按照这种思路，“因此历史的进程既不是固定的也不是不受约束的，而是一些规则和资源在其中既重新形成又作某些变化的过程”（p. 45）。

这样一个理论框架如何运用于经验研究中？萨雷等人（1989，p. 46）认为：

> 吉登斯没有提供多少关于方法的说明，虽然他强调这件事应当是解释性的。它的确是双重解释性的：社会科学家必须解释社会现实，而社会现实又十分关键地涉及行为者自身的解释。传统因袭的研究只是沉浸于社会的某个特定领域，研究者们只是去“得知”人们在其中“如何能够”行动。不过这并不一定能导致同一性——研究者们必须比行为者更多地了解有关的规则和资源的性质以及某些特殊局面与外部结构联系的方式。

因此研究者们关注特定地方的行为，必然要了解这个地方的社会系统，并且弄清楚当地居民怎样解释这个系统：研究者们必须将经验放在更广阔的背景中来观察，并且还要研究行为者如何做同样的事情。他们认为这要采纳由塞耶（1984，参见萨雷，1987）发展起来的现实主义方法。不过，现实主义的实践性仍在发展之中

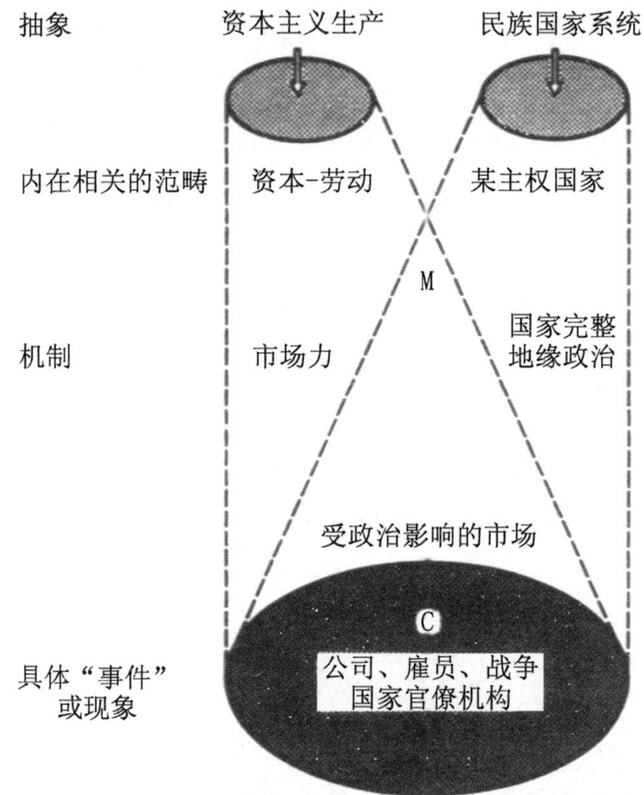

图 8.2　洛夫林关于国防工业的现实主义概念

抽象层次表述整个现实(p. 223)；机制层次表述实际领域；事件形成经验领域：这样，与两个抽象范畴(资本主义生产和民族国家系统)相关的两种机制相互相交叉产生了军事工业综合体运行的各个事件。

(萨雷等，1987，p. 10)，所以：

> 我们应利用熟悉的资料收集和分析方法，但也要试着去用正在兴起的现实主义和结构主义观点去诠释我们收集而来

的资料(萨雷等,1989,p. 53)。

洛夫林(1987)曾做过这方面的研究,他认为现实主义是对已有方法的非折衷主义的综合,避免了经验主义、折衷主义以及简化主义(见图 8.2)。不过这种论调使一些人把现实主义研究与经验主义等同起来(如贝内特和托内斯,1988),并且在接受基本的现实主义—结构主义观点的一些人中引起了大量的辩论。这些辩论曾清楚地体现在一个重要的研究项目中。

“地域体”

英国的地域体研究始于马西(1984a)关于当地经济活动地理分布变化的研究。其主要的观点是,要弄懂工业的区位模式需要考察经济发展与社会变革间的关系。马西认为当地的社会结构是根据劳动组织过程的变化而变化的,她还从两个典型研究区域比较中得出结论(p. 194):

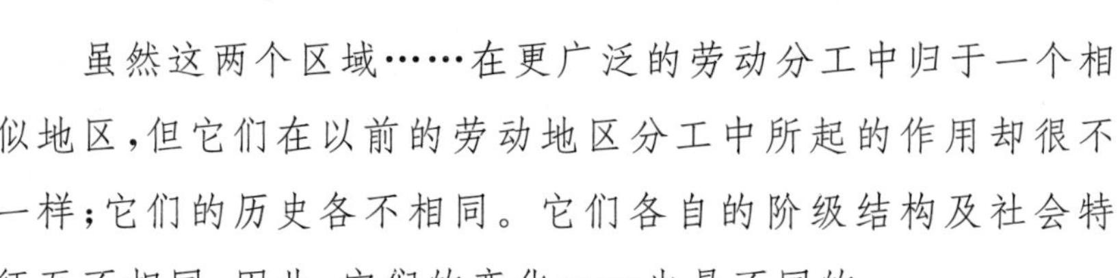

> 虽然这两个区域……在更广泛的劳动分工中归于一个相似地区,但它们在以前的劳动地区分工中所起的作用却很不一样;它们的历史各不相同。它们各自的阶级结构及社会特征互不相同,因此,它们的变化……也是不同的。

(如不考虑术语的不同,马西的观点与前述吉登斯的结构性理论有类似之处。)这样我们可以把工业地理分布的变化与社会地理分布的变化联系起来作为一个新的“覆盖层”叠加在早期的层面上。

这些进程发展的结果就是地区发展的不平衡。由各具特点的地区拼合而成的区域反映了行为者们对形成英国工业地理分布这一过程的认识。(《劳动地区分工》一书的重要性,反映在一些澳大利亚作者对这本书写的10篇评述文章中,发表在《环境与规划A》的第12卷第5期(1989年5月)上。)马西后来根据每个进程的3个传统关注点——空间、环境和地点,在她题为"地理问题"(马西,1984b)的论文中进行了总结。如对于空间,她认为:

> "空间"的不同层面对建筑、功能设置、重构以及社会的总体变化及社会各组成部分的变化都很重要。距离和间隔常被各公司用来建立垄断控制的等级。

对于环境,马西认为"自然界"这个概念的产生是由社会形成的,所以在地区间不尽相同,是各地区社会系统的反映。对于地点,马西认为一般的进程在不同特殊地区有各自的结果,这与吉登斯的观点极为一致。因此地理研究需要解决个别与一般的关系:

> 一方面是区域间不平衡发展和区域间相互依存的主次系统,另一方面是各个地方的特性(p.9)。

这已成为学科的中心问题。

马西在《劳动地区分工》(1984a)一书中通过大量案例调查,全面阐明了她的观点,并在一篇关于妇女就业的论文(麦克道尔和马西，1984；参见罗斯，1988）中提出了一些其他看法。她在一项由英国经济社会研究院资助的关于调整城镇区域体系（CURS）的重大研究项目中也发挥了作用。这个项目由协调人（库克，1986）发起，并在他的一本专著中对由这个项目支持的7个案例研究作了总结（库克，1989a）。这个研究项目和马西早期的一本著作一起，研究的是英国在20世纪80年代进行经济重构的空间变化过程。因此（p. ix）：

> 这个项目总的目标就是探究在国家和地区层次上经济重构的影响，并且评价中央政府和地方政府在处理重建过程的问题时的政策，这些政策通过各种社会和政治组织起着推动或约束各地域体发展的作用。

（术语直接来自吉登斯。）另外

> 还包括一个重要的研究方面，即通过参考大量的社会科学理论和研究，探求建立"地域体"概念的理论地位。

当传统术语——社区——和吉登斯自己的术语——地方被摒弃后，"地域体"这个概念就取而代之。就像库克所解释的那样（p. 10），

> 当需要一个集中于某地的社会活动范围的对应概念时，社会科学文献里却是空白，这个概念说明的不仅是地方的影响和

内容，它也不限于以稳定性和连续性来说明地域的范围。

不用地方性这个术语是因为它的空间范围不明晰，让人觉得对行动而言，它是一个被动的而不是一个积极的环境，缺乏特定的社会含义。然而地域体却是指(p. 12)：

大多数居民日常工作和生活的空间，

并且居民的公民权利在其中得以界定。

在其总结的最后，库克认为通过7个典型案例的研究支持了他早期的观点，即地域体在重构过程和创造及再创造不平衡发展等方面起着关键作用。他强调这些案例阐明了(p. 296)：

不同层次地域体间的关系不是简单的从高层次往下传输运气和灾难的单向通道。相反，各地域体虽然不必是自己的主人，但对涉及自身的变革却很积极主动。地域体不是简单的地方或平等的社区；它们是由各种不同的个人、团体和社会利益在空间上相结合而产生的社会力量和动因的总和。它们不是被动的或多余的，在某种程度上，它们是集体意识的中心。它们是干预个体和集体日常生活，甚至是在更大范围内影响当地利益的事件的内部运行的基地。

这一结论及其得出这一结论的途径，一直是热烈辩论的主题，提出质疑的主要是概念问题，原因就像考克斯和迈尔(1989)所指出的，什么是必然的区域性和偶然的区域性目前还没有明确界定。

尼尔·史密斯(1987)发起了最初的批评，他认为调整城镇区域体系计划可能只湮没于统计信息的泥沼里，并没有比那些“着意研究特定地区自身，却没有得出一些理论和历史结论”(p. 62)的早期经验主义者的研究成果提供更多的有用东西。他还提到界定地域体的空间规模的含混不清。但他却赞成把区域认识和理论分析统一起来。库克(1987)驳斥了经验主义的观点，他认为调整城镇区域体系的首要目标是对已有资料的“理论探询”(p. 75)。厄里支持他的观点，最早认为(1986，p. 239)“存在一些有意义的地域体——特定过程”，随之列出社会科学家讨论这些过程的 10 种不同方法(厄里，1987；参见厄里，1985)。

还有一些其他的批评，科克伦(1987)怀疑调整城镇区域体系是否“只是在结构主义马克思主义之上加了一个人性的面具，或者……是一个带着复杂理论的面具却倒退回经验主义中去”(p. 355)。他得出这样一个结论，即调整区域城镇体系计划隐含着危险，作为政治行动的指导，让人觉得地方斗争就能解决问题(他称为“微观结构主义”)而没有认识到局部不能游离在整体之外。格雷戈森(1987a)没有那么乐观，她认为进行 7 个典型研究的理论目的很不明晰，很有可能掉进经验主义的陷阱，因此她指出，由于调整区域城镇体系没有明确的理论内含，“它只是对以前错误的区域研究的重复；而如果有了理论内含，就可以做更多的事”(p. 370)。博勒加德(1988)批评这个计划没有指出应用于实践的明确方向，对采用激进理论进行社会变革缺乏指导。乔纳斯(1988)主张“流入经验主义”的观点。

邓肯(1989)的批评最为全面,他承认这个概念中含有一些重要的东西——空间差异和特性——但他却认为“地域体的概念是误导的、没有得到有力支持的”(p. 247;在别处他还认为——邓肯和萨维奇,1989——它是“含混的、不令人满意的和多余的……是故弄玄虚”,pp. 202—204)。他认为可以从三个方面来理解“空间差异”。首先,社会进程是在各地发生的,由于以前的“覆盖层”(引用马西的术语)不同可以引起空间差异。其次,各种行动是在各地区发生的,所以也可以引起空间差异。最后,随空间变化的行动可以产生随空间变化的环境。但对他而言,地域体这个概念意味着“社会自主和空间决定论”(p. 247),对这二者他都持否定态度。他不认为地区差异有多么重要(与总的一般进程相比)。所以他认为(p. 248):

> 地域体……只有在地域体影响成为解释一个事件的偶然因素时才显得重要。而且地域体可能真没那么重要。

这是一个“未经证实的”裁决。库克(1989,p. 272)的回应(针对邓肯和萨维奇)十分犀利:

> 地域体的社会过程是当代社会生活一个明显的持久特征。邓肯和萨维奇对此置之不理,却停留在结构层面上,在超区域、超国家等等之上来描述空间差异,拒绝承认社会团体对地域体形成的作用,既过时也多余。

他得出结论：

> “地域体”是一个耐人寻味的、复杂的概念，对地理理论和经验研究具有重要意义。

对用于调整城镇区域体系计划中的“地域体”这个称谓的讨论，只是确认地方这一概念在形成社会科学认识中的作用的广泛尝试的一个方面。例如阿格纽和邓肯（1989，p. 1）在《地方的力量》一书中的引言中写道，这本书是“把社会学和地理学各自的‘想象’结合起来……从而对在社会科学和历史学实践中的具有地理意义上的地方的学术意义进行探究的一次尝试”。阿格纽（1989）分析了数十年来地方为什么在“正统的社会科学”中日趋衰落的原因，并且着重论述了地方与社区的混淆。他指出，传统上把社区的衰落与“现代化”等同起来，是“无地方”社会取代了社区——被看作“自然的、合法的、普遍的”（p. 16）一种过渡，并把它与具有“超越地方的思想观念”的民族主义等同起来。同样，由马克思主义提出的另一种观点也淡化了地方的影响，而强调“人们不受地方的限制”（p. 22）。（恩特里金在同书的论文中也提出了类似的观点，1989。）这本书的目的是想矫正上述倾向，并且通过理论探讨和经验说明，“抨击当前在历史学和社会科学中流行的过分强调社会学的作用，而忽视地理学的影响”（p. 7：参见阿格纽，1990，关于他从结构上关注场所地方与哈特向的论点——p. 42——关于地理学是对地区间差异性的研究——之间的异同）。

阿格纽（1987b）在一篇关于政治行为的专题文章中对政治社

会学进行了批判,他的观点在这篇文章中得到充分体现。他从以下几个方面回答了自己的提问“为什么采用地方的观点”。

首先,采用地方观念可以对抽象问题(如阶层),在日常生活背景下进行分析。作为一个流动的力量,阶层在一个特定的地方可以有,也可能没有,即使存在,其作为一个社会组织的中心,力量也可强可弱。阶层就像诸如宗教信仰之类的范畴,在不同的地方有不同的情况,对行为的理解,需要根据特定环境正确认识它们的特点。

其次,通过把地方看作一种产生结构性环境背景,人们避免去探索普遍存在于时空中的行为规则。这种探索是实证主义的核心。地方观念可使人们不用放弃对因果论的支持,而认识到地方的独特之处。因此,日常生活中社会关系的结构性在各个地方有许多共同的要素(如:阶层、地方中央政府关系等),但不同的地方却形成不同的结果。(p. 42)

第三,通过对地方的关注,人们可解决结构驱动作用中的问题,因为它使人们“意识到在同一时间内人的行为既是有目的的,同时,也是受社会结构调节,并且生成社会结构的”。阿格纽指出认识到这点是很困难的,很容易陷入唯意志论或决定论(约翰斯顿分别称为“个别的陷阱”和“一般的陷阱”,1985d)。

第四,认识到地方间的不同,就不用再把历史划分成各个阶段,在不同的地域,各个社会的发展不同,即使是在相同的过程中,发展的速度也各不相同。(阿格纽在此提出了后来索娅及其他人也涉及的关于后现代主义的观点:1989,见本书第392页。)

第五，一旦认识到地区差异是对文化差异的反映，就产生了一种与经济决定论相反的观点。文化现象不仅仅是对经济决定因素的反映，更反映了人们在实践中建立起来的生产、生活方式，而在这种实践中经济规则才得以运行。“日常生活的实践性”(p. 43)提供了人们活动的环境背景，而人们行动的结果又重新创造了环境。

阿格纽用许多研究案例详述了这种观点的益处，尤其是一个从地理角度对苏格兰民族主义支持者的研究案例，对此他认为当前的政治社会学不能满意地解决这个问题。他指出他的观点把“地理学和社会学的想象”在微观社会过程中结合起来，而宏观社会结果（如：选举苏格兰国民党的投票模式）是研究地区各个微观过程的总和。这种观点基于如下的原则(p. 233)：

> 政治秩序是通过微观社会（场所和地方感）的日常事务形成和再形成的。不管权力关系的性质如何特殊，它们都不能独立于行动的领域和日常生活实践之外。宏观秩序（区位）在日常事务和各地人们的实践中得到体现。

因此阿格纽的目的不仅仅是地理学中地方（或地域体）研究的复苏，还包括这项工作与其他社会科学的更紧密结合。

“新区域地理学”

关于地域体的讨论是有关地区特征重要性众多研究的一个方面。很多研究都采用了背景方法，阿格纽(1984，1987b)关于选举行为很大程度上受到选区社会背景的影响的论点(参见约翰斯顿,1986e)以及对各地公房供应差异的详尽分析(这个问题也受到现实主义观点的影响,见迪肯斯等,1985)都属此列。一些学者还从这一普遍的关注进而转向呼吁区域地理学的复苏和重建。如马西(1984b)在她的呼吁结束时写道:

> 我们很有必要再次重申独特事情的存在、可说明性和意义。我们(必须做的)……是再次进行传统区域地理学的挑战,摒弃它的答案,但承认它提出问题的重要性(p. 10)。

这是对早先由格雷戈里(1978a)提出号召的响应,格雷戈里说:

> 自从区域地理学被认为衰亡以来,……地理学家出于他们的荣誉感,一直努力以种种方式让它复苏……但这是一项艰巨的任务……我们需要了解区域的社会形态、区域的接合和区域结构的构成……(而形成)一个意义双关的人文地理学:人文的意思是,一方面它的概念是由人类形成的,根植于特殊的社会形态,并且能够——要求——持续的检验和批判;另一方面,它使人类回复到自己的世界,并使他们能参与对他们自己的人文地理的共同改造(pp. 171—172)。

这一号召并没有得到立即响应,尽管弗莱明(1973)、斯蒂尔(1982)、哈特(1982)等人曾呼吁复兴传统区域地理学——哈特的意思是“建立良好的区域地理学——提倡一些利于促进理解和正确认识地方、地区和区域的描述”(p. 2)。最近一段时期以来，人们开始响应格雷戈里的号召(参见格雷戈里，1985b)，并且主张——如李(1984，1985)和约翰斯顿(1984c，1985a)所做的——重建区域地理学，他们认识到(李，1985)：

1. 虽然各个社会进程是一个整体，但它们却运行在历史和地理的特定环境中，对它们的认识需考察地理变化(区域的马赛克结构)。

2. 社会并不是一成不变的，而是不断由人类的行为进行着再创造。既然这些行为发生在特定的历史和地理条件下，因此社会的再创造也是因时因地多变的。

3. 地方的变革是在广泛的社会关系背景下发生的。

4. 所出现的区域并不是固定的地域划分，而是变化着的社会构成。

地理学的一项主要目标应是揭示区域的性质。

上述论点强调变化，说明在地理学这门学科总纲内，历史地理学需要有明确的位置。研究过去可以更好地理解现在并不是什么新鲜的提法，只是随着基于结构/背景论的方法论的发展，从历史的角度透视显得日益重要。历史地理学家确实也在本文讨论的问题上作出了重大贡献(见贝克和格雷戈里，1984)，他们吸取了诸如《法国年鉴》历史学派的思想(贝克，1984；普雷德，1984d，例如着重列举了布劳德文的研究工作)。他们的一些解释，诸如一个社会的长期演变(如邓福德和佩隆斯，1983)及其区域构成(兰顿，1984)、一个工业(如格雷戈里，1982a)或农业(普雷德，1985，1986)

区域的根本变革，和特定地区的形成（如哈维的著作，1985c，以19世纪巴黎为例，详尽分析了在特定环境下意识形态是如何形成的）等，都吸收了现实主义的一些基本概念，说明了作为一种总趋势结果的变化之发生过程，而这一总趋势是在特定的环境下由特定的人的作用下进行的。（但并不是所有的历史学家都持这种观点：见迈尼希，1978，尤其是p.1215。）同样，文化地理学不再与地理学的其他分支有明显的区分。长期以来，文化地理学是北美地区独有的分支学科，主要关注人文景观，而如邓肯（1980）指出的那样较少关注文化概念本身。如果文化可看成是一个社区全部的遗产——物质的和非物质的，那么一个区域的“内涵”就能等同于它的文化，这为文化地理学的复兴提供了基础（科斯格罗夫，1985；思里夫特，1985；杰克逊，1989）——同时并不妨碍对作为文化反映者和文化再创造者的景观的继续研究（科斯格罗夫，1984）。

普杜普（1988）的一篇论文清楚地分析了区域地理学“新”、“旧”两派的区别，她认为后者倾向于经验主义：“而理论上讲，中性的立场是地区描述的基础”（p.374）。传统的区域地理学如今被重建的区域地理学代替，新区域地理学的根本点是“把澄清了的区域问题当成自己的研究对象——简而言之，就是地理学家为什么费心地把区域研究放在第一位”（p.379）。普杜普指出答案可从普雷德（1984c）关于瑞典南部地区和格雷戈里（1982）关于西约克郡的论著中找到：区域是地域实体，人类的作用使它们形成、重新形成和变革。这儿我们的观点类似于泰勒（见本书第372页）关于经验范围和吉登斯（见本书第374页）关于结构性的看法：人们在区域中获得文化，并促成文化的延续（思里夫特称区域为“相互作用的场所”:1983,p.40)。对这些进程的性质采用理论的方法可得到正确的认识,这种认识要通过一种由确定的词语所构成的叙述,“以经验处理的形式把理论表达出来”(p.383:参见塞耶,1989a,1989b)。这些经验处理应关注什么仍是人们争论的问题——如果根据区域的显著特征确实能得出一致的看法,那么区域就应该是研究的重点。(见约翰斯顿,1990a,他建议,讨论“新”区域地理学时,“我们不需要区域的地理学,但我们需要地理学中的区域”,p.139。沃夫,1988,p.57,指出用实证主义的“‘没有理论的区域’地理学”来代替传统的区域地理学,将很快变成“没有区域的理论”地理学。)

吉尔伯特(1988)发展了普杜普对“新”区域地理学特征的刻画,她从近来的一些研究区域特征的著作中总结出了3种独立的观点。

1.一种是把区域看成是资本主义发展过程在局部地区的产物,这主要是讲英语的学者所持的观点。如哈维和其他学者研究不平衡发展时就指出(见本书第364页),地区差异是资本主义社会关系的反应,因此又重组资本主义社会关系。对这些问题的在政治经济学(可能就是马克思主义)理论范围内的认识,是新区域地理学的研究目标。

2.另一种是把区域看成是鉴别确认(或“地方感”)的中心,这主要是讲法语的、着重文化分析的学者所持的观点。他们认为对地方(区域)的认识只是理解文化特点的产生和再创造的一个方面。

3.第三种是把区域当作社会相互作用的媒介,区域“在社会关系的形成和更新中起着基本的作用”(见本书第334页)。这是一些讲法语,也有讲英语的地理学家所持的观点,对“地域体”的研究就属此列(见本书第379页)。

吉尔伯特指出上述3种观点都表明了与“传统”区域地理学的区别,这是因为:在资本主义各种趋势趋同(参见皮特,1989)的情况下,对区域差异的持续存在的认识,为区域地理学在抵制这些趋势的呼声中,提供了实践意义;“新”区域地理学的研究是建立在结构论基础上的(如阿格纽在关于资本主义全球经济中的美国一书中所阐述的那样,1987a);对区域演变过程的认识是辩证的而不是自然主义的;要认识到在区域形成、重建和变革过程中人类作用的重要性。上述种种,提出了一种研究方式,它的目的是要认识并取得社会变革,这也提出了使“地理学成为一门对社会有用的科学”的要求(见本书第351页)。

后现代主义

后现代主义是在社会科学和人文学科中逐渐具有影响的流派,一些人把它和“新”区域地理学联系起来,另一些人又把它们分隔开来。索娅(1989)认为,后现代主义的兴起,是对现代思潮中占据主流地位的历史主义的冲击的一个方面,历史主义强调事物的发展过程(个体和群体)而忽略空间性;索娅(p.15)认为历史主义:

> 过分强调社会生活和社会理论的历史承启联系,实质上掩盖和淡化了地理或空间的作用……暗示空间从属于时间,削弱了社会世界可变性的地理学解释。

由于上述原因，本世纪初地理学在社会科学的理论发展中没有获得应有的地位：那些理论假设了“历史发展步调的肤浅的一致”(p. 33)，而没有认识到在不同的地区社会发展的进程不同，因此历史的长河并不是在各处都是一样的(在后现代小说的结构中出现明显的“混乱”，缺乏连续的描述，后现代建筑也缺乏明快和实用的结构：诺克斯，1987)。索娅利用上述许多研究成果，并将其放入后现代主义社会思潮的广泛背景下。对另一些人而言，后现代主义是回应现代主义的一个方面，而现代主义是一种世界观(p. 16)，如格雷戈里所强调的(1989a，p. 68)，关注“推理的力量和理性的进步”：它是一种均化力量，反映在“启蒙”文学和实用建筑风格上。拉希和尤里(1987)把“有序资本主义”(有人称为“福特主义”)时期的均质性与当代“无序资本主义”(有人称为“弹性积累”：见哈维和斯科特，1989，及《环境与规划 D》杂志特刊：社会和空间，第 6(3)卷，1988，斯科特和库克编辑，1988，还有赫德森，1989)的经济、社会和政治生活的异质性相比较，认为后现代主义排斥这种“整体”观念，而强调现代生活日益出现的不连续性和分离性特征。对一些地理学家而言，后现代主义强调“异质性、特殊性、唯一性”(格雷戈里，1989a，p. 70)，从而为研究区域差异提供了理论背景。如格雷戈里(pp. 91—92)指出的，要认识到

> 世界上的无序远比我们最初所见要多得多，当人们真正觉察到时，这些无序才出现……在一定程度上，我们必须回到地区差异的问题上：但要用新的理论装备起来，去认识我们生存的世界和探索我们认知世界的方法。

迪尔(1988)也投入到后现代主义的研究中,因为这是对现代主义的概括性研究并寻求"普遍真理"的抨击。后现代主义认为,一种理论观点不能超越另一种理论观点,因为二者彼此的长处是"不定的"(p. 266)。因此地理学内部不可能达成一致,相反无序状态将占主流地位。语言是认知的基础,所以当我们用语言来表述我们经验的秩序时,反映的是我们的文化,而不是真正的"事物性质"。因此地理学(和其他任何学科)得不出"宏大的理论",而只能解释"社会穿越时空过程的同期性问题"(p. 272),迪尔并且认为在地理学内部,经济、社会和政治地理学等分支学科的地位在其他分支学科之上。如果地理学按照这种模式重建,那么它能"宣称自己与历史学并驾齐驱,是对人类知识进行时空重建的两个重要学科之一"。

像许多"激进派"的情况一样,人们接受后现代主义的思想,是因为它猛烈抨击空间科学和它的(有时只是隐含的)实证主义基础。格雷戈里(1989b)在人类学、社会学和经济学的某些层面追踪到"现代主义"的观点,而这些学科在 19 世纪和 20 世纪曾影响地理学的发展。他集中研究了主要"现代主义"范式的两个方面:

1. 一个是牢固的自然主义基础(好像"对我们这种人文地理学与自然地理学相结合的学科,具有特殊的意义":p. 352),以及对自然科学的研究目的和程式的信任,认为它们可以用于研究人类和人类社会。

2. 一个是科学的总体观念,即寻求一个"系统的秩序",其内在逻辑将一深刻的协调性置于人们混乱的直觉印象之上,空间科学的重要性正来源于此。

近年来，由于总体观的自然主义研究不能解释变化的世界，其观念受到了挑战。在政治经济方面，马克思主义“束缚于传统的自然主义陈旧的观念”(p. 356)，跟不上“无序资本主义”的发展(拉希和厄里，1987)；在社会理论方面，总体观的话语不能揭示时空的差异，对于这些差异吉登斯的结构性理论说得很清楚；在“文化科学”(如文学研究)方面，对总括式的叙事(见下文)的抨击，使普遍理论的声誉开始丧失。格雷戈里认为，上述各方面的冲击揭示出“现代性的危机”，而这种危机却被后现代主义解决了：

> 后现代主义发出响亮的声音，揭示出(并且应当揭示)当代社会理论的特征(p. 379)。

如果普遍理论(或总括式叙述)不能解释地理学家观察到的差异，那么就需要一个能做到的方法。后现代主义为此提供了一个框架，格雷戈里将结构论和哈伯马斯的批判社会论放入后现代主义的框架，但——也许和许多“潮流学派”一样——后现代主义“需要置身于其反对者和拥护者之外。它的主张必须公开地、审慎地、清醒地实施”(p. 379)。

哈维(1989a)对后现代主义的许多见解及其对地理学家的意义，研究得最为全面，尤其是结合从福特主义向弹性积累转换的设想。他的评价如下(pp. 113—115)：

> 后现代主义在对待差别，沟通困难，以及利益、文化、地方诸如此类的复杂性和细微差异方面，产生了积极的影响。而

> 现代主义在总括式语言、总括式理论和总括叙述方面，却掩盖了重要的差异，并且没有关注意义重大的分离性和细节……（它）视自身为一个有意的，而且有些无序的运动，为了克服预想到的现代主义的所有不当之处。

但哈维没有像一些人那样完全信服后现代主义的主张。他同意对“历史主义”的批评（如被索娅拓展出来的），但他不愿意（下文详述：第351页）抛弃某些总括式叙述，尤其是对于马克思主义。他认为，后现代主义反映了（p.116）：

> （现代主义）……一种特有的危机，后现代主义强调不连续、短暂和无序的一面……（而马克思却极妙地把这一面分析为资本主义生产方式的组成部分）而对任何永久的、不变的传统规则是如何被构想、表达出来的提出强烈的怀疑。

哈维认为，大多数后现代主义者走得太远，近于虚无主义。他仍然坚信马克思主义的总括式理论和总括式叙述的力量，但承认，认识到后现代主义者和其他“新区域地理学家”提出的空间变化（见p.355上他的重要事务）有助于对资本主义动态的实际运行的完整理解。哈维像格雷厄姆（1988）一样，不接受后现代主义提供“原本完整的碎片”（p.60）的提法。格雷厄姆认为马克思主义应该深化成总括式理论，因为（p.65）：

> 后现代主义不承认一切经验和社会生活从属于阶级斗争

> 和积累规则，而马克思主义却能够而且应当做到。

其结果将产生一种理论能解释普遍趋势，并结合这种趋势来认识地区间差异，而这正是区域地理学研究的内容。

男女平等主义

根据马克思主义理论，阶级冲突是资本主义社会运行的基础，但近来文化地理学的发展显示，仅对冲突的分析不足于正确理解资本主义发展过程中地区间的经验差异。杰克逊(1989，p. x)指出，文化

> 是一个领域，与政治和经济同等重要，在这个领域内控制与服从的社会关系既有约定也有抵制，其中的含义不仅是强加的，也是抗争的。

这一领域内，性别冲突成为近年来引人注目的话题，大大促进了文化地理学的扩展和对资本主义经济体系内差异的认识。

麦克道尔认为(1986a，p. 151)，男女平等主义地理学"注重性别的不平等和妇女在各个生活领域受压迫等问题"。其目的之一是在地理学行业内指出这种不平等和歧视(泽林斯基，1973a；泽林斯基、蒙克和汉森，1982；杰克逊、史密斯和约翰斯顿，1988；约翰斯顿，1989)，但其主要任务是(麦克道尔，1980，p. 137)：

> 表明妇女在地理学中的作用，指出在地理学内没有考虑

> 性别差异抑制了地理学的研究和教学……(另外)仅仅把妇女吸收进来作为一个方面是不够的。男女平等主义地理学与妇女地理学不同,要求对地理学有一个新的视角。它对目前的学科分类方式提出了几个棘手的问题,并对现行的地理学的教学和研究提出了挑战。

因此它的目的不是为地理学增加一个单独的、可能被排挤的男女平等主义题目,而是表明男女平等主义的观念涉及人文地理学的所有方面。

约翰斯顿(1989)认为,男女平等主义地理学包括认识妇女经受和抵抗男人压迫的共同经历,致力于结束这种压迫从而"使妇女能够掌握自身的命运"(p. 85)等方面。这包括评价地理学实践,以揭示它是"性别主义的、家长式的、男权为中心的",这些都助长了对妇女的压迫。通过这种揭示,解放应能实现,同样,应用于阶级压迫的理论批判也为解放铺平了道路。因此,男女平等主义地理学不同于妇女地理学,一般而言,像激进地理学一样,它提出的观念被当成政治实践的指南(鲍尔比、刘易斯、麦克道尔和富得,1989)。

鲍尔比(1986)认为有关性别不平等的研究有5种观点:

1. 认为它既无理论意义,实际也并不存在;

2. 认为它是资本主义关系的产物;

3. 认为它是家长制的产物,而家长制是社会不平等的主要形式;

4. 认为家长制与资本主义社会关系紧密地联接在一起,形成了一个单一的资本主义家长制体系，其结果造成性别不平等；

5. 认为它是家长制与资本主义制度相互作用的结果。

鲍尔比等人（1989）认为第二种和第四种观点是最为人们普遍接受的，人们关注资本主义造成的性别不平等的方式。富得和格雷格森（1986）持第五种观点，认为家长制独立于资本主义社会关系之外，虽然二者在实际中明显地联接在一起。他们提出就像资本主义可被看成生产方式特有的形式（它在不同的时间地点呈现唯一性）一样，家长制也是性别关系特有的一种形式（也呈现唯一性）。

富得和格雷格森指出，就一般情况来说，人类和环境间必然的相互关系需要一个社会组织来确保人类的生存，并且“**所有的**社会关系必然涉及性别关系，所以……性别关系将植根于社会关系的一切形式中”（p. 199）。因此性别关系是任何社会关系必含的组成要素，与生产方式无关：资本主义社会关系和性别关系可能在实际中联接在一起的，但它们不是同一结构的组成部分。家长制是性别关系的特有形式，男人主宰着人口的繁衍，而实际研究考虑的是这种主宰在“特定时期和地点”（p. 206）的性质：“就像其他关系要随着时空的变化而变化一样，构成这些关系的实践也是如此”——因此在区域研究的背景下研究性别关系意义重大。

富得和格雷格森的观点导致这样一个结论，即马克思主义理论和男女平等主义理论不能结合在一起，因为性别关系和社会关系是两个独立的领域。但麦克道尔（1986b）进行了资本主义的阶级分析，反对女性受压迫是天经地义的看法。麦克道尔认为，人口的再生产是资本主义再生产过程的组成部分，并且指出（p. 313）：

> 家长制社会关系受到国家的政治和意识功能的强化，为了自身的巨大利益，国家支持被剥削阶级中个体男人对个体女人的主宰。

她认为在资本主义社会追逐剩余财富而产生的矛盾是妇女受压迫的根源，而不是什么两性关系的问题(p. 317)：

> 阶级社会中男性为中心的社会结构，以性别为基础的家庭控制形式，以及亲属关系网络，是历史，而不是性别关系的因素造成的。

另一方面，吉尔和沃尔顿(1987)讨论了富得和格雷格森关于性别关系是否对所有社会关系都是必然的问题，提出(pp. 56—57)：

> 人类学、历史学以及其他学科的一些证据表明，性别并不总是被用作界定男性和女性性别差异及其相应的生理和心理特征……(因此)这个观念的确立只是人类意识和人类社会的产物。

根据这种观点，性别差异和所有其他差异一样，是社会造成的，而不是必然存在的(参见诺普和劳利亚，1987)。格雷格森和富得(1987，pp. 373—374)坚持自己的观点，对此作出回应，他们提出生产方式和性别关系是“进行分析的两个性质截然不同的和独立的对象，它们间有特定形式的联系（资本主义和家长制性别关系），但不能归入概念的范畴”。不过，他们不承认这会导致妇女受压迫是天经地义的理论。

这场辩论显示了男女平等主义地理学所涉及的东西比具体观察的要多得多，不只是说妇女在当前社会受压迫和在一系列广泛的行动和各种时空中存在着重大的性别差异。有关的研究（妇女和地理学研究小组，1984；利特尔、皮克和理查森，1988）为考察这些差异提供了原始资料，但是就像麦肯齐（1989）和鲍尔比等人（1989）所认为的那样，男女平等主义地理学促进了地理学的理论讨论（富得和格雷格森的工作在观念上明显属于现实主义），并且进一步揭示出社会关系在时空中形成和再形成的多种情形。

关于激进派的讨论

“激进派阵营”并不是一个统一的学术派别，虽然马克思主义仍然关注工人的活动，近来却经受了其他学说的冲击，而这些学说本身一般也归属这个“阵营”。1986 年，桑德斯和威廉斯提出，近来的城镇研究未经讨论“就自然而然地被当成正统学说……一种不需检验的政治和理论认同推动了这类研究的发展”（p. 393）。他们认为，从本质上讲，这种学说是不同于实证主义的，它“仅小范围地涵括了左倾韦伯主义和马克思主义的不同派别，却几乎排除了所有的其他方面”。他们二人得出这样的结论，即当前的城镇研究：

> 并没有乔装成是“无价值趋向的”或“道德中立的”并且……防止了经验方面否定的可能性。这说明各种研究(如所谓的“新右派”哲学)如果不能被归为正统学问,将首先被排除。这种研究很少被人注意,人们对它们本身也不认真对待。往往是贴上了一个贬义的标签(如“撒切尔主义”、“里根主义”,或者是“独裁主义的民粹论”),使人们把它归入自己现存的观念……而没有对它的学术内涵进行审视。这样,不同的观念被排除而不是被讨论,被误解而从没有进行认真的评价(pp. 393—394)。

马克思主义和现实主义的一些内容受到了批判,如后者被刻画成“主张历史从属于理论”(p. 394)和认为事情“只能由理论来确立,即使没有明显的证据说明它存在,它仍被保证不是虚假的”(p. 395);所以凡是与实证主义明显对立的研究都因为不服从实证主义和批判的理性主义程式而受到斥责!

他们的批判认为,结构论在这些研究中占有主要地位,而这是过时的:英国社会上一世纪的主要变化被忽视了,——“我们在分析时仍采用实际上已然过时的阶级论”(p. 397)——因此许多变化未被考虑,因为:

> 很少或没有注意资本主义的基本特征的变化。由于社会变化就发生在我们鼻子底下,因此我们担了这样一种风险,即我们的方法和理论使我们较少关注那些变化。正统的学说在社会的变化时却受到维护和发展。

桑德斯和威廉斯指出，即使是诸如男女平等主义和重新关注种族问题之类的挑战，也较少受到重视，“激进派阵营”的理论工具未被重新检验，因此城镇研究被指责为“安全而不是创新，保守而不是批判”的研究。

哈维是桑德斯和威廉斯的批判对象之一，也是马克思主义的坚决拥护者之一，他指出“我这二十年来的学术目标是……（为）阐明社会变革中城镇化的作用，尤其是在资本主义社会关系和积累的条件下”（1989b，p. 3）。他在 1987 年回应桑德斯和威廉斯的一篇论文中提到“在城镇分析领域里马克思主义理论存在一个明显的战略撤退，人们逐渐不愿直接使用马克思的概念来表述他们的观点”（哈维，1987，p. 367）。他谴责城镇研究中这种抛弃“严密的辩证的理论阐述和历史唯物主义的分析方法”的情形（一些学者却认为他的这种说法是没有根据的攻击），因为：

> 马克思的《资本论》闲置在文物书店书架上的日子……远未到来。实际上，在许多方面，从未像现在这样是应用马克思的观点来理解资本主义发展和演变过程的合适时机。而且，我确信利用马克思主义的分析方法，可为构建激进主义理论和进行激进主义的实践提供最可信的指导。

他承认，面对右翼的压力，他的批评很容易失败。

哈维开始时接受桑德斯和威廉斯的观点，即现实主义和能动性、结构的观念：

> 只不过是对包含从左倾韦伯主义到“马克思主义不同派别”的传统左派正统学说的软弱翻版(p. 368)。

但哈维不认同他们进一步的观点。他指出在对马克思主义的批判中存在着3个不真实的问题。一个是经济主义,这反映在邓肯和莱(1982:见下文,第362页)的批判中。第二个是

> 马克思主义理论的抽象观念无法解释“历史的特殊性和地理的独特性”(p. 370)。

对此哈维强烈反对。他相信“原则上讲是可以运用理论法则解释个别实例和特殊事件”(p. 371),更何况马克思理论的最吸引人之处是它关于资本主义过程,而不是事件的规律性叙述。他引用《资本论》“劳动日”这章加以说明,指出这种对人类在日常生活中如何适应其环境的详细的经验描述,

> 通过检索历史资料,形成了诸如货币、利润、日工资、劳动时间、工作日,以及绝对价值和剩余价值之类的范畴(p. 372)。

说明了理论是如何通过对特定情形的解释形成和发展起来的。

哈维以马西和塞耶的观点以及他们对“特定地点、事件和过程的非常深切和认真的关注”为例,指出“左派队伍中”(p. 373)持第二种想法的人正逐渐增多。塞耶的现实主义观念将“广泛的偶然

性与对一般过程的认识结合起来”，但

> 这种看似吸引人的方法的问题在于没有提供任何东西，而只有研究者对什么是与特殊过程相联系的特殊事例或哪些偶然性（可能有无数个）应予认真考虑的个人判断。总之，无法防止科学对大量偶然性认知能力的衰退，而这些偶然性都与特定事件的特殊关系和过程有关（p. 373）。

哈维认为这恐怕是一条通向“简单经验主义”（p. 374）之路，他认为桑德斯和威廉斯（1986）正促进了这种倾向（他把他们的思想刻画成“简直就是科学责任的丧失和政治意志的屈服”）。与此相反，他关注马克思主义的“普遍真理和抽象理论”（p. 375）以及它指导政治实践的能力，相信“马克思主义的生命力”（p. 375）。

史密斯（1987）在随后的辩论中也采纳了哈维的观点，他认为马克思提供了一个用途广泛的分析框架和一个“最完美的政治话语”，他指出“现实主义……已成为一个理论立场，让人相信在地理空间问题上根本就不存在普遍性理论，而且任何在这方面的努力都是根本错误的”（p. 379）。不过这种思想遭到另一些人的反对，如鲍尔（1987，p. 393）不同意哈维：

> 对那些没再三申明其马克思主义立场的人，那些不相信马克思说的每一句话都是清楚和正确的人，以及那些不直接应用马克思主义理论的最抽象概念去解释他们所研究的具体情形的人的全盘否定。

塞耶(1987)同样对此、对关于动机的指责感到不满，他对桑德斯和威廉斯，并且对哈维作出了回应，说“即使这意味着我曾经希望的以及我仍然希望的事情的中止，我希望的是一种以观念的解放，对社会科学进行既广泛又共同的探索”(p.395)。

塞耶在他的回应中非常赞同哈维关于经验研究能够阐明理论认识的观点，并认为这在“一定程度上促使我修正了关于资本、竞争、阶级和劳动分工的性质的抽象概念”(p.397)。他也为现实主义辩护，对简化论和理论主义(桑德斯和威廉斯)的指责和经验主义(哈维)的责难都进行了还击。对于后者，他指出由于理论上中立的观察方式是不可能的，因此认为现实主义(或其他任何学派)是非理论的，经验主义的观点不能持久；相反，他认为“资本—劳动力关系、阶级、性别以及许多其他引人注意的现象，都是在特定地区(虽然不仅如此)历史地形成的，对这种形成方式必须进行解释”(p.399)。因此要用马克思关于资本主义进程的普遍理论的抽象分类去认识特定现实的性质(塞耶另外指出，1989b，这需要人本主义与历史唯物主义的结合；参见斯托佩，1987)。库克(1987c)同样支持对普遍过程和地区过程的相互作用的研究，赞成利用获得的认识去进行地区政治实践：“我发现将全面的认识和局部的认识或行动在一定程度上都认为存在‘局限性’的看法是很奇怪的”(p.412)。思里夫特(1987)认为马克思主义的政治经济学在英国取得了巨大成功，“如今对许多理论提供了重要基础”(p.401)；他进一步指出，“现实主义是对辩证历史唯物主义的重建，因此它不但保留了启蒙传统的精华，还吸收了20世纪发展的正确的社会理论”(p.405)。思里夫特认为，诸如马克思主义这样的社会理论是

有助于解释特定事例的手电筒，但却不是“照亮社会每个角落的探照灯”(p. 405)，这正是对哈维的情况的解释。思里夫特指出，这包含对地区能动性的研究，还包含结构研究。

桑德斯和威廉斯(1987)在回应哈维的批评时，首先对哈维进行了描绘(pp. 427—428)：

> 哈维回避与对手的亲善，他采取了类似宗教的形式，用一种救世主的口吻来发送他的福音书。他告诉人们……他坚定的**信仰**，即马克思主义为激进主义解放事业提供了**最可信**的指导……哈维的观点是一个很好的例子，说明了当代我们所谓的城镇研究的趋向会扑灭新思想、阻止学术讨论。如果你像哈维一样相信永恒不变的真理已被马克思的《资本论》大部分建立起来，那么你实际上就没有了公开辩论的可能性，也没有了从持不同观点的人那儿学习的可能性。

(古尔德，1988，同样批判了马克思主义作者的，尤其是哈维的“排他性观点”。)桑德斯和威廉斯接着批判他坚持的“包罗万象”式理论，即包容整个社会的理论，它有一个优越的起始点(或初始假定)，不需要经验的否认/承认：“很难了解通过局部研究并从局部起步你是如何得到整体的……全部论述因此总是不可更改地服从最初的假定——马克思关于剥削、阶级斗争，以及历史发展过程的理论，不是来自于对曼彻斯特人们的考查，而是来自于关于社会的‘整体’的观念，然后将这些观念强加在现实的经验观察之上”(pp. 428—429)。因此，哈维的马克思主义无法感觉实际虚假的

东西；也不是塞耶所说的现实主义。桑德斯和威廉斯指出，那些是“封闭的”研究，虽然他们二人与哈维和塞耶共有同样的目的，但他们坚持认为(p. 430)：

> 在社会科学自身松绑以前，人们是不可能发展社会科学的。

因此编者认为这样的讨论是很必要的，因为：资本主义社会是不断变化的；政治活动的性质也在不断变化；“社会理论必须重视这些日渐积累的变化”(迪尔，1987，p. 363)。

自由主义者和激进派的辩论

本章所述内容反映了一种世界观，这种世界观与20世纪70年代和80年代多数人文地理学家所持的观点很不一样。至少从发表的文章数量来看，由此产生的学术辩论比由“计量革命”引起的辩论，要激烈得多。而且通过如《地区》杂志(20年前还没有这样的杂志，当时设有“意见和观点”专栏的出版物很少)那样的论坛，辩论进行得更加深入和细致。行为主义者在地理学内并没有引起真正的关注，他们的观点很快就被各种学派同化掉了，但70年代和80年代所谓的激进派却产生了很大影响，因为他们不仅抨击大多数地理研究的基础，而且由于他们鲜明的跨学科特点，还抨击学科内的官僚主义结构和地理学本身存在的方式(约翰斯顿，1978c)；一些人如埃利奥特·赫斯特(1980，1985)就明确提出，地理学作为一个单独的学科应予取消。(多数辩论一方面包括经验主义和实证主义的内容,另一方面还涉及激进派的观点。人本主义的观点较少涉及——但比林格,1983,和弗劳尔迪,1989 有所涉及。)

自由主义者和激进派观点截然相反的典型例子是关于犯罪地理学的辩论。它最初由皮特(1975b)发起,他指出地理学家在努力使自己的研究联系实际的时候,但却没有问"与谁联系";他们研究的政治后果被忽视了。有关犯罪的研究(如哈里斯,1974)仅涉及社会问题的表面现象,不能提出解决问题的办法,因而只是改良的手段而已。"因此这种所谓'有用的'地理学只不过用于保持现存秩序,把注意力从社会问题的深层原因转移到结果的琐碎细节上去"(p.277)。而且,地理学家研究的只不过是统计起来的犯罪事实,因而接受的是上流人物对犯罪的定义;他们得出的犯罪地图有助于警察的巡逻,因而可用于维护社会权力关系的现状。地理学家隐含的作用其实是保持"垄断资本主义"的状态。

哈里斯(1975)作出回应,抨击皮特观点的过分简单化,他认为地理学家如果仅仅提出犯罪是垄断资本主义的产物,他们不会有任何用处。他争辩道,最佳的办法是在这一制度内进行工作,使司法当局更人道、更公正,以保护犯罪的可能受害者,另外,为地理系毕业生提供就业机会。关于控制犯罪的研究可能比争论它产生的原因是否与生产方式有关更有用处:如李(1975)也曾指出,皮特"没有向我们提供任何线索关于他和其他激进派地理学家是如何研究犯罪的"(p.285)。

皮特(1976a)对李的观点作出了回应,提出了一个可"通过说服力为社会革命作出直接贡献”(p. 97)的激进理论。这个理论认为资本主义束缚人的竞争意识,并造成物质和权力的不平等分配。侵略性可认为是竞争意识的一方面,通常被灌输到下层阶级之中,他们被鼓励消费,却又购买力不足。随着自相矛盾的增长,就会促成犯罪。犯罪往往出现在贫民区以及贫民区和中产阶级居住区间的交界地带。哈里斯(1976)回答说,要成为一个激进派,花费很大,几乎没有一个学术机构能够支付得起;在一个公立大学进行研究需要的是讲求实际而不是革命的主张。哈里斯认为,皮特的理论过于注重经济学并带有决定论的成分;它没有把文化因素考虑进去,例如黑人犯罪的比例失衡,美国南部及其他地区崇尚暴力的亚文化,它也没有考虑到任何经济体制都会造成少数人在满足他们的需要和依社会法定方式获取时的不利地位。但是他也无法提供另外一套可替代的理论:“我无法在头脑中形成有关犯罪起因的理论,而且我根本无法用几页纸对现存的理论做出综合和价值判断”(p. 102)。他鼓励皮特走出藩篱,去参与当前制度下的变革。另一方面沃尔夫(1976)也指出,皮特关注于马克思主义的传统理论,并不完全是一个激进派。

在 70 年代有两位地理学家卷入到大量的、常常是不友善的辩论中,他们是布赖恩·贝里和大卫·哈维。贝里(1972b)首先就哈维关于革命理论和少数民族居住区的文章发起了讨论。贝里怀疑哈维关于需要革命的推理是否会被接受:“由于‘许诺’,对手会悄悄地溜向角落,世界将会欢迎新的救世主,某种程度上社会变革会魔术般地发生”(p. 32)。他强调在 20 世纪变革的力量不只需要逻辑的推理——“棍棒可能是最有效的”(p. 32)——哈维对逻辑推理的信奉是徒劳无益的。他还指出，无论怎样，哈维有关少数民族居住区的观点都是错误的，因为自由主义的政策是连续的，而且黑人与白人之间的不平等现象正在缩小（贝里，1974a）。哈维（1974a）回答道，在资本主义经济中萧条必定是持续的，它将会使某一部分人——可能是内城的那些人——处于相对的贫困状态。

在评论《社会公正和城市》（哈维，1973）这本书时，贝里（1974b）批评哈维对经济的解释的依赖。贝里（1974b）以他评论丹尼尔·贝尔（1973）关于后工业社会的主张为例，指出经济职能现在已从属于政治："经济秩序（和管理人员的权力）的自主性行将结束，而新的、不同的管理体制正在出现。总而言之，对社会的控制已经不是主要依赖经济，而是政治"（p. 144）（他的观点先于70年代中后期的经济衰退及英、美两国"新右派"的政治反应，"新右派"主张大规模地减少政治控制，并使市场过程"自由化"）。哈维（1974b）回应道，不能认为马克思主义已经过时，因为出卖劳动力以及经济和政治权力的勾结还在持续，这种状况必须在马克思主义的框架内考虑（哈维，1976）。贝里（1974b）反驳道：

> 我相信在"体制"内可以产生变革。哈维认为这种变革将来自体制之外的因素，只要哭墙边上的声音足够大……总之，在追求可能的实利和革命的浪漫主义之间、在现实主义和鲜花般芬芳的权力间，进行选择并不是那么困难（p. 148）。

哈维（1975c）评论了贝里（1973a）的《城市化的人文后果》一书，该书研究了在不同时空下的城市化过程及相应的规划，哈维认为该书“满是浮夸、空洞无物”(p. 99)，显示出英美城市理论“实质上已经破产”，并且“正是典型的布劳恩·贝里制造了这些大杂烩”(p. 99)。

> 认为城市化与资本形成、国内外贸易、国际资本流动等过程毫不相干，是令人怀疑的，因为城市化实质上是经济增长和资本积累的过程——而后者在范围上是全球性的(p. 102)。

哈维认为贝里没有讲出任何实质性的东西，但由于贝里是“有影响的和重要的……他的影响具有潜在的破坏性”(p. 103)。贝里的唯一答复是对社会主义地理学家联盟(哈尔沃森和斯特夫，1978)的总评价：

> 再没有比煽动一批不满者、狂人、秉性乖张者、玩世不恭者等等更可笑的事情了。总之，这个团体主要由这种人组成。在这个团体中几乎没有什么学者(p. 233)。

除了这些非常极端的争论以外，另外一些讨论则表明，某些“自由主义者”其实一直准备认真地考虑激进派的主张；还有一些人则或多或少地回避这些问题。例如奇泽姆(1975)宣称：

> 我完全同意“科学”范式并不适合我们的全部需要，并且必须补充其他方法和观点，同时我并不认为它应当被取代……哈维希望我们接受马克思主义的“辩证”法。我已理解了

> 这一“方法”，至今它仍然是有价值的。它似乎是一种抽象的信仰体系，并不是——像它的倡导者所认为的——一种理性思辨的模式(p. 175)。

(参见奇泽姆，1976；塞耶，1981)。通常一些评论者认为激进派的观点是有价值的，但对他们而言，并不完全站得住脚。莫里尔(1974)在评论哈维的《社会公正和城市》一书中写道，“我被这种革命的分析方法深深地吸引，但我无法达到最后一步，即我们的任务不再需要寻求真理，而只需建立和接受一个特定的真理”(p. 477)。金(1976)也寻求一条中间道路，

> 即一种经济和城市地理学，它必须直接参与社会变革和政策……这样一种中间道路不会博得空想家的认同，他们视这种道路要么是赞同“现状”和“反革命”的又一种理论困惑，要么是急于建立精美计量理论结构的精神错乱，但它毕竟在地理学的核心地带，在各种认识论的丛莽中，在零乱的经验分析中，在应用研究的死结中，开出了道路(pp. 294—295)。

他认为大多数的计量理论的地理学研究把寻求数学上的完美作为其最终目的，而不惜牺牲现实；他确信社会科学必然会为社会政策提供养料并产生社会变革；他同意马克思主义分析的“知识力量”，但是他又认为基于这种分析而开的药方要求其思想框架有操作上的实用性，而不是数学上的完美性。他的结论是要更多的计量研究(参见贝内特，1985a，1985b)。他后来指出：“空间……应当

看做是政治过程中的一种要素，是各种利益集团和不同阶级之间的竞争和冲突的对象”（金和克拉克，1978，p. 12）。最后，史密斯（1977）得出结论：

> 马克思也许可以以他特别的明确性去解剖资本主义经济的运行，并且洞察我们今天常常忽视的经济、政府和社会的根本一致性。但马克思并不掌握在当代复杂的多元社会中解决每一个问题的钥匙（p. 368）。

辩论在继续进行，主要原因似乎是许多地理学家不能或不愿意接受马克思主义的分析和马克思主义的行动纲领。这在一定程度上反映了对马克思主义的一知半解——尤其表现在集中于严格的结构解释上，这种解释显然不承认有见识的个体的活动，而且不接受结构性的概念（见本书第 373 页）。因此莱（1980，p. 12）指出在马克思主义中有“某种隐藏的先验现象……指导人类社会进程的方向”。这犯下了一个认识论上的错误，它否认或至少压制了主观性；也犯了一个理论上的错误，它低估了人类的行动可以更改事件进程的力量；还犯了一个道义上错误，它把人类变成傀儡并且危及言论、集会和信仰自由。缪尔（1978）抨击了马克思主义的解释，并且同样暗示马克思主义危及了个人从……各种文献中“采撷和选择材料”（p. 325）的学术自由。回应者指出了这种“智识上的正统性”和“没有结果的地理学”的缺陷（马尼恩和怀特莱格，1979；邓肯，1979）。但是缪尔（1979，p. 127）仍然相信隐藏的危险，诸如在“马克思、列宁、托洛茨基、斯大林、毛泽东之类的个人要求崇尚行动主义，党员义务，以及个人的判断从属于党的意志的必要性"等方面。他认为，激进派地理学有助于理解问题，但把它作为马克思主义，就把它置于某种纲领性的基础上了。沃姆斯利和索伦森(1980)认为马克思主义离题甚远，而且把注意力从"改良主义和切题"中转移开去。

邓肯和莱(1982)发表了对地理学中结构性的马克思主义的广泛批评。这篇论文包括4个主题。第一，马克思主义的分析是一种整体论形式，在这个形式中，整体——各种定义的资本、经济结构和经济过程等等——被赋予它自身的生命力：假定存在一个抽象的东西。这种行为(抽象的具体化：参见古尔德，1988)冒犯了个人是自觉的、自由的能动者的信仰(见邓肯，1980，有关文化地理学中的整体论，以及阿格纽和邓肯，1981)——不过他们并不宣称接受另一种唯心主义，并认为"只有考虑个人行动的背景，才能对个人行为作出充分解释"(p. 32)。第二，个人是整体的代表——通过个人的行动去实现整体的目标——而没有个人自由决策的权利。第三，马克思主义的唯物主义基础具有经济主义的形式，它提出经济过程是所有行为的根本原因。邓肯和莱认为这排除了许多其他的影响，并导致了第四个主题："在每个地方每个时间都试图按照经济规律进行解释，会导致……经验研究的危机"(p. 47)。这里，他们做出了一个本质上是实证主义的批评：

> 结构性马克思主义解释的形式既是同义反复的，在经验上又是无法测试的。其结果是对真实运行过程解释的神秘化(p. 55)。

他们得出结论，人文地理学中结构性的马克思主义表述了一个关于个人的被动的观点，同时从使人困惑和未经验证的抽象整体角度提出种种解释。邓肯(1985)后来的研究表明他被结构性的观点所吸引，这种观点考虑的是在结构性范围内人类的能动作用——确实如马克思主义的大多数解释一样。

另一些人批判结构马克思主义是因为他们不同意其对个人的处理方式，他们希望在社会变革进程中基础结构与上层建筑之间能建立起一种更为可信的相互关系的模式。格雷戈里(1981)提出了 4 种模式(见图 8.3)：

1. 抽象概念具体化，个人的行动完全由整体决定——就像结构马克思主义那样否定人类的能动作用。

2. 唯意志论，社会没有独立的主体，而是由自由个体的行为所构筑的。

3. 辩证的再生产，整体创造个体，而个体的行为影响整体——整体反过来又创造下一代的个体。

4. 结构性，以个体(而不是整体)开始，然后采用持续的辩证方法描述个体和社会。

格雷戈里比较认同 4 种模式中的最后一种，因为它把人本主义与唯物主义(或结构主义)完整地结合起来，而诸如邓肯和莱利之类的批评家却没有做到这点。(参见思里夫特，1983)他认为，这种结合将认可社会的唯物主义基础——基础结构——并且认同人的能动作用。人本主义地理学不应当与科学的方法对立，而应当承认：

个体和社会间持续的循环关系是社会生活和社会结构形成和再造的基本内涵(p. 15)。

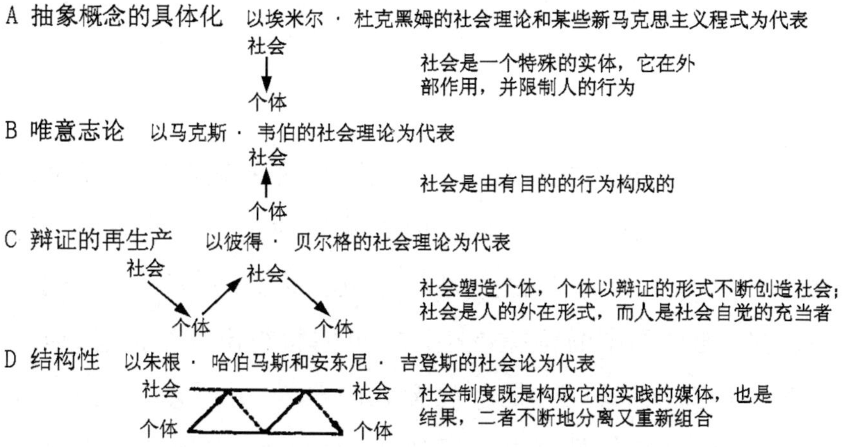

A 抽象概念的具体化 以埃米尔 · 杜克黑姆的社会理论和某些新马克思主义程式为代表

社会 → 个体

社会是一个特殊的实体，它在外部作用，并限制人的行为

B 唯意志论 以马克斯 · 韦伯的社会理论为代表

个体 → 社会

社会是由有目的的行为构成的

C 辩证的再生产 以彼得 · 贝尔格的社会理论为代表

社会塑造个体，个体以辩证的形式不断创造社会；社会是人的外在形式，而人是社会自觉的充当者

D 结构性 以朱根 · 哈伯马斯和安东尼 · 吉登斯的社会论为代表

社会 社会

个体 个体

社会制度既是构成它的实践的媒体，也是结果，二者不断地分离又重新组合

图 8.3 社会和个体关系的 4 种模式

资料来源：格雷戈里(1981,p. 11)。

这些不同的观点都是基于对人的能动作用性质的概念的不同解释(或者如人们所称的“人的模式”)。对这些概念的评论，见贝纳斯(1988)、克拉瓦尔(1983)、哈里森和利文斯顿(1982)、范登拉恩和皮埃斯马(1982)。

除了这些有关马克思主义观点的应用性的争论以外，另外一些地理学家一直反对诸如格雷戈里(1978,1980)对计量空间科学的批评。如贝内特(1981d,p. 24)认为：

许多指控计量地理学为实证主义的批判显然是搞错了对象，这是毫无批判地接受了由哈维 1969 年提出的将科学当成

> 实证主义的观点。从而在三方面对计量地理学产生了有害和破坏的影响。第一，它认为科学的和经验的研究很大程度上没有社会价值；第二，它常常否认自然地理学和人文地理学之间的联系；第三，它常常完全否认地理学作为一个学科的存在。

（在别的地方，他把这种批判描述为“这种观点往好了说是一种文不对题的错误陈述，往糟了说是荒唐的精神错乱”；贝内特和里格利，1981，p. 10。）其论点是计量化并不需要归为实证主义。从哈维的《地理学中的解释》一书中，贝内特得出3个信息：地理学主要是一门归纳的科学，是一门客观的科学，并寻求普遍的规律。但“每一条信息都仅是该书试图描述的地理学文献和观念的一部分”（贝内特，1981d，p. 13）。他主张激进派和计量方法必须：

> 在实际研究中结合起来，在对环境、社会、政治、经济等方面与空间、历史因素和特定的思维方式及其空间—政治表现的综合中结合起来……在对地理学主题的重建中结合起来（p. 24）。

他希望保留一门单独的地理学学科（人文和自然地理学），其中，计量地理学——“从来……没有真正发挥积极作用”（贝内特和里格利，1981，p. 10）——占据着中心地位，它回答的是“社会准则、社会分配、政策影响以及批评家强调的人文关怀等基本问题”（p. 10）。对于许多“激进派”而言，这是一种维持现状的观点(p.196)。

1985年,思罗尔(1985)在一次会议上作了“科学的地理学”的报告,在这次会议上,与会者一致认为,“理论和模式相结合,数据测量和模拟相结合,估计和验证相结合的领域是地理学研究的中心”(p.254);他强调,这样一种观点应该用于改善地理学在科学中的形象并且“在地理学中应用科学的方法”。他把科学与数学、统计学及计算机科学等同起来的观点受到了德赖弗和菲洛(1986)的挑战,他们认为“科学不只是技术”(p.161),他们还认为这种明显的技术专家论的观点“实际上排斥了所有其他的解释方式”(p.162)。思罗尔(1986)对此作了答复,并阐述了3个主要的地理学传统:人本主义的、科学的和纯理论的。他声称科学的地理学是一种“研究哲学……明显不同于早期的计量地理学运动”(p.162);他提倡进行这样一种研究,即遵循从假设—试验到理论—创造和验证这一过程,而不是区域地理学家的经验主义或者纯理论的乏味研究。

这种把地理学当作一门应用的、计量的学科,而不接受实证主义的观点,一直受到批评。一个极端的例子是D.史密斯(1984),他在一篇自传论文里得出结论说:

> 坦率地说,我不想再过多地关心地理学,这是由于它的沾沾自喜的固步自封、令人作呕的思想狭窄的沙文主义。除了地理学家还有谁会幼稚地寻求统计方法、模型和范式,并把它们当成似乎是对任何人除了他们自己以外至关重要的一场“革命”?……有谁想要看这些内容?它对人类状况的改善极

少作出贡献，我们怎么能够认真严肃地看待它？地理学很多时候是毫无意义的、哗众取宠，这些在“计量革命”时期表现得尤其充分(p.132)。

默瑟(1984)也提出某种类似的评论，不过他注意到：

在最近几年看到一些小的——也许是暂时的——退离发疯的、过剩的、对平坦均匀的大地进行计量的地理学，而逐渐认识到现实并不是美妙有序，而更多地是矛盾、紧张和不协调。对于地理评论家——不论是“马克思主义者”或人本主义者——来说，令人生畏……的任务(是)……为反对幼稚的、盲目的和技术专家论的专断而战斗(p.194)。

他的目的是揭露“技术专家式地理学”的真相，并把注意力从诸如“如何根据就医方便划定保健区”之类的题目转移到“致病的原因”等更深刻的题目。他以及类似的评论家强调的基本的思想是：选择一种特定的研究形式，使研究成果能得以利用，这涉及(尽管可能没意识到)思想观念的选择，不同的科学概念是基于对科学效用和科学效用在其中发生作用的社会秩序二者的不同理解。

另一些研究者曾经试图将实证主义、人本主义及结构主义的一些观点揉进人文地理学中(如克里斯滕森，1982；更为全面的评论，参见约翰斯顿，1986f)。有些尝试仅是昙花一现，如一篇把灾变理论(p.127)和马克思经济理论的不连续性联系起来的论文(戴和蒂凡斯，1979，pp.54—58；亚历山大，1979，pp.228—230)。

海力主一种经验的、分析的地理学，它

> 同时又是*法则*地理学，即把诸如城市地租理论的运作进行实证主义的观察和理解；也是*解释*地理学，即识别对于参与者（无论主动或被动）来说城市地租体制的含义；也是*批判*地理学，指出当前城市地租体制是资本主义制度某种程度的演变，但它承认它的某些特征是“恒定的规律性”。

利文斯顿和哈里森（1981，p. 370）在某种程度上以同样的方式看待：

> 人本主义地理学，它同时是批判的，应该对我们的预想提出异议，而不是支持；它也是解释的，解释行为后面的动机；同时它还是经验的，检验对客观世界进行的主观解释。

应当注意，他们不包括法则——或归纳概括——的成分在内。

某些人，尤其是对实证主义的评论家，认为不可能进行这样的综合尝试，因为各种观点是不相容的：格雷戈里（1978a，p. 169）将其称为“原始的折衷主义”（参见格雷戈里，1982b；艾尔斯和李，1982；哈德森，1983；莱因德和哈德森不适当地将实证主义和结构主义放在一起，1981）。问题在于实证主义，而不是计量化（沃克，1981b；但参见塞耶，1984，以及约翰斯顿的回应，1986a）——因为由于它的法则导向以及它深信人文地理学家能够发现“永恒的规律性”。目前，主要的联系存在于结构主义和人本主义的研究之间

（如艾尔斯 1981 年所指出的），它们都研究在结构范围内有见识的行为者的活动。大多数人本主义的研究，如人文地理学家所表现出的，完全把目光集中在作为一个自由的决策者的个人身上，而不管他是否受结构的约束或者个人的决策能力如何在社会条件中得以发展。但是，如几个作者所指出的（例如 S. 邓肯，1981）那样，人文地理学作为一门经验学科必须将研究上层建筑内人类行为的方法，与发展基础结构中的现实主义理论的能力紧密结合（约翰斯顿，1983c）。这种紧密结合代表的是一种积极的批判态度，而不是如本章前面讨论的完全消极的争论。

地理哲学之间的直接争论越来越少，而对不同方法效用的争论却日益增多。70 年代和 80 年代在英国和北美发生重大经济衰退的时期，“新右派”政府要求加强教育和研究，因此在地理界受到相当大的压力去推进应用地理学的研究和实践（泰勒，1985c，介绍了压力的历史背景）。某些人，如贝内特（1985b）、奥彭肖（1989）以及其他人认为这涉及把地理学家的技能置于实用的状况下而无须考虑哲学问题；应用地理学家就这样成为技术员（如加特雷尔所述，1985），他们无形之中接受了这一现实，即要利用他们的技能来工作。但是对另外一些人而言哲学问题仍然十分重要。戈列奇等人（1982）反对哈特（1982）在他论述区域地理学时的论点，即

> 我们不能允许那些挥舞着科学的大旗的人威逼我们做什么事（p. 5）。

戈列奇等人认为：

> 我们同样不允许那些挥舞着反科学的大旗、那些反对这个学科所有科学的东西和那些强迫我们返回到我们刚刚挣脱的描述泥潭的人来威逼我们做什么事(p. 558)。

但是,对应用地理学来讲,大多数争论表明,应用地理学应建立在经验主义/实证主义哲学的基础上;而反方的论点,即人本主义科学可以用来提高自身及相互的了解,以及现实主义科学可以用来推进社会变化,却很少表述(约翰斯顿,1986a)。

地理学在有关哲学问题上的争论有所减弱的进一步原因是本世纪70年代以后所发生的一切使有些人相信可以采用折衷主义多元论的观点(见约翰斯顿的讨论,1986f),某些人进行了经验主义的工作(常常采用行为地理学的模式)而不关心那种实践的任何哲学流派(见弗劳尔迪,1986),而其他人也基本上接受了现实主义的观点,寻求在折衷主义多元论的框架内进行他们的研究活动。例如古尔德(1985a)写道:

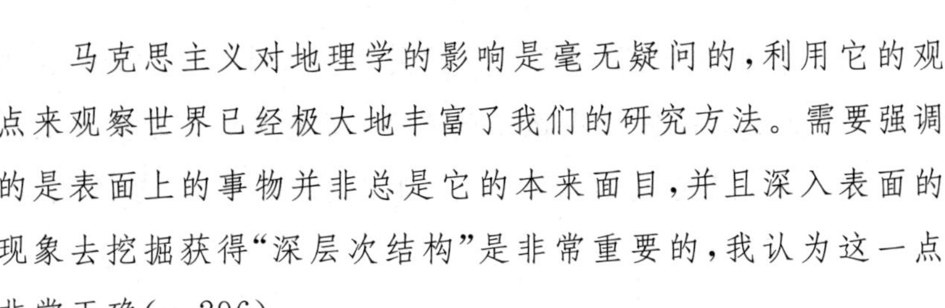

> 马克思主义对地理学的影响是毫无疑问的,利用它的观点来观察世界已经极大地丰富了我们的研究方法。需要强调的是表面上的事物并非总是它的本来面目,并且深入表面的现象去挖掘获得“深层次结构”是非常重要的,我认为这一点非常正确(p. 296)。

但是他又接着批判马克思主义者宣称自己掌握了真理,批评他们对“非信仰者”的傲慢态度、他们对经济力量的过分关注以及

“救世主式主张，即随意并常常牺牲人类今天的生活去换取某种明天许诺”(p. 300)。

结　　论

本章叙述了到本书写作时为止的有关人文地理学性质的争论，并且指出了70年代和80年代大部分时间所有讨论的深度和广度。我们从第七章所能作出的最清楚的结论是，越来越多的地理学家希望致力于重建社会，或者通过改良的办法纠正当前各种问题和趋向，或者通过规划理想的空间组织来达到目的(贝里，1973a)：对某些人来讲，人文地理学要维持其专业机构的地位，就必须达到上述要求。他们的动机差异可以从“纯粹的利他主义”一直到“致力于自我追求”。他们的方法也因所持观点的不同而千差万别，如一些人认可当前的生产方式，认为在其中可达到人道主义的目标；一些人认同现象学的观点(布蒂默，1974)：

> 社会科学家的职责既不是为人们提供选择或者作出决策，也不是提供可供选择的东西，而是通过自己的学科模型来扩大人们的思维视野，使他们能够自己选择内容和方向(p. 29)；

而另外一些人确信必须通过革命来根除社会的各种痼疾，并建立一个平等的社会结构来取而代之。

这也许有点自相矛盾，按照前面分类中所称的“革命者”一定程度上并不是深切关注当代问题的“积极分子”。强烈主张地理学应解决社会问题，尤其是那些需要公共部门进行调节的是自由主义者(如贝内特，1983)，在决策方面敦促进行学术研究的也是他们；另一方面，许多激进派强调，他们的长期目标可通过教育得以最好的实现(如赫克尔，1985)，不过有些人参与了社会机构(诸如地方政府)的决策活动，寻求不同的(社会主义者的)策略，尤其是对就业倡议的支持(如邓肯和古德温，1985)。这两组都是同一学科的成员，并且在相同的学术环境中进行实践，然而他们的目标和方法似乎是完全不可比较的。除此以外，还有许多人继续进行经验主义的研究和教学。他们一定程度上承认有关的哲学观点，但几乎没有详细考虑它们对地理学实践的含义(弗劳尔迪，1986，在他作《地区》杂志的编辑的 3 年任期内收到许多论文，据此他认为，大多数从事地理研究的人是经验主义者，“在建立其叙述的真实性时，不审查价值观，也没有清楚的理论和明晰的标准”——p. 263。)。对他们来讲(也许是大多数的人文地理学家)，其任务是把各种材料加以综合，把他们所理解的世界呈现给读者。

因此，当前英美的地理学流派纷呈(古尔德和奥尔松，1982)。这些流派可归为 3 种哲学派系，每种哲学派系都有独立的认识论或认知原理。第一种是实证主义哲学，它信仰科学描述(经验主义的)和对世界分析的客观性，它的目的是表述世界的一般规律，它假定解释(因果关系)可以从规律的研究成果中导出；空间组织和行为的一般规律可通过对空间模式的分析得出。至少某些将经验主义作为这种哲学流派基础的人，否认这会必然导致完全的实证主义。但是他们确实又赞成在评价假设时使用科学的程序，例如通常以波普尔为代表的批判理性主义（海，1985a；马歇尔，1985；伯德，1989）。第二种是人本主义哲学，其出发点是认为人们生活在他们自身创造的主观世界中，并在其中作为自由的能动者行动。他们的行动不能被当作行为的一般规律的实例来解释（预测），而只能通过洞察他们主观性的方法进行理解（或体会）。第三种是各种结构主义和现实主义哲学，他们认为只是简单对模式本身进行分析无法找到对模式的解释，而必须发展关于基础过程的理论——虽然是难以理解的，基础过程形成一种条件，在这种条件下人的能动作用创造了那些模式。这一派系中以马克思主义（尤其是人本主义的马克思主义）最为显著，它强调过程本身是在不断变化的——并可以通过协调政治行动进行改变——所以不存在空间组织的普遍规律。对于人文地理学家来讲，众多的流派是争论的焦点，也是产生混乱的根源。一部分人认为这是一种两极分化，只有当一种（范式？）证明正确时才能解决问题（另一部分人认为这在逻辑上是不可能做到的，因为各种流派没有进行比较的共同标准）。一些人认为，众多的流派为发展一种崭新的、更健全的人文地理学提供了潜在的可能性（如，威尔逊，1989）不过对这种发展的性质还远远不够清楚（由6位地理学家——霍尔等人，1987——对英国经济和社会研究委员会关于《社会科学的眼界和机会》的表述清楚地说明了这种多元论：对英国地理学的赞许：ESRC，1987）。然而，对大多数人来说，这种争论似乎与他们毫无关系。他们继续从事经验性的工作，接受结构主义/现实主义的一般观点，认为那些争论对阐明经验世界和事件毫无用处。

第九章　评价

前面6章对1945年以来英美人文地理学内部关于学科内容的重要讨论做了概述——研究什么？怎样研究？为什么研究？各章的标题本身就表明这个学科中存在着几种大不相同的思潮。(关于这些思潮本身及其主要应用的更为详细的讨论，参见约翰斯顿，1986f。)最后一章的目的并不是去评价那些思潮的进展(洛和肖特，1990)，更不是去确定他们是否在达到“学术的、社会的和物质生活的更高水平方面对(我们的)同代人”做出了贡献(怀斯，1977，p.10)。本章的评价是要返回到第一章中提出的问题，在那一章中我们给出了学科发展的几种不同模式。那些模式都没有经过正式的检验，因为还没有介绍进行这一事情的方法。我们要做的是，对照前面所概述的材料，对库恩、拉卡托斯、波普尔、穆尔凯和富科等人思想与这一问题的一般关系进行评价。

人文地理学家和学科发展模式

人文地理学家与几乎其他每一个纯理论的学科成员一样，一直被库恩的范式概念和语言所吸引。正如哈维和霍利(1981，p.11)所说的：

> 在大西洋两岸，范式一词的使用业已成为地理学中的时髦，也成为地理学思想进程中的核心概念。托马斯·库恩已经成为和哈特向或洪堡一样为地理系学生所熟悉的人物。

一般说来，对库恩概念的使用是在对由这些概念引起的遍及英美学术界的重大辩论没有做多少考察的情况下进行的。大多数人文地理学家依据的是1962年第一版的《科学革命的结构》。他们或者没有注意到在库恩这本书中"'范式'的随意使用已经使得它可以适于许许多多互相矛盾的解释"(萨普，1977a，p.647)。要么他们没有注意到"库恩的观点在当代科学哲学中的影响正在迅速减弱"(萨普，1977a，p.647)。库恩本人已经对他本人的思想做了重大修正(亦见1982年巴尔内斯对他的著作的评注)，例如阿格纽和邓肯(1981，p.42)评论说：

> 有关英美人文地理学家趋势的最新评论和纲领性的论述给人留下这样的印象，即地理学家对借用概念的哲学相容性很少予以注意……不同概念的政治内涵很大程度上被忽略了……而且关于学科起源和原始文献的争论并未激发多大的兴趣。

他们的例子中并未包括将库恩的思想引入地理学的情形，但他们的结论当然也适用于这种情况。(关于地理学家引进库恩思想的一个重要讨论，见迈尔，1986。)

库恩的概念是由哈格特和乔莱(1967)首先在地理学文献中使

用的，在规范的意义上作为地理学方法革命的论证的一部分。他们确认，由他们所定义的一种在当时占支配地位的范式（本书第二章对此进行了讨论）在应付激增的与地理研究相关的资料和这一学科日益加强的分化方面都已无能为力。他们提出了一种“基于模型的”新范式

> 可以超越这种信息的洪流，充满信心地和迅速地进入新的资料领域。它必须具有在信息中寻求相关模式和秩序的科学特性和迅速抛弃无关信息的相应能力（哈格特和乔莱，1967，p.38）。

新范式的应用在10多年前就已经开始了（见第三章），哈格特和乔莱的目标是传播新思想，并争取在英国把地理学转到新的研究方向上来。（斯托达特——1967b——在同一本书中采纳了这种范式模型，并在倡导“有机范式”作为一种“普遍的概念模式”时使用了它（p.512）。当这篇论文在1986年重印时，他加了一个脚注：“现在我不会对库恩的分析有太大热情了”（p.231）。）

正是科学革命的概念吸引了哈格特和乔莱。伯顿（1963）也曾提出过一个十分类似的概念，他的论文和库恩的书差不多同时发表，而且没有参考库恩的著作。伯顿介绍了一个术语：“计量和理论革命”，认为：

> 当原有的观念被破除或者经修正后加入新的观念时，一场知识革命就开始了。当革命性的观念本身成为日常知识的

> 一部分时，一场知识革命就结束了。当阿克曼、哈特向、斯佩特就某一件事情达成基本一致时，那么我们谈论的就是日常的知识了。因此，我相信计量革命结束了，而且已经结束了一段时间了。在下述情形中可以找到进一步的证据：在北美，作为对研究生的要求，地理系正在增设计量方面的课程（伯顿，1963，p. 153）。

同样，戴维斯（1972b）在他的书《地理学中的概念革命》的标题中使用了库恩的术语。他认为的革命包括从对独特事物的观察到采取“更理性的科学方法论”的转变（p. 9）。他的书中的作者没有人引证库恩，但全书完全框定在受库恩的思想强烈影响的范围内。稍后，哈维（1973）像哈格特和乔莱一样，在寻求一种新的世界观时，在标准的意义上使用了这个术语。

到目前为止所提到的作者都在世界观的宏观尺度上或在专业范围的中观尺度上使用范式的概念（参见本书第 35 页和迈尔，1986）。另一些人则将其作为一般的描述工具（例如布蒂默，1978b，1981；霍尔特－詹森，1981，1988——亦可见阿什海姆，1990；詹姆斯和马丁，1981——的索引中列出的条目最多）和概述分支学科变化的一种框架来使用（赫尔伯特和约翰斯顿，1978）。但也有另外一些作者采用了库恩的微观概念将范式作为一个范例。例如泰勒（1976）在此处所述的时期内识别出了 7 种不同的革命，韦伯（1977）提出了一个以熵为基础的范式（参见本书第 198 页）。哈维和霍利（1981）明确使用了范例的概念，他们识别出在上一世纪内地理学有 5 种范式，每一种都与一位学者相联系：

> 我们可以尝试把范式确定为拉采尔的决定论范式，维达尔的或然论范式，索尔的景观范式，哈特向的年代范式和舍费尔的空间组织范式(哈维和霍利，1981，p.31)。

实际上，他们确定的是与特定学者有关的“思想学派”，其中某些学派是同时存在而不是先后出现的。他们认为，在20世纪60年代一个单一范式占据着支配地位(不管邦奇——1979——和其他人的观点如何，这一范式的领袖人物是否为舍费尔尚有疑问)。但70年代以“观点的多样化”为特征(p.73)，其中空间组织仍然占有重要地位。泽林斯基(1978，p.8)把70年代称作

> 一个有着令人困惑的平静，或者更确切地说，是有着众多困境的10年，因为地理学家在探索哲学途径和研究方法时呈现多重性……没有过去那种指导我们大多数人目标的坚定信仰。

他宣称，地理学在技术上更为可行，本质上更具有普遍性，哲学上更为成熟，国际间合作更为密切，社会意义更为明显，学术上与别的学科的联系更为紧密。这种情况将导致一种持续的方法上的多元性：

> 与其他任何事情相比，我恰恰更相信这种哲学上的成熟，这种对本世纪早期大大损害地理工作的肤浅和日益狭窄的视野的摆脱，证明(p.10)

用《人文地理学:走向成熟》这一书名是正确的。

尽管某些人在与20世纪50年代、60年代的情况作了比较以后,不能肯定库恩的概念对70年代和80年代的意义,但另一些人对此很少怀疑。贝里(1978a)在介绍《地理学思想变化的性质》一书中的系列时说:

> 我们所讨论的地理学思想的变化明显地是库恩所说的那种……那么,什么是地理学的进步?此书中各篇论文所提供的观点明显地是库恩所说的那种(p. vii 和 p. ix)。

然而,由另一些作者写的论文却很难证明这点,而贝里自己的论文则认为多元论及各种范式之间的冲突比之常规科学更为常见。在写到关于社会变化的地理学理论时,他指出(贝里,1978b,p. 19,p. 22):

> 多样化起因于现代地理学的马赛克式特性……它们……从一个范式转为另一个,在最近10年中它们始终处在剧烈变动之中……由于它的多种思想和多种起源,现代地理学可以被恰当地以"马赛克中的马赛克"来表述它的特征(米克塞尔,1969)。

人文地理学家和对库恩思想适用性的批评

库恩的概念和术语在最近的人文地理学文献中被广泛使用,不过应当指出,近年来对学科历史的某些研究完全忽略了这种文献(弗里曼,1980a,1980b)。但是许多运用库恩思想的研究都是很肤浅的(见格拉韦斯,1981),而且在以库恩的基本原理作为他们叙述的基础时,既随便又不加批判。(迈尔,1986;亦见本书的前几版的相同部分。)

但是并不是所有地理学家都如此相信库恩的解释的价值,有两位作者甚至宣称这是“扭曲了地理学的发展,甚至使之反常”(海恩斯一扬和佩奇,1978,p.1)。近10年来,人们批评说革命的概念和常规科学的概念都是对地理学的贫乏的描述(例如霍尔特一詹森,1988)。地理学家个人也许经历了自身的革命,并迅速地(如果不是在宏观尺度上,也在中观尺度上)从一个范式转向另一个范式(哈维,1973,自己表达了这一点:见比林格、格雷戈里和马丁等人书中的论文,1984;编者(p.11)引用了考克斯、古尔德、奥尔松、斯科特和D.M.史密斯等人的著作作为附加例子)。但是若宣称这种经历能够并入已被确认的一系列学科革命之中,在一些观察者看来,这既是不恰当的,也是不符合事实的。

> 这么短的时间内有这么多的革命本身或许就表明了一种不断变动的过程,或者说在这个翻来覆去的过程中有一些很不对头的东西(伯德,1977,p.105)。

伯德认为,其理由是单一范式占支配地位的学科与“社会本身是围绕一个以上的重要法则而组织起来的事实”不相容。

斯托达特的批评更加尖锐(他最初认为范式模型具有某些价值,见斯托达特,1977,p.1):

> 概念没有将科学变化的过程阐述清楚，却很容易成为滑稽的漫画。依我看，对过去100多年中地理学变化的复杂性，特别是地理学家本身之间微妙的相互关系理解的越多，对范式的概念就越不喜欢。

他的观点是以一种分析为基础的，这种分析既表明了一致意见的缺乏（常规科学），又表明了变化步伐的缓慢（这在拉卡托斯的解说中表现得更加简易明了）。他声称范式的概念已成为地理学家借以进行辩论的显赫形象的一部分。这样（斯托达特，1981a）

> 范式这一术语或者被用于解释一个评论者所赞同的观点成立，或者被用于否定他并不赞同的那些观点（p. 72）……革命的概念支持了那些把自己视作革新者和以争论方式使用范式这一术语的人的英雄式的自我想象……那些提倡库恩式解释的人的所为其实是要它自我实现（p. 78）。

并且（斯托达特，1977，p. 2）：

> 对近年来将这一概念作为一句口号用于不同年龄组，不同思想学派和不同学术中心之间的相互影响的程度，成为社会学研究的问题。

对库恩的术语的使用也受到比林格、格雷戈里和马丁的批评（1984），他们声称乔莱和哈格特最初的用法“在某种程度上……只

是一种姿态”，因为虽然他们在常规科学与特殊研究之间作了明确区分，但

> 在库恩的论点中占中心地位的传统范式内的“反常”从来没有被详细地加以识别(p. 6)。

他们认为在地理学的性质方面需要一场革命，但这场革命并不是由于先前范式的失败(库恩所称的失败)而引起的。比林格等人和斯托达特(1981)、迈尔(1986)及其他人一道，指出范式这一术语正被更多地用于宣传——通过宣传与库恩所描述的物理学中的革命类似的未来革命而赢得声誉(泰勒，1976)——而不是撰史。关于后者，他们赞成不用库恩的模型(正如本书前几个版本所表述的)，但认为由于库恩自己并不期望他的模型适合社会科学，因此这样一种结论并不使人感到惊讶。迈尔对此作了进一步的说明，他认为除比林格、格雷戈里和马丁外，其他

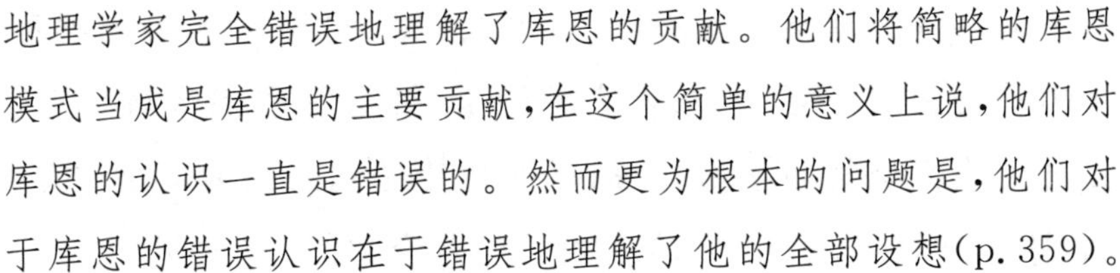

> 地理学家完全错误地理解了库恩的贡献。他们将简略的库恩模式当成是库恩的主要贡献，在这个简单的意义上说，他们对库恩的认识一直是错误的。然而更为根本的问题是，他们对于库恩的错误认识在于错误地理解了他的全部设想(p. 359)。

在他看来，库恩的工作的主要价值是：作为一种类比，被用于创造性过程中的范例的概念；关于彼此竞争的范式之间的不可比的概念；对研究科学行为的社会学的明显需要。

尽管有如此多的批评，但在提出另外一种社会学方面并没有做什么工作，这种社会学或者以科学史的另一种模型为基础，或者是专门创立用以表达人文地理学的状况。惠勒(1982)发现拉卡托斯的著作是有吸引力的，他认为在当代人文地理学中能够识别出若干个独立的核心性问题(他举出了地区差异、空间科学、认识—行为研究和马克思主义的结构主义)，而每一个核心问题都具有积极的启发作用(见 p. 17)。这些问题的研究在持续的互相竞争中，其性质将会随着时间而变化(惠勒，1982，p. 4)：

> 考虑到库恩解释中的缺陷和地理学的很不明确的性质，这门学科的未来的特征，不大可能呈现伴随着有效解决问题的方法的革命性变革。此外，期望革命性的进步，看来是没有根据的。相反，时盛时衰的各种方法可能会持续得到利用。

地理学及其环境

由某些地理学家发展的一个论点是：对这一学科内容起主要作用的是它的环境，尤其是它的经济、社会和政治环境(它们或许更直接地影响其他学科，然后把变化传送到人文地理学中来)。例如，斯托达特(1981b，p. 1)主编了一本论文集，它说明

> 学科的观念和结构都是与复杂的社会、经济、思想和知识的刺激因素相适应而发展的。

对这一点的证明(作为这本论文集中第二个论题)体现在地理学家与他们的环境之间的相互关系上:

> 仔细考察地理学最近的历史可以看出,地理学家不仅关注狭窄的学术问题,而且也深切地关注社会问题。

许多注意问题背景研究的地理学家强调,地理学这门学科(其他任何一门学科也都如此)必须与它的环境联系起来,因此学科的变革(革命性的或非革命性的)应当与环境中的重大事件联系起来。所以贝尔杜莱(1981,p.10)把时代思潮看作是影响地理学家行为的一种因素。格拉诺(1981)在这一点上走得更远,他指出(图9.1)地理学家是科学家共同体中的一个子共同体,而科学家共同体本身又是更广阔的社会中的一个部分,社会中蕴涵着一种文化(包括科学文化),这种文化规定了地理学的内容。行为取决于社会结构及其知识基础:研究实践是这种行为的组成部分,这也包括地理学研究。地理学家共同体是一个"机制化的社会团体"(p.26),这一社会团体形成了个体地理学家们彼此交往的背景,同时它又在左右着地理学内部的研究目标,而这种作用又是在外部社会结构背景下进行的。当地理学建立的时候,其主要目标之一是形成一种学科特征,"确定一个可以被看作属于地理学自己的,并与其他学科不同的研究对象"(p.30)。他声称,这是普及社会—环境之间相互关系知识的一个"被动教育作用"(p.32)。但是在20世纪70年代这种作用却被取而代之了,当时

> 地理学开始积极投身于改造和重新规划世界。应用地理学应运而生,地理学成为了大学的狭小世界以外的一个专门职业(p. 32)。

(另见古德森,1981)。

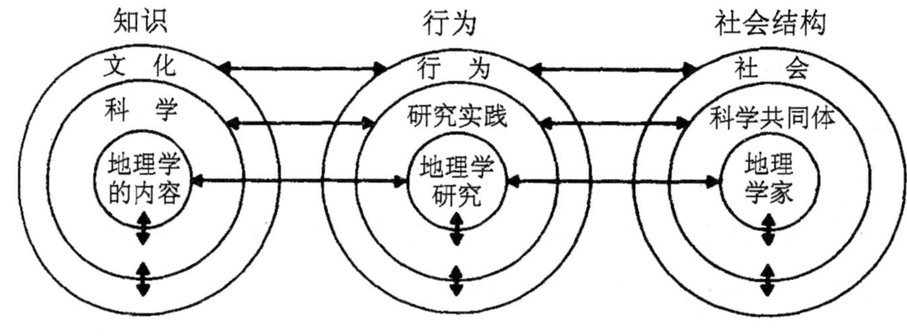

图 9.1 地理学的背景

资料来源:据格拉诺(1981,p. 19)。

因此,正是地理学家创造了地理学。正如格拉诺所表达的那样:

> 正是社会的外部目标促成了地理学作为一门学科的建立。其他科学家对这一事件的发生并未做出任何重大贡献(p. 30)。

(不过可参见斯托达特,1986。)正如卡佩尔(1981)和泰勒(1985c)二人所表明的,在制度化的初期地理学主要作为一门教育科目,以满足培训教师的需要,这些教师的活动将会促进扩张中的

“民族国家”的利益。因此，卡佩尔指出地理学作为一门学科的出现是由于

> 在欧洲各国开始迅速普及基本教育进程的时候，地理学在初级和中级教育中的存在。为小学和中学培训地理教师是导致地理学在大学中制度化和地理学家的科学共同体出现的主要因素（p. 36）。

（另见弗里曼，1961，1980a；有关更为严谨的解释，见赖泽，1973。）然而当背景发生变化时，地理学也随之而变，因为

> 已经建立起来的共同体要用种种办法来达到自身的繁殖和扩大。它绝不会选择自我灭绝。即使其他科学家群体采用相同的方法研究类似的问题，或者即使他们所捍卫的概念已暴露出了逻辑上的混乱，这个共同体仍将捍卫自己的生存……一切都奉献给共同体的繁衍和发展，包括本学科特有的概念的统一：不同的概念能够在不同时刻或者甚至在同一时刻为自己辩护，而不会对科学实践的连续性产生怀疑（p. 66）。

于是，民族利益的倡导和贸易的发展（正如 19 世纪的地理学界所反映出来的那样）都为地理学的形成提供了条件。后来，变化着的社会结构和需要产生了新的要求，地理学则响应了这种要求。

在变化了的环境条件下重建地理学的一个实例是由斯科特（1982）提供的，他试图回答“地理学家、区域科学家、城市经济学家

以及其他人为什么要研究社会事件的空间模式”这个问题(p.141)。他的回答主要集中在后期资本主义的组织方式上，这种组织，如他所称，主要不是通过市场关系，而是通过政府干预、通过一个包罗万象的国家来达到的。因为“后期资本主义社会的地理学危机四伏”(p.145)，这里斯科特是指通俗意义上的地理学——约翰斯顿，1986b——而不是专业意义上的，这就需要“更为精良的社会、文化和心理管理”的国家行为(p.146)，以繁荣科学。然而在参与这些管理工作时，科学家却对对抗势力的出现起到了推波助澜的作用，他们可能还会卷入其中：

> 后期资本主义社会中普遍存在的经济生产和经济增长的危机，产生了对特定的复杂问题和政策的话语的需要，由此可能会实现技术管理。技术管理产生了一系列进步的社会条件。但是在其中却出现了一系列后退的人类困境——异化、人类情感关系的毁灭、人类和区域规划的重新政治化等等(p.152)。

因此产生了激进派和人本主义者对空间科学的回应。

于是，地理学家是在社会背景中创建和重建地理学的。必要性不是来自地理学本身，“在科学知识方面没有特别的必要”(格拉诺，1981，p.65)。相反，按照泰勒(1985c)的看法：

> 地理学是一种社会机构。像所有机构一样，它对社会的价值随着时间和地点而变化。任何社会机构的出现都因为有

> 这样一群人，他们能识别某种特殊需要并找出满足这种需要的东西。当需要发生变化时，为了生存，这个机构不得不去适应这个变化(p. 93)。

它也许会失败，所产生的某些科学话语也许并不能开创局面和驾驭问题。斯科特(1982)强烈主张，成功需要对社会需求的明确认识：

> 只有对准社会生活和社会实践中现存的问题和对准目前的政治利益的话语，才有可能统帅学者和科学家们的、具有意义的一致行动(p. 151)。

在这些论点中毫无宿命论的成分，因为它们依据的是那些能够确定在特定条件下什么是(或者不是)可持续性的事情，并能成功地使自己去满足那些需要的地理学家。他们的做法，则反映了贝尔杜莱(1981)所说的他们个人的“亲缘圈”，反映了在他的学科基地以外的社会关系网。正如布蒂默(1981)所主张的和二本自传体文集(布蒂默，1983；比林格、格雷戈里和马丁，1984)所提出的那样，为了充分理解那些学者的工作，就必须了解他们的传记。布蒂默为这种方法做了辩护，因为

> 每个人的生活都反映着他(或她)所处时代和环境的戏剧：总之，只是有不同程度上的服从或反叛的倾向。通过我们自己的传记，我们获得理解、存在和发展(p. 3)。

她认为自传提供了她所称的“舞蹈意识”，即“道德、美学和情感的奉献精神，这种奉献精神与生活经历联系在一起，并决定一个学者最终的认识论的表述和实践风格”(p. 12)，并能传播那种在文字记录中可能是无法得到的东西，那些地理学思想上的先驱者们的影响，通过他们的渗透在教学和野外经验中的灵感，通过他们的劝告和聆听(布蒂默，1981，p. 88)。这是普雷德(1979，1984a)使用时间地理学语言时所明确提出的论题(p. 135)。然而一个科学家的自传可能有的特殊意义的东西是：影响他职业生涯发展和变化的冲突不一定是人际间的关系。正如伯德(1975，1985)使用波普尔的第三个世界(记录知识的世界)的概念所清楚说明的那样，通过学习那些写下他们看法的人的思想(无论是古代的还是当代的)，我们可以受到强烈的影响。所以我们的环境不像那些主要依靠人际之间传递信息的人那样狭小(见约翰斯顿，1984e)——当然，我们也利用那些身边的是(或可能是)有用的材料。(传记是另一种资料来源，但对主要致力于当代工作的地理学家来说几乎没有什么传记是可以利用的。佩特森，1985；约翰斯顿，1986g。)

参考背景关系来认识地理学不断变化着的性质与现实主义者在评价人类的全部活动时的做法是极为相似的。对人类能动作用的分析必须考虑由它的环境所规定的约束条件和许可条件。因此约翰斯顿(1983d)支持将结构理论作为分析本书所讨论的人文地理学变化的框架，他认为：

> 在任一时间和地点，学科的内容反映着每个人在他的社会化的知识的背景内，对外部环境及影响的反应(p. 4)。

米克塞尔(1981)虽然没有使用结构的语言，但他在描述美国的地理学史时正是采取了这一立场。他宣称，那一历史是以一连串“短暂的令人激动的事物或事件为特征的”(p. 9)，那些事件的本质是对当代美国环境中的刺激因素的反应——因此出现了几十年中城市研究的盛行，从越南撤退以后对外国区域研究的衰落，以及 70 年代全民关心自然环境的浪潮。他还进一步提出环境影响对地理学家个人修养的作用：

> 第一代美国地理学家是在一个仍然受着小城镇风俗强烈影响的国家中成长起来的。现在大多数被地理学所吸引的学生不仅仅是生长在城市环境，而且也越来越多地来自郊区环境……地理学的职业已经发生变化，并且，由于现今成员大多是中产阶级的郊区居民，变化仍在继续(pp. 11—12)。

波特(1975)提出了类似的论点，他确定了两种类型的美国地理学：一种是以“乐观主义、有行动性、‘可行’为特征的”中西部类型(p. 17)；另一种是以索尔的思想为基础的加利福尼亚地理学，这是一种“历史的、严守学术的、纯理论的、对政府持怀疑态度的、对在美国占统治地位的英国文化之外的其他文化感兴趣的”地理学(p. 18)。

当然，关于环境影响的论点可以走得更远，应当避免使这种论点发展为环境决定论。米克塞尔指出，20 世纪 50 年代和 60 年代城市地理学的繁荣不仅在芝加哥，而且也在艾奥瓦州出现。但这确实意味着必须在人文地理学和人文地理学家所处的环境条件中去研究它们，而且正如卡佩尔（1981）明确指出的那样，学科共同体（或者其中的主要分子）通过适应环境中可知的变化来维持它的地位（如帕特森——1986——对人类学者所做的清楚的说明那样）。另外，如米克塞尔（1981，p. 13）所主张的——追随哈维（1973）和其他人的观点——这种对环境变化的反应是由个体学者作出的，他们寻求的不仅仅是捍卫和促进他们所选择的学科的发展，而且也在学科范围内捍卫和促进他们自己的地位和职位：

> 革新继续被看做是一种美德。在美国地理学中出现的许多进展，是各个学者力图要使自己不同于（或者至少看上去不同于）竞争对手的结果。大多数学术团体视革新为美德，意味着对革新会有回报。

米克塞尔没有对革新的规模进行讨论。它是否必须包括一个研究项目的积极启发性（这里使用了拉卡托斯的术语）的发展？或者是不是需要推出一个新的研究项目？一个人能够带来比其他人可能更大的收益或是灾难吗？

本书已经多次描述了环境影响这一论题的重要意义。在70年代后期和80年代早期，作为经济衰退、削减高等教育经费、抨击社会科学研究的结果，地理学受环境的影响尤其大。这种影响还包括对“新右派”的政策的反应。“新右派”政策的设计，是要通过支持已广为人知的、利用自由经济和一个强有力的政府获得的“弹性积累”（赫德森，1988）而达到摆脱经济衰退的目的（甘布尔，1988；约翰斯顿和帕蒂，1990）。许多人已经对这一点作出反应，他们把人文地理学强调为一门“应用学科”，为解决当代的问题提供相关技术（第七章中对此有介绍）。基什和沃德（1981，p. 8）在发表于美国地理学家协会 1981 年 12 月的《通讯》上题为《地理学和其他濒临危机的学科的出路》一文中写道：

> 1981 年 6 月 19 日，密歇根大学评议委员会经投票一致决定在 1981—1982 学年末停办地理系。

基什和沃德根据这一决定的经验，对其他地理系怎样才有可能反抗类似的遭遇提出了意见。他们强调教学的作用，力图在竞争激烈的市场上吸引学生，并“以使人兴奋和完美的方式提供我们的产品”。这就应当研究

> 应用地理学的优势。随着学生的职业意识越来越强，或许需要相应增加一门着重于技能的课程。这可以证明地理学在实际中的重要意义，并增加对学生的吸引力（p. 14）。

基什和沃德在《求助于传统主义者》一文中宣称，他们并不提倡改变地理学的主体，“而是仅仅试图增加地理学对学生数量的吸引”。（另见福特，1982；鲍威尔，1981。）

无论是在研究还是在教学中，地理学向着一门应用学科发展的趋向引起了人们的极大关注。因此，在宣布《职业地理学家》新的编辑方针时，1982 年 4 月出版的美国地理学家协会《通讯》报道说（p. 1）：

> 布鲁恩希望重视应用地理学方面的工作，并且将有关公司活动、州和地方政府计划、联邦政府活动、联合国和其他国际机构举办的活动以及研究计划等信息包括进来。

对更多应用工作的需要在美国人文地理学家中已被普遍承认为是重振，甚至是发展学科的一种必要手段。它采取了多种多样的形式（例如某些人强调要把注意力更多地集中于制图学和地理信息系统，见 p. 109），正如米克塞尔（1981，p. 14），所指出的：

> 具有稳固教师职位的、幸运的地理学家将对他们应当做些什么感到焦虑。对此最好的回答可能就是决定去做他们一直在做着的事情，但要对背景更为重视，更乐意受到环境的影响。

在英国，外部压力与 80 年代一样大，并且一直存在着对应用地理学的迫切需要，作为这一学科对解决当前经济和社会问题的一种贡献（见第七章）。例如贝内特（1982，p. 69）在评论英国地理学家协会 1982 年会议时发现：

> 确定一套稳固的和日益增长的焦点是可能的（如果它们还不能界定一个新的核心的话），这些焦点至少表明了一种日益明显的利益共同性。对作者来说，这些焦点是对“关联”研究、计量方法和分析方法的重新提出以及近年来摒弃反经验主义运动的一种广泛确认。

贝内特对这些现象表示欢迎并指出，

> 热点(即关联性)问题并不是那些英国地理学家被要求特别解决的问题。结果，这一学科缺少公开露面，和明显缺乏对公众和个人决策的影响力。

而且

> 当整个高等教育面临重大挑战的时候，当地理学作为一门学科在某些学院中经受特别巨大的压力时，在这次会议上看到对热点问题表示出关注，是令人振奋的(p.71)。

几年以后博蒙特(1989，p.172)附和了这一点，他当时强调说：

> 提交给下一个20年的议题是实践和发展，而不是研究和确定方向。未来是未知的，但如果地理学家打算从事地理学研究(或许是和新的伙伴)的话，那么未来可能是令人兴奋的。

与此相反，有些人将社会中的变化视为挑战，例如哈维(1989a，p.16)要寻找同盟，这些同盟可以“缓解(如果不是挑战的话)统治资本主义积累的原动力，以控制社会生活的历史地理”。

时代模型？

外部背景对人文地理学科的性质影响的重要性意味着范式也

许可以用另外一种方式表述为一个时代模型(约翰斯顿,1978c,1979b)。这表明外部环境的变化为学科内部的变化提供了必要的,但不是充分的刺激条件,如果这种变化不是要发动一场革命或是创立一门新的常规科学的话,那么就可以解释为是试图发展一个新的研究纲领。与外部条件的变化相伴的应该是学科内部与环境的新需求相适应的一组条件。在大多数情况下,这些条件都由年轻学者去创造的。施特格米勒(1977,p.148)认为:

> 正是大多数年轻人把新的范式带进这个世界。也正是年轻人以宗教的热情积极拥护新的事业,为之摇旗呐喊。

然而为了获得影响,尤其在高等教育界财力短缺的时期,这些年轻的工作者需要学科中某些权威人士的帮助(见第一章)。根据勒迈纳等人(1976,p.5)的意见:

> 孟德尔及其后继者们的工作是对科学问题的回答,但是直到一个强有力的科学家集团——由于这些科学家的学术背景和在研究团体中的地位——愿意放弃现存的概念时,孟德尔等人的成果的科学含义才被肯定。

对环境变化的反应或许包括试图创建一种新的范式或新的研究纲领,或者他们仅仅需要现存范式/研究纲领的新分支。不管是哪一种,只要符合一定的特征,就可能获得成功;或有可能建立进一步发展的立足点,甚至在已经取得了支持时也是如此。这些特征包括(范登达埃勒和韦恩加特,1976):一个独立的评价和承认系统;一个独立的交流系统;在学科基体范围内解决疑难问题的新的能力的确认;一个提供扩充新的团体成员的训练计划的正式组织;一个有领导者的非正式组织结构;以及研究经费。在学科发展时期,这些特征很少会产生问题;正如卡佩尔、米克塞尔、泰勒和其他人指出的那样,如果创新为学科带来地位,影响力和经费,那么它是受到鼓励的。在学科发展停滞不前、经费紧缩时期,情况就很不令人满意,只能在本学科现有的成员中用革命来取得重大转变。时代模型表明后者的情形是罕见的。关于研究成果,劳(1976, p. 228)劝告人们说:

> 科学家确实特别着重科学论文,但我的直觉是,在这个问题上科学家之间有着极大的(和重要的)差异。对某些人而言,科学是在实验室里所做的事情,是你所谈论的事情,是令你兴奋的事情;另一些人则认为科学是他们所写的和在杂志上读到的东西。我甚至可以假定(与不引人注意的学院观念一致)那些感到自己比别人高的人,认为科学是在他们自己或别人的头脑里,而不是在杂志里。

许多学者几乎从不在他们的专业杂志上发表文章,而且就某些人而言,当他们的学科发生变革时,他们就会被遗忘。他们继续讲授的“常规科学”可能是以他们过去适应社会需要的世界观、专业气氛和范例为基础的。但他们后来的适应了社会需要并受到随后环境条件影响的同事,却以不同方式行事。与变化着的环境相结合，学术圈内即使不产生多种范式的研究，也会产生多种范式的教学。

时代模型（经约翰斯顿修正，1978c）的主要特点是：

1. 外部环境对学科（特别是社会科学中与环境密切相关的学科）的内容有重大影响。

2. 这种环境的性质有时可能发生变化。这会在学科的少数成员中引起反应，他们力图在学科实践中改变老一辈人的做法，同时引起年轻一代对变革的兴趣。后者往往比前者成功得多。

3. 与此同时，这一群体表现为一种新的“思想学派”。在有些情况下，可能会导致与旧学派对立的新学派的出现。

4. 新学科被纳入学科的职业构成中。

5. 上一代的研究成果减少，新学派的著作在学科研究成果中占据支配地位。

6. 学生在系里的教学内容中面对两个或更多的不同时代的学派。

7. 随着时间的推移，新学派成员在本学科中成为资深人士。

这一模式可能会导致几种后果，其中之一是如果一门学科不能对变化着的环境做出反应，它就会停滞不前。因此革新者将会受到欢迎。另一个后果是，某些潜在的革新者可能发现他们不能影响学科，因为环境并不合适，原有势力不一定对他们的建议做出反应。邓肯（1974b，p. 109）借用哈格斯特朗（1968）关于空间扩散作用的著作的例子说明了那些“在科学本身范围内阻碍新的科学观念的过程”。哈格斯特朗的观点最初发表于 1953 年，邓肯的关于人们引用哈格斯特朗的情况的研究表明，与地理学中所有发表文章被接受平均速度相比(斯托达特,1967a),哈格斯特朗的观点得到普遍承认的速度则缓慢得多。邓肯认为这种情况的原因既不是语言问题,也不是哈格斯特朗身居相对偏远的瑞典的问题,而是他的工作与那些贯穿着另一种范式的工作明显不相关。只有当空间科学被建立起来时,哈格斯特朗的重大贡献才得到承认:

> 哈格斯特朗本人宣传他的研究的尝试遭到了正统派拥护者的抵制,但受到了新地理学群体的热情支持。信息最终传播到这一群体主要归功于坚持不懈的个人努力,而不是常规科学正常的交流系统。直到专业信念完全重新调整后,哈格斯特朗和研究才能得到普遍承认(p. 130)。

然而,甚至在一个新的观念被接纳以后,那些研究它的人可能也会分成两个或更多的实际上独立的集团(加特雷尔,1982)。

人文地理学:范式,或研究纲领,或……?

前面各节讨论了各种科学发展模型在人文地理学中的应用。很明显,最近40年的情况可能会有一系列的解释。这里最后的讨论表明了库恩的范式概念(在全部三个范围的定义上)的普遍意义,既没有必要去承认有单一范式和常规科学在整个学科中占据优势的稳固时期,也没有必要去承认有大批地理学家从一种范式转向另一种范式的重大革命事件。(在某些情况下,专业基体范式等同于拉卡托斯的术语中的研究纲领,此处采用库恩的术语。)然而在试图了解不同时期各种范式的相对普及性时,必须使用有很大程度上被科学演进模型的创造者们所忽略的背景方法。

20世纪50年代和60年代

在本节所研究的这一时期的开始,区域论——及其经验主义和暗含的例外论的哲学——在学科中占据支配地位。有几种类型:在美国中西部,特别是芝加哥、麦迪逊的地理学家强调区域差异;而伯克利的地理学家则把注意力集中在演变中的文化景观上;另外还有一个以克拉克大学为基地的独立学派(布尚,1981;普朗蒂,1979)。区域主题在英国亦占支配地位,不过重点大多放在自然地理学上,并且少有独立"学派"的迹象(弗里曼,1979;约翰斯顿和格雷戈里,1984)。系统研究在战后第一个10年中占据支配地位。他们确定的(不过常常是无意识的)目标是增加区域描述的内容,通过获得由相互作用而产生的独特特征的一般过程的知识来增加对特定地方的了解。

因此,区域论是具有不同范例的学科基体;由这一共同体中的成员共同拥有的信条是:区域综合是地理学存在的依据。但是在20世纪50年代和60年代出现了恩特里金(1981,p.1)所称的"占统治地位的正统派之间的转变……在这一转变中,空间的主题代替了区域的主题"。其标志是系统研究的加强、大批地理学家远离区域综合这一核心信条,日益强调发现空间组织的规律,包括作为影响人类行为基本因素的距离。正如格尔克(1977a,1971b,1978)和恩特里金(1981)所指出的,这种远离是缓慢的——在某种程度上无疑是出于维护学科统一和一致性的政治需要——某些提倡新范式的人认为，所有已出现的计量分析和空间科学对确定和认识区域来说是一种更好的和更严谨的方法（例如贝里——1964b——在论文中所提到的）。于是出现了方法论的转变（奇泽姆，1975），它意味着新的范例，但并不是一种新的学科基体，更不是一种新的世界观。

渐渐地，仅仅有方法论的改变被认为是不够的，于是哲学上的改变慢慢出现了（有时称为“静悄悄的革命”；约翰斯顿，1978c，1979b，1981b）。与区域综合的联系并没有吸引力（古尔德，1979），而与其他社会科学家逐渐增多的接触，使地理学家对按照实证主义的科学模式进行的系统专门化的实践和认识到社会对他们成果的明显需求而感到兴奋：与区域中心的联系割断了，一种空间科学的新的学科基体建立起来了。（巴蒂（1989）认为，到其模型发展到较为理想，并且可以投入使用的时候，对它们的需要却已经过去了：“这类完好的模型是历史的讽刺，如果当初有它们的话，那么在那时它们完全可能提供极好的建议。但这一时代已经过去了”——p.156。）区域这个术语有着完全不同的含义（约翰斯顿，1984a）。新的专业基体所具有的价值与区域论的价值明显不同，并达到了空间科学的热心者（他们是新一代地理学家，是过去教育蓬勃发展的那几十年成长起来的人中的一部分）在学科中占据支配地位的程度（见米克塞尔，1984，对是否如此进行了讨论），因而可以说是出现了一场革命。然而，按照传统的库恩的观点，这算不算是一场革命是值得怀疑的，因为——如上所述（见本书第429页）——这种改变几乎不适合于库恩模型中的“对反常的反应”部分。这意味着它不仅仅是学科基体的改变，而且在科学性质的概

念上也是世界观的改变。然而实际情况是否如此也是值得怀疑的,因为正如哈特向明确指出的那样(见本书第 93 页),传统的区域地理学(至少如他所理解的那样)并没有否认关于认识地方过程的普遍性的关联意义。不过伯德确实认定了"唯一的"一次革命,并以 1966 年 6 月邦奇(1966)发表的论文作为革命的开始,这篇论文批评以区位的独特性来反对科学中实证主义的做法。

到 20 世纪 60 年代末,在英美人文地理学中牢固地建立了空间科学的新的学科基体,并从那时延续了下来。在近 30 年中,人们看到了范例的许多改变,其中大部分都与资料分析的方法论——特别是技术上——的发展有关。(例如关于总体方向的改变,比较哈格特,1965,与哈格特、克利夫和弗雷,1977;关于某个纯粹方法论问题,比较克利夫和奥德,1973,与克利夫和奥德,1981;关于某个特定的独立存在的问题,哈格斯特朗,1968,与克利夫等,1987。克拉克和威尔逊,1985,提出了一篇关于以后发展的有用的评述。)这种在范例层次上的范式改变与库恩原先的表述有密切联系,人们承认进行研究的新方法优于以前使用的方法,因而吸收了反常的新方法。他们也取得了巨大的成就:哈格特(1978)在撰写《空间经济》时宣称,它

> 得到了比以前更详细的界定,我们知道一些它的组织、它对各种冲击的反应方式以及区域的某部分与其他部分联系的方式。现在有若干座理论的桥梁,虽然没有完全筑好,而且并不牢固,但它们将纯理论的、与空间无关的经济学同空间联系更为密切、复杂的现实联接了起来(p. 161)。

除了在范例中间关于方法的改变外，在具有更广泛含义的空间科学学科基体内也发生了变化。其中首先是脱离规范模型设计的重新定向和对照先验模式对空间组织进行检验的行为研究。正如考克斯(1981)所指出的那样，人们对专业基体并不怀疑，但在重点和风格上有重大改变。其次是倡导“生活状况地理学”(本书第315页)，它被艾尔斯和史密斯(1978)描述为对社会状况的一种反应和使当代人文地理学与社会状况的联系更加密切的一种愿望。

因此，关于50年代和60年代，我们能够确定的是人文地理学家的一个新的学科基体的建立，和这种新的学科基体对社会空间组织和人类空间行为的关注。在那些年代，更多地是在以后的时期中，各种范例一直此盈彼亏。它们带来了新的方法程序和新的兴趣中心。部分原因是对学科内兴起的反常研究(例如某些常规模型的失败和某些计量方法缺陷)的反应，另一部分原因是作为对社会趋势的响应。确实，学科基体有许多分支和再次一级的分支，这反映了地理学家的实质兴趣(例如对城市社会的兴趣、对农业的兴趣等)和他们所利用的技术内容。(80年代末发表的对美国地理学的回顾几乎完全在那些系统的专门化范围之中；盖勒和威尔莫特，1989。)

70 年代和 80 年代

尽管空间科学学科基体在60年代迅速扩展，并在70年代早期继续这种扩展，但正如在讨论历史地理学时所表明的那样，它在那个时期从未在人文地理学中占据支配地位。然而由于多种原因，它相对来说没有受到挑战(泰勒，1976)。在随后的10年中挑战出现了，这既是对那一学科基体的结果的反应，也是对社会中出现的事件和问题的反应。有二种主要的挑战，争论的不完全是那些范例，甚至也不是学科基体，而是隐含在空间科学学科基体内的世界观。

这些挑战中的第一个——此处称为人本主义——是对空间科学的性质和社会思想意识这两方面的反应。空间科学在方向和应用上属于专家政治论，它倾向于贬低人们的平等地位，忽视他们的个性和行动自由（莱，1981），同时也忽视地方的无限多样性，热衷于人们思想和行动的普遍规律。其科学观受到人本主义地理学家的反对，他们从对其他社会科学和哲学的评价出发，主张需要一个不同的科学概念，一个集中注意于主观性的科学概念。这样一种科学显然是与实证主义的空间科学大相径庭的，它在实践所做的是一种思想意识形态的东西（约翰斯顿，1986a）。

因此，人本主义地理学被看作一种不同的地理科学，而不是作为对现存方式的重新定向。不过某些支持者认为它是根植于诸如法国地理学家维达尔·德·拉·白兰士等人早年的地理实践（布蒂默，1978a）。它有自己的学科基体和各色各样的范例——就他们的哲学和论题而言。它的引入并没有带来一场革命，因为整个学科的内容没有重大改变。毋宁说，它提供了一个不同的人文地理学概念，以此为基础，与其他概念竞争。

第二个挑战——被概括为现实主义——也是对空间科学的学科基体内容的反应，但与人本主义者比起来，它更多地受外部环境的影响。正如前面已经详细讨论过的（本书第 342 页），最初被称为激进主义地理学的那些发起人对实证主义科学（包括空间科学）

处理和解决紧迫社会问题的失败颇为关注。他们也提倡应用地理学但以极其不同的方式来阐明实用性(哈维,1974;约翰斯顿,1981a)。如同人本主义地理学一样,它也促进了一场在世界观层次上的科学革命。他们提倡的现实主义科学与实证主义科学和人本主义科学均不相同。

现实主义的马克思主义科学一旦确立以后,也成为包含有各种范例的一个学科基体。其纲领的核心是希望揭示驱动社会的机制,并解释人们是如何行动和经验世界是如何组织起来的。达到这种认识的手段和怎样利用知识是大部分辩论的主题——例如在马克思主义者和非马克思主义者以及马克思主义者各派之间。近年来各种范例的兴盛与衰落交替迅速。在现实主义的科学概念内部辩论的是如何达到一致的科学目标;与实证主义和人本主义地理学家的辩论则是关于科学的性质。前者产生内部的革命,后者则寻求促进重大的学科革命。

对人文地理学来说,这里评述的几十年始终是动荡的年代,莱(1981)认为这是一种既使人激动也使人困惑的动荡。部分原因是人文地理学家探究新观念的速度太快。莱感到这种探究常常是肤浅的,一些观念刚被接受就几乎立刻被遗弃——“真正的北美风格,淘汰愈来愈快”(p. 209)。另一些人认为这些观念常常脱离了它们原来的背景,而将其引入的地理学家可能并不知道围绕着它们的争论(阿格纽和邓肯,1981;邓肯,1980)。某些人企图去调和不同的世界观(哈里森和利文斯顿,1982;海,1979a;约翰斯顿,1980,1982c;利文斯顿和哈里森,1981),另外一些人则认为这种调和是不可能的(艾尔斯和李,1982)。还有一些人力主许多世界观是其他地方的影响(例如思里夫特,1987,p.401,以及他的关于马克思主义的政治经济学现在“构成了大多数理论的潜台词”的观点),并且地理学家应当积极利用他的综合能力去综合各种观点(布鲁克菲尔德,1989,p.314)。

当动荡仍在继续,并且没有显示出减轻的迹象时,要评价这些动荡年代并不是件容易的事。毫无疑问,库恩的模型(如重大革命打断常规科学发展而取得地理学进步的模式)与1945年以来在人文地理学内部所发生的事并不相关。但是,如迈尔(1986)所强调的,范式的概念作为具有共同价值观的科学共同体,对于评价已经发生和正在发生的事都有着重大意义。关于范式的最低等级的概念——范例,也有明显证据表明,当“较好的”方法被推荐给人文地理学家时,在学科基体内社会化了的他们就会改变工作方向,微小的革命出现了,而且是经常的。这种改变沿不同方向发展,呈现出一种明显的无序状态——不是混乱(这是那一术语的俗称),不过是“个人和集团自由和自愿的结合”(拉本季,1977,p.22),但保存着核心的价值观。

关于范式的最高等级的概念——世界观,也有大量的证据说明它对评价当代人文地理学有着重大意义。目前,关于科学性质的三个极不相同的概念(完全是无法比较的概念)都在力争地理学界的注意力。它们在科学和社会目标以及需求选择方面都各不相同。地理学家有充足的理由作出这样的从一种科学概念转向另外一种的选择,因为正如哈维(1973)在谈到马克思主义时所说的那样:“我无法找到其他途径去完成我打算做的事情,或去理解那些必须理解的事情”(p.17)。

在某些情况下，范式的中层概念——学科基体——显得过于冗长，但也并非全部如此。从区域论到空间科学的转变基本上是学科基体的转变，世界观仍然保持不变——即以经验主义为基础的实证主义科学——不过在转变的前期，它没有显露出来。但在那一世界观内，共同目标的变化很频繁，这可以很容易被解释为是学科基体的一种转变。在其他二种世界内，也许还没有充足的时间来清楚地察觉这种转变。不过，在现实主义的概念范围内结构性理论的发展，很可能属于这类转变。

通常所提到的库恩模型并不适合1945年以来人文地理学的历程，但这一模型的主要部分对评价过去这一时期地理学内部发生的大多数事情是有价值的。总地说来，以下5点表达了这一时期的主要特征：

1. 在这一时期的早期（截至60年代后期），在世界观层次上的单一范式占据支配地位。人们显然接受经验主义，并日益自觉地接受实证主义。

2. 在那一时期内，出现了从一个学科基体（区域论）向另一个学科基体（空间科学）的稳步转变，但前者从来没有完全被后者所取代。

3. 在空间科学学科基体（到目前为止它仍然有生命力）内，一大批范例为进行研究提供了框架，反映出了技术的发展和学科体系的分化。

4. 从60年代后期以来，另外二种世界观得到了人文地理学家的倡导，它们代表了二种极不相同的科学观，既互不相同，也与空间科学相异。它们现在在地理学内部都已经确立了地位，有着大量的支持者，但它们都不能达到在学科中占据统治地位的程度。

5. 在这两种世界观内，倡导的是不同的学科基体。二者都未能对人本主义的地理学起到支配作用；现实主义（包括马克思主义）日益在“激进主义结构”的世界观中占据支配地位。

于是，目前人文地理学的特征是：在世界观上处于多范式状态；在至少二种世界观的学科基体之间互相竞争；在全部三种世界观中有大量范例作为研究的基础。正是由于最后一种特征，也由于许多人文地理学家并没有深入学习任何一种学科基体，更不用说使用范例了，从而使地理学看上去充满了动摇不定，个体研究者们纷纷探索（常常通过第三个世界而不是个人间的相互联系）各式各样的地理学实践。因此（约翰斯顿，1981b），

> 很多地理学的工作是探索性的，并且是由独立工作的个人进行的。的确，尽管许多人受到他们所读著作的影响，但他们绝没有被社会化为与一个“研究学派”及其领袖人物有关的特定的研究集团。某些个人的魅力和他们出版的著作也许偶尔会产生带动性和追随者。然而更为普遍的情形是缺乏学术的专一性（pp. 313—314）。

用法伊尔阿本德（1975；约翰斯顿，1976b，1978c）的话来说，这种不专一意味着混乱。某些人文地理学家在范例之间频繁变动，有时改变学科基体，偶尔也改变世界观。

怎样解释上面所概括的5点人文地理学性质以及刚刚描述过的学术的不专一性？很明显，富科的认识论观念作为在整个社会

中占支配地位的话语模式(见本书第 45 页)太一般化了。因为无论是此处描述的变化的频率,还是三个竞争着的、无可比性的世界观的多范式情形,都不能由这一概念来协调。毫无疑问,地理学中的变革与整个社会及其他学科中的变革都有联系(如克拉瓦尔(1981)所主张的那样),但是缺乏具有控制意义的单一范式。我们所有的是偶尔试图倡导与流行的做法相对立的某一特定范式(世界观、学科基体或范例)的个体地理学家。他们不大可能孤立地去完成那种事情;与他人接触或进行阅读(或二者兼而有之)都将会为他们提供论据,他们要在学科内部寻求支持,在社会上寻找源泉/赞助。

为什么有些人比另一些人更能够促进范式的变化呢?对地理学科的社会学研究还很少,对促进接受/抵制所提出的范式变化的权力的社会学研究,和对说服别人(至少是暂时)相信方法的"正确性"的能力的社会的研究,尤其如此。(不过可参见邓肯(1974)对哈格斯特朗的开拓性工作过迟得到承认的评论。)有一些关于地理学发展早期的有影响的人物的著作的研究(例如布鲁特 1981 年的著作和弗里曼(1977ff.)编辑的人物传记丛书);在英国,人们对这一专业的性质进行了探索(约翰斯顿和布拉克,1983),但对近年来学科的动态发展则没有人做详细的分析。对引用情况的分析,可以确认一些常被引用的著作,它们可以被看作范例(例如怀特汉德,1985;里格利和马休斯,1986),也可以用于发现研究共同体——在一个特定主题上互相参考的学者群体(加特雷尔,1984a.1984b)。人们对杂志进行了分级,并对它们的相互依赖关系进行了研究(如怀特汉德,1984;加特雷尔和史密斯,1984)。此外,还依据所发表的出版物的数量和被引用的出版物的数量以及当时评价，对英美大学的地理系进行了排名（对美国的地理系排名的有：莫里尔，1980；琼斯、林赛和格列肖，1982；特纳和迈尔，1985。对英国地理系的排名，见本瑟姆，1987；史密斯，1988b）；对某些分支学科的探索性研究找到了个人进行实践的主要促进因素（如菲利普斯和昂温，1985）。所有这些描述了学科及其各个子系统的结构，但对其过程则讲得很少。像空间科学一样，它们提供了有价值的描述性资料，但未必得到了充分理解。

这种理解，不仅有必要评价人们工作的各种环境，而且要认识到那些环境并不是决定性的。一个国家经济繁荣层次上的变化并不一定导致地理学家作出某种反应，各个地理学家将会对那一变化的解释作出反应，他们的反应也许会促使其他人在范式的转换时期去追随他们。正如引入激进派或结构主义世界观和在经验主义世界观内从区域论到空间科学的转换所表明的那样，这是在世界观——或许也是学科基体——层次上转变的最可能的原因。但是这些转变可以再产生反应，用人本主义地理学的发展来反对空间科学就是一个例证。但是很明显，促进那一过程的因素既受到地理学之外的思想潮流的影响，也受到他们对第三个世界的探索的影响。正如库恩所指出的，范例层次上的变化最有可能作为对学科内各种事件的反应而出现；这就是发生在空间科学学科基体内，从规范分析向行为分析的转变，但后者向生活地理学的发展是受到了外部因素的强烈影响。

所以，不存在能够适用于人文地理学内部种种变化的简单模型，以解释这里所描述的变化。库恩的著作提供了一套有价值的

词汇和用以分析变化的组织框架，但所发生的事情反映的却是各个人文地理学家的感知和行为。像社会的所有其他方面一样，地理学是由地理学家们在不同地方，以不同规模为他们自己所创造的一门学科，并由他们不断进行再创造。后一点是决定性的，因为——如进入人文地理学的现实主义所强调的那样——人们在特定环境中被社会化了，接着他们又创造了其他一些人在其中被社会化了的环境的一部分。那些地方并不是孤立存在的，一地的变化可以引起另一地的变化。但是正如本书所描述的，在英美范围内，在如何利用地理学方面各地一直有着显著的差别，它反映了那些地方和人的特性；从国际范围讲，这种差别甚至会更大（约翰斯顿和克拉瓦尔，1984）。

未　　来？

在社会科学（或许也在自然科学）中，一门学科的内容因时因地而异；对这种变化的性质可以评判和解释，但不能预见。可以肯定，不可能对未来的变化作出任何确切的预测。在70年代早期，一批经过挑选的重要地理学家被要求表达他们对地理未来的看法（乔莱，1973）。他们所写的几乎没有什么能清晰地反映所发生的真实情况，而12年以后出版的一本在内容上有某些相似之处的书则大为不同（约翰斯顿，1985c）。关于地理学的性质、地理学应当如何实践和教学（古尔德，1977，1978，1981，1975a，1985b，他是一位重要作者）的辩论仍在继续，并将继续下去，这不仅反映了本学科内部的分歧，而且也反映了人文地理学家所隶属的社会的趋势。

未来的辩论将会有什么样的内容和环境是难以预测的;然而可以在某种程度上肯定地提出,在未来10年内人文地理学将不会以单一范式占支配地位为其特征。

D. 史密斯(1984)在他的自传式论文的前言中写道:

> 我自己的专业活动似乎一直是在不断地努力跟上人文地理学迅速转变的中心。这种努力在很大程度上是由于难以摆脱的个人知识传统而产生的……如果我们自己的努力意味着比一个人的半生经历还多一些什么的话,它完全可以成为一个论题,即地理学家或社会科学家是他(或她)那一时代的产物……如果能从这类最近事件中学到什么东西的话……那就是“科学”发展并不是在社会的真空中进行的,而是人类历史的一个不可缺少的组成部分,其中每个人的个性和创造力所引起的偶然性成分起了重要作用。所以就让我们这样带着对偶然事情的回忆进行下去。

看起来我们所有的人都是各种各样的偶然。(罗布松,1984,使用了类似的措辞,他说:“很清楚,在我自己的发展过程中,明确的指导目标所起的作用看上去是多么的小,而结合起来的具有相当随机性的影响和我对其作出反应并有所贡献的种种偶然事件的作用又是这么的大”(p. 104)。)因此,我们个人的事业和生活道路可以按照一定的背景加以评价和确定,但仅此而已。我们作为个人,去向很不确定,更不用说作为仍然与无序的团体有联系的地理学的未来了。正如我通过写作本书来重建地理学的过去一样，我们正是在实践中创建着地理学的未来。

参 考 文 献

ABLER, R. F. 1971: Distance, intercommunications, and geography. *Proceedings, Association of American Geographers* **3**, 1—5.

ABLER, R. F., ADAMS, J. S. and GOULD, P. R. 1971: *Spatial organization: the geogragher's view of the world*. Englewood Cliffs, NJ: Prentice-Hall.

ACKERMAN, E. A. 1945: Geographic training, wartime research, and immediate professional objectives. *Annals of the Association of American Geographers* **35**, 121—43.

—1958: *Geography as a fundamental research discipline*. Chicago: University of Chicago, Department of Geography Research Paper 53.

—1963: Where is a research frontier? *Annals of the Association of American Geographers* **53**, 429—40.

ADAMS, J. S. 1969: Directional bias in intra-urban migration. Economic Geography **45**, 302—23.

AGNEW, J. A. 1984: Place and political behaviour: the geography of Scottish nationalism. *Political Geography Quarterly* **3**, 191—202.

—1987a: *The United States in the world-economy: a regional geography*. Cambridge: Cambridge University Press.

—1987b: *Place and Politics: The Geographical Mediation of State and Society*. Boston: Allen and Unwin.

—1989: The devaluation of place in social science. In J. A. Agnew and J. S. Duncan (eds.) *The Power of Place*. Boston: Unwin Hyman, 9—29.

—1990: Sameness and difference: Hartshorne's *The Nature of Geography and Geography as Area Variation*. In J. N. Entrikin and S. D. Brunn (eds.) *Reflections on Richard Hartshorne's The Nature of Geography*. Washington: Association of American Geographers, 121—40.

AGNEW, J. A. and DUNCAN, J. S. 1981: The transfer of ideas into Anglo-American human geography. *Progress in Human Geography* **5**, 42—57.

—and DUNCAN, J. S. 1989: Introduction. In J. A. Agnew and J. S. Duncan (eds.) *The Power of Place*. Boston: Unwin Hyman, 1—8.

AITKEN, S. C., CUTTER, S. L., FOOTE, K. E. and SELL, J. S. 1989: Environmental perception and behavioral geography. In G. L. Gaile and C. J. Willmott (eds.) *Geography in America*. Merrill, Columbus, 218—38.

ALEXANDER, D. 1979: Catastrophic misconception? *Area* **11**, 228—30.

ALEXANDER, J. W. and ZAHORCHAK, G. A. 1943: Population-density maps of the United States: techniques and patterns. Geographical Review **33**, 457—66.

AMEDEO, D. and GOLLEDGE, R. G. 1975: *An introduction to scientific reasoning in geography*. New York: John Wiley.

ANDERSON, J. 1973: Ideology in geography: an introduction. *Antipode* **5(3)**, 1—6.

APPLETON, J. 1975: *The experience of landscape*. London: John Wiley.

ARCHER, J. C. and TAYLOR. P. J. 1981: *Section and party*. Chichester: John Wiley.

ASHEIM, B. T. 1990: Review of Holt-Jensen. *Progress in Human Geography* 14.

BADCOCK, B. A. 1970: Central-place evolution and network development in south Auckland, 1840—1968: a systems analytic approach. *New Zealand Geographer* **26**, 109—35.

—1984: *Unfairly structured cities*. Oxford: Basil Blackwell.

BAHRENBERG, G., FISCHER, M. M. and NIJKAMP, P. (eds.) 1984: *Recent developments in spatial data analysis: methodology, measurement, models*. Aldershot: Gower Press.

BAKER, A. R. H. 1972: Rethinking historical geography. In A. R. H. Baker (ed.), *Progress in historical geography*. Newton Abbott: David & Charles, 11—28.

—1979: Historical geography: a new beginning? *Progress in Human Geography* **3**, 560—70.

—1981: An historico-geographical perspective on time and space and on period and place. *Progress in Human Geography* **5**, 439—43.

—1984: Reflections on the relations of historical geography and the *Annales* school of history. In A. R. H. Baker and D. Gregory (eds.) *Explorations in historical geography*. Cambridge: Cambridge University Press, 1—27.

—and GREGORY, D. 1984: Some terrcae incognita in historical geography: an exploratory discussion. In A. R. H. Baker and D. Gregory. (eds.) *Explorations in historical geography*. Cambridge: Cambridge University Press, 180—94.

BALL, M. 1987: Harvey's Marxism. *Environment and Planning D: Society and Space* **5**, 393—4.

BALLABON, M. B. 1957: Putting the 'economic' into economic geography. *Economic Geography* **33**, 217—23.

BARNES, B. 1974: *Scientific knowledge and sociological theory*. London: Routledge & Kegan Paul.

—1982: T. S. *Kuhn and social science*. London: Macmillan.

BARNES, T. J. 1985: Theories of international trade and theories of value. *Environment and Planning A* **17**, 729—46.

—1988: Rationality and relativism in economic geography: an interpretive review of the *homo economicus* assumption. *Progress in Human Geography* **12**, 473—96.

—1989a: Place, space and theories of economic value: contextualism and essentialism in economic geography. *Transactions, Institute of British Geographers* **NS14**, 299—316.

—1989b: Structure and agency in economic geography and theories of economic value. In A. Kobayashi and S. Mackenzie (eds.) *Remaking human geography*. Boston: Unwin Hyman, 134—48.

BARROWS, H. H. 1923: Geography as human ecology. *Annals of the Association of American Geographers* **13**, 1—14.

BASSETT, K. and SHORT, J. R. 1980: *Housing and residential structure: alternative approaches*. London: Routledge & Kegan Paul.

BATTY, M. 1976: *Urban modelling: algorithms, calibrations, predictions*. London: Cambridge University Press.

—1978: Urban models in the planning process. In D. T. Herbert and R. J. Johnston (eds.), *Geography and the urban environment*, vol. 1 London: John Wiley, 63—134.

—1989: Urban modelling and planning; reflections, retrodictions and prescriptions. In B. Macmillan (ed.) *Remodelling Geography*. Oxford: Basil Blackwell, 147—69.

BEAUMONT, J. R. 1987: Quantitative methods in the real world: a consultant's view of practice. *Environment and Planning A* **19**, 1441—8.

—and GATRELL, A. C. 1982: *An introduction to Q-analysis*. CATMOG 34, Geo. Books, Norwich.

BEAUREGARD, R. A. 1988: In the absence of practice: the locality research debate. *Antipode* **20**, 52—59.

BELL, D. 1973: *The coming of post-industrial society*. New York: Basic Books.

BENNETT, R. J. 1974: Process identification for time-series modelling in urban and regional planning. *Regional Studies* **8**, 157—74.

—1975: Dynamic systems modelling of the Northwest region: 1. Spatio-temporal representation and identification. 2. Estimation of the spatio-temporal policy model. 3. Adaptive parameter policy model. 4. Adaptive spatiotemporal forecasts. *Environment and Planning A* **7**, 525—38, 539—66, 617—**36**, 887—98.

—1978a: Forecasting in urban and regional planning closed loops: the exam-

ples of road and air traffic forecasts. *Environment and Planning A* **10**, 145—62.

—1978b:*Spatial time series: analysis, forecasting and control*, London: Pion.

—1979:Space-time models and urban geographical research in D. T. Herbert and R. J. Johnston (eds.), *Geography and the urban environment: progress in research and application*, vol. 2. London: John Wiley, 27—58.

—1981a: Quantitative geography and public policy. In N. Wrigley and R. J. Bennett (eds.), *Quantitative geography*. London: Routledge & Kegan Paul, 387—96.

—1981b: A hierarchical control solution to allocation of the British Rate Support Grant. *Geographical Analysis* **13**, 300—14.

—(ed.) 1981c: *European progress in spatial analysis*. London: Pion.

—1981d: Quantitative and theoretical geography in Western Europe. In R. J. Bennett (ed.), *European progress in spatial analysis*. London: Pion, 1—32.

—1982: Geography, relevance and the role of the Institute. *Area* 14, 69—71.

—1983: Individual and territorial equity. *Geographical Analysis* 15, 50—87.

—1985a: A reappraisal of the role of spatial science and statistical inference in geography in Britain. *L'Espace Geographique* **14**, 23—8.

—1985b: Quantification and relevance. In R. J. Johnston (ed.) *The future of geography*. London: Methuen, 211—24.

—1989a: Whither models and geography in a post-welfarist world? In B. Macmillan (ed.) *Remodelling Geography*. Oxford: Basil Blackwell, 273—90.

—1989b: Demography and budgetary influence on the geography of the poll tax: alarm or false alarm? *Transactions, Institute of British Geographers* **NS14**, 400—17.

BENNETT, R. J. and CHORLEY, R. J. 1978: *Environmental systems: philosophy, analysis and control*. London: Methuen.

BENNETT, R. J. and HAINING, R. P. 1985: Spatial structure and spatial interaction: modelling approaches to the statistical analysis of geographical data. *Journal of the Royal Statistical Society A* **148**, 1—36.

—HAINING, R. P. and WILSON, A. G. 1985: Spatial structure, spatial interaction and their integration: a review of alternative models. *Environment and Planning A* **17**, 625—46.

BENNETT, R. J. and THORNES, J. B. 1988: Geography in the United Kingdom, 1984—1988. *The Geographical Journal* **154**, 23—48.

BENNETT, R. J. and WRIGLEY, N. 1981: Introduction. In N. Wrigley and R. J. Bennett (eds.), *Quantitative geography*. London: Routledge & Kegan Paul, 3—11.

BENTHAM, G. 1988: An evaluation of the UGC's rating of the research of British university geography departments. *Area* **19**, 147—54.

BERDOULAY, V. 1981: The contextual approach. In D. R. Stoddart (ed.), *Geography, ideology and social concern*. Oxford: Blackwell, 8—16.

BERRY, B. J. L. 1958: A critique of contemporary planning for business centers. *Land Economics* **25**, 306—12.

—1959a: Ribbon developments in the urban business pattern. *Annals of the Association of American Geographers* **49**, 145—55.

—1959b: Further comments concerning 'geographic' and 'economic' economic geography. *The Professional Geographer* 11(1), 11—12.

—1964a: Cities as systems within systems of cities. *Papers, Regional Science Association* **13**, 147—63.

—1964b: Approaches to regional analysis: a synthesis. *Annals of the Association of American Geographers* **54**, 2—11.

—1965: Research frontiers in urban geography. In P. M. Hauser and L. F. Schnore (eds.), *The study of urbanization*. New York: John Wiley, 403—30.

—1966: *Essays on commodity flows and the spatial structure of the Indian economy*. Chicago: University of Chicago, Department of Geography, Research Paper 111.

—1967: *The geography of market centers and retail distribution*. Englewood Cliffs, NJ: Prentice-Hall.

—1968: A synthesis of formal and functional regions using a general field theory of Spatial behavior. In B. J. L. Berry and D. F. Marble (eds.), *Spatial analysis*. Englewood Cliffs, NJ: Prentice-Hall, 419—28.

—(ed.) 1971: *Comparative factorial ecology*. *Economic Geography* **47**, 209—367.

—1972a: Hierarchical diffusion: the basis of development filtering and spread in a system of growth centers. In N. M. Hansen (ed.), *Growth centers in regional economic development*. New York: The Free Press, 108—38.

—1972b: 'Revolutionary and counter-revolutionary theory in geography'—a ghetto commentary, *Antipode* **4(2)**, 31—3.

—1972c: More on relevance and policy analysis, *Area* **4**, 77—80.

—1973a: *The human consequences of urbanization*. London: Macmillan.

—1973b: A paradigm for modern geography. In R. J. Chorley (ed.), *Directions in Geography*. London: Methuen, 3—22.

—1974a: Review of H. M. Rose (ed.), *Perspectives in geography* 2. *Geography of the ghetto, perceptions, problems and alternatives*. *Annals of the Association of American Geographers* **64**, 342—5.

—1974b: Review of David Harvey, *Social Justice and the City*. *Antipode* **6(2)**, 142—5, 448.

—1978a: Introduction: a Kuhnian perspective. In B. J. L. Berry (ed.), *The nature of change in geographical ideas*. de Kalb: Northern Illinois University Press, vii—x.

—1978b: Geographical theories of social change. In B. J. L. Berry (ed.), *The nature of change in geographical ideas*. de Kalb: Northern Illinois University Press, 17—36.

BERRY, B. J. L. and BAKER, A. M. 1968: Geographic sampling. In B. J. L. Berry and D. F. Marble (eds.), *Spatial analysis*. Englewood Cliffs, NJ:

Prentice-Hall,91—100.

BERRY,B. J. L. and GARRISON, W. L. 1958a: The functional bases of the central place hierarchy. *Economic Geography* **34**,145—54.

—and GARRISON, W. L. 1958b: Recent developments in central place theory. *Papers and Proceedings ,Regional Science Association* **4**,107—20.

BERRY, B. J. L. and HORTON, F. E. (eds.) 1974: *Urban environmental management :planning for pollution control*. Englewood Cliffs, NJ: Prentice-Hall.

BERRY. B. J. L. *et al*. 1974: *Land use ,urban form and environmental quality*. Chicago: Department of Geography, Research Paper 155, University of Chicago.

BHASKAR,R. 1978: *A realist theory of science*. Brighton: Harvester Press.

BILLINGE, M. 1977: In search of negativism: phenomenology and historical geography. *Journal of Historical Geography* **3**,55—68.

—1983: The mandarin dialect: an essay on style in contemporary geographicat writing. *Transactions, Institute of British Geographers* **NS8**,400—20.

BILLINGE,M. ,GREGORY,D. and MARTIN,R. L. (eds.) 1984: *Recollections of a revolution :geography as spatial science*. London: Macmillan.

—1984: Reconstructions. In M. Billinge,D. Gregory and R. Martin (eds.) *Recollections of a revolution :geography as spatial science*. London: Macmillan,1—26.

BIRD,J. H. 1975: Methodological implications for geography from the philosophy of K. R. Popper. *Scottish Geographical Magazine* **91**,153—63.

—1977: Methodology and philosophy. *Progress in Human Geography* **1**, 104—10.

—1978: Methodology and philosophy. *Progress in Human Geography* **2**, 133—40.

—1985: Geography in three worlds: how Popper's system can help elucidate dichotomies and changes in the discipline. *The Professional Geographer* **37**,403—9.

—1989: *The changing worlds of geography: a critical guide to concepts and methods*. Oxford: Clarendon Press.

BIRKIN, M. and CLARKE, M. 1988: SYNTHESIS: a synthetic spatial information system: methods and examples. *Environment and Planning A* **20**, 645—71.

—1989: *The generation of individual and household incomes at the small area level using synthesis*. *Regional Studies* **23**, 535—48.

BIRKIN, M. and WILSON, A. G. 1986: Industrial location models 1. a review and integrating framework *and* 2. Weber, Palander, Hotelling and extensions within a new framework. *Environment and Planning A* **18**, 175—206 *and* 293—306.

BLAIKIE, P. M. 1978: *The theory of the spatial diffusion of innovations: a spacious cul-de-sac*. *Progress in Human Geography* **2**, 268—95.

—1985: *The political economy of soil erosion*. London: Longman.

—1986: Natural resource use in developing countries. In R. J. Johnston and P. J. Taylor (eds.) *A world in crisis? geographical perspectives*. Oxford: Basil Blackwell, 107—26.

BLAIKIE, P. M. and BROOKFIELD, H. C. (eds.) 1987: *Land degradation and society*. London: Methuen.

BLAUG, M. 1975: Kuhn versus Lakatos, or paradigms versus research programmes in the history of economics. *History of Political Economy* 7, 399—419.

BLAUT, J. M. 1979: The dissenting tradition. *Annals of the Association of American Geographers* **69**, 157—64.

—1987: Diffusionism: a uniformitarian critique. *Annals of the Association of American Geographers* **77**, 30—47.

BLOUET, B. W. (ed.) 1981: *The origins of academic geography in the United States*. Hamden Conn: Archon Books.

BLOWERS, A. T. 1972: Bleeding hearts and open values. *Area* **4**, 290—2.

—1974: Relevance, research and the political process *Area* **6**, 32—6.

BLUMENSTOCK, D. I. 1953: The reliability factor in the drawing of isarithms. *Annals of the Association of American Geographers* **43**, 289—304.

BOAL, F. W. and LIVINGSTONE, D. N. 1989: The behavioural environment: worlds of meaning in a world of facts. In F. W. Boal and D. N. Livingstone (eds.) *The Behavioural Environment*. London: Routledge, 3—17.

BODDY, M. J. 1976: The structure of mortgage finance: building societies and the British social formation. *Transactions, Institute of British Geographers* **NS1**, 58—71.

BOOTS, B. N. and GETIS, A. 1978: *Models of spatial processes*. Cambridge: Cambridge University Press.

BOWLBY, S. R., FOORD, J. and MCDOWELL, L. 1986: The place of gender in locality studies. *Area* **18**, 327—31.

—LEWIS, J., McDOWELL, L. and FOORD, J. 1989: The geography of gender. In Peet, R. and Thrift, N. J. (eds.) *New models in geography* (*Volume Two*). London: Unwin Hyman, 157—75.

BOYLE, M. J. and ROBINSON, M. E. 1979: Cognitive mapping and understanding. In D. T. Herbert and R. J. Johnston (eds.) *Geography and the urban environment*, volume 2. Chichester: John Wiley, 59—82.

BRACKEN, I., HIGGS, G., MARTIN, D. and WEBSTER, C. 1990: *A classification of geographical information systems literature and applications*. CATMOG 52. Norwich: Environmental Publications.

BRADLEY, P. N. 1986: Food production and distribution—and hunger. In R. J. Johnston and P. J. Taylor (eds.) *A world in crisis? geographical perspectives*. Oxford: Basil Blackwell, 89—106.

BREITBART, M. M. 1981: Peter Kropotkin, the anarchist geographer. In D. R. Stoddart (ed.), *Geography, ideology and social concern*. Oxford: Blackwell, 134—53.

BRITTAN, S. 1977: Economic liberalism. In A. Bullock and O. Stallybrass (eds.), *The Fontana dictionary of modern thought*. London: Fontana Books, 188—9.

BROOKFIELD, H. C. 1962: Local study and comparative method: an example from Central New Guinea. *Annals of the Association of American Geographers* **52**, 242—54.

—1964: Questions on the human frontiers of geography. *Economic Geography* **40**, 283—303.

—1969: On the environment as perceived. In C. Board *et al.* (eds.), *Progress in Geography* **1**, London: Edward Arnold, 51—80.

—1973: On one geography and a Third World. *Transactions, Institute of British Geographers* **58**, 1—20.

—1975: *Interdependent development*. London: Methuen.

—1989: The behavioural environment: how, what for, and whose? in F. W. Boal and D. N. Livingstone (eds.) *The Behavioural Environment*. London: Routledge, 311—28.

BROWETT, J. 1984: On the necessity and inevitability of uneven spatial development under capitalism. *International Journal of Urban and Regional Research* **8**, 155—76.

BROWN, L. A. 1968: *Diffusion processes and location: a conceptual framework and bibliography*. Browett Regional Science Research Institute, Bibliography Series 3, Philadelphia.

—1975: The market and infrastructure context of adoption: a spatial perspective on the diffusion of innovation. *Economic Geography* **51**, 185—216.

—1981: *Innovation diffusion: a new perspective*. London: Methuen.

BROWN, L. A. and MOORE, E. G. 1970: The intra-urban migration process: a perspective. *Geografiska Annaler* **52B**, 1—13.

BROWN, R. H. 1943: *Mirror for Americans: likeness of the eastern seaboard 1810*. New York: American Geographical Society.

BROWN, S. E. 1978: Guy-Harold Smith, 1895—1976. *Annals of the Association of American Geographers* **68**, 115—18.

BROWNING, C. 1982: *Conversations with geographers: career pathways and research styles*. University of North Carolina at Chapel Hill, Department of

Geography, Occasional Paper 16.

BRUNN, S. D. 1974: *Geography and politics in America*. New York: Harper & Row.

BRUSH, J. E. 1953: The hierarchy of central places in southwestern Wisconsin. *Geographical Review* **43**, 380—402.

BUCHANAN, K. 1962: West wind, east wind. *Geography* **47**, 333—46.

—1973: The white north and the population explosion. *Antipode* **5**(3), 7—15.

BULLOCK, A. 1977: Liberalism. In A. Bullock and O. Stallybrass (eds.), *The Fontana dictionary of modern thought*. London: Fontana Books, 347.

BUNGE, W. 1962: second edition, 1966. *Theoretical geography*. Lund Studies in Geography, Series C **1**, Lund: C. W. K. Gleerup.

—1966: Locations are not unique. *Annals of the Association of American Geographers* **56**, 375—6.

—1968: Fred K. Schaefer and the science of geography. *Harvard Papers in Theoretical Geography*, Special Papers Series, Paper A, Laboratory for Computer Graphics and Spatial Analysis, Harvard University, Cambridge, Mass.

—1971: *Fitzgerald: geography of a revolution*. Cambridge, Mass: Schlenkman.

—1973a: Spatial prediction. *Annals of the Association of American Geographers* **63**, 566—8.

—1973b: Ethics and logic in geography. In R. J. Chorley (ed.), *Directions in geography*. London: Methuen, 317—31.

—1973c: The geography of human survival. *Annals of the Association of American Geographers* **63**, 275—95.

—1973d: The geography. *The Professional Geographer* **25**, 331—7.

—1979: Fred K. Schaefer and the science of geography, *Annals of the Association of American Geographers* 69, 128—33.

BUNGE, W. and BORDESSA, R. 1975: *The Canadian alternative: survival, expeditions and urban change*. Geographical Monographs, Atkinson Col-

lege, York University. Downsview, Ontario.

BUNTING, T. E. and GUELKE, L. 1979: Behavioral and perception geography: a critical appraisal. *Annals of the Association of American Geographers* **69**, 448—62, 471—4.

BURNETT, K. P. (ed.) 1981: *Studies in choice, constraints, and human spatial behavior. Economic Geography* **57**, 291—383.

BURTON, I. 1963: The quantitative revolution and theoretical geography. *The Canadian Geographer* **7**, 151—62.

BURTON, I., KATES, R. W. and WHITE, G. F. 1978: *The environment as hazard*. New York: Oxford University Press.

BUSHONG, A. D. 1981: Geographers and their mentors: a genealogical view of American academic geography. In B. W. Blouet (ed.), *The origins of academic geography in the United States*. Hamden, Conn: Archon Books, 193—220.

BUTLIN, R. A. 1982: *The transformation of rural England c*. 1580—1800. Oxford: Oxford University Press.

BUTTIMER, A. 1971: *Society and milieu in the French geographical tradition*. Chicago: Rand McNally.

—1974: *Values in geography*. Commission on College Geography, Resource Paper 24, Association of American Geographers. Washington.

—1976: Grasping the dynamism of lifeworld. *Annals of the Association of American Geographers* **66**, 277—92.

—1978a: Charism and context: the challenge of La Géographie Humaine. In D. Ley and M. S. Samuels (eds.), *Humanistic geography: prospects and problems*. Chicago: Maaroufa Press, 58—76.

—1978b: On people, paradigms and progress in geography. Institutionen for Kulturgeografi och Economisk Geografi vid Lunds Universitet, *Rapporter och Notiser* **47**.

—1979: Erewhon or nowhere land. In S. Gale and G. Olsson (eds.), *Philosophy in geography*. Dordrecht: D. Reidel, 9—38.

—1981:On people, paradigms and 'progress' in geography In D. R. Stoddart (ed.), *Geography, ideology and social concern*. Oxford: Blackwell, 70—80.

—1983:*The practice of geography*. London:Longman.

BUTTIMER, A. and HÄGERSTRAND, T. 1980: *Invitation to dialogue: a progress report*. DIA Paper 1, University of Lund, Lund.

BUTZER, K. W. 1989: Cultural ecology. In G. L. Gaile and C. J. Willmot (eds.) *Geography in America*. Columbus:Merrill, 192—208.

—1990: Hartshorne, Hettner, and *The Nature of Geography*. In J. N. Entrikin and S. D. Brunn (eds.) *Reflections on Richard Hartshorne's The Nature of Geography*. Washington: Association of American Geographers, 35—52.

CADWALLADER, M. 1975: A behavioral model of consumer spatial decision making. *Economic Geography* **51**, 339—49.

—1986:Structural equation models in human geography. *Progress in Human Geography* **10**, 24—47.

CAMERON, I. 1980: *To the farthest ends of the earth*. London: Macdonald.

CAMPBELL, J. A. 1989: The concept of 'the behavioural environment', and its origins, reconsidered. In F. W. Boal and D. N. Livingstone (eds.) *The behavioural environment*. London: Routledge, 33—76.

CAMPBELL, J. A. and LIVINGSTONE, D. N. 1983: Neo-Lamarckism and the development of geography in the United States and Great Britain. *Transactions, Institute of British Geographers* **NS8**, 267—94.

CAPEL, H. 1981: Institutionalization of geography and strategies of change. In D. R. Stoddart (ed.), *Geography, ideology and social concern*. Oxford: Blackwell, 37—69.

CAREY, H. C. 1858: *Principles of social science*. Philadelphia: J. Lippincott.

CARLSTEIN, T. 1980: *Time, resources, society and ecology*. Department of Geography, University of Lund, Lund.

CARLSTEIN, T., PARKES, D. N. and THRIFT, N. J. (eds.): *Timing space and spacing time* (three volumes). London: Edward Arnold.

CARR, M. 1983: A contribution to the review and critique of behavioral industrial location theory. *Progress in Human Geography* **7**, 386—402.

CARROLL, G. R. 1982: National city-size distributions: what do we know after 67 years of research? *Progress in Human Geography* **6**, 1—43.

CARROTHERS, G. A. P. 1956: An historical review of the gravity and potential concepts of human interaction. *Journal, American Institute of Planners* **22**, 94—102.

CASTELLS, M. 1977: *The urban question. London: Edward Arnold.*

CHAPMAN, G. P. 1977: *Human and environmental systems: a geographer's appraisal.* London: Academic Press.

CHAPPELL, J. E., Jr 1975: The ecological dimension: Russian and American views. *Annals of the Association of American Geographers* **65**, 144—62.

—1976: Comment in reply. *Annals of the Association of American Geographers* **66**, 169—73.

CHAPPELL, J. M. A. and WEBBER, M. J. 1970: Electrical analogues of spatial diffusion processes. *Regional Studies* **4**, 25—39.

CHISHOLM, M. 1962: *Rural settlement and land use*. London: Hutchinson.

—1966: *Geography and economics*. London: G. Bell & Sons.

—1967: General systems theory and geography. *Transactions, Institute of British Geographers* **42**, 45—52.

—1971a: In search of a basis for location theory: micro-economics or welfare economics? In C. Board *et al.* (eds.), *Progress in Geography* **3**, London: Edward Arnold, 111—34.

—1971b: Geography and the question of 'relevance'. *Area* **3**, 65—8.

—1973: The corridors of geography. *Area* **5**, 43.

—1975: *Human geography: evolution or revolution?* Harmondsworth: Penguin Books.

—1976: Regional policies in an era of slow population growth and higher unemployment. *Regional Studies* **10**, 201—13.

CHISHOLM, M., FREY, A. E. and HAGGETT, P. (eds.), 1971: *Regional forecasting*. London: Butterworth.

CHISHOLM, M. and MANNERS, G. (eds.) 1973: *Spatial policy problems of the British economy*. London: Cambridge University Press.

CHISHOLM, M. and O'SULLIVAN, P. 1973: *Freight flows and spatial aspects of the British economy*. Cambridge: Cambridge University Press.

CHORLEY, R. J. 1962: Geomorphology and general systems theory. *Professional Paper* 500-B, United States Geological Survey, Washington.

—1964: Geography and analogue theory. *Annals of the Association of American Geographers* **54**, 127—37.

—1973a: Geography as human ecology. In R. J. Chorley (ed.), *Directions in geography*. London: Methuen, 155—70.

—(ed.) 1973b: *Directions in geography*. London: Methuen.

CHORLEY, R. J. and BENNETT, R. J. 1981: Optimization: control models. In N. Wrigley and R. J. Bennett (eds.), *Quantitative geography*. London: Routledge & Kegan Paul, 219—24.

CHORLEY, R. J. and HAGGETT, P. 1965a: Trend-surface mapping in geographical research. *Transactions and Papers, Institute of British Geographers* **37**, 47—67.

—(eds.) 1965b: *Frontiers in geographical teaching*. London: Methuen.

—(eds.) 1967: *Models in geography*. London: Methuen.

CHORLEY, R. J. and KENNEDY, B. A. 1971: *Physical geography: a systems approach*. London: Prentice-Hall International.

CHOUINARD, V., FINCHER, R. and WEBBER, M. 1984: Empirical research in scientific human geography. *Progress in Human Geography* **8**, 347—80.

CHRISMAN, N. R., COWEN, D. J., FISHER, P. F., GOODCHILD, M. F. and MARK, D. M. 1989: Geographic information systems. In G. L. Gaile and C. J. Willmott (eds.) *Geography in America*. Columbus: Merrill, 776—96.

CHRISTALLER, W. 1966: *Central places in southern Germany* (translated by C. W. Baskin). Englewood Cliffs, NJ: Prentice-Hall.

CHRISTENSEN, K. 1982: Geography as a human science. In P. Gould and G. Olsson (eds.), *A search for common ground*. London; Pion, 37—57.

CLARK, A. H. 1954: Historical geography. In P. E. James and C. F. Jones (eds.), *American geography: inventory and prospects* (Syracuse: Syracuse University Press), 70—105.

—1977: The whole is greater than the sum of the parts: a humanistic element in human geography. In D. R. Deskins *et al*. (eds.), *Geographic humanism, analysis and social action: a half century of geography at Michigan*. Michigan Geographical Publication No. 17, Ann Arbor, 3—26.

CLARK, D., DAVIES, W. K. D. and JOHNSTON, R. J. 1974: The application of factor analysis in human geography. *The Statistician* **23**, 259—81.

CLARK, G. L. and DEAR, M. J. 1984: *State apparatus*. Boston: George Allen & Unwin.

CLARK, G. L. 1985: *Judges and the cities*. Chicago: University of Chicago Press.

—1982: Instrumental reason and policy analysis. In D. T. Herbert and R. J. Johnston (eds.) *Geography and the urban environment, volume* 5. Chichester: John Wiley, 41—62.

CLARK. K. G. T. 1950: Certain underpinnings of our arguments in human geography. *Transactions, Institute of British Geograpers* **16**, 15—22.

CLARK, W. A. V. 1975: Locational stress and residential mobility in a New Zealand context. *New Zealand Geographer* **31**, 67—79.

—1981: Residential mobility and behavioral geography: parallelism or interdependence? In K. R. Cox and R. G. Golledge (eds.), *Behavioral problems in geography revisited*. London: Methuen, 182—205.

CLARKE, M. and HOLM, E. 1988: Microsimulation methods in spatial analysis and planning. *Geografiska Annaler* **69B**, 145—64.

—1987: Towards an applicable human geography: some developments and observations. *Environment and Planning A* **19**,1525—41.

CLARKE,M. and WILSON, A. G. 1985a: A model-based approach to planning in the National Health Service. *Environment and Planning B: Planning and Design* **12**,287—302.

—1985b: The dynamics of urban spatial structure: the progress of a research programme. *Transactions, Institute of British Geographers* **NS10**, 427—51.

—1989: Mathematical models in human geography: 20 years on. In R. Peet and N. J. Thrift (eds.) *New Models in Geography* (*Volume Two*). London: Unwin Hyman,30—42.

CLARKSON,J. D. 1970: Ecology and spatial analysis. *Annals of the Association of American Geographers* **60**,700—16.

CLAVAL,P,1981: Epistemology and the history of geographical thought. In D. R. Stoddart (ed.), *Geography, ideology and social concern*. Oxford: Blackwell,227—39.

—1983: *Models of man in geography*. Syracuse: Department of Geography, Syracuse University, Discussion Paper 79.

CLAYTON, K. M. 1985a: New blood by (government) order. *Area* **17**, 321—2.

—1985b: The state of geography. *Transactions, Institute of British Geographers* **NS10**,5—16.

CLIFF, A. D. *et al*. 1975: *Elements of spatial structure: a quantitative approach*. London: Cambridge University Press.

—*et al*. 1981: *Spatial diffusion*, Cambridge: Cambridge University Press.

CLIFF, A. D. and HAGGETT, P. 1989: Spatial aspects of epidemic control. *Progress in Human Geography* **13**,315—47.

—and ORD,K. J. 1987: *Spatial aspects of influenza epidemics*. London: Pion.

CLIFF, A. D. and ORD, J. K. 1973: *Spatial autocorrelation*. London: Pion.

—1981: *Spatial process* London: Pion.

COATES, B. E., JOHNSTON, R. J. and KNOX, P. L. 1977: *Geography and inequality*. Oxford: Oxford University Press.

COCHRANE, A. 1987: What a difference the place makes: the new structuralism of locality. *Antipode* **19**, 354—63.

COFFEY, W. J. 1981: *Geography: towards a general spatial systems approach*. London: Methuen.

COLE, J. P. 1969: Mathematics and geography. *Geography* **54**, 152—63.

COLE, J. P. and KING C. A. M. 1968: *Quantitative geography*. London: John Wiley.

CONZEN, M. P. 1981: The American urban system in the nineteenth century. In D. T. Herbert and R. J. Johnston (eds.). *Geography and the urban environment*, vol. 4. Chichester: John Wiley, 295—348.

COOKE, P. N. 1986: The changing urban and regional system in the United Kingdom. *Regional Studies* **20**, 243—52.

—1987a: Clinical inference and geographic theory *Antipode* **19**, 69—78.

—1987b: Individuals, localities and postmodernism. *Environment and Planning D: Society and Space* **5**, 408—12.

—(ed.) 1989a: *Localities: The changing face of urban britain*. London: Unwin Hyman.

—1989b: Locality theory and the poverty of 'spatial variation' (A response to Duncan and Savage). *Antipode* **21**, 261—73.

COOKE, R. U. 1985a: Applied geomorphology. In A. Kent (ed.) *Perspectives on a changing geography*. Sheffield: The Geographical Association, 36—47.

—1985b: *Geomorphological hazards in Los Angeles*. London: George Allen & Unwin.

COOKE, R. U. and ROBSON, B. T. 1976: Geography in the United Kingdom, 1972—1976. *Geographical Journal* **142**, 3—22.

COOMBES, M. G. *et al*. 1982: Functional regions for the population census of Great Britain. In D. T. Herbert and R. J. Johnston (eds.), *Geography and*

the urban environment, vol. 5. Chichester: John Wiley, 63—111.

COOPER, W. 1952: *The struggles of Albert Woods*. London: Jonathan Cape.

COPPOCK, J. T. 1974: Geography and public policy: challenges, opportunities and implications. *Transactions, Institute of British Geographers* **63**, 1—16.

CORBRIDGE, S. 1986: *Capitalist world development*. London: Macmillan.

—1988: Deconstructing determinism. *Antipode* **20**, 239—69.

—1989: Marxism, post-Marxism, and the geography of development. In R. Peet and N. J. Thrift (eds.) *New models in geography* (*Volume One*). London: Unwin Hyman, 224—54.

COSGROVE, D. E. 1983: Towards a radical cultural geography: problems of theory. *Antipode* **15**, 1—11.

—1984: *Social formation and symbolic landscape*. London: Croom Helm.

—1989a: Geography is everywhere: culture and symbolism in human landscapes. In D. Gregory and R. Walford (eds.) *Horizons in Human Geography*. London: Macmillan, 1181—135.

—1989b: Models, description and imagination in geography. In B. Macmillan (ed.) *Remodelling geography*. Oxford: Blackwell. 23—44.

—and DANIELS, S. J. (eds.) 1988: *The iconography of landscape*. Cambridge: Cambridge University Press.

—1989: Fieldwork as theatre: a week's performance in Venice and its region. *Journal of Geography in Higher Education* **13**, 169—82.

—and JACKSON, P. 1987: New directions in cultural geography. *Area* **19**, 95—101.

COUCLELIS, H. 1986a: Artificial intelligence in geography: conjectures on the shape of things to come. *The Professional Geographer* **38**, 1—10.

—1986b: A theoretical framework for alternative models of spatial decision and behavior. *Annals of the Association of American Geographers* **76**, 95—113.

COUCLELIS, H. and GOLLEDGE, R. G. 1983: Analytic research, positivism, and behavioral geography. *Annals of the Association of American Geogra-*

phers. **73**,331—9.

COURT,A. 1972:All statistical populations are estimated from samples. *The Professional Geographer* **24**,160—1.

COWEN,D. J. 1983a:Automated geography and the DIDS. *The Professional Geographer* **35**,339—40.

COX,K. R. 1969:The voting decision in a spatial context. In C. Board *et al*. (eds.),*Progress in Geography*. London:Edward Arnold,81—118.

—1973:*Conflict, power and politics in the city: a geographic view*. New York:McGraw Hill.

—1976:American geography:social science emergent. *Social Science Quarterly* **57**,182—207.

—1979:*Location and public problems*. Oxford:Basil Blackwell.

—1981:Bourgeois thought and the behavioral geography debate. In K. R. Cox and R. G. Golledge (eds.),*Behavioral problems in geography revisited*. London:Methuen,256—79.

—1989:The politics of turf and the question of class. In J. Wolch and M. Dear (eds.) *The Power of Geography*. Boston:Unwin Hyman,61—90.

COX,K. R. and GOLLEDGE, R. G. 1969: Editorial introduction: behavioral models in geography. In K. R. Cox, and R. G. Golledge (eds.), *Behavioral problems in geography: a symposium*. Northwestern University Studies in Geography 17. Evanston,1—13.

—(eds.) 1969: *Behavioral Problems in Geography: A Symposium*. Evanston:Northwestern University Studies in Geography,17.

—1981:Preface. In K. R. Cox and R. G. Golledge (eds.), *Behavioral problems in geography revisited*. London:Methuen,xiii—xxix.

—1981:*Behavioural Problems in Geography Revisited*. London:Methuen.

COX,K. R. and McCARTHY,J. J. 1982:Neighbourhood activism as a politics of turf:a critical analysis. In K. R. Cox and R. J. Johnston, (eds.), *Conflict, politics and the urban scene*. London:Longman,196—219.

—and MAIR,A. 1989:Levels of abstraction in locality studies. *Antipode* **21**,

121—32.

COX, K. R., REYNOLDS, D. R. and ROKKAN, S. (eds.) 1974: *Locational approaches to power and conflict*. New York: Halsted Press.

COX, N. J. 1989: Modelling, data analysis and Pygmalion's problem. In B. Macmillan (ed.) *Remodelling Geography*. Oxford: Basil Blackwell, 204—10.

COX, N. J. and JONES, K. 1981: Exploratory data analysis. In N. Wrigley and R. J. Bennett (eds.) *Quantitative geography*. London: Routledge & Kegan Paul 135—43.

CRANE, D. 1972: *Invisible colleges*. Chicago: University of Chicago Press.

CROWE, P. R. 1936: The rainfall regime of the Western Plains. *Geographical Review* **26**. 463—84.

—1938: On progress in geography. *Scottish Geographical Magazine* **54**, 1—19.

—1970: Review of *Progress in Geography*. *Geography* **55**, 346—7.

CUMBERLAND, K. B. 1947: *Soil erosion in New Zealand*. Wellington: Whitcombe & Tombs.

CURRAN, P. J. 1984: Geographic information systems. *Area* **16**, 153—8.

CURRY, L. 1967: Quantitative geography. *The Canadian Geographer* **11**, 265—74.

—1972: A spatial analysis of gravity flows. *Regional Studies* **6**, 131—47.

CURRY, M. 1982a: The idealist dispute in Anglo-American geography. *The Canadian Geographer* **26**, 37—50.

—1982b: The idealist dispute in Anglo-American geography: a reply. *The Canadian Geographer* **26**, 57—9.

DACEY, M. F. 1962: Analysis of central-place and point patterns by a nearest-neighbor method. In K. Norborg (ed.), *Proceedings of the IGU Symposium in Urban Geography, Lund* 1960. Lund: C. W. K. Gleerup, 55—76.

—1968: A review on measures of contiguity for two and k-color maps. In B. J. L. Berry and D. F. Marble (eds.), *Spatial analysis*. Englewood Cliffs, NJ:

Prentice-Hall, 479—95.

—1973: Some questions about spatial distributions. In R. J. Chorley (ed.), *Directions in geography*. London: Methuen, 127—52.

DANIELS, P. W. 1982: *Service industries: growth and location*. Cambridge: Cambridge University Press.

—1985: *Service industries: a geographical appraisal*. London: Methuen.

DARBY, H. C. 1953: On the relations of geography and history. *Transactions and Papers, Institute ofBritish Geographers* **19**, 1—11.

—1962: The problem of geographical description. *Transactions and Papers, Institute of British Geographers* **30**, 1—14.

—(ed.) 1973: *A new historical geography of England*. London: Cambridge University Press.

—1977: *Domesday England*. London: Cambridge University Press.

—1983a: Historical geography in Britain, 1920—1980: continuity and change. *Transactions, Institute of British Geographers* **NS8**, 421—8.

—1983b: Academic geography in Britain, 1918—1946. *Transactions, Institute of British Geographers* **NS8**, 14—26.

DAVIES, R. B. and PICKLES, A. R. 1985: Longitudinal versus cross-sectional methods for behavioural research: a first-round knockout. *Environment and Planning A* **17**, 1315—903.

DAVIES, W. K. D. 1972a: Geography and the methods of modern science. In W. K. D. Davies (ed.), *The conceptual revolution in geography*. London: University of London Press, 131—9.

—1972b: Introduction: the conceptual revolution in geography. In W. K. D. Davies (ed.) *The conceptual revolution in geography*. London: University of London Press, 9—18.

DAVIS, W. M. 1906: An inductive study of the content of geography. *Bulletin of the American Geographical Society* **38**, 67—84.

DAY, M. and TIVERS, J. 1979: Catastrophe theory and geography: a Marxist critique. *Area* **11**, 54—8.

DAYSH, G. H. J. (ed.) 1949: *Studies in regional planning*. London: Philip & Son.

DEAR, M. J. 1987: Society, politics and social theory. *Environment and Planning D: Society and Space* **5**, 363—6.

—1988: The postmodern challenge: reconstructing human geography. *Transactions, Institute of British Geographers* **NS13**, 262—74.

DEAR, M. J. and CLARK, G. L. 1978: The state and geographic process: a critical review. *Environment and Planning A* **10**, 173—84.

—and MOOS, A. I. 1986: Structuration theory in urban analysis: 2. empirical application. *Environment and Planning A* **18**, 351—74.

—and SCOTT, A. J. (eds.) 1981: *Urbanization and urban planning in capitalist society*. London: Methuen.

DENNIS, R. J. 1984: *English industrial cities in the nineteenth century: a social geography*. Cambridge: Cambridge University Press.

DESBARATS, J. 1983: Spatial choice and constraints on behavior. *Annals of the Association of American Geographers* **73**, 340—57.

DETWYLER, T. R. and MARCUS, M. G. (eds.) 1972: *Urbanization and environment*. Belmont, California: Duxbury Press.

DICKEN, P. 1986: *Global Shift*. London: Harper and Row.

DICKENS, P., DUNCAN, S. S., GOODWIN, M. and GRAY, F. 1985: *Housing, states and localities*. London: Methuen.

DICKENSON, J. P. and CLARKE, C. G. 1972: Relevance and the 'newest geography'. *Area* **3**, 25—7.

DICKINSON, R. E. 1973: The distribution and functions of smaller urban settlements of East Anglia. *Geography* **18**, 19—31.

—1974: *City, region and regionalism*. London: Routledge & Kegan Paul.

DINGEMANS, D. 1979: Redlining and mortgage lending in Sacramento. *Annals of the Association of American Geographers* **69**, 225—39.

DOBSON, J. E. 1983a: Automated geography. *The Professional Geographer* **35**, 135—43.

—1983b: Reply to comments on 'Automated geography'. *The Professional Geographer* **35**, 349—53.

DOUGLAS, I. 1983: *The urban environment*. London: Edward Arnold.

—1986: The unity of geography is obvious. *Transactions, Institute of British Geographers* **NS11**, 459—63.

DOWNS, R. M. 1970: Geographic space perception: past approaches and future prospects. In C. Board *et al*. (eds.), *Progress in Geography* **2**. London: Edward Arnold, 65—108.

—1979: Critical appraisal or determined philosophical skepticism? *Annals of the Association of American Geographers* **69**, 468—71.

DOWNS, R. M. and MEYER, J. T. 1978: Geography and the mind. *Human geography: coming of age. American Behavioral Scientist* **22**, 59—78.

DOWNS, R. M. and STEA, D. (eds.) 1973: *Image and environment*. London: Edward Arnold.

—1977: *Maps in mind*. New York: Harper & Row.

DRIVER, F. and PHILO, C. 1986: Implications of 'scientific' geography. *Area* **18**, 161—2.

DRYSDALE, A. and WATTS, M. 1977: Modernization and social protest movements. *Antipode* **9(1)**, 40—55.

DUNCAN, J. S. 1980: The superorganic in American cultural geography. *Annals of the Association of American Geographers* **70**, 181—98.

—1985: Individual action and political power: a structuration perspective. In R. J. Johnston (ed.) *The future of geography*. London: Methuen, 174—89.

DUNCAN, J. S. and LEY, D. 1982: Structural marxism and human geography: a critical assessment. *Annals of the Association of American Geographers* **72**, 30—59.

DUNCAN, O. D. 1959: Human ecology and population studies. In P. M. Hauser and O. D. Duncan (eds.), *The study of population*. Chicago: University of Chicago Press, 678—716.

DUNCAN, O. D., CUZZORT, R. P. and DUNCAN, B. 1961: *Statistical geography*. New York: The Free Press.

DUNCAN, O. D. and SCHNORE, L. F. 1959: Cultural, behavioral and ecological perspectives in the study of social organization. *American Journal of Sociology* **65**, 132—46.

DUNCAN, S. S. 1974a: Cosmetic planning or social engineering? Improvement grants and improvement areas in Huddersfield. *Area* **6**, 259—70.

—1974b: The isolation of scientific discovery: indifference and resistance to a new idea. *Science Studies* **4**, 109—34.

—1975: Research directions in social geography: housing opportunities and constraints. *Transactions, Institute of British Geographers* **NS1** 10—19.

—1979: Radical geography and marxism. *Area* **11**, 124—6.

—1981: Housing policy, the methodology of levels, and urban research: the case of Castells. *International Journal of Urban and Regional Research* **5**, 231—54.

DUNCAN, S. S. 1989: What is a locality? In R. Peet and N. J. Thrift (eds.) *New models in geography* (*Volume Two*). London: Unwin Hyman, 221—54.

DUNCAN, S. S. and GOODWIN, M. 1985: The local state and local economic policy. *Capital and Class* **27**, 14—36.

DUNCAN, S. S. and SAVAGE, M. 1989: Space, scale and locality. *Antipode* **21**, 179—206.

DUNFORD, M. F. and PERRONS, D. 1983: *The arena of capital*. London: Macmillan.

EILON, S. 1975: Seven faces of research. *Operational Research Quarterly* **26**, 359—67.

ELIOT HURST, M. E. 1972: Establishment geography: or how to be irrelevant in three easy lessons. *Antipode* **5(2)**, 40—59.

—1980: Geography, social science and society: towards a de-definition. *Australian Geographical Studies* **18**, 3—21.

—1985:Geography has neither existence nor future. In R. J. Johnston (ed.) *The future of geography*. London:Methuen,59—91.

ENTRIKIN,J. N. 1976:Contemporary humanism in geography. *Annals of the Association of American Geographers* **66**,615—32.

—1980:Robert Park's human ecology and human geography. *Annals of the Association of American Geographers* **70**,43—58.

—1981:Philosophical issues in the scientific study of regions. In D. T. Herbert and R. J. Johnston (eds.),*Geography and the urban environment*,volume 4. Chichester:John Wiley,1—27.

—1989:Place,region,and modernity. In J. A. Agnew and J. S. Duncan (eds.) *The Power of Place*. Boston:Unwin Hyman,30—43.

—1990:Introduction:*The Nature of Geography* in perspective. In J. N. Entrikin and S. D. Brunn (eds.) *Reflections on Richard Hartshorne's The Nature of Geography*. Washington:Association of American Geographers,1—16.

ESRC 1988:*Horizons and opportunities in social science*. London:ESRC.

EVANS,M. 1988:Participant observation:the researcher as research tool. In J. Eyles and D. M. Smith (eds.) *Qualitative methods in human geography*. Cambridge:Polity Press,197—218.

EYLES,J. 1971:Pouring new sentiments into old theories:how else can we look at behavioural patterns? *Area* **3**,242—50.

—1973:Geography and relevance. *Area* **5**,158—60.

—1974:Social theory and social geography. In C. Board *et al*. (eds.),*Progress in Geography* **6**. London:Edward Arnold,27—88.

—1981:Why geography cannot be Marxist:towards an understanding of lived experience. *Environment and Planning* A **13**,1371—88.

—1989:The geography of everyday life. In D. Gregory and R. Walford (eds.) *Horizons in human geography*. London:Macmillan,102—17.

EYLES,J. and LEE,R. 1982:Human geography in explanation. *Transactions, Institute of British Geographers* **NS7**,117—12.

EYLES, J. and SMITH, D. M. 1982: Social geography. *Human geography: Coming of Age. American Behavioral Scientist* **22**, 41—58.

EYRE, S. R. 1978: *The real wealth of nations*. London: Edward Arnold.

—and JONES, G. R. J. (eds.) 1966: *Geography as human ecology*. London: Edward Arnold.

FALAH, G. 1989: Israelization of Palestine human geography. *Progress in Human Geography* **13**.

FEYERABEND, P. 1975: *Against method*. London: New Left Books.

FINGLETON, B. 1984: *Models of category counts*. Cambridge: Cambridge University Press.

FISHER, P. F. 1989a: Geographical information system software for teaching. *Journal of Geography in Higher Education* **13**, 69—80.

—1989b: Expert system applications in geography. *Area* **21**, 279—87.

FITZSIMMONS, M. 1989: The matter of nature. *Antipode* **21**, 106—21.

FLEMING, D. K. 1973: The regionalizing ritual. *Scottish Geographical Magazine* **89**, 196—207.

FLEURE, H. J. 1919: Human regions. *Scottish Geographical Magazine* **35**, 94—105.

FLOWERDEW, R. 1986: Three years in British geography. *Area* **18**, 263—4.

—1989: Some critical views of modelling in geography. In B. Macmillan (ed.) *Remodelling Geography*. Oxford: Basil Blackwell, 245—54.

FOLKE, S. 1972: Why a radical geography must be Marxist. *Antipode* **4(2)**, 13—18.

—1973: First thoughts on the geography of imperialism. *Antipode* **5(3)**, 16—20.

FOORD, J. and GREGSON, N. 1986: Patriarchy: towards a reconceptualisation. *Antipode* **18**, 186—211.

FOOTE, D. C. and GREER-WOOTTEN, B. 1968: An approach to systems analysis in cultural geography. *The Professional Geographer* **20**, 86—90.

FORD, L. R. 1982: Beware of new geographies. *The Professional Geographer*

34,131—5.

FORER,P. C. 1974:Space through time:a case study with New Zealand airlines. In E. L. Cripps (ed.), *Space-time concepts in urban and regional models*. London:Pion,22—45.

FORRESTER,J. W. 1969:*Urban dynamics*. Cambridge,Mass. :MIT Press.

FOTHERINGHAM,A. S. 1981:Spatial structure and distance-decay parameters. *Annals of the Association of American Geographers* **71**,425—36.

—and MACKINNON,R. D. 1989:The National Center for Geographic Information and Analysis. *Environment and Planning A* **21**,141—4.

FOUCAULT,M. 1972: *The archaeology of knowledge*. London: Tavistock Publications.

FREEMAN,T. W. 1961: *A hundred years of geography*. London: Gerald Duckworth.

—1977ff:*Geographers:biobibliographical studies*. London:Mansell.

—1979:The British school of geography. *Organon* **14**,205—16.

—1980a:*A history of modern British geography*. London:Longman.

—1980b:The Royal Geographical Society and the development of geography. In E. H. Brown (ed.),*Geography, yesterday and tomorrow*. Oxford: Oxford University Press,1—99.

FULLER,G. A. 1971:The geography of prophylaxis:an example of intuitive schemes and spatial competition in Latin America. *Antipode* **3**(1),21—30.

GAILE,G. L. and WILLMOTT,C. J. (eds.) 1984: *Spatial statistics and models*. Dordrecht:D. Reidel.

—and WILLMOTT,C. J. (eds.) 1989:*Geography in America*. Columbus: Merrill Publishing.

GALE,N. and GOLLEDGE,R. G. 1982: On the subjective partitioning of space. *Annals of the Association of American Geographers* **72**,60—7.

GAMBLE,A. 1988:*The free ecomomy and the strong state*. London Macmillan.

GARRISON,W. L. 1953: Remoteness and the passenger utilization of air transportation. *Annals of the Association of American Geographers* **43**,169.

—1956a:Applicability of statistical inference to geographical research. *Geographical Review* **46**,427—9.

—1956b:Some confusing aspects of common measurements. *The Professional Geographer* **8**,4—5.

—1959a:Spatial structure of the economy I. *Annals of the Association of American Geographers* **49**,238—9.

—1959b:Spatial structure of the economy II. *Annals of the Association of American Geographers* **49**,471—82.

—1960a:Spatial structure of the economy III. *Annals of the Association of American Geographers* **50**,357—73.

—1960b:Connectivity of the interstate highway system. *Papers and Proceedings ,Regional Science Association* **6**,121—37.

—1962:Simulation models of urban growth and development. In K. Norborg (ed.),*IGU Symposium in Urban Geography*,Lund Studies in Geography B 24. Lund:C. W. K. Gleerup,91—108.

—1979:Playing with ideas. *Annals of the Association of American Geographers* **69**,118—20.

GARRISON,W. L.,BERRY,B. J. L.,MARBLE,D. F.,NYSTUEN,J. D. and MORRILL,R. L. 1959:*Studies of highway development and geographic change*. Seattle:University of Washington Press.

GARRISON,W. L. and MARBLE,D. F. 1957:The spatial structure of agricultural activities. *Annals of the Association of American Geographers* **47**,137—44.

—(eds.),1967a:*Quantitative geography. Part I:economic and cultural topics*. Northwestern University Studies in Geography,Number 13,Evanston,Illinois.

—(eds.) 1967b:*Quantitative geography,Part II:physical and cartographic topics*. Northwestern University Studies in Geography, Number 14,

Evanston, Illinois.

GATRELL, A. C. 1982: *Geometry in geography and the geometry of geography*. Discussion Paper 6, Department of Geography, University of Salford.

—1983: *Distance and space: a geographical perspective*. Oxford: Oxford University Press.

—1984a: The geometry of a research specialty: spatial diffusion modelling. *Annals of the Association of American Geographers* **74**, 437—53.

—1984b: Describing the structure of a research literature: spatial diffusion modelling in geography. *Environment and Planning B: Planning and Design* **11**, 29—45.

—1985: Any space for spatial analysis? In R. J. Johnston (ed.) *The future of geography*. London: Methuen, 190—208.

GATRELL, A. C. and LOVETT, A. A. 1986: The geography of hazardous waste disposal in England and Wales. *Area* **18**, 275—83.

GATRELL, A. C. and SMITH, A. 1984: Networks of relations among a set of geographical journals. *The Professional Geographer* **36**, 300—7.

GEARY, R. C. 1954: The contiguity ratio and statistical mapping. *The Incorporated Statistician* **5**, 115—41.

GETIS, A. 1963: The determination of the location of retail activities with the use of a map transformation. *Economic Geography* **39**, 1—22.

GETIS, A. and BOOTS, B. N. 1978: *Models of spatial processes*. Cambridge: Cambridge University Press.

GIBSON, E. 1978: Understanding the subjective meaning of places. In D. Ley and M. S. Samuels (eds.), *Humanistic geography: problems and prospects*. Chicago: Maaroufa Press, 138—54.

GIDDENS, A. 1981: *A critique of contemporary historical materialism*. London: Macmillan.

—1984: *The constitution of society*. Oxford: Polity Press.

GIER, J. and WALTON, J. 1987: Some problems with reconceptualising patri-

archy. *Antipode* **19**, 54—8.

GILBERT, A. 1988: The new regional geography in English-and Frenchspeaking countries. *Progress in Human Geography* **12**, 208—228.

GINSBURG, N. 1972: The mission of a scholarly society. *The Professional Geographer* **24**, 1—6.

—1973: From colonialism to national development: geographical perspectives on patterns and policies. *Annals of the Association of American Geographers* **63**, 1—21.

GLACKEN, C. J. 1956: Changing ideas of the habitable world. In W. L. Thomas(ed.), *Man's role in changing the face of the earth*. Chicago: University of Chicago Press, 70—92.

—1967: *Traces on the Rhodian shore: nature and culture in western thought from ancient times to the end of the eighteenth century*. Berkeley: University of California Press.

—1983: A late arrival in academia. In A. Buttimer, *The practice of geography*. London: Longman, 20—34.

GODDARD, J. and ARMSTRONG, P. 1986: The 1986 Domesday project. *Transactions, Institute of British Geographers* **NS11**, 279—89.

GOHEEN, P. G. 1970: *Victorian Toronto*. University of Chicago, Department of Geography, Research Paper 127.

GOLD, J. R. 1980: *An introduction to behavioural geography*. Oxford: Oxford University Press.

GOLLEDGE, R. G. 1969: The geographical relevance of some learning theories. In K. R. Cox and R. G. Golledge (eds.), *Behavioral problems in geography: a symposium*. Evanston: Northwestern University Studies in Geography **17**, 101—45.

—1970: Some equilibrium models of consumer behavior. *Economic Geography* **46**, 417—24.

—1980: A behavioral view of mobility and migration research. *The Professional Geographer* **32**, 14—21.

—1981a: Misconceptions, misinterpretations, and misrepresentations of behavioral approaches in human geography. *Environment and Planning A* **13**, 1325—44.

—1981b: A critical response to Guelke's 'Uncritical rhetoric'. *The Professional Geographer* **33**, 247—51.

—1983: Models of man, points of view, and theory in social science. *Geographical Analysis* **15**, 57—60.

GOLLEDGE, R. G. and AMEDEO, D. 1968: On laws in geography. *Annals of the Association of American Geography* **58**, 760—74.

GOLLEDGE, R. G. and BROWN, L. A. 1967: Search, learning and the market decision process. *Geografiska Annaler* **49B**, 116—24.

GOLLEDGE, R. G., BROWN, L. A. and WILLIAMSON, F. 1972: Behavioral approaches in geography: an overview. *The Australian Geographer* **12**, 59—79.

GOLLEDGE, R. G. and COUCLELIS, H. 1984: Positivist philosophy and research in human spatial behavior. In T. F. Saarinen, D. Seamon and J. L. Sell (eds.) *Environmental perception and behavior: an inventory and prospect*. Chicago: Department of Geography, University of Chicago, Research Paper **209**, 179—90.

—and RUSHTON, G. 1984: A review of analytic behavioural research in geography. In D. T. Herbert and R. J. Johnston (eds.) *Geography and the urban environment: progress in research and application*, volume 6. Chichester: John Wiley, 1—44.

—and STIMSON, R. J. 1987: *Analytical Behavioural Geography*. London: Croom Helm.

—and TIMMERMANS, H. (eds.) 1988: *Behavioural Modelling in Geography and Planning*. London: Croom Helm.

—and RAYNER, J. N. (eds.) 1982: *Proximity and preference: problems in the multidimensional analysis of large data sets*. Minneapolis: University of Minnesota Press.

—1990:Applications of behavioural research on spatial problems:I Cognition. *Progress in Human Geography* **14**.

GOLLEDGE,R. G. *et al*. 1982:Commentary on'The highest form of the geographer's art.'*Annals of the Association of American Geographers* **72**, 557—8.

GOODSON,I. 1981:Becoming an academic subject:patterns of explanation and evolution. *British Journal of Sociology of Education* **2**,163—79.

GOUDIE,A. S. 1986a:*The human use of the environment*. Oxford:Basil Blackwell.

—1986b:The integration of human and physical geography. *Transactions,Institute of British Geographers* **NS11**,464—7.

GOULD,P. R. 1963:Man against his environment:a game theoretic framework. *Annals of the Association of American Geographers* **53**,290—7.

—1966:On mental maps. Michigan Inter-University Community of Mathematical Geographers,Discussion Paper 9. Reprinted in R. M. Downs and D. Stea,1973,*Image and environment*. London:Edward Arnold,182—220.

—1969:Methodological developments since the fifties. In C. Board *et al*. (eds.) *Progress in Geography* **1**,London:Edward Arnold,1—50.

—1970a:Is *statistix inferences* the geographical name for a wild goose? Economic *Geograhhy* **46**,439—48.

—1970b:Tanzania 1920—63:the spatial impress of the modernization process. *World Politics* **22**,149—70.

—1972:Pedagogic review. *Annals of the Association of American Geographers* **62**,689—700.

—1975:Mathematics in geography:conceptual revolution or new tool? *International Social Science Journal* **27**,303—27.

—1977:What is worth teaching in geography? *Journal of Geography in Higher Education* **1**,20—36.

—1978:Concerning a geographic education. In D. A. Lanegran and R. Palm (eds.),*An invitation to geography*. New York:McGraw Hill,202—26.

—1979:Geography 1957—1977:the Augean period. *Annals of the Association of American Geographers* **69**,139—51.

—1980:Q-analysis,or a language of structure:an introduction for social scientists, geographers and planners. *International Journal of Man-Machine Studies* **12**,169—99.

—1981a:Letting the data speak for themselves. *Annals of the Associatin of American Geographers* **71**,166—76.

—1981b:Space and rum:an English note on espacien and rumian meaning. *Geografiska Annaler* **63B**,1—3.

—1985a:*The geographer at work*. London:Routledge & Kegan Paul.

—1985b:Will geographical self-reflection make you blind? In R. J. Johnston (ed.) *The future of geography*. London:Methuen,276—90.

—1988:The only perspective:a critique of marxist claims to exclusiveness in geographical inquiry. In R. G. Golledge, H. Couclelis and P. R. Could (eds.) *A Ground for Common Search. Santa* Barbara:The Santa Barbara Geographical Press,1—10.

GOULD,P. R. and WHITE,R. 1974:*Mental maps*. Harmondsworth:Penguin Books.

—and WHITE,R. 1986:*Mental maps* (second edition). London:George Allen & Unwin.

GRAHAM,E. 1986:The unity of geography:a comment. *Transactions, Institute of British Geographers* **NS11**,464—7.

GRAHAM,J. 1988:Postmodernism and marxism. *Antipode* **20**,60—65.

GRANO,O. 1981:External influence and internal change in the development of geography,In D. R. Stoddart (ed.),*Geography,ideology and social concern*. Oxford:Blackwell,17—36.

GRAVES,N. J. 1981:Can geographical studies be subsumed under one paradigm or are a plurality of paradigms inevitable? *Terra* **93**,85—90.

GRAY,F. 1975:Non-explanation in urban geography. *Area* **7**,228—35.

—1976:Selection and allocation in council housing. *Transactions, Institute of*

British Geographers **NS1**,34—46.

GREEN,N. P. ,FINCH,S. and WIGGINS,J. 1985:The 'state of the art' in Geographical Information Systems. *Area* **17**,295—301.

GREENBERG,D. 1984:Whodunit? Structure and subjectivity in behavioral geography. In T. F. Saarinen,D. Seamon and J. L. Sell (eds.) *Environmental perception and behavior:an inventory and prospect*. Chicago:Department of Geography,University of Chicago,Research Paper 209,191—208.

GREER-WOOTTEN,B. 1972:*The role of general systems theory in geographic research*. Department of Geography,York University,Discussion Paper No. 3,Toronto.

GREGORY,D. 1976:Rethinking historical geography. *Area* **8**,295—9.

—1978a:*Ideology,science and human geography*. London:Hutchinson.

—1978b:The discourse of the past:phenomenology,structuralism,and historical geography. *Journal of Historical Geography* **4**,161—73.

—1980:The ideology of control:systems theory and geography. *Tijdschrift voor Economische en Sociale Geografie* **71**,327—42.

—1981:Human agency and human geography. *Transactions,Institute of British Geographers* **NS6**,1—18.

—1982a:*Regional transformation and industrial revolution:a geography of the Yorkshire woollen industry*. London:Macmillan.

—1982b:Solid geometry:notes on the recovery of spatial structure. In P. R. Gould and G. Olsson (eds.),*A search for common ground*. London:Pion,187—222.

—1985a:Suspended animation:the stasis of diffusion theory. In D. Gregory and J. Urry (eds.) *Social relations and spatial structures*. London:Macmillan,296—336.

—1985b:People,places and practices:the future of human geography. In R. King (ed.) *Geographical futures*. Sheffield:The Geographical Association,56—76.

—1989a:Areal differentiation and post-modern human geography. In D. Greg-

ory and R. Walford (eds.) *Horizons in human geography*. London: Macmillan, 67—96.

—1989b: The crisis of modernity? Human geography and critical social theory. In R. Peet and N. J. Thrift (eds.) *New models in geography* (*Volume Two*). London: Unwin Hyman, 348—85.

GREGORY, D. and LEY, D. 1988: Culture's geographies. *Environment and Planning D: Society and Space* **6**, 115—6.

GREGORY, D. and URRY, J. 1985: Introduction. In D. Gregory and J. Urry (eds.) *Social relations and spatial structures*. London: Macmillan, 1—8.

GREGORY, K. J. 1985: *The nature of physical geography*. London: Edward Arnold.

GREGORY, S. 1963: *Statistical methods and the geographer*. London: Longman.

—1976: On geographical myths and statistical fables. *Transactions, Institute of British Geographers* **NS1**, 385—400.

GREGSON, N. 1986: On duality and dualism: the case of structuration and time geography. *Progress in Human Geography* **10**, 184—205.

—1987a: The CURS initiative: some further comments. *Antipode* **19**, 364—70.

—1987b: Structuration theory: some thoughts on the possibilities for empirical research. *Environment and Planning D: Society and Space* **5**, 73—91.

GREGSON, N. and FOORD, J. 1987: Patriarchy: comments on critics. *Antipode* **19**, 371—5.

GRIGG, D. B. 1977: E. G. Ravenstein and the laws of migration. *Journal of Historical Geography* **3**, 41—54.

GROSSMAN, L. 1977: Man-environment relationships in anthropology and geography. *Annals of the Association of American Geographers* **67**, 126—44.

GUDGIN, G. and TAYLOR, P. J. 1979: *Seats, votes and the spatial organisation of elections*. London: Pion.

GUELKE, L. 1971: Problems of scientific explanation in geography. *The Canadian Geographer* **15**, 38—53.

—1974: An idealist alternative in human geography. *Annals of the Association of American Geographers* **14**, 193—202.

—1975: On rethinking historical geography. *Area* **7**, 135—8.

—1976: The philosophy of idealism. *Annals of the Association of American Geography* **66**, 168—9.

—1977a: The role of laws in human geography. *Progress in Human Geography* **1**, 376—86.

—1977b: Regional geography. *The Professional Geographer* **29**, 1—7.

—1978: Geography and logical positivism. In D. T. Herbert and R. J. Johnston (eds.), *Geography and the urban environment: progress in research and applications*, 1. London: John Wiley, 35—61.

—1981a: Uncritical rhetoric: 'A classic disservice'. *The Professional Geographer* **33**, 246—7.

—1981b: Idealism. In M. E. Harvey and B. P. Holly (eds.), *Themes in geographic thought*. London: Croom Helm, 133—47.

—1982: The idealist dispute in Anglo-American geography: a comment. *The Canadian Geographer* **26**, 51—7.

GUTTING, G. 1980: Introduction. In G. Gutting (ed.), *Paradigms and revolutions*. Notre Dame, Indiana: University of Notre Dame Press, 1—22.

HABERMAS, J. 1972: *Knowledge and Human Interests*. London: Heinemann.

HACKING, I. 1983: *Representing and intervening*. Cambridge: Cambridge University Press.

HÄGERSTRAND, T. 1968: *Innovation diffusion as a spatial process*. Chicago: University of Chicago Press.

—1975: Space, time and human conditions. In A. Karlquist, L. Lundquist and F. Snickars (eds.) *Dynamic allocation of urban space*. Farnborough: Saxon House, 3—12.

—1977:The geographers' contribution to regional policy: the case of Sweden. In D. R. Deskins *et al.* (eds.), *Geographic humanism, analysis and social action: a half century of geography at Michigan*. Michigan Geographical Publications No. **17**, Ann Arbor, 329—46.

—1982: Diorama, path and project. *Tijdschrift voor Economische en Sociale Geografie* **73**, 323—39.

—1984: Presence and absence: a look at conceptual choices and bodily necessities. *Regional Studies* **18**, 373—8.

HAGGETT, P. 1964: Regional and local components in the distribution of forested areas in southeast Brazil: a multivariate approach. *Geographical Journal* **130**, 365—77.

—1965a: Changing concepts in economic geography. In R. J. Chorley and P. Haggett (eds.), *Frontiers in geographical teaching*. London: Methuen, 101—17.

—1965b: Scale components in geographical problems. In R. J. Chorley and P. Haggett (eds.), *Frontiers in geographical teaching*. London: Methuen, 164—85.

—1965c: *Locational analysis in human geography*. London: Edward Arnold.

—1967: Network models in geography. In R. J. Chorley and P. Haggett (eds.) *Models in geography*. London: Methuen, 609—70.

—1973: Forecasting alternatice spatial, ecological and regional futures: problems and possibilities. In R. J. Chorley (ed.), *Directions in geography*. London: Methuen, 217—36.

—1978: The spatial economy. *Human geography: coming of age*. *American Behavioral Scientist* **22**, 151—67.

HAGGETT, P. and CHORLEY, R. J. 1965: Frontier movements and the geographical tradition. In R. J. Chorley and P. Haggett (eds.), *Frontiers in geographical teaching*. London: Methuen 358—78.

—and CHORLEY, R. J. 1967: Models, paradigms, and the new geography. In R. J. Chorley and P. Haggett (eds.), *Models in geography*. London:

Methuen, 19—42.

—and CHORLEY, R. J. 1969: *Network models in geography*. London: Edward Arnold.

—and CHORLEY, R. J. 1989: From Madingley to Oxford. In B. Macmillan (ed.) *Remodelling Geography*. Oxford: Basil Blackwell, xv—xx.

HAGGETT, P. CLIFF, A. D. and FREY, A. 1977: *Locational analysis in human geography*. London: Edward Arnold.

HAGOOD, M. J. 1943: Development of a 1940 rural farm level of living index for counties. *Rural Sociology* **8**, 171—80.

HAINES-YOUNG, R. 1989: Modelling geographical knowledge. In B. Macmillan (ed.) *Remodelling Geography*. Oxford: Basil Blackwell, 22—39.

HAINES-YOUNG, R. and PETCH, J. R. 1978: *The methodological limitations of Kuhn's model of science*. University of Salford, Department of Geography, Discussion Paper 8.

—1985: *Physical geography: its nature and methods*. London: Harper & Row.

HAINING, R. P. 1980: Spatial autocorrelation problems. In D. T. Herbert and R. J. Johnston (eds.), *Geography and the urban environment*, 3. Chichester: John Wiley, 1—44.

—1981: Analysing univariate maps, *Progress in Human Geography* **5**, 58—78.

—1989: Geography and spatial statistics: current positions, future developments. In B. Macmillan (ed.) *Remodelling Geography*. Oxford: Basil Blackwell, 191—203.

HALL, P. 1974: The new political geography. *Transactions, Institute of British Geographers* **63**, 48—52.

—1981a: *Great planning disasters*. London: Penguin.

—1981b: The geographer and society. *Geographical Journal* **147**, 145—52.

—1982: The new political geography: seven years on, *Political Geography Quarterly* **1**, 65—76.

HALL, P. *et al*. 1973: *The containment of urban England*. London: George Allen & Unwin.

HALL, P. G., JACKSON, P., MASSEY, D., ROBSON, B. T., THRIFT, N. J. and WILSON, A. G. 1987: Horizons and opportunities in research. *Area* **19**. 266—72.

HALVORSON, P. and STAVE, B. M. 1978: A conversation with Brian J. L. Berry. *Journal of Urban History* **4**, 209—38.

HAMILTON, F. E. I. 1974: A view of spatial behaviour, industrial organizations, and decision-making. In F. E. I. Hamilton (ed.), *Spatial perspectives on industrial organization and decision-making*. London: John Wiley, 3—46.

HAMNETT, C. 1977: Non-explanation in urban geography: throwing the baby out with the bath water. *Area* **9**, 143—5.

HARE, F. K. 1974: Geography and public policy: a Canadian view. *Transactions, Institute of British Geographers* **63**, 25—8.

—1977: Man's world and geographers: a secular sermon. In D. R. Deskins *et al* (eds.), *Geographic humanism, analysis and social action: a half century of geography at Michigan*. Michigan Geographical Publication No. 17, Ann Arbor, 259—73.

HARRIES, K. D. 1974: *The geography of crime and justice*. New York: McGraw Hill.

—1975: Rejoinder to Richard Peet: 'The geography of crime: a political critique'. *The Professional Geographer* **27**, 280—2.

—1976: Observations on radical versus liberal theories of crime causation. *The Professional Geographer* **28**, 100—13.

HARRIS, C. D. 1954a: The geography of manufacturing. In P. E. James and C. F. Jones (eds.), *American geography: inventory and prospect*. Syracuse: Syracuse University Press, 292—309.

—1954b: The market as a factor in the localization of industry in the United States. *Annals of the Association of American Geographers* **44**, 315—48.

—1977:Edward Louis Ullman, 1912 — 1976. *Annals of the Associatin of American Geographers* **67**,595—600.

HARRIS,C. D. and ULLMAN,E. L. 1945:The nature of cities. *Annals of the American Academy of Political and Social Science* **242**,7—17.

HARRIS,R. C. 1971:Theory and synthesis in historical geography. *The Canadian Geographer* **15**,157—72.

—1977:The simplification of Europe overseas. *Annals of the Association of American Geographers* **67**,469—83.

—1978:The historical mind and the practice of geography. In D. Ley and M. S. Samuels (eds.),*Humanistic geography:problems and prospects*. Chicago:Maaroufa Press,123—37.

HARRISON,R. T. and LIVINGSTONE,D. N. 1982:Umderstanding in geography: structuring the subjective. In D. T. Herbert and R. J. Johnston (eds.),*Geography and the urban environment*,5. Chichester:John Wiley, 1—40.

HART,J. F. 1982:The highest form of the geographer's art. *Annals of the Association of American Geographers* **72**,1—29.

HARTSHORNE,R. 1939:*The nature of geography*. Lancaster,Pennsylvania:Association of American Geographers.

—1948:On the mores of methodological discussion in American geography. *Annals of the Association of American Geographers* **38**,492—504.

—1954a:Political geography. In P. E. James and C. F. Jones (eds.),*American geography:inventory and prospect*. Syracuse:Syracuse University Press, 167—225.

—1954b:Comment on'Exceptionalism in geography'. *Annals of the Association of American Geographers* **44**,108—9.

—1955:'Exceptionalism in geography' re-examined. *Annals of the Association of American Geographers* **45**,205—44.

—1958:The concept of geography as a science of space from Kant and Humboldt to Hettner. *Annals of the Association of American Geographers* **48**,

97—108.

—1959:*Perspective on The Nature of Geography*. Chicago:Rand McNally.

—1972:Review of *Kant's concept of geography*. *The Canadian Geographer* **16**,77—9.

—1979:Notes towards a bibliography of *The Nature of Geography*. *Annals of the Association of American Geographers* **69**,63—76.

—1984:In *The Geographical Journal* **150**,429.

HARVEY,D. 1967a: Models of the evolution of spatial patterns in geography. In R. J. Chorley and P. Haggett (eds.),*Models in geography*. London:Methuen,549—608.

—1967b:Editorial introduction:the problem of theory construction in geography. *Journal of Regional Science* **7**,211—16.

—1969a:*Explanation in geography*. London:Edward Arnold.

—1969b:Review of A. Pred,*Behavior and location part I*. *Geographical Review* **59**. 312—14.

—1969c:Conceptual and measurement problems in the cognitive-behavioral approach to location theory. In K. R. Cox and R. G. Golledge (eds.),*Behavioral problems in geography:a symposium*. Northwestern University Studies in Geography **17**,35—68.

—1970:Behavioral postulates and the construction of theory in human geography. *Geographica Polonica* **18**,27—46.

—1972:Revolutionary and counter-revolutionary theory in geography and the problem of ghetto formation. *Antipode* **4**(2),1—13.

—1973:*Social justice and the city*. London:Edward Arnold.

—1974a:A commentary on the comments. *Antipode* **4**(2),36—41.

—1974b:Discussion with Brian Berry. *Antipode* **6**(2),145—8.

—1974c:What kind of geography for what kind of public policy? *Transactions,Institute of British Geographers* **63**,18—24.

—1974d:Population,resources and the ideology of science. *Economic Geography* **50**,256—77.

—1974e: Class-monopoly rent, finance capital and the urban revolution, *Regional Studies* **8**, 239—55.

—1975a: Class structure in a capitalist society and the theory of residential differentiation. In R. Peel, M. Chisholm and P. Haggett (eds.), *Processes in physical and human geography: Bristol essays*. London: Heinemann, 354—69.

—1975b: The political economy of urbanization in advanced capitalist societies: the case of the United States. In G. Gappert and H. M. Rose (eds.). *The social economy of cities*. Beverly Hills: Sage Publications, 119—63.

—1975c: Review of B. J. L. Berry, *The human consequences of urbanization*. *Annals of the Association of American Geographers* **65**, 99—103.

—1976: The marxist theory of the state. *Antipode* **8**(2) 80—9.

—1978: The urban process under capitalism: a framework for analysis. *International Journal of Urban and Regional Research* **2**, 101—32.

—1982: *The limits to capital*. Oxford: Blackwell.

—1984: On the history and present condition of geography: an historical mterialist manifesto. *The Professional Geographer* **36**, 1—11.

—1985a: *The urbanization of capital*. Oxford: Basil Blackwell.

—1985b: The geopolitics of capitalism. In D. Gregory and J. Urry (eds.) *Social relations and spatial structures*. London: Macmillan, 128—63.

—1985c: *Consciousness and the urban experience*. Oxford: Basil Blackwell.

—1987: Three myths in search of a reality in urban studies. *Environment and Planning D: Society and Space* **5**, 367—76.

—1989a: *The Condition of Postmodernity*. Oxford: Basil Blackwell.

—1989b: From models to Marx: notes on the project to 'remodel' contemporary geography. In B. Macmillan (ed.) *Remodelling Geography*. Oxford: Basil Blackwell, 211—216.

—1989c: From managerialism to entrepreneurialism: the transformation of urban governance in late capitalism. *Geografiska Annaler* **71B**, 3—17.

HARVEY, D. and SCOTT, A. J. 1989: The practice of human geography: theory and empirical specificity in the transition from Fordism to flexible accumulation. In W. Macmillan (ed.) *Remodelling geography*. Oxford: Basil Blackwell, 217—229.

HARVEY, M. E. and HOLLY, B. P. 1981: Paradigm, philosophy and geographic thought. In M. E. Harvey and B. P. Holly (eds.), *Themes in geographic thought*. London: Croom Helm, 11—37.

HAY, A. M. 1978: Some problems in regional forecasting. In J. I. Clarke and J. Pelletser (eds.), *Règions gèographique et règions d'amenagement*. Collection les hommes et les lettres, 7. Lyon: Editions Hermes.

—1979a: Positivism in human geography: response to critics. In D. T. Herbert and R. J. Johnston (eds.), *Geography and the urban environment: progress in research and applications*, 2. London: John Wiley, 1—26.

—1979b: The geographical explanation of commodity flow. *Progress in Human Geography* **3**, 1—12.

—1985a: Scientific method in geography. In R. J. Johnston (ed.) *The future of geography*. London: Methuen, 129—42.

—1985b: Statistical tests in the absence of samples: a comment. *The Professional Geographer* **37**, 334—8.

HAY, A. M. and JOHNSTON, R. J. 1983: The study of process in quantitative human geography. *L'Espace Geographique* **12**, 69—76.

HAYNES, R. M. 1975: Dimensional analysis: some applications in human geography. *Geographical Analysis* **7**, 51—68.

—1978: A note on dimensions and relationships in human geography. *Geographical Analysis* **10**, 288—92.

—1982: *An introduction to dimensional analysis for geographers*. CATMOG 33, Geo Books, Norwich.

HAYTER, R. and WATTS, H. D. 1983: The geography of enterprise. *Progress in Human Geography* **7**, 157—81.

HELD, D. 1980: *Introduction to critical theory: Horkheimer to Habermas*. London: Hutchinson.

HERBERT, D. T. and JOHNSTON, R. J. 1978: Geography and the urban environment. In D. T. Herbert and R. J. Johnston (eds.), *Geography and the urban environment: progress in research and applications*. 1. London: John Wiley, 1—29.

HERBERTSON, A. J. 1905: The major natural regions, *Geographical Journal* **25**, 300—10.

HEWITT, K. ed. 1983: *Interpretations of calamity*. London: George Allen & Unwin.

HILL, M. R. 1982: Positivism: a 'hidden' philosophy in geography. In M. E. Harvey and B. P. Holly (eds.) *Themes in geographic thought*. London: Croom Helm, 38—60.

HODGART, R. L. 1978: Optimizing access to public services: a review of problems, models, and methods of locating central facilities. *Progress in Human Geography* **2**, 17—48.

HOLT-JENSEN, A. 1988: *Geography: its history and concepts*. London: Harper & Row.

HOOK, J. C. 1955: Areal differentiation of the density of the rural farm population in the northeastern United States. *Annals of the Association of American Geographers* **45**, 189—90.

HOOSON, D. J. M. 1981: Carl O. Sauer. In B. W. Blouet (ed.), *The origins of academic geography in the United States*. Hamden, Conn: Archon Books, 165—74.

HOUSE, J. W. 1973: Geographers, decision takers and policy makers. In M. Chisholm and B. Rodgers (eds.), *Studies in human geography*. London: Heinemann, 272—305.

HUCKLE, J. 1985: Geography and schooling. In R. J. Johnston (ed.) *The future of geography*. London: Methuen, 291—306.

HUDSON, R. 1983: The question of theory in political geography: outlines for a critical theory approach. In N. Kliot and S. Waterman (eds.) *Pluralism and political geography*. London: Croom Helm, 39—35.

—1988: Uneven development in capitalist societies. *Transactions, Institute of British Geographers* **NS13**, 484—96.

HUGGETT, R. J. 1980: *Systems analysis in geography*. Oxford: Oxford University Press.

HUGGETT, R. J. and THOMAS, R. W. 1980: *Modelling in geography*. London: Harper & Row.

ISARD, W. 1956a: *Location and space economy*. New York: John Wiley.

—1956b: Regional science, the concept of region, and regional structure. *Papers and Proceedings, Regional Science Association* **2**, 13—39.

—1960: *Methods of regional analysis: an introduction in regional science*. New York: John Wiley.

—1975: *An introduction to regional science*. Englewood Cliffs, NJ: Prentice-Hall.

ISARD, W. *et al*. 1969: *General theory: social, political, economic and regional*. Cambridge, Mass: The MIT Press.

JACKSON, P. 1984: Social disorganization and moral order in the city. *Transactions, Institute of British Geographers* **NS9**, 168—80.

—1985: Urban ethnography. *Progress in Human Geography* **9**, 157—76.

—1988: Definitions of the situation. In J. Eyles and D. M. Smith (eds.) *Qualitative Methods in Human Geography*. Cambridge: Polity Press, 49—74.

—1989: *Maps of meaning*. London: Unwin Hyman.

JACKSON, P. and SMITH, S. J. 1981: Introduction. In P. Jackson and S. J. Smith (eds.), *Social interaction and ethnic segregation*. London: Academic Press, 1—18.

—1984: *Exploring social geography*. London: George Allen & Unwin.

JACKSON, P., SMITH, S. J. and JOHNSTON, R. J. 1988: An equal opportunities policy for the IBG. *Area* **20**, 279—80.

JAMES, P. E. 1942: *Latin America*. London: Cassell.

—1954: Introduction: the field of geography. in P. E. James and C. F. Jones (eds.), *American geography: inventory and prospect*. Syracuse: Syracuse

University Press, 2—18.

—1965: The President's session. *The Professional Geographer* **17** (4), 35—7.

—1972: *All possible worlds: a history of geographical ideas*. Indianapolis: The Odyssey Press.

JAMES, P. E. and JONES, C. F. (eds.) 1954: *American geography: inventory and prospect*. Syracuse: Syracuse University Press.

JAMES, P. E. and MARTIN, G. J. 1981: *All possible worlds: a history of geographical ideas* (2nd edn). New York: John Wiley.

JANELLE, D. G. 1968: Central-place development in a time-space framework. *The Professional Geographer* **20**, 5—10.

—1969: Spatial reorganization: a model and concept. *Annals of the Association of American Geographers* **59**, 348—64.

JOHNSON, J. H. and POOLEY, C. G. (eds.) 1982: *The structure of nineteenth-century cities*. London: Croom Helm.

JOHNSON, L. 1989: Geography, planning and gender. *New Zealand Geographer* **45**, 85—91.

JOHNSTON, R. J. 1969: Urban geography in New Zealand 1945—1969. *New Zealand Geographer* **25**, 121—35.

—1971: *Urban residential patterns: an introductory review*. London: G. Bell & Sons.

—1974: Continually changing human geography revisited: David Harvey: *Social Justice and the City*. *New Zealand Geographer* **30**, 180—92.

—1976a: *The world trade system: some enquiries into its spatial structure*. London: G. Bell & Sons.

—1976b: Anarchy, conspiracy and apathy: the three 'conditions' of geography. *Area* **8**, 1—3.

—1978a: *Multivatiate statistical analysis in geography: a primer on the general linear model*. London: Longman.

—1978b: *Political, electoral and spatial systems*. London: Oxford University

Press.
—1978c: Paradigms and revolutions or evolution: observations on human geography since the Second World War. *Progress in Human Geography* **2**, 189—206.
—1979a: Urban geographers: city structures. *Progress in Human Geography* **3**, 133—8.
—1979b: *Geographers and geographers: Anglo-American human geography since* 1945 (1st edn), London: Edward Arnold.
—1980a: On the nature of explanation in human geography. *Transactions, Institute of British Geographers* **NS5**, 402—12.
—1980b: *City and society*. London: Penguin.
—1981a: Applied geography, quantitative analysis and ideology. *Apptied Geography* **1**, 213—9.
—1981b: Paradigms, revolutions, schools of thought and anarchy: reflections on the recent history of Anglo-American human geography. In B. W. Blouet (ed.), *The origins of academic geography in the United States*. Hamden, Conn.: Archon Books, 303—18.

—1982a: *Geography and the state*. London: Macmillan.
—1982b: On the nature of human geography. *Transactions, Institute of British Geographers* **NS7**, 123—5.
—1982c: On ecological analysis and spatial autocorrelation. In L. le Rouzic, (ed.), *L'autocorrelation spatiale*. Reims, Travaux de l'Institute de Géographie, 3—16.
—1983a: Resource analysis, resource management and the integration of human and physical geography. *Progress in Physical Geography* **7**, 127—46.
—1983b: *Philosophy and human geography: an introduction to contemporary approaches* (1st. edn.). London: Edward Arnold.
—1983c: Texts, actors, and higher managers: judges, bureaucrats and the political organization of space, *Political Geography Quarterly* **2**, 3—20.
—1983d: On geography and the history of geography. *History of Geography*

Newsletter **3**,1—7.

—1984a:The political geography of electoral geography. In P. J. Taylor and J. W. House (eds.) *Political geography:recent advances and future directions*. London:Croom Helm,133—48.

—1984b:*Residential segregation, the state and constitutional conflict in American urban areas*. London:Academic Press.

—1984c:The world is our oyster. *Transactions, Institute of British Geographers* **NS9**,443—59.

—1984d:The region in twentieth century British geography. *History of Geography Newsletter* **4**,26—35.

—1984e:A foundling floundering in World Three. In M. Billinge, D. Gregory and R. Martin (eds.) *Recollections of a revolution*. London: Macmillan, 39—56.

—1984f:Quantitative ecological analysis in human geography:an evaluation of four problem areas. In G. Bahrenberg, M. Fischer and P. Nijkamp (eds.) *Recent developments in spatial data analysis*. Aldershot:Gower,131—44.

—1985b:*The geography of English politics:the* 1983 *general election*. London:Croom Helm.

—ed. 1985c:*The future of geography*. London:Methuen.

—1985d:To the ends of the earth. In R. J. Johnston (ed.) *The Future of Geography*. London:Methuen,326—38.

—1986a:*On human geography*. Oxford:Basil Blaekwell.

—1986b:Four fixations and the quest for unity in geography. *Transactions, Institute of British Geographers* **NS11**,449—53.

—1986c:Placing politics. *Political Geography Quarterly* **5**,s63—s78.

—1986d:Individual freedom and the world-economy. In R. J. Johnston and P. J. Taylor (eds.) *A world in crisis? geographical perspectives*. Oxford: Basil Blackwell,173—95.

—1986e:The neighbourhood effect revisited: spatial science or political regionalism. *Environment and Planning D:Society and Space* **4**,41—56.

—1986f:*Philosophy and human geography:an introduction to contemporary approaches* (second edition). London:Edward Arnold.

—1986g:John L. Paterson: *David Harvey's Geography*. *Antipode* **18**, 96—108.

—1986h:Understanding and solving American urban problems:geographical contributions? *The Professional Geographer* **38**,229—33.

—1987:Job markets and housing markets in the 'developed world'. *Tijdschrift voor Economische en SocialeGeografie* **78**.

—1988:There's a place for us. *New Zealand Geographer* **44**,8—13.

—1989a:Philosophy,ideology and geography. In D. Gregory and R. Walford (eds.) *Horizons in Human Geography*. London:Macmillan,48—66.

—1989b:*Environmental problems:nature,economy and state*. London:Belhaven Press.

—1990a:The challenge for regional geography:some proposals for research frontiers. In R. J. Johnston,J. Hauer and G. A. Hoekveld (eds.) *The challenge of regional geography*. London:Routledge,124—41.

—1990b:Some misconceptions about conceptual issues. *Tijdschrift voor Economische en Sociale Geografie* **81**,14—18.

—1991:Territoriality and the state. In G. B. Bendo (ed.) *Territoriality and the social sciences*. Ottawa:University of Ottawa Press.

JOHNSTON,R. J. and BRACK,E. V. 1983:Appointment and promotion in the academic labour market:a preliminary survey of British Universitv Departments of Geography. *Transactions,Institute of British Geographers* **NS8**,100—11.

JOHNSTON,R. J. and CLAVAL,P. (eds.)1984:*Geography since the Second World War:an international survey*. London:Croom Helm.

JOHNSTON,R. J. and DOORNKAMP,J. C. (eds.) 1982:*The changing geography of the United Kingdom*. London:Methuen.

JOHNSTON,R. J. and GARDINER,V. (eds.) 1990:*The Changing Geography of the United Kingdom (Second edition)*. London:Routledge.

JOHNSTON, R. J. and GREGORY, S. 1984: The United Kingdom. In R. J. Johnston and P. Claval (eds.), *Geography since the Second World War: an international survey*. London: Croom Helm, 107—31.

JOHNSTON, R. J. and HERBERT, D. T. 1978: Introduction. In D. T. Herbert and R. J. Johnston (eds.), *Social areas in cities: processes, patterns and problems*. London: John Wiley, 1—33.

JOHNSTON, R. J. and PATTIE, C. J. 1990: The regional impact of Thatcherism: attitudes and votes in Great Britain in the 1080s. *Regional Studies* **24**.

JOHNSTON, R. J. and TAYLOR, P. J. (eds.) 1986a: *A world in crisis? geographical perspectives*. Oxford: Basil Blackwell.

—1986b: Political geography: a politics of places within places. *Parliamentary Affairs* **39**, 135—49.

—and TAYLOR, P. J. (eds.) 1989: *A World in Crisis? (Second edition)*. Oxford: Basil Blackwell.

—and O' LOUGHLIN, J. 1987: The geography of violence and premature death. In Vayrynen, R. (ed.) *The quest for peace*. London: Sage Publications.

JONAS, A. 1988: A new regional geography of localities? *Area* **20**, 101—10.

JONES, E. 1956: Cause and effect in human geography. *Annals of the Association of American Geographers* **46**, 369—77.

—1980: Social geography. In E. H. Brown, (ed.), *Geography, yesterday and tomorrow*. Oxford: Oxford University Press, 251—62.

JONES, K. 1984: Geographical methods for exploring relationships. In G. Bahrenberg, M. M. Fischer and P. Nijkamp (eds.) *Recent developments in spatial data analysis*. Aldershot: Gower, 215—30.

JONES. L. V., LINDSEY, G. and COGGLESHALL, P. E. eds. 1982: *An assessment of research-doctorate programs in the United States: social and behavioral sciences*. Washington DC: National Academy Press.

KANSKY, K. J. 1963: *Structure of transportation networks*. Chicago: University of Chicago, Department of Geography, Research Paper 84.

KASPERSON, R. E. 1971: The post-behavioral revolution in geography. *British Columbia Geographical Series* **12**, 5—20.

KATES, R. W. 1962: *Hazard and choice perception in flood plain management*. Chicago: University of Chicago, Department of Geography, Research Paper 78.

—1972: Review of *Perspectives on resource management*. *Annals of the Association of American Geographers* **62**, 519—20.

—1987: The human environment: the road not taken, the road still beckoning. *Annals of the Association of American Geographers* **77**, 525—34.

KATES, R. W. and BURTON, I. (ed.) 1985: *Geography, resources and environment* (two volumes). Chicago: University of Chicago Press.

KEEBLE, D. E. 1976: *Industrial location and planning in the United Kingdom*. London: Methuen.

KNG, L. J. 1960: A note on theory and reality. *The Professional Geographer* **12**(3), 4—6.

—1961: A multivariate analysis of the spacing of urban settlement in the United States. *Annals of the Association of American Geographers* **51**, 222—3.

—1969a: The analysis of spatial form and relationship to geographic theory. *Annals of the Association of American Geographers* **59**, 573—95.

—1969b: *Statistical analysis in geography*. Englewood Cliffs: Prentice-Hall.

—1976: Alternatives to a positive economic geography. *Annals of the Association of American Geographers* **66**, 293—308.

—1979a: Areal associations and regressions. *Annals of the Association of American Geographers* **69**, 124—8.

—1979b: The seventies: disillusionment and consolidation. *Annals of the Association of American Geographers* **69**, 155—7.

KING, L. J. and CLARK, G. L.

—1978: Government policy and regional development. *Progress in Human Geography* **2**, 1—16.

KIRK, W. 1951: Historical geography and the concept of the behavioural environment. *Indian Geographical Journal* **25**, 152—60.

—1963: Problems of geography. *Geography* **48**, 357—71.

—1978: The road from Mandalay: towards a geographical philosophy. *Transactions, Institute of British Geographers* **NS3**, 381—394.

KISH, G. and WARD, R. 1981: A survival package for geography and other endangered disciplines. *Newsletter*, Association of American Geographers, **16**, pp. 8, 14.

KNOS, D. S. 1968: The distribution of land values in Topeka, Kansas. In B. J. L. Berry and D. F. Marble (eds.), *Spatial analysis*. Englewood Cliffs, NJ: Prentice-Hall, 269—89.

KNOX, P. L. 1975: *Social well-being: a spatial perspective*. London: Oxford University Press.

—1987: The social production of the built environment: architects, architecture and the post-modern city. *Progress in Human Geography* **11**, 354—78.

KNOX, P. L. and AGNEW, J. A. 1989: *The geography of the world-economy*. London: Edward Arnold.

KNOX, P. L., BARTELS, E. H., BOHLAND, J. R., HOLCOMB, B. and JOHNSTON, R. J. 1988: *The United States: a contemporary human geography*. London: Longman.

KOFMAN, E. 1988: Is there a cultural geography beyond the fragments? *Area* **20**, 85—7.

KOLLMORGEN, W. N. 1979: Kollmorgen as a bureaucrat. *Annals of the Association of American Geographers* **69**, 77—89.

KUHN, T. S. 1962: *The structure of scientific revolutions*. Chicago: University of Chicago Press.

—1969: Comment on the relations of science and art. *Comparative Studies in Society and History* **11**, 403—12.

—1970a: *The structure of scientific revolutions* (2nd edn). Chicago: Univer-

sity of Chicago Press.

—1970b:Logic of discovery or psychology of research? In I. Lakatos and A. Musgrave (eds.), *Criticism and the growth of knowledge*. Cambridge: Cambridge University Press, 1—23.

—1970c:Reflections on my critics. In I. Lakatos and A. Musgrave (eds.), *Criticism and the growth of knowledge*. Cambridge: Cambridge University Press, 231—78.

—1977:Second thoughts on paradigms. In F. Suppe (ed.), *The structure of scientific theories*. Urbana: University of Illinois Press, 459—82, plus discussion 500—17.

LABEDZ, L. 1977: Anarchism. In A. Bullock and O. Stallybrass (eds.), *The Fontana dictionary of modern thought*. London: Fontana, 22.

LAKATOS, I. 1978a: Falsification and the methodology of scientific research programmes. In J. Worrall and G. Currie (eds.), *The methodology of scientific research programmes, philosophical papers*, volume I. Cambridge: Cambridge University Press, 8—101.

—1978b: History of science and its rational reconstructions. In J. Worrall and G. Currie (eds.) *The methodology of scientific research programmes, philosophical papers*, volume 1. Cambridge: Cambridge University Press, 102—38.

LANGTON, J. 1972: Potentialities and problems of adapting a systems approach to the study of change in human geography. In C. Board *et al.* (eds.) *Progress in Geography* 4, London: Edward Arnold, 125—79.

—1984: The industrial revolution and the regional geography of England. *Transactions, Insitute of British Geographers* **NS9**, 145—67.

LAPONCE, J. A. 1980: Political science: an import-export analysis of journals and footnotes. *Political Studies* **28**, 401—19.

LASH, S. and URRY, J. 1987: *The end of organized capitalism*. Cambridge: Polity Press.

LAVALLE, P., McCONNELL, H. and BROWN, R. G. 1967: Certain aspects of the expansion of quantitative methodology in American geography. *Annals of the Association of American Geographers* **57**,423—36.

LAW,J. 1976:Theories and methods in the sociology of science:an interpretative approach. In G. Lemaine *et al.*,*Perspectives on the emergence of scientific disciplines*. The Hague:Mouton,221—31.

LEACH,B. 1974:Race, problems and geography. *Transactions, Institute of British Geographers* **63**,41—7.

LEACH,E. R. 1974:*Lévi-Strauss*. London:Fontana.

LEE,R. 1985:The future of the region:regional geography as education for transformation. In R. King (ed.) *Geographical futures* Sheffield:The Geographical Association,77—91.

—1984:Process and region in the A-level syllabus. *Geography* **69**,97—107.

LEE,Y. 1975:A rejoinder to'The geography of crime:a political critique', *The Professional Geographer* **27**,284—5.

LEMAINE,G. ,*et al.* 1976:Introduction:problems in the emergence of new disciplines. In G. Lemaine *et al.* (eds.),*Perspectives on the emergence of scientific disciplines*. The Hague:Mouton,1—73.

LEONARD,S. 1982:Urban managerialism:a period of transition. *Progress in Human Geography* **6**,190—215.

LEWIS,G. M. 1966:Regional ideas and reality in the Cis-Rocky Mountain West. *Transactions,Institute of British Geographers* **38**,135—50.

—1968:Levels of living in the Northeastern United States *c.* 1960:a new approach to regional geography. *Transactions, Institute of British Geographers* **45**,11—37.

LEWIS,J. and TOWNSEND, A. (eds.) 1989:*The north-south divide:regional change in Britain in the 1980s*. London:Paul Chapman.

LEWIS,P. W. 1965:Three related problems in the formulation of laws in geography. *The Professional Geographer* **17**(5),24—7.

LEWTHWAITE,G. R. 1966:Environmentalism and determinism:a search for clarification. *Annals of the Association of American Geographers* **56**,

1—23.

LEY, D. 1974: *The black inner city as frontier outpost*. Washington DC: Association of American Geographers.

—1977a: The personality of a geographical fact. *The Professional Geographer* **29**, 8—13.

—1977b: Social geography and the taken-for-granted world. *Transactions, Institute of British Geographers* **NS2**, 498—512.

—1978: Social geography and social action. In D. Ley and M. S. Samuels (eds.), *Humanistic geography: problems and prospects*. Chicago: Maaroufa Press, 41—57.

—1980: *Geography without man: a humanistic critique*. Oxford Research Paper 24, School of Geography, University of Oxford.

—1981: Behavioral geography and the philosophies of meaning. In K. R. Cox and R. G. Golledge (eds.), *Behavioral problems in geography revisited*. London: Methuen, 209—30.

—1983: *A social geography of the city*. New York: Harper & Row.

LEY, D. and SAMUELS, M. S. 1978: Introduction: contexts of modern humanism in geography. In D. Ley and M. S. Samuels (eds.), *Humanistic geography: prospects and problems*. Chicago: Maaroufa Press, 1—18.

LICHTENBERGER, E. 1984: The German-speaking countries. In R. J. Johnston and P. Claval (eds.) *Geography since the Second World War: an international survey*. London: Croom Helm, 156—84.

LITTLE, J., PEAKE, L. and RICHARDSON, P. (eds.) 1988: *Women in cities*. London: Macmillan.

LIVINGSTONE, D. N. 1984: Natural theory and neo-Lamarckism: the changing context of nineteenth century geography in the United States and Great Britain. *Annals of the Association of American Geographers* **74**, 9—28.

LIVINGSTONE, D. N. and HARRISON, R. T. 1981: Immanuel Kant, subjectivism, and human geography: a preliminary investigation. *Transactions, In-*

stitute of British Geographers **NS6**,359—74.

LÖSCH,A. 1954: *The economics of location*. New Haven,Conn. : Yale University Press.

LOVERING,J. 1987: Militarism, capitalism and the nation-state: towards a realist synthesis. *Environment and Planning D: Society and Space* **5**, 283—302.

LOWE,M. S. and SHORT,J. R. 1990: Progressive human geography. *Progress in Human Geography* **14**.

LOWENTHAL,D. 1961: Geography, experience, and imagination: towards a geographical epistemology. *Annals of the Association of American Geographers* **51**,241—60.

—(ed.) *George Perkins Marsh :man and nature*. Cambridge, Mass: Harvard University Press.

—68:The American scene. *Geographical Review* **48**,61—88.

—1975:Past time, present place: landscape and memory. *The Geographical Review* **65**,1—36.

—1985: *The past is a foreign country*. Cambridge: Cambridge University Press.

LOWENTHAL,D. and BOWDEN, M. J. (eds.) 1975: *Geographies of the mind :essays in historical geosophy in honor of John Kirkland Wright*. New York:Oxford University Press.

LOWENTHAL,D. and PRINCE, H. C. 1965: English landscape tastes. *Geographical Review* **55**,186—222.

LOWENTHAL,D. *et al*. 1973: Report of the AAG Task Force on environmental quality. *The Professional Geographer* **25**,39—46.

LUKERMANN,F. 1958: Towards a more geographic economic geography. *The Professional Geographer* **10**(1),2—10.

—1960a: On explanation, model, and prediction. *The Professional Geographer* **12**(1),1—2.

—1960b:The geography of cement? *The Professional Geographer* **12**(4),

1—6.

—61: The role of theory in geographical inquiry. *The Professional Geographer* **13**(2), 1—6.

—1965: Geography: de facto or de jure. *Journal of the Minnesota Academy of Science* **32**, 189—96.

—1990: *The Nature of Geography*: Post hoc, ergo propter hoc? In J. N. Entrikin and S. D. Brunn (eds.) *Reflections on Richard Hartshorne's The Nature of Geography*. Washington: Association of American Geographers, 53—68.

LYNCH, K. 1960: *The image of the city*. Cambridge, Mass. MIT Press.

McCARTY, H. H. 1940: *The geographic basis of American economic life*. New York: Harper & Brothers.

—1952: McCarty on McCarthy: the spatial distribution of the McCarthy vote 1952. Unpublished Paper, Department of Geography, State University of Iowa, Iowa City.

—1953: An approach to a theory of economic geography. *Annals of the Association of American Geographers* **43**, 183—4.

—1954: An approach to a theory of economic geography. *Economic Geography* **30**, 95—101.

—1958: Science, measurement, and area analysis. *Economic Geography* **34**, facing page 283.

—1979: Geography at Iowa. *Annals of the Association of American Geographers* **69**, 121—4.

McCARTY, H. H., HOOK, J. C. and KNOS, D. S. 1956: *The measurement of association in industrial geography*. Department of Geography, State University of Iowa, Iowa City.

McCARTY, H. H. and LINDBERG, J. B. 1966: *A preface to economic geography*. Englewood Cliffs, NJ: Prentice-Hall.

McDANIEL, R. and ELIOT HURST, M. E. 1968: *A systems analytic approach to economic geography*. Commission on College Geography, Publication 8, Association of American Geographers, Washington, DC.

McDOWELL, L. 1986a: Feminist geography. In R. J. Johnston, D. Gregory and D. M. Smith (eds.) *The dictionary of human geography*. Oxford: Basil Blackwell, 151—2.

—1986b: Beyond patriarchy: a class-based explanation of women's subordination. *Antipode* **18**, 311—21.

—1989: Women, gender and the organisation of space. In D. Gregory and R. Walford (eds.) *Horizons in human geography*. London: Macmillan, 136—51.

McDOWELL, L. and MASSEY, D. 1984: A woman's place? In D. Massey and J. Allen (eds.) *Geography matters*! Cambridge: Cambridge University Prss, 128—47.

MACGILL, S. M. 1981: Liquefied energy gases in the UK: what price public safety? *Environment and Planning A* **13**, 339—54.

—1983: The Q-controversy: issues and nonissues. *Environment and Planning B: Planning and Design* **10**, 371—80.

MACKAY, J. R. 1958: The interactance hypothesis and boundaries in Canada: a preliminary study. *The Canadian Geographer* **11**, 1—8.

MACKENZIE, S. 1989: Restructuring the relations of work and life: women as environmantal actors, feminism as geographic analysis. In A. Kobayashi and S. Mackenzie (eds.) *Remaking human geography*. Boston: Unwin Hyman, 40—61.

MACMILLAN, B. 1989a: Quantitative theory construction in human geography. In B. Macmillan (ed.) *Remodelling geography*. Oxford: Basil Blackwell, 89—107.

—1989b: Modelling through: an afterword to *Remodelling geography*. In B. Macmillan (ed.) *Remodelling geography*. Oxford: Basil Blackwell, 291—313.

McKINNEY, W. M. 1968: Carey, Spencer, and modern geography. *The Professional Geographer* **20**, 103—6.

McTAGGART, W. D. 1974: Structuralism and universalism in geography: reflections on contributions by H. C. Brookfield. *The Australian Geographer* **12**, 510—16.

MABOGUNJE, A. K. 1977: In search of spatital order: geography and the new programme of urbanization in Nigeria. In D. R. Deskins *et al*. (eds.), *Geographic humanism, analysis and social action: a half century of geography at Michigan*. Michigan Geography Publications No. 17, Ann Arbor, 347—76.

MAGEE, B. 1975: *Popper*, London: Fontana.

MAGUIRE, D. J. 1989: The Domesday interactive videodisc system in geography teaching. *Journal of Geography in Higher Education* **13**, 55—68.

MAIR, A. 1986: Thomas Kuhn and understanding geography. *Progress in Human Geography* **10**, 345—70.

MANION, T. and WHITELEGG, J. 1979: Radical geography and Marxism. *Area* **11**, 122—4.

MANNERS, I, R. and MIKESELL, M. W. (eds.) 1974: *Perspectives on environment*. Commission on College Geography, Association of American Geographers, Washington.

MARCHAND, B. 1978: A dialectical approach in geography. *Geographical Analysis* **10**, 105—19.

MARCUS, M. G. 1979: Coming full circle: physical geography in the twen tieth century. *Annals of the Association of American geographers* **69**, 521—32.

MARSHALL, J. U. 1985: Geography as a scientific enterprise. In R. J. Johnston (ed.) *The future of geography*. London: Methuen, 113—28.

MARTIN, A. F. 1951: The necessity for determinism. *Transactions, Institute of British Geographers* **17**, 1—12.

MARTIN, G. J. 1981: Ontography and Davisian physiography. In B. W. Blouet (ed.), *The origins of academic geography in the United States*. Hamden, Conn.: Archon Books, 279—90.

—1990:*The Nature of Geography* and the Schaefer-Hartshorne debate. In J. N. Entrikin and S. D. Brunn (eds.) *Reflections on Richard Hartshorne's The Nature of Geography*. Washington: Association of American Geographers, 69—88.

MARTIN, R. L. and OEPPEN, J. 1975: The identification of regional forecasting models using space-time correlation functions. *Transactions, Institute of British Geographers* **66**, 95—118.

MASSAM, B. H. 1976: *Location and space in social administration*. London: Edward Arnold.

MASSEY, D. 1975: Behavioral research. *Area* **7**, 201—3.

—1984a: *Spatial divisions of labour: social structures and the geography of production*. London: Macmillan.

—1984b: Introduction: geography matters. In D. Massey and J. Allen (eds.) *Geography matters! a reader*. Cambridge: Cambridge University Press, 1—11.

MASSEY, D. and MEEGAN, R. A. 1979: The geography of industrial reorganization. *Progress in Planning* **10**, 155—237.

—1982: *The anatomy of job loss*. London: Methuen.

—1985: Introduction: the debate. In D. Massey and R. Meegan (eds.) *Politics and method: contrasting studies in industrial geography*. London: Methuen, 1—12.

MASTERMAN, M. 1970: The nature of a paradigm. In I. Lakatos and A. Musgrave (eds.), *Criticism and the grawth of knowledge*. London: Cambridge University Press, 59—90.

MAY, J. A. 1970: *Kant's concept of geography: and its relation to recent geographical thought*. Department of Geography, University of Toronto, Research Publication 4, Toronto.

—1972: A reply to Professor Hartshorne. *The Canadian Geographer* **16**, 79—81.

MAYER, H. M. 1954: Urban geography. In P. E. James and C. F. Jones

(eds.), *American geography: inventory and prospect*. Syracuse: Syracuse University Press, 142—66.

MEAD, W. R. 1980: Regional geography. In E. H. Brown (ed.), *Geography, yesterday and tomorrow*. Oxford: Oxford University Press, 292—302.

MEADOWS, D. H. *et al*. 1972: *The limits to growth*. New York: Universal Books.

MEINIG, D. W. 1972: American wests: preface to a geographical introduction. *Annals of the Association of American Geographers* **62**, 159—84.

—1978: The continuous shaping of America: a prospectus for geographers and historians. *The American Historical Review* **83**, 1186—1217.

—1983: Geography as an art. *Transactions, Institute of British Geographers* **NS8**, 314—28.

MERCER, D. C. 1977: *Conflict and consensus in human geography*. Monash Publications in Geography No. 17. Clayton, Victoria, Australia.

—1984: Unmasking technocratic geography. In M. Billinge, D. Gregory and R. Martin (eds.) *Recollections of a revolution*. London: Macmillan, 153—99.

MERCER, D. C. and POWELL, J. M. 1972: *Phenomenology and related non-positivistic viewpoints in the social sciences*. Monash Publications in Geography. No. 1, Clayton, Victoria, Australia.

MEYER, D. R. 1972: Geographical population data: statistical description not statistical inference. *The Professional Geographer* **24**, 26—8.

MIKESELL, M. W. 1967: Geographical perspectives in anthropology. *Annals of the Association of American Geographers* **57**, 617—34.

—1969: The borderlands of geography as a social science. In M. Sherif and C. W. Sherif (eds.), *Interdisciplinary relationships in the social sciences*. Chicago: Aldine Publishing Company, 227—48.

—(ed.) 1973: *Geographers abroad: essays on the prospects of research in foreign areas*. Chicago: Department of Geography, University of Chicago, Research Paper 152.

—1974: Geography as the study of environment: an assessment of some old and new commitments. In I. R. Manners and M. W. Mikesell (eds.), *Perspectives on environment*, Commission on College Geography, Association of American Geographers. Washington, DC, 1—23.

—1978: Tradition and innovation in cultural geography. *Annals of the Association of American Geographers* **68**, 1—16.

—1981: Continuity and change. In B. W. Blouet (ed.), *The origins of academic geography in the United States*. Hamden, Conn.: Archon Books. 1—15.

—1984: North America. In R. J. Johnston and P. Claval (eds.) *Geography since the Second World War: an international survey*. London: Croom Helm, 185—213.

MITCHELL, B. and DRAPER, D. 1982: *Relevance and ethics in geography*. London: Longman.

MONTEFIORE, A. G. and WILLIAMS, W. M. 1955: Determinism and possibilism. *Geographical Studies* **2**, 1—11.

MOODIE, D. W. and LEHR, J. C. 1976: Fact and theory in historical geography. *The Professional Geographer* **28**, 132—6.

MOOS, A. I. and DEAR, M. J. 1986: Structuration theory in urban analysis: 1. theoretical exegesis. *Environment and Planning A* **18**, 231—52.

MORGAN, M. A. 1967: Hardware models in geography. In R. J. Chorley and P. Haggett (eds.), *Models in geography*. London: Methuen, 727—74.

MORGAN, W. B. and MOSS, R. P. 1965: Geography and ecology: the concept of the community and its relationship to environment. *Annals of the Association of American Geographers* **55**, 339—50.

MORRILL, R. L. 1965: *Migration and the growth of urban settlement*. Lund Studies in Geography, Series B, 24, Lund: C. W. K. Gleerup.

—1968: Waves of spatial diffusion. *Journal of Regional Science* **8**, 1—18.

—1969: Geography and the transformation of society. *Antipode* **1**(1), 6—9.

—1970a: *The spatial organization of society*. Belmont California: Wadsworth, 2nd edn. 1974.

—1970b: Geography and the transformation of society: part II. *Antipode* **2** (1), 4—10.

—1974: Review of D. Harvey, *Social Justice and the City*. *Annals of the Association of American Geographers* **64**, 475—7.

—1980: Productivity of American PhD-granting Departments of Geography. *The Professional Geographer* **32**, 85—9.

—1981: *Political redistricting*. Resource Publications in Geography, Association of American Geographers, Washington, DC.

—1984: Recollections of the "Quantitative Revolution's"? early years: the University of Washington 1955—65. In M. Billinge, D. Gregory and R. Martin (eds.) *Recollections of a revolution*. London: Macmillan, 57—72.

—1985: Some important geographic questions. *The Professional Geographer* **37**, 263—70.

MORRILL, R. L. and DORMITZER, J. 1979: *The spatial order: an introduction to modern geography*. North Scituate: Duxbury.

MORRILL, R. L. and GARRISON, W. L. 1960: Projections of interregional patterns of trade in wheat and flour. *Economic Geography* **36**, 116—26.

MORRILL, R. L. and WOHLENBERG, E. H. 1971: *The geography of poverty in the United States*. New York: McGraw Hill.

MOSS, R. P. 1970: Authority and charisma: criteria of validity in geographical method. *South African Geographical Journal* **52**, 13—37.

—1977: Deductive strategies in geographical generalization. *Progress in Physical Geography* **1**, 23—39.

MOSS, R. P. and MORGAN, W. B. 1967: The concept of the community: some applications in geographical research. *Transactions, Institute of British Geographers* **41**, 21—32.

MUIR, R. 1975: *Modern political geography*. London: Macmillan.

—1978: Radical geography or a new orthodoxy? *Area* **10**, 322—7.

—1979: Radical geography and Marxism. *Area* **11**, 126—7.

MULKAY, M. J. 1975: Three models of scientific development. *Sociological*

Review **23**,509—26.

—1976:Methodology in the sociology of science:some reflections on the study of radio astronomy. In G. Lemaine *et al*. (eds.),*Perspectives in the emergence of scientific disciplines*. The Hague:Mouton,207—20.

—1978:Consensus in science. *Social Science Information* **17**,107—22.

MULKAY,M. J.,GILBERT,G. N. and WOOLGAR,S. 1975:Problem areas and research networks in science. *Sociology* **9**,187—203.

MULLER-WILLE,C. 1978:The forgotten heritage:Christaller's antecedents. In B. J. L. Berry (ed.),*The nature of change in geographical ideas*. de Kalb:Northern Illinois University Press,37—64.

MUMFORD,L. 1956:Prospect. In W. L. Thomas (ed.) *Man's role in changing the face of the earth*. Chicago:University of Chicago Press,1141—52.

MURDIE,R. A. 1969:*Factorial ecology of metropolitan Toronto* 1951—1961. Chicago:University of Chicago,Department of Geography,Research Paper 116.

MYRDAL,G. 1957:*Economic theory and underdeveloped regions*. London:Duckworth.

NATIONAL ACADEMY OF SCIENCES-NATIONAL RESEARCH COUNCIL 1965:*The science of geography*. Washington:NAS-NRC.

NEFT,D. 1966:*Statistical analysis for areal distributions*. Monograph 2,Regional Science Research Institute,Philadelphia.

NEWMAN,J. L. 1973:The use of the term"hypothesis"in geography. *Annals of the Association of American Geographers* **63**,22—7.

NYSTUEN,J. D. 1963:Identification of some fundamental spatial concepts. *Papers of the Michigan Academy of Science*,Arts,and Letters,**48**,373—84. Reprinted in B. J. L. Berry and D. F. Marble (eds.),*Spatial analysis*. Englewood Cliffs,NJ:Prentice-Hall,35—41.

—1984:Comment on"Artificial intelligence and its applicability to geograph-

ical problem solving". *The Professional Geographer* **36**, 358—9.

ODUM, H. W. and MOORE, H. E. 1938: *American regionalism — a cultural-historical approach to national integration*. New York: H. Holt & Company.

OLSSON, G. 1965: *Distance and human interaction: a review and bibliography*. Regional Science Research Institute, Bibliography Series Number 2, Philadelphia.

—1969: Inference problems in locational analysis. In K. R. Cox and R. G. Golledge (eds.), *Behavioral problems in geography: a symposium*, Northwestern University Studies in Geography **17**. Evanston, 14—34.

—1978: Of ambiguity or far cries from a memorializing mamafesta. In D. Ley and M. S. Samuels (eds.) *Humanistic geography*. London: Croom Helm, 109—20.

—1979: Social science and human action or on hitting your head against the ceiling of language. In S. Gale and G. Olsson (eds.) *Philosophy in geography*. Dordrecht: Reidel, 287—308.

—1982: — In P. R. Gould and G. Olsson (eds.) *A search for common ground*. London: Pion, 223—31.

OPENSHAW, S. 1984a: *The modifiable areal unit problem*. CATMOG 38. Norwich: Geo Books.

—1984b: Ecological fallacies and the analysis of areal census data. *Environment and Planning A* **16**, 17—32.

—1986: *Nuclear power: siting and safety*. London: Routledge & Kegan Paul.

—1989: Computer modelling in human geography. In B. Macmillan (ed.) *Remodelling geography*. Oxford: Basil Blackwell, 70—88.

OPENSHAW, S., CARVER, S. and FERNIE, J. 1989: *Britain's nuclear waste: siting and safety*. London: Belhaven Press.

OPENSHAW, S., CHARLTON, M., CRAFT, A. W. and BIRCH, J. 1988: Investigation of leukaemia clusters by use of a geographical analysis machine.

The Lancet 6 February,272—3.

OPENSHAW,S. ,WYMER,C. and CRAFT,A. W. 1988:A Mark I geographical analysis machine for the automated analysis of point data sets. *International Journal of Geographical Information Systems*.

OPENSHAW,S. and GODDARD,J. B. 1987:Some implications of the commodification of information and the emerging information economy for applied geographical analysis in the United Kingdom. *Environment and Planning A* **19**,1423—40.

OPENSHAW,S. ,STEADMAN,P. and GREEN,O. 1983:*Doomsday:Britain after nuclear attack*. Oxford:Basil Blackwell.

OPENSHAW,S. WYLMER,C. and CHARLTON,M. 1986:A geographical information and mapping system for the BBC Domesday optical discs. *Transactions,Institute of British Geographers* **NS11**,296—304.

OWENS,P. L. 1984:Rural leisure and recreation research: a retrospective evaluation. *Progress in Human Geography* **8**,157—88.

O' RIORDAN, T. 1971a: Environmental management. In C. Board *et al.* (eds.),*Progress in Geography* **3**. London:Edward Arnold,173—231.

—1971b:*Perspectives in resource management*. London:Pion.

—1976:*Environmentalism*. London:Pion.

PACIONE,M. 1990a:Conceptual issues in applied urban geography. *Tijdschrift voor Economische en Sociale Geografie* **81**,3—13.

—1990b:On the dangers of misinterpretation. *Tijdschrift voor Economische en Sociale Geografie* **81**,26—28.

PAHL,R. E. 1965:Trends in social geography. In R. J. Chorley and P. Haggett (eds.), *Frontiers in geographical teaching*. London: Methuen, 81—100.

—1969:Urban social theory and research. *Environment and Planning* **1**, 143—54. (Reprinted in R. E. Pahl 1970,*Whose City*? London:Longman, 209—25.)

—1975:*Whose city? and other essays*. Harmondsworth:Penguin Books (2nd

edn).

—1979:Socio-political factors in resource allocation. In D. T. Herbert and D. M. Smith (eds.) *Social problems and the city:geographical perspectives*. Oxford:Oxford University Press,33—46.

PALM,R. 1979:Financial and real estate institutions in the housing market. In D. T. Herbert and R. J. Johnston (eds.),*Geography and the urban environment*,2. Chichester John Wiley,83—124.

PALM,R. and PRED,A. R. 1978:The status of American women:a time-geographic view. In D. Lanegran and R. Palm (eds.) *Invitation to geography* (second edition). New York:McGraw Hill,99—109.

PAPAGEORGIOU,G. J. 1969:Description of a basis necessary to the analysis of spatial systems. *Geographical Analysis* **1**,213—15.

—(ed.)1976:*Mathematical land use theory*. Lexington,Mass.:D. C. Heath.

PARKER,G. 1985:*Western geopolitical thought in the twentieth century*. London:Croom Helm.

PARKES,D. N. and THRIFT,N. J. 1980:*Times,spaces and places*. Chichester:John Wiley.

PARSONS,J. J. 1977:Geography as exploration and discovery. *Annals of the Association of American Geographers* **67**,1—16.

PATERSON,J. H. 1974:Writing regional geography. In C. Board *et al*. (eds.),*Progress in Geography* **6**. London:Edward Arnold,1—26.

PATERSON,J. L. 1985:*David Harvey's geography*. London:Croom Helm.

PATMORE,J. A. 1970:*Land and leisure*. Newton Abbott:David & Charles.

—1983:*Recreation and resources:leisure patterns and leisure places*. Oxford:Basil Blackwell.

PATTERSON,T. C. 1986:The last sixty years:toward a social history of Americanist archaeology in the United States. *American Anthropologist* **88**,7—26.

PEACH,C. and SMITH,S. J. 1981:Introduction. In C. Peach,V. Robinson and S. J. Smith,(eds.),*Ethnic segregation in cities*. London:Croom Helm,

9—24.

PEET, J. R. 1971: Poor, hungry America. *The Professional Geographer* **23**, 99—104.

—1975a: Inequality and poverty: a marxist-geographic theory. *Annals of the Association of American Geographers* **65**, 564—71.

—1975b: The geography of crime: a political critique. *The Professional Geographer* **27**, 277—80.

—1976a: Further comments on the geography of crime. *The Professional Geographer* **28**, 96—100.

—1976b: Editorial: radical geography in 1976. *Antipode* **8**(3), inside cover.

—1977: The development of radical geography in the United States. *Progress in Human Geography* **1**, 240—63.

—(ed.) 1978: *Radical geography*. London: Methuen.

—1979: Societal contradiction and marxist geography. *Annals of the Association of American Geographers* **69**, 164—9.

—1980: The transition from feudalism to capitalism. In J. R. Peet (ed.), *An introduction to marxist theories of underdevelopment*. Publication HG/14, Department of Human Geography, Australian National University (Canberra), 51—74.

—1985a: The social origins of environmental determinism. *Annals of the Association of American Geographers* **75**, 309—33.

—1985b: Radical geography in the United States: a personal history. *Antipode* **17**, 1—7.

—1989: World capitalism and the destruction of regional cultures. In R. J. Johnston and P. J. Taylor (eds.) *A World in Crisis?* Oxford: Basil Blackwell, 175—99.

PEET, J. R. and LYONS, J. V. 1981: Marxism: dialectical materialism, social formation and the geographic relations. In M. E. Harvey and B. P. Holly (eds.), *Themes in geographic thought*. London: Croom Helm, 187—205.

PEET, J. R. and THRIFT, N. J. 1989: Political economy and human geogra-

phy. In R. Peet and N. J. Thrift (eds.) *New Models in Geography* (*Volume One*). London: Unwin Hyman, 3—27.

PELTIER, L. C. 1954: Geomorphology. In P. E. James and C. F. Jones (eds.), *American geography: inventory and prospect*. Syracuse: Syracuse University Press. 362—81.

PENNING-ROWSELL, E. C. 1981: Fluctuating fortunes in gauging landscape value. *Progress in Human Geography* **5**, 25—41.

PEPPER, D. 1984: *The roots of modern environmentalism*. London: Croom Helm.

—1987: Physical and human integration: an educational perspective. *Progress in Human Geography* **11**.

PEPPER, D. and JENKINS, A. 1983: A call to arms: geography and peace studies. *Area* **15**, 202—8.

—(eds.) 1985: *The geography of peace and war*. Oxford: Basil Blackwell.

PERRY, P. J. 1969: H. C. Darby and historical geography: a survey and review. *Geographische Zeitschrift* **57**, 161—77.

—1979: Beyond Domesday. *Progress in Human Geography* **3**, 40 716.

PETCH, J. R. and HAINES-YOUNG, R. H. 1980: The challenge of critical rationalism for methodology in physical geography. *Progress in Physical Geography* **4**, 63—78.

PETER. L. and HULL., R. 1969: *The Peter principle*. London: Bantam Books.

PHILBRICK, A. K. 1957: Principles of areal functional organization in regional human geography. *Economic Geography* **33**, 299—366.

PHILLIPS, D. R. and JOSEPH, A. E. 1984: *Accessibility and utilization: perspectives on health care delivery*. London: Harper & Row.

PHILLIPS, M. and UNWIN, T. 1985: British historical geography: places and people. *Area* **17**, 155—64.

PICKLES, J. 1985: *Phenomenology, science and geography: spatiality and the human sciences*. Cambridge: Cambridge University Press.

—1986:*Geography and Humanism*. CATMOG 44,Norwich:Geo Books.

—1988:From fact-world to life-world:the phenomenological method and social science. In J. Eyles and D. M. Smith (eds.) *Qualitative methods in human geography*. Cambridge:Polity Press,233—54.

PINCH,S. P. 1985:*Cities and services:the geography of collective consumption*. London:Routledge & Kegan Paul.

PIPKIN,J. S. 1981:Cognitive behavioral geography and repetitive travel. In K. R. Cox and R. G. Golledge (eds.),*Behavioral problems in geography revisited*. London:Methuen,145—80.

PIRIE,G. H. 1976:Thoughts on revealed preferences and spatial behaviour. *Environment and Planning A* **8**,947—55.

PITTS,F. R. 1965:A graph theoretic approach to historical geography. *The Professional Geographer* **17**(5),15—20.

POCOCK,D. C. D. 1983:The paradox of humanistic geography. *Area* **15**, 355—8.

POCOCK,D. C. D. and HUDSON,R. 1978:*Images of the urban environment*. London:Macmillan.

POIKER,T. K. 1983:The shining armor of the white knight. *The Professional Geographer* **35**,348—9.

POOLER,J. A. 1977:The origins of the spatial tradition in geography:an interpretation. *Ontario Geography* **11**,56—83.

POPPER,K. R. 1959:*The logic of scientific discovery*. London:Hutchinson.

—1967:Replies to my critics. In P. A. Schipp (ed.),*The philosophy of Karl Popper*,volume 2. La Salle,Indiana:Open Court Publishing Company, 961—97.

—1970:Normal science and its dangers. In I. Lakatos and A. Musgrave (eds.),*Criticism and the growth of knowledge*. London:Cambridge University Press,51—8.

PORTEOUS,J. D. 1977:*Environment and behavior*. Reading,Mass:Addison-

Wesley.

—1985: Literature and humanist geography. *Area* **17**, 117—22.

—1986: Bodyscape: the body-landscape metaphor. *The Canadian Geographer* **30**, 2—1.

—1988: Topocide: the annihilation of place. In J. Eyles and D. M. Smith (eds.) *Qualitative methods in human geography*. Cambridge: Polity Press, 75—93.

PORTER, P. W. 1978: Geography as human ecology. *Human geography: coming of age. American Behavioral Scientist* **22**, 15—40.

PORTER, P. W. and LUKERMANN, F. 1975: The geography of utopia. In D. Lowenthal and M. J. Bowden (eds.), *Geography of the mind: essays in historical geosophy*. New York: Oxford University Press, 197—224.

POWELL, J. M. 1970: *The public lands of Australia Felix: settlement and land appraisal in Victoria* 1834—1891. Melbourne: Oxford University Press.

—1971: Utopia, millenium and the cooperative ideal: a behavioral matrix in the settlement process. *The Australian Geographer* **11**, 606—18.

—1972: *Images of Australia*. Monash University Publications in Geography No. 3, Clayton, Victoria, Australia.

—1977: *Mirrors of the New World: images and image-makers in the settlement process*. Folkstone: Dawson.

—1980a: Thomas Griffith Taylor 1880—1963. In T. W. Freeman and P. Pinchemel (eds.), *Geographers: biobibliographical studies*, volume 5. London: Mansell, 141—54.

—1980b: The haunting of Saloman's house: geography and the limits of science. *Australian Geographer* **14**, 327—41.

—1981: Editorial comment: "professional" geography into the eighties—? *Australian Geographical Studies* **19**, 228—30.

PRED, A. 1965a: The concentration of high value-added manufacturing. *Economic Geography* **41**, 108—32.

—1965b: Industrialization, initial advantage, and American metropolitan growth. *Geographical Review* **55**,158—85.

—1967:*Behavior and location: foundations for a geographic and dynamic location theory. Part* Ⅰ. Lund:C. W. K. Gleerup.

—1969:*Behavior and location: foundations for a geographic and dynamic location theory. Part* Ⅱ. Lund:C. W. K. Gleerup.

—1973: Urbanization, domestic planning problems and Swedish geographic research. In C. Board *et al.* (eds.), *Progress in Geography* **5**, London: Edward Arnold,1—77.

—1972a:The choreography of existence:comments on Hägerstrand's time-geography and its usefulness. *Economic Geography* **53**,207—21.

—1977b:*City-systems in advanced economies*. London:Hutchinson.

—1979:The academic past through a time-geographic looking glass. *Annals of the Association of American Geographers* **69**,175—80.

—1981a: Production, family, and free-time projects: a time-geographic perspective on the individual and societal change in nineteenth century US cities. *Journal of Historical Geography* **7**,3—36.

—1981b:Of paths and projects:individual behavior and its societal context. In K. R. Cox and R. G. Golledge (eds.) *Behavioral problems in geography revisited*. London:Methuen,231—55.

—1984a:From here and now to there and then:some notes on diffusions,defusions,and disillusions. In M. Billinge,D. Gregory and R. Martin (eds.) *Recollections of a revolution*. London:Macmillan,86—103.

—1984b:Structuration,biography formation,and knowledge:observations on port growth during the late mercantile period. *Environment and Planning D:Society and Space*. **2**,251—76.

—1984c:Place as historically contingent process:structuration and the time-geography of becoming places. *Annals of the Association of American Geographers* **74**,279—97.

—1985:The social becomes the spatial and the spatial becomes the social. In

D. Gregory and J. Urry (eds.) *Social relations and spatial structures*. London: Macmillan, 336—75.

—1986: *Becoming places, practice and structure: the emergence and aftermath of enclosures in the plains villages of southwestern Skane*. Oxford: Polity Press.

—1988: Lost words as reflections of lost worlds. In R. G. Golledge. H. Couclelis and P. R. Gould (eds.) *A Ground for Common Search*. Santa Barbara: The Santa Barbara Geographical Press, 138—47.

PRED, A. R. and KIBEL, B. M. 1970: An application of gaming simulation to a general model of economic locational processes. *Economic Geography* **46**, 136—56.

PRED, A. and PALM, R. 1978: The status of American women: a time-geographic view. In D. A. Lanegran and R. Palm (eds.), *An invitation to geography* (2nd edn) New York: McGraw Hill, 99—109.

PRICE, D. G. and BLAIR, A. M. 1989: *The changing geography ofthe service sector*. London: Belhaven.

PRINCE, H. C. 1961—2: The geographical imagination. *Landscape* **11**, 21—5.

—1971a: Real, imagined and abstract worlds of the past. In C. Board *et al*. (eds.), *Progress in Geography* **3**, London: Edward Arnold, 1—86.

—1971b: America! America? Views on a pot melting 1. Questions of social relevance. *Area* **3**, 150—3.

—1979: About half Marx for the transition from feudalism to capitalism. *Area* **11**, 47—51.

PRUNTY, M. C. 1979: Clark in the early 1940s. *Annals of the Association of American Geographers* **69**, 42—5.

PUDUP, M. B. 1988: Arguments within regional geography. *Progress in Human Geography* **12**, 369—90.

QUAINI, M. 1982: *Geography and marxism*. Oxford: Blackwell.

RADFORD, J. P. 1981: The social geography of the nineteenth century US city. In D. T. Herbert and R. J. Johnston (eds.), *Geography and the urban environment*, 4. Chichester: John Wiley, 257—93.

RAVENSTEIN, E. G. 1885: The laws of migration. *Journal of the Royal Statistical Society* **48**, 167—235.

RAWSTRON, E. M. 1958: Three principles of industrial location. *Transactions. Institute of British Geographers* **25**, 135—42.

RAY, D. M., VILLENEUVE, P. Y. and ROBERGE, R. A. 1974: Functional prerequisites, spatial diffusion, and allometric growth. *Economic Geography*. **50**, 341—51.

REES, J. 1985: *Natural resources: allocation, economics and policy*. London: Methuen.

REES, P. H. and WILSON, A. G. 1977: *Spatial population analysis*. London: Edward Arnold.

REISER, R. 1973: The territorial illusion and behavioural sink: critical notes on behavioural geography. *Antipode* **5**(3), 52—7.

RELPH, E. 1970: An inquiry into the relations between phenomenology and geography. *The Canadian Geographer* **14**, 193—201.

—1976: *Place and placelessness*. London: Pion.

—1977: Humanism, phenomenology, and geography, *Annals of the Association of American Geographers* **67**, 177—9.

—1981a: Phenomenology. In M. E. Harvey and B. P. Holly (eds.), *Themes in geographic thought*. London: Croom Helm, 99—114.

—1981b: *Rational landscapes and humanistic geography*. London: Croom Helm.

RENFREW, A. C. 1981: Space, time and man. *Transactions, Institute of British Geographers* **NS6**, 257—78.

REYNOLDS, R. B. 1956: Statistical methods in geographical research. *Geographical Review* **46**, 129—32.

RHIND, D. W. 1981: Geographical information systems in Britain. In N. Wrigley and R. J. Bennett (eds.). *Quantitative geography*. London: Routledge

& Kegan Paul, 17—35.

—1986: Remote sensing, digital mapping and GIS: the creation of government policy in the UK. *Environment and Planning C: Government and Policy* **4**, 91—100.

—1989: Computing, academic geography, and the world outside. In B. Macmillan (ed.) *Remodelling geography*. Oxford: Basil Blackwell. 177—90.

RHIND, D. W. and ADAMS, T. A. 1980: Recent developments in surveying and mapping. In E. H. Brown (ed.), *Geography, yesterday and tomorrow* (Oxford: Oxford University Press), 181—99.

RHIND, D. W. and HUDSON, R. 1981: *Land use*, London: Methuen.

RHIND, D. W. and MOUNSEY, H. 1989. The Chorley committee and "Handling geographical information". *Environment and Planning A* **21**, 571—86.

RIDDELL, J. B. 1970: *The spatial dynamics of modernization in Sierra Leone*. Evanston, Ill.: Northwestern University Press.

ROBINSON, A. H. 1956: The necessity of weighting values in correlation analysis of area data. *Annals of the Association of American Geographers* **46**, 233—6.

—1961: On perks and pokes. *Economic Geography* **37**, 181—3.

—1962: Mapping the correspondence of isarithmic maps. *Annals of the Association of American Geographers* **52**, 414—25.

ROBINSON, A. H. and BRYSON, R. A. 1957: A method for describing quantitatively the correspondence of geographical distributions. *Annals of the Association of American Geographers* **47**, 379—91.

ROBINSON, A. H., LINDBERG, J. B. and BRINKMAN, L. W. 1961: A correlation and regression analysis applied to rural farm densities in the Great Plains. *Annals of the Association of American Geographers* **51**, 211—21.

ROBINSON, M. E. 1982: Representation, misrepresentation, and "uncritical rhetoric". *The Professional Geographer* **34**, 224—6.

ROBSON, B. T. 1969: *Urban analysis*. Cambridge: Cambridge University

Press.

—1972: The corridors of geography. *Area* **4**, 213—14.

—1982: Introduction. In B. T. Robson and J. Rees (eds.), *Geographical agenda for a changing world*. London: Social Science Research Council, 1—6.

—1984: A pleasant pain. In M. Billinge, D. Gregory and R. Martin (eds.) *Recollections of a revolution*. London: Macmillan, 104—6.

RODER, W. 1961: Attitudes and knowledge on the Topeka flood plain. In G. F. White (ed.), *Papers on flood problems*. Chicago: University of Chicago, Department of Geography, Research Paper **70**, 62—83.

RODGERS, A. 1955: Changing locational patterns in the Soviet pulp and paper industries. *Annals of the Association of American Geographers* **45**, 85—104.

ROONEY, J. F., ZELINSKY, W. and LOUDER, D. R. (eds.) 1982: *This remarkable continent: an atlas of United States and Canadian society and cultures*. College Station: Texas A and M University Press.

ROSE, C. 1987: The problem of reference and geographic structuration. *Environment and Planning D: Society and Space* **5**, 93—112.

ROSE, D. 1987: Home ownership, subsistence, and historical change: the mining district of West Cornwall in the late nineteenth century. In N. J. Thrift and P. Williams (eds.) *Class and space: the making of urban society*. London: Routledge, 108—53.

ROSE, J. K. 1936: Corn yield and climate in the Corn Belt. *Geographical Review* **26**, 88—102.

ROSS, R. S. J. 1983: Facing Leviathan: public policy and global capitalism. *Economic Geography* **59**, 144—60.

ROTHSTEIN, J. 1958: *Communication, organization and science*. Colorado: Falcon's Wing Press.

ROWLES, G. D. 1978: Reflections on experiential field work. In D. Ley and M. S. Samuels (eds.), *Humanistic geography: problems and prospects*. London: Croom Helm, 173—93.

ROWNTREE, L., FOOTE, K. E. and DOMOSH, M. 1989: Cultural geography. In G. L. Gaile and C. J. Willmott (eds.) *Geography in America*. Columbus: Merrill, 209—17.

RUSHTON, G. 1969: Analysis of spatial behavior by revealed space preference. *Annals of the Association of American Geographers* **59**, 391—400.

—1979: On behavioral and perception geography. *Annals of the Association of American Geographers* **69**, 463—4.

SAARINEN, T. F. 1979: Commentary-critique of Bunting-Guelke paper *Annals of the Association of American Geographers* **69**, 464—8.

SACK, R. D. 1972: Geography, geometry and explanation. *Annals of the Association of American Geographers* **62**, 61—78.

—1973a: Comment in reply. *Annals of the Association of American Geographers* **63**, 568—9.

—1973b: A concept of physical space in geography. *Geographical Analysis* **5**, 16—34.

—1974a: The spatial separatist theme in geography. *Economic Geography* **50**, 1—19.

—1974b: Chorology and spatial analysis. *Annals of the Association of American Geographers* 64, 439—52.

—1980: *Conceptions of space in social thought*. London: Macmillan.

—1983: Human territoriality: a theory. *Annals ofthe Association of American Geographers* **73**, 55—74.

—1986: *Human territoriality: its theory and history*. Cambridge: Cambridge University Press.

SAMUELS, M. S. 1978: Existentialism and human geography. In D. Ley and M. S. Samuels (eds.), *Humanistic geography: problems and prospects*. Chicago: Maaroufa Press, 22—40.

SANDBACH, F. 1980: *Environment, ideology and policy*. Oxford: Blackwell.

SANTOS, M. 1974: Geography, marxism and underdevelopment. *Antipode* **6** (3), 1—9.

SARRE, P. 1987: Realism in practice. Area **19**, 3—10.

SARRE, P., PHILLIPS, D. and SKELLINGTON, R. 1989: *Ethnic Minority Housing: Explanations and Policies*. Aldershot: Avebury.

SAUER, C. O. 1925: The morphology. of landscape. *University of California Publications in Geography* **2**, 19—54.

—1941: Foreword to historical geography. *Annals of the Association of American Geographers* **31**, 1—24.

—1956: The education of a geographer. *Annals of the Association of American Geographers* **46**, 287—99.

—1956a: The agency of man on earth. In W. L. Thomas (ed.) *Man's role in changing the face of the earth*. Chicago: University of Chicago Press, 49—69.

—1956b: Retrospect. In W. L. Thomas (ed.) *Man's role in changing the face of the earth*. Chicago: University of Chicago Press, 1131—5.

SAUNDERS, P. and WILLIAMS, P. R. 1986: The new conservatism: some thoughts on recent and future developments in urban studies. *Environment and Planning D: Society and Space* **4**, 393—9.

—1987: For an emancipated social science. *Environment and Planning D: Society and Space* **5**, 427—30.

SAYER, A. 1979: Epistemology and conceptions of people and nature in geography. *Geoforum* **10**, 19—44.

—1981: Defensible values in geography. In D. T. Herbert and R. J. Johnston (eds.), *Geography and the urban environment*, 4, Chichester: John Wiley, 29—56.

—1982: Explanation in economic geography. *Progress in Human Geography* **6**, 68—88.

—1983: Notes on geography and the relationship between people and nature. In the London Group of the Union of Socialist Geographers, *Society and nature*. London, 47—57.

—1984: *Method in social science: a realist approach*. London: Hutchinson.

—1985：Realism and geography. In R. J. Johnston (ed.) *The future of geography*. London：Methuen，159—73.

—1987：Hard work and its alternatives. *Environment and Planning D：Society and Space* **5**，395—9.

—1989a：The"new"regional geography and problems of narrative. *Environment and Planning D：Society and Space* **7**，253—76.

—1989b：On the dialogue between humanism and historical materialism in geography. In A. Kobayashi and S. Mackenzie (eds.) *Remaking human geography*. Boston：Unwin Hyman，206—226.

SAYER，A. and MORGAN，K. 1875：A modern industry in a declining region：links between method，theory and policy. In D. Massey and R. Meegan (eds.) *Politics and method：contrasting studies in industrial geography*. London：Methuen，144—68.

SCHAEFER，F. K. 1953：Exceptionalism in geography：a methodological examination. *Annals of the Association of American Geographers* **43**，226—49.

SCOTT，A. J. 1982：The meaning and social origins of discourse on the spatial foundations of society. In P. R. Gould and G. Olsson (eds.)，*A search for Common Ground*. London：Pion，141—56.

—1985：Location processes，urbanization，and territorial development：an exploratory essay. *Environment and Planning A* **17**，479—501.

—1986：Industrialization and urbanization：a geographical agenda. *Annals of the Association of American Geographers* **76**，25—37.

—1988：*Metropolis*. Los Angeles：University of California Press.

SCOTT，A. J. and COOKE，P. N. 1988：The new geography and sociology of production. *Environment and Planning D：Society and Space* **6**，241—4.

SCOTT，A. J. and STORPER，M. eds. 1985：*Production，work，territory*. Boston：George Allen & Unwin.

SEAMON，D. 1987：Phenomenology and environment-behavior research. In G. T. Moore and E. Zube (ed.) *Advances in Environment，Behavior and*

Design. New York:Plenum,3—36.

SHANNON,G. W. and DEVER,G. E. A. 1974:*Health care delivery:spatial perspectives*. New York:McGraw Hill.

SHEPPARD,E. S. 1979:Gravity parameter estimation. *Geographical Analysis* **11**,120—33.

SHORT,J. R. 1984:*The urban arena:capital,state and community in contemporary Britain*. London:Macmillan.

SIDDALL,W. R. 1961:Two kinds of geography. *Economic Geography* **36**,facing page 189.

SIMON, H. A. 1957:*Models of man:social and rational*. New York:John Wiley.

SINCLAIR,J. G. and KISSLING,C. C. 1971:A network analysis approach to fruit distribution planning. *Proceedings, Sixth New Zealand Geography Conference* Volume 1,Christchurch,131—6.

SLATER,D. 1973: Geography and underdevelopment-1. *Antipode* **5** (3), 21—33.

—1975:The poverty of modern geographical enquiry. *Pacific Viewpoint* **16**, 159—76.

SMAILES,A. E. 1946:The urban mesh of England and Wales. *Transactions and Papers,Institute of British Geographers* **11**,85—101.

SMITH,C. T. 1965:Historical geography:current trends and prospects. In R. J. Chorley and P. Haggett (eds.), *Frontiers in geographical teaching*. London:Methuen,118—43.

SMITH,D. M. 1971:America! America? Views on a pot melting. 2. Radical geography—the next revolution? *Area* **3**,153—7.

—1973a:Alternative"relevant"professional roles. *Area* **5**,1—4.

—1973b:*The geography of social well-being in the United States*. New York:McGraw Hill.

—1977:*Human geography:a welfare approach*. London:Edward Arnold.

—1979:*Where the grass is greener:living in an unequal world*. London:Pen-

guin.
—1981: *Industrial location: an economic geographical analysis* (2nd edn). New York: John Wiley.
—1984: Recollections of a random variable. In M. Billinge, D. Gregory and R. Martin (eds.) *Recollections of a revolution*. London: Macmillan, 117—33.
—1985: The "new blood" scheme and its application to geography, *Area* **17**, 237—43.
—1986: UGC research ratings: pass or fail? *Area* **18**, 247—9.
—1988a: Towards an intepretative human geography. In J. Eyles and D. M. Smith (eds.) *Qualitative Methods in Human Geography*. Cambridge: Polity Press, 255—67.
—1988b: On academic performance. *Area* **20**, 3—13.
SMITH, N. 1979: Geography, science and post-positivist modes of explanation. *Progress in Human Geography*, **3**, 365—83.
—1984: *Uneven development: nature, capital and the production of space*. Oxford: Basil Blackwell.
—1986: On the necessity of uneven development. *International Journal of Urban and Regional Research* **10**, 87—104.
—1987a: Danger of the empirical turn: The CURS initiative. *Antipode* **19**, 59—68.
—1987b: Rascal concepts, minimalizing discourse, and the politics of geography. *Environment and Planning D: Society and Space* **5**, 377—83.
—1990: Geography as museum: private history and conservative idealism in *The Nature of Geography*. In J. N. Entrikin and S. D. Brunn (eds.) *Reflections on Richard Hartshorne's The Nature of Geography*. Washington: Association of American Geographers. 89—120.
SWITH, S. J. 1984: Practicing humanistic geography. *Annals of the Association of American Geographers* **74**, 353—74.
—1988: Constructing local knowledge: the analysis of self in everyday life. In J. Eyles and D. M. Smith (eds.) *Qualitative Methods in Human Geogra-*

phy. Cambridge: Polity Press, 17—38.

SMITH, T. R. 1984: Artificial intelligence and its applicability to geographical problem solving. *The Professional Geographer* **36**, 147—58.

SMITH, T. R. CLARK, W. A. V. and COTTON, J. 1984: Deriving and testing production system models of sequential decision-making behavior. *Geographical Analysis* **16**, 191—222.

SMITH, W. 1949: *An economic geography of Great Britain*. London: Methuen.

SOJA, E. W. 1968: *The geography of modernization in Kenya*. Syracuse: Syracuse University Press.

—1980: The socio-spatial dialectic. *Annals of the Association of American Geographers* **70**, 207—25.

—1985: The spatiality of social life: towards a transformative retheorization. In D. Gregory and J. Urry (eds.) *Social relations and spatial structures*. London: Macmillan, 90—127.

—1989: *Postmodern geographies*. London: Verso.

SPATE, O. H. K. 1957: How determined is possibilism? *Geographical Studies* **4**, 3—12.

—1960a: Quantity and quality in geography. *Annals of the Association of American Geographers* **50**, 477—94.

—1960b: Lord Kelvin rides again. *Economic Geography* **36**, facing page 1.

—1963: Letter to the editor. *Geography* **48**, 206.

—1989: Foreword. In F. W. Boal and D. N. Livingstone (eds.) *The Behavioural Environment*. London: Routledge, xvii—xx.

SPENCER, C. P. and BLADES, M. 1986: Pattern and process: a review essay on the relationship between geography and environmental psychology. *Progress in Human Geography* **10**, 230—48.

SPENCER, H. 1982: *A system of synthetic philosophy, volume 1 first principles* (4th edn). New York: Appleton.

SPENCER, J. E. and THOMAS, W. L. 1973: *Introducing cultural geogra-*

phy. New York:John Wiley.

STAMP, L. D. 1946: *The land of Britain*. London: Longman.

—1966: Ten years on. *Transactions, Institute of British Geographers* **40**, 11—20.

STAMP, L. D. and BEAVER, S. H. 1947: *The British Isles*. London: Longman.

STEEL, R. W. 1974: The Third World: geography in practice. *Geography* **59**, 189—207.

—1982: Regional geography in practice. *Geography* **67**, 2—8.

STEGMULLER, W. 1976: *The structure and dynamics of theories*. New York: Springer-Verlag.

STEWART, J. Q. 1945: *Coasts, waves and weather*. Boston: Ginn & Co.

—1947: Empirical mathematical rules concerning the distribution and equilibrium of population. *Geographical Review* **37**, 461—85.

—1956: The development of social physics. *American Journal of Physics* **18**, 239—53.

STEWART, J. Q. and WARNTZ, W. 1958: Macrogeography and social science, *Geographical Review* **48**, 167—184.

—1959: Physics of population distribution. *Journal of Regional Science* **1**, 99—123.

STODDART, D. R. 1965: Geography and the ecological approach: the ecosystem as a geographic principle and method. *Geography* **50**, 242—51.

—1966: Darwin's impact on geography. *Annals of the Association of American Geographers* **56**, 683—98.

—1967a: Growth and structure of geography. *Transactions, Institute of British Geographers* **41**, 1—19.

—1967b: Organism and ecosystem as geographic models. In R. J. Chorley and P. Haggett (eds.), *Models in geography*. London: Methuen, 511—47.

—1975a: The RGS and the foundations of geography at Cambridge. *Geographical Journal* **141**, 216—39.

—1975b:Kropotkin,Reclus and"relevant"geography. *Area* **7**. 188—90.

—1977:The paradigm concept and the history of geography. Abstract of a paper for the conference of the International Geographical Union Commission on the History of Geographic Thought,Edinburgh.

—1981a:The paradigm concept and the history of geography. In D. R. Stoddart (ed.), *Geography, ideology and social concern*. Oxford: Blackwell, 70—80.

—1981b:Ideas and interpretation in the history of geography. In D. R. Stoddart (ed.),*Geography,ideology and social concern*. Oxford:Blackwell 1—7.

—1986:*On geography:and its history*. Oxford:Basil Blackwell.

—1987:To claim the high ground: geography for the end of the century. *Transactions,Institute of British Geographers* **NS12**,327—36.

—1990:Epilogue:homage to Richard Hartshorne. In J. N. Entrikin and S. D. Brunn (eds.) *Reflections on Richard Hartshorne's The Nature of Geography*. Washington:Association of American Geographers,163—6.

STORPER, M. 1987: The post-Enlightenment challenge to Marxist urban studies. *Environment and Planning D:Society and Space* **5**,418—26.

STOUFFER,S. A. 1940:Intervening opportunities:a theory relating mobility and distance. *American Sociological Review* **5**,845—67.

SUMMERFIELD,M. A. 1983:Population,samples and statistical inference in geography. *The Professional Geographer* **35**,143—8.

SUPPE,F. 1977a:The search for philosophic understanding of scientific theories. In F. Suppe (ed.), *The structure of scientific theories*. Urbana:University of Illinois Press,3—233.

—1977b:Exemplars,theories. and disciplinary matrices. In F. Suppe (ed.), *The structure of scientific theories*. Urbana: University of Illinois Press, 473—99.

—1977c:Afterword—1977. In F. Suppe (ed.), *The structure of scientific theories*. Urbana:University of Illinois Press,617—730.

SVIATLOVSKY, E. E. and EELS, W. C. 1937: The centrographical method and regional analysis. *Geographical Review* **27**, 240—54.

—1970: *Geography*. Englewood Cliffs, NJ: Prentice-Hall.

TAAFFE, E. J. 1974: The spatial view in context. *Annals of the Association of American Geographers* **64**, 1—16.

—1979: In the Chicago area. *Annals of the Association of American Geographers* **69**, 133—8.

TAAFFE, E. J., MORRILL, R. L. and GOULD, P. R. 1963: Transport expansion in underdeveloped countries: a comparative analysis. *Geographical Review* **53**, 503—29.

TATHAM, G. 1953: Environmentalism and possibilism. In G. Taylor (ed.), *Geography in the twentieth century*. London: Methuen, 128—64.

TAYLOR, E. G. R. 1937: Whither geography? a review of some recent geographical texts. *Geographical Review* **27**, 129—35.

TAYLOR, P. J. 1976: An interpretation of the quantification debate in British geography. *Transactions, Institute of British Geographers* **NS1**, 129—42.

—1978: Political geography. *Progress in Human Geography* **2**, 53—62.

—1979: "Difficult-to-let", "difficult-to-live-in", and sometimes "difficult-to-get-out-of": an essay on the provision of council housing. *Environment and Planning A* **11**, 1305—20.

—1981: Factor analysis in geographical research. In R. J. Bennett (ed.), *European progress in spatial analysis*. London: Pion, 251—67.

—1981b: Geographical scales within the world-economy approach. *Review* **5** (1), 3—11.

—1982: A materialist framework for political geography. *Transactions, Institute of British Geographers* **NS7**, 15—34.

—1985a: The geography of elections. In M. Pacione (ed.) *Progress in political geography*. London: Croom Helm, 243—72.

—1985b: *Political geography: world-economy, nation-state and community*. London: Longman.

—1985c: The value of a geographical perspective. In R. J. Johnston (ed.) *The future of geography*. London: Methuen, 92—110.

—1986: An exploration into world-systems analysis of political parties. *Political Geography Quarterly* **5**, S5—S20.

—1987: History's dialogue: an exemplification from political geography. *Progress in Human Geography* **11**.

—1989: *Political geography: world-economy, nation-state and community (Second Edition)*. London: Longman.

TAYLOR, P. J. and GUDGIN, G. 1976: A statistical theory of electoral redistricting. *Environment and Planning A* **8**, 43—58.

TAYLOR, P. J. and JOHNSTON, R. J. 1979: *Geography of elections*. Harmonds-worth: Penguin Books.

—1985: The geography of the British state. In J. R. Short and A. M. Kirby (eds.) *The human geography of contemporary Britain*. London: Macmillan, 23—39.

THOMAN, R. S. 1965: Some comments on *The Science of Geography*. *The Professional Geographer* **17**(6), 8—10.

THOMAS, E. N. 1960: Areal associations between population growth and selected factors in the Chicago urbanized area. *Economic Geography* **36**, 158—70.

—1968: Maps of residuals from regression. In B. J. L. Berry and D. F. Marble (eds.), *Spatial analysis*. Englewood Cliffs, NJ: Prentice-Hall, 326—52.

THOMAS, E. N. and ANDERSON, D. L. 1965: Additional comments on weighting values in correlation analysis of areal data. *Annals of the Association of American Geographers* **55**, 492—505.

THOMAS, R. W. 1982: *Information statistics in geography*, Norwich: Geo Books.

THOMAS, W. L. (ed.) 1956: *Man's role in changing the face of the earth*. Chicago: University of Chicago Press.

THOMPSON, J. H. *et al*. 1962: Toward a geography of economic health: the

case of New York state. *Annals of the Association of American Geographers* **52**,1—20.

THORNES,J. B. 1989a:Geomorphology and grass roots models. In B. Macmillan (ed.) *Remodelling geography*. Oxford:Basil Blackwell,3—21.

—1989b:Environmental systems. In M. J. Clark, K. J. Gregory and A. M. Gurnell (eds.) *Horizons in physical geography*. London: Macmillan, 27—46.

THRALL,G. I. 1985:Scientific geography. *Area* **17**,254.

—1986:Reply to Felix Driver and Christopher Philo. *Area* **18**,162—3.

THRIFT,N. J. 1977:*An introduction to time geography*. CATMOG 13,Norwich:Geo Books.

—1979:Unemployment in the inner city:urban problem or structural imperative? a review of the British experience. In D. T. Herbert and R. J. Johnston (eds.),*Geography and urban environment:progress in research and applications*,volume 2. London:John Wiley. 125—226.

—1981:Behavioural geography. In N. Wrigley and R. J. Bennett (eds.), *Quantitative geography*. London:Routledge & Kegan Paul,352—65.

—1983a:On the determination of social action in space and time. *Environment and Planning D:Society and Space* **1**,23—57.

—1983b:Literature,the production of culture and the politics of place. *Antipode* **15**,12—23.

—1987:No perfect symmetry. *Environment and Planning D: Society and Space* **5**,400—7.

THRIFT,N. J. and PRED, A. R. 1981: Time geography: a new beginning. *Progress in Human Geography* **5**,277—86.

TIMMERMANS,H. and GOLLEDGE,R. G. 1990:Applications of behavioural research on spatial problems:II Preference and choice. *Progress in Human Geography* **14**.

TIMMS,D. 1965:Quantitative techniques in urban social geography. In R. J. Chorley and P. Haggett (eds.),*Frontiers in geographical teaching*. London: Methuen, 239—65.

TOCALIS, T. R. 1978: Changing theoretical foundations of the gravity concept of human interaction. In B. J. L. Berry, (ed.), *The nature of change in geographical ideas*. de Kalb: Northern Illinois University Press, 65—124.

TOMLINSON, R. F. 1989: Geographic information systems and geographers in the 1990s. *The Canadian Geographer* **33**, 290—8.

TOULMIN, S. E. 1970: Does the distinction between normal and revolutionary science hold water? In I. Lakatos and A. Musgrave (eds.), *Criticism and the growth of knowledge*. London: Cambridge University Press, 39—48.

TREWARTHA, G. T. 1973: Comments on geogr aphy and public policy, *The Professional Geographer* **25**, 78—9.

TUAN, YI-FU 1971: Geography, phenomenology, and the study of human nature. *The Canadian Geographer* **15**, 181—92.

—1974: Space and place: humanistic perspectives. In C. Board *et al*. (eds.), *Progress in Geography* **6**, London: Edward Arnold, 211—52.

—1975a: Images and mental maps. *Annals of the Association of American Geographers* **65**, 205—13.

—1975b: Place: an experiential perspective *Geographical Review* **65**, 151—65.

—1976: Humanistic geography. *Annals of the Association of American Geographers* **66**, 266—76.

—1977: *Space and place*. London: Edward Arnold.

—1978: Literature and geography: implications for geographical research. In D. Ley and M. S. Samuels (eds.), *Humanistic geography: prospects and problems*. Chicago: Maaroufa Press, 194—206.

—1978: *Landscapes of fear*. Oxford: Basil Blackwell.

—1982: *Segmented worlds and self*. Minneapolis: University of Minnesota Press.

—1984: *Dominance and affection*. New Haven: Yale University Press.

TULLOCK, G. 1976: *The vote motive*. London: Institute of Economic Affairs.

TURNER, B. L. 1989: The specialist-synthesis approach to the revival of geography: the case of cultural ecology. *Annals of the Association of American Geographers* **79**, 88—100.

TURNER, B. L. and MEYER, W. B. 1985: The use of citation indices in comparing geography programs: an exploratory study. *The Professional Geographer* **37**, 271—8.

ULLMAN, E. L. 1941: A theory of location for cities. *American Journal of Sociology* **46**, 853—64.

—1953: Human geography and area research. *Annals of the Association of American Geographers* **43**, 54—66.

—1956: The role of transportation and the bases for interaction. In W. L. Thomas (ed.), *Man's role in changing the face of the earth*. Chicago: University of Chicago Press, 862—80.

UPTON, G. J. G. and FINGLETON, B. 1985: *Spatial data analysis by example: Volume 1: point pattern and quantitative data*. Chichester: John Wiley.

URLICH, D. U. 1972: Migrations of the North Island Maoris 1800—1840: a systems view of migration. *New Zealand Geographer* **28**, 23—35.

URLICH CLOHER, D. 1975: A perspective on Australian urbanization. In J. M. Powell and M. Williams (eds.), *Australian space, Australian time: geographical perspectives*. Melbourne: Oxford University Press, 104—59.

URRY, J. 1985: Space, time and the study of the social. In H. Newby *et al.* (eds.) *Restructuring Capital*. London: Macmillan, 21—40.

—1986: Locality research: the case of Lancaster. *Regional Studies* **20**, 233—42.

—1987: Society, space and locality. *Environment and Planning D: Society and Space* **5**, 435—44.

VAN DEN DAELE, W. and WEINGART, P. 1976: Resistance and receptivity of science to external direction: the emergence of new disciplines under the impact of science policy. In G. Lemaine *et al.* (eds.), *Perspectives on the emergence of scientific disciplines*. The Hague: Mouton, 247—75.

VAN DER LAAN, L. and PIERSMA, A. 1982: The image of man: paradigmatic cornerstone in human geography. *Annals of the Association of American Geographers* **73**, 411—26.

VAN DER WUSTEN, H. and O'LOUGHLIN, J. 1986: Claiming new territory for a stable peace: how geography can contribute. *The Professional Geographer* **38**, 18—27.

VAN PAASSEN, C. 1981: The philosophy of geography: from Vidal to Hägerstrand. In A. Pred and G. Tornquist (eds.), *Space and time in geography* (Lund: C. W. K. Gleerup), 17—29.

VANCE, J. E. 1970: *The merchant's world*. Englewood Cliffs, NJ: Prentice-Hall.

—1978: Geography and the study of cities. *Human Geography: Coming of Age. American Behavioral Scientist* **22**, 131—49.

VON BERTALANFFY, L. 1950: An outline of general systems theory. *British Journal of the Philosophy of Science* **1**, 134—65.

WAGNER, P. L. 1976: Reflections on a radical geography. *Antipode* **8**(3), 83—5.

WALBY, S. 1986: *Patriarchy at work*. Cambridge: Polity Press.

WALKER, R. A. 1981a: A theory of suburbanization. In M. J. Dear and A. J. Scott (eds.), *Urbanization and urban planning in capitalist societies*. London: Methuen. 383—430.

—1981b: Left-wing libertarianism, an academic disorder: a reply to David Sibley. *The Professional Geographer* **33**, 5—9.

—1989a: What's left to do? *Antipode* **21**, 133—65.

—1989b: Geography from the left. In G. L. Gaile and C. J. Willmott (eds.) *Geography in America*. Columbus: Merrill Publishing Company, 619—51.

WALKER, R. A. and STORPER, M. 1981: Capital and industrial location. *Progress in Human Geography* **5**, 473—509.

WALLACE, I. 1989: *The Global Economic System*. London: Unwin Hyman.

WALMSLEY, D. J. 1972: *Systems theory: a framework for human geographical enquiry*. Research School of Pacific Studies. Department of Human Geography Publication HG/7, Australian National University, Canberra.

—1974: Positivism and phenomenology in human geography. *The Canadian Geographer* **18**, 95—107.

WALMSLEY, D. J. and SORENSEN, A. D. 1980: What marx for the radicals? an Antipodean viewpoint. *Area* **12**, 137—41.

WARD, D. 1971: *Cities and immigrants: a geography of change in nineteenth-century America*. New York: Oxford University Press.

WARF, B. 1986: Ideology, everyday life and emancipatory phenomenology. *Antipode* **18**, 268—83.

—1988: The resurrection of local uniqueness. In R. G. Golledge, H. Couclelis and P. R. Gould (eds.) *A Ground for Common Search*. Santa Barbara: The Santa Barbara Geographical Press, 51—62.

WARNTZ, W. 1959a: *Toward a geography of price*. Philadelphia: University of Pennsylvania Press.

—1959b: Geography at mid-twentieth century. *World Politics* **11**, 442—54.

—1959c: Progress in economic geography. In P. E. James (ed.), *New viewpoints in geography*. Washington: National Council for the Social Studies, 54—75.

—1968: Letter to the editor. *The Professional Geographer* **20**, 357.

—1984: Trajectories and coordinates. In M. Billinge, D. Gregory and R. Martin (eds.) *Recollections of a revolution*. London: Macmillan, 134—52.

WATERMAN, S. 1985: Not just the milk and honey—now a way of life: Israeli human geography since the six-day war. *Progress in Human Geography* **9**, 194—234.

—and KLIOT, N. 1990: The political impact on writing the geography of Palestine-Israel. *Progress in Human Geography* **14**.

WATKINS, J. W. N. 1970: Against "normal science". In I. Lakatos and A.

Musgrave (eds.), *Criticism and the growth of knowledge*. London: Cambridge University Press, 25—38.

WATSON, J. D. 1968: *The double helix: a personal account of the discovery of the structure of DNA*. London: Weidenfeld & Nicolson.

WATSON, J. W. 1953: The sociological aspects of geography. In G. Taylor (ed.), *Geography in the twentieth century*. London: Methuen, 453—99.

—1955: Geography: a discipline in distance. *Scottish Geographical Magazine* **71**, 1—13.

—1983: The soul of geography. *Transactions, Institute of British Geographers* **NS8**, 385—99.

WATSON, M. K. 1978: The scale problem in human geography. *Geografiska Annaler* **60B**, 36—47.

WATTS, M. 1988: Deconstructing determinism. *Antipode* **20**, 142—28.

—1989: The agrarian crisis in Africa: debating the crisis. *Progress in Human Geography* **13**, 1—41.

WATTS, S. J. and WATTS, S. J. 1978: The idealist alternative in geography and history. *The Professional Geographer* **30**, 123—7.

WEAVER, J. C. 1943: Climatic relations of American barley production. *Geographical Review* **33**, 569—88.

—1954: Crop-combination regions in the Middle West. *Geographical Review* **44**, 175—200.

WEBBER, M. J. 1972: *Impact of uncertainty on location*. Canberra: Australian National University Press.

—1977: Pedagogy again: what is entropy? *Annals of the Association of American Geographers* **67**, 254—66.

WESTERN, J. S. 1978: Knowing one's place: "the Coloured people" and the Group Areas Act in Cape Town. In D. Ley and M. S. Samuels (eds.), *Humanistic geography: problems and prospects*. Chicago: Maaroufa Press, 297—318.

WHEELER, P. B. 1982: Revolutions, research programmes and human geog-

raphy. *Area* **14**,1—6.

WHITE,G. F. 1945: *Human adjustment to floods*. Chicago: University of Chicago,Department of Geography,Research Paper 29.

—1972:Geography and public policy. *The professional Geographer* **24**,101—4.

—1973:Natural hazards research. In R. J. Chorley (ed.),*Directions in geography*. London:Methuen,193—216.

—1985:Geographers in a perilously changing world. *Annals of the Association of American Geographers* **75**,10—16.

WHITE,P. E. 1985: On the use of creative literature in migration study. *Area* **17**,277—83.

WHITEHAND,J. W. R. 1970:Innovation diffusion in an academic discipline: the case of the "new" geography. *Area* **2**(3),19—30.

—1984:The impact of geographical journals: a look at ISI data. *Area* **16**, 185—7.

—1985:Contributors to the recent development and influence of human geography: what citation analysis suggests. *Transactions, Institute of British Geographers* **NS10**,222—3.

WHITEHAND,J. W. R. and PATTEN,J. H. C. (eds.) 1977:*Change in the town. Transactions,Institute of British Geographers* **2**(3).

WILLIAMS,P. R. 1978:Urban managerialism: a concept of relevance? *Area* **10**,236—40.

—1982:Restructuring urban managerialism: towards a political economy of urban allocation. *Environment and Planning A* **14**,95—106.

WILSON, A. G. 1967: A statistical theory of spatial distribution models. *Transportation Research* **1**,253—69.

—1970:*Entropy in urban and regional modelling*. London:Pion.

—1974:*Urban and regional models in geography and planning*. London: John Wiley.

—1976a:Catastrophe theory and urban modelling: an application to modal

choice. *Environment and Planning A* **8**,351—46.

—1976b:Retailers' profits and consumers' welfare in a spatial interaction shopping model. In I. Masser (ed.), *Theory and practice in regional science*. London:Pion,42—57.

—1978:Mathematical education for geographers. Department of Geography, University of Leeds,*Disscussion Paper* 211,Leeds.

—1981a:*Catastrophe theory and bifurcation:applications to urban and regional systems*. London:Croom Helm.

—1981b:*Geography and the environment:systems analytical methods*. Chichester:John Wiley.

—1984:Making urban models more realistic:some strategies for future research. *Environment and Planning A* **16**,1419—32.

—1989a:Classics,modelling and critical theory:human geography as structured pluralism. In B. Macmillan (ed.) *Remodelling geography*. Oxford: Basil Blackwell,61—9.

—1989b:Mathematical models and geographic theory. In D. Gregory and R. Walford (eds.) *Horizons in human geography*. London: Macmillan, 29—47.

WILSON,A. G. and BENNETT,R. J. 1985:*Mathematical methods in human geography and planning*. Chichester:John Wiley.

WILSON,A. G.,REES,P. H. and LEIGH,C. 1977:*Models of cities and regions*. London:John Wiley.

WISE,M. J. 1975:A university teacher of geography. *Transactions,Institute of British Geographers* **66**,1—16.

—1977:On progress and geography. *Progress in Human Geography* **1**, 1—11.

WISNER,B. 1970:Introduction:on radical methodology. *Antipode* **2**,1—3.

WOLCH,J. and DEAR,M. (editors) 1989:*The power of geography:how territory shapes social life*. Boston:Unwin Hyman.

WOLDENBERG,M. J. and BERRY,B. J. L. 1967:Rivers and central places:

analogous systems? *Journal of Regional Science* **7**,129—40.

WOLF,L. G. 1976:Comments on the Harries-Peet controversy. *The Professional Geographer* **28**,196—8.

WOLPERT,J. 1964:The decision process in spatial context. *Annals of the Association of American Geographers* **54**,337—58.

—1965:Behavioral aspects of the decision to migrate. *Papers and Proceedings. Regional Science Association* **15**,159—72.

—1967:Distance and directional bias in inter-urban migratory streams. *Annals of the Association of American Geographers* **57**,605—16.

—1970:Departures from the usual environment in locational analysis. *Annals of the Association of American Geographers* **60**,220—9.

WOLPERT,J. ,DEAR,M. and CRAWFORD,R. 1975:Satellite mental health facilities. *Annals of the Association of American Geographers* **65**,24—35.

WOMEN AND GEOGRAPHY STUDY GROUP,1984:*Geography and gender:an introduction to feminist geography*. London:Hutchinson.

WOOLDRIDGE,S. W. 1956:*The geographer as scientist*. London:Thomas Nelson.

WOOLDRIDGE,S. W. and EAST,W. G. 1958:*The spirit and purpose of geography*. London:Hutchinson.

WOOLGAR,S. W. 1976:The identification and definition of scientific collectivities. In G. Lemaine *et al*. (eds.),*Perspectives on the emergence of scientific disciplines*. The Hague:Mouton,233—45.

WRIGHT,J. K. 1925:*The geographical lore of the time of the crusades:a study in the history of medieval science and tradition in western Europe*. New York:American Geographical Society.

—1947:Terrace incognitae:the place of imagination in geography. *Annals of the Association of American Geographers* **37**,1—15.

WRIGLEY,E. A. 1965:Changes in the philosophy of geography. In R. J. Chorley and P. Haggett (eds.),*Frontiers in geographical teaching*. London:Methuen,3—24.

WRIGLEY, N. 1979: Developments in the statistical analysis of categorical data. *Progress in Human Geography* **3**, 315—55.

—1984: Quantitative methods: diagnostics revisited. *Progress in Human Geography* **8**, 525—35.

—1985: *Categorical data analysis for geographers and environmental scientists*. London: Longman.

WRIGLEY, N. and BENNETT, R. J. (eds.) 1981: *Quantitative geography: a British view*. London: Routledge & Kegan Paul.

WRIGLEY, N. and LONGLEY, P. A. 1984: Discrete choice modelling in urban analysis. In D. T. Herbert and R. J. Johnston (eds.) *Geography and the urban environment: progress in research and applications*, volume 6. Chichester: John Wiley, 45—94.

WRIGLEY, N. and MATTHEWS, S. 1986: Citation classics and citation levels in geography. *Area* **18**, 185—94.

ZELINSKY, W. 1970: Beyond the exponentials: the role of geography in the great transition. *Economic Geography* **46**, 499—535.

—1978: Introduction. *Human Geography: Coming of Age. American Behavioral Scientist* **22**, 5—13.

—1973a: Women in geography: a brief factual report. *The Professional Geographer* **25**, 151—65.

—1973b: *The cultural geography of the United States*. Englewood Cliffs, NJ: Prentice-Hall.

—1974: Selfward bound? Personal preference patterns and the changing map of American society. *Economic Geography* **50**, 144—79.

—1975: The demigod's dilemma. *Annals of the Association of American Geographers* **65**, 123—43.

ZELINSKY, W., MONK, J. and HANSON, S. 1982: Women and geography: a review and prospectus. *Progress in Human Geography* **6**, 317—66.

ZIPF, G. K. 1949: *Human behavior and the principle of least effort*. New York: Hafner.

人名对照表

A

阿彻　Archer, J. C.
阿格纽　Agnew, J. A.
阿克曼　Ackerman, E. A.
阿梅代奥　Amedeo, D.
阿姆斯特朗　Armstrong
阿普尔顿　Appleton, J.
阿什海姆　Asheim, B. T.
埃布勒　Abler, R. F.
埃利奥特·赫斯特　Eliot Hurst, M. E.
埃利希　Ehrlich, P.
埃隆　Eilon, S.
埃文斯　Evans, M.
艾尔　Eyre, S. R.
艾尔斯　Eyles, J.
艾萨德　Isard, W.
艾泰　Hayter, R.
艾特肯　Aitken, S. C.
安德森　Anderson, J.
昂温　Unwin, T.
奥德　Ord, J. K.
奥德姆　Odum, H. W.
奥尔松　Olsson, G.
奥赖尔登　O'Riordon, T.
奥洛克林　O'Loughlin, J.
奥彭肖　Openshaw, S.

B

巴策　Butzer, K. W.
巴德科克　Badcock, B. A.
巴蒂　Batty, M.
巴尔内斯　Barnes, B.
　　Barnes, T. J.
巴克　Baker, O. E.
　　Baker, A. R. H.
巴拉邦　Ballabon, M. B.
巴伦贝格　Bahrenberg, G.
巴罗斯　Barrows, H. H.
巴塞特　Bassett, K.
巴斯卡尔　Bhaskar, R.
邦奇　Bange, W.
邦廷　Bunting, T. E.

鲍登　Bowden, M. J.
鲍尔　Ball, M. Boyle, M. J.
鲍尔比　Bowlby, S. R.
鲍威尔　Powell, J. M.
贝尔　Bell, D.
贝尔杜莱　Berdoulay, V.
贝里　Berry, B. J. L.
贝内特　Bennett, R. J.
本瑟姆　Bentham, G.
比尔东　Burton
比弗　Beaver, S. H.
比林格　Billige, M.
比沙南　Buchanan, K.
彼得　Peter, L.
波蒂厄斯　Porteous, J. D.
波科克　Pocock, D. C. D.
波普尔　Popper, K. R.
波特　Porter, P. W.
波依克　Poiker, T. K.
博迪　Boddy, M. J.
博尔　Boal, F. W.
博勒加德　Beauregard, R. A.
博蒙特　Beaumont, J. R.
伯德　Bird, J. H.
伯格曼　Bergmann, G.
伯金　Birkin, M.
伯内特　Burnett, K. P.
伯奇　Birch, J.
布茨　Boots, B. N.
布蒂默　Buttimer, A.
布拉德利　Bradley, P. N.
布拉克　Brack, E. V.
布拉肯　Bracken, I.
布拉什　Brush, J. E.
布莱尔　Blair, A. M.
布莱基　Blaikie, P. M.
布莱兹　Blades, M.
布赖森　Bryson, R. A.
布赖特巴特　Breitbart, M. M.
布朗　Brown, L. A.;
Brown, R. G.;
Brown, R. H.;
Brown, S. E.
布朗宁　Browning, C
布劳格　Blaug; M.
布劳特　Blaut, J. M.
布劳伊特　Browett, J.
布里坦　Brittan, S.
布卢埃　Blouet, B. W.
布卢门施托克　Blumenstock, D. I.
布鲁恩　Brunn, S. D.
布鲁克菲尔德　Brookfield, H. C.
布洛尔斯　Blowers, A. T.
布洛克　Bullock, A.
布尚　Bushong, A. D.
布特林　Butlin, R. A.
布则　Butzer

C

查尔顿　Charlton, M.

查普尔　Chappell,J. E.
查普曼　Chapman,G. P.

D

达比　Darby,H. C.
达尔文　Darwin,C.
达西　Dacey,M. F.
戴　Day,M.
戴什　Daysh,G. H. J.
戴维斯　Davies,R. B. ;
　　Davies,W. K. ;
　　Davies,W. M.
丹尼尔斯　Daniels,P. W. ;
　　Daniels,S. J.
丹尼斯　Dennis,R. J.
丹热曼　Dingemans,D.
道格拉斯　Douglas,I.
德·拉·白兰士　de la Blache, P. V.
德巴拉特　Desbarats,J.
德弗　Dever,G. E. A.
德赖弗　Driver,F.
德赖斯代尔　Drysdale,A.
德雷珀　Draper,D.
德默什　Domosh,M.
德特韦勒　Detwyler,T. R.
邓福德　Dunford,M. F.
邓肯　Duncan,B. ;
　　Duncan,J. S. ;
　　Duncan,O. D. ;
　　Duncan,S. S.
迪尔　Dear,M. J.
迪金森　Dickinson,R. E.
迪肯　Dicken,P.
迪肯森　Dickensen,J. P.
迪肯斯　Dickens,P.
蒂凡斯　Tivers,J.
蒂默曼斯　Timmermans,H.
蒂姆斯　Timms,D.
段义孚　Tuan Yi-Fu
多布森　Dobson,J. E.
多恩坎普　Doornkamp,J. C
多尔米泽　Dormitzer,J.

E

厄尔曼　Ullman,E. L.
厄里　Urry,J.
厄彭　Oeppen,J.
厄普顿　Upton,G. J. G.
恩特里金　Entrikin,J. N.

F

法拉赫　Falah,G.
法伊尔阿本德　Feyeraband,P.
范德伍斯滕　Van der Wusten
范登达埃勒　Van den Daele. W.
范登拉恩　Van der Laan,L.
菲茨西蒙斯　Fitzsimmons,M.
菲尔布里克　Philbrick,A. K.
菲洛　Philo,C.

菲利普斯　Phillips, D. R;
Phillips, M.
费尔尼　Fernie, J.
费弗尔　Febvre, L.
费希尔　Fisher, P. F.
芬彻　Fincher, R.
芬格尔顿　Fingleton, B.
冯·贝塔朗菲　von Bertalanaffy, L.
福尔克　Folke, S.
福勒　Forer, P. C.
福里斯特　Forrester, J. W.
福瑟林海姆　Fotheringham, A. J.
福特　Ford, L. R.
弗莱明　Fleming, D. K.
弗劳尔迪　Flowerdew, R.
弗勒　Fleure, H. J.
弗雷　Frey, A.
弗里曼　Freeman, T. W.
富得　Foord, J.
富科　Foucault, M.
富勒　Fuller, G. A.
富特　Foote, D. C. ;
Foote, K. E.

G

盖蒂斯　Getis, A.
盖尔　Gale, N. G.
盖勒　Gaile, G. L.
甘布尔　Gamble, A.
戈达德　Goddard, J. B.
戈迭　Goudie, A. S.
戈尔德　Gold, J. R.
戈列奇　Golledge, R. G.
格尔克　Guelke, L.
格杰恩　Gudgin, G.
格拉肯　Glacken, C. T.
格拉诺　Grano, O.
格拉韦斯　Graves, N. J.
格雷　Gray, F.
格雷厄姆　Graham, J.
格雷格森　Gregson, N.
格雷戈里　Gregory, D. ;
Gregory, K. J. ;
Gregory, S.
格里格　Grigg, D. B.
格里尔一伍滕　Greer-Wootten, B.
格林　Green, N. P. ;
Green, O.
格林伯格　Greenberg, D.
格罗斯曼　Grossman, L.
古德森　Goodson, I.
古德温　Goodwin, M.
古尔德　Gould, P. R.
古廷　Gutting, G.

H

哈伯马斯　Habermas, J.
哈尔沃森　Halvorson, P.
哈格斯特朗　Hägerstrand, T.

哈格特　Haggett,P.

哈古德　Hagood,M. J.

哈金　Hacking,I.

哈里森　Harrison,R. T.

哈里斯　Harries,K. D. ;
Harris,C. D. ;
Harris,R. C.

哈姆纳特　Hamnett,C.

哈特　Hart,J. F.

哈特向　Hartshorne,R.

哈维　Harvey,D. ;
Harvey,M. E.

海　Hay,A. M.

海恩斯　Haynes,R. M.

海恩斯一扬　Haines-Young,R.

海宁　Haining,R. P.

汉密尔顿　Hamilton,F. E.

汉森　Hanson,S.

豪斯　House,J. w.

豪斯霍费尔　Haushofer,K.

赫伯森　Herbertson,A. J.

赫尔　Hull,R.

赫尔伯特　Herbert,D. T.

赫尔德　Held,D.

赫克尔　Huckle,J.

赫特纳　Hettner

黑尔　Hare,F. K.

亨廷顿　Huntingdon,E.

霍顿　Horton,F. E.

霍尔　Hall,P.

霍尔姆　Holm,E.

霍尔特一詹森　Holt-Jensen,A.

霍贾特　Hodgart,R. L.

霍利　Holly,B. P.

胡盖特　Huggett,R. J.

胡克　Hook,J. C.

胡森　Hooson,D. J. M.

华莱士　Wallace,I.

怀默　Wymer,C.

怀斯　Wise,M. J.

怀特　White,G. F. ;
White,P. E. ;
White,R.

怀特汉德　Whitehand,J. W. R.

怀特莱格　Whitelegg,J.

惠勒　Wheeler,P. B.

J

基贝尔　Kibel,B. M.

基布尔　Keeble,D. E.

基什　Kish,G.

基斯林　Kissling,C. C.

吉布森　Gibson,E.

吉登斯　Giddens,A.

吉尔　Gier,J.

吉尔伯特　Gilbert,G. N. ;
Gilbert,A.

吉尔里　Geary,R. C.

加德纳　Gardiner,V.

加里森　Garrison,W. L.

加特雷尔　Gatrell,A. C.
贾内尔　Janelle,D. G.
金　King,L. J.
金斯伯格　Ginsburg,N.
杰克逊　Jackson,P.

K

卡德瓦拉德　Cadwallader,M.
卡尔　Carr,M.
卡尔斯泰因　Carlstein,T.
卡罗尔　Carroll,G. R.
卡罗瑟斯　Carrothers,G. A. P.
卡梅伦　Cameron,I.
卡佩尔　Capel,H.
卡斯佩松　Kasperson,R. E.
卡斯泰尔　Castells,M.
凯茨　Kates,R. W.
凯里　Carey,H.
坎贝尔　Campbell,J. A.
坎伯兰　Cumberland,K.
坎斯基　Kansky,K. J.
康德　Kant,E.
康岑　Conzen,M. P.
考恩　Cowen,D. J.
考克斯　Cox,K. R.；
Cox,N. J.
考特　Court,A.
柯克　Kirk,W.
柯兰　Curran,P. J.
柯里　Curry,L.；
Curry,M.
科波克　Coppock,J. T.
科茨　Coates,B. E.
科顿　Cotton,J.
科尔　Cole,J. P.
科尔布里奇　Corbridge,S.
科尔摩根　Kollmorgen,W. N.
科菲　Coffey,W. J.
科夫曼　Kofman,E.
科格利肖尔　Coggleshall,P. E.
科克伦　Cochrane,A.
科斯格罗夫　Cosgrove,D. E.
克拉夫特　Craft,A. W.
克拉克　Clark,A. H.；
Clark,D.；
Clark,G. L.；
Clark,K. G. T.；
Clark,W. A. V.；
Clarke,C,G.；
Clarke,M.
克拉克森　Clarkson,J. D.
克拉瓦尔　Claval,P.
克莱顿　Clayton,K. M.
克兰　Crane,D.
克劳福德　Crawford,R.
克里斯曼　Chrisman,N. R.
克里斯塔勒　Christaller,W.
克里斯滕森　Christensen,K.
克利夫　Cliff,A. D.
克罗　Crowe,P. R.

鲁尼　Rooney, J. F.
伦弗鲁　Renfrew, A. C.
罗布松　Robson, B. T.
罗德尔　Roder, W.
罗尔斯　Rowles, G. P.
罗杰斯　Rodgers, A.
罗坎　Rokkan, S.
罗斯　Rose, C. ; Rose, D. ;
Rose, J. K. ; Ross, R. S. J.
罗斯坦　Rothstein, J.
罗斯特朗　Rawstron, E. M.
洛　Lowe, M. S.
洛夫林　Lovering, J.
洛温塔尔　Lowenthal, D.

M

马博古涅　Mabogunje, A. K.
马布尔　Marble, D. F.
马丁　Martin, A. F. ;
Martin, G. J. ;
Martin, R. L.
马尔尚　Marchang, B.
马圭尔　Maguire, D. J.
马吉　Magee, B.
马库斯　Marcus, M. C.
马尼恩　Manion, T.
马萨姆　Massam, B. H.
马斯特曼　Masterman, M.
马西　Massey, D.
马歇尔　Marshall, J.

迈尔　Mair, A. ; Mayer, H. M. ;
Meyer, D. C. ; Meyer, J. T. ;
Meyer, W. B.
迈尼希　Meinig, D. W.
迈斯　Mance, J. E.
麦吉尔　Macgill, S. M.
麦金尼　Mackinney, W. M.
麦金农　Mackinnon, R. D.
麦卡锡　McCarthy, H. H.
麦凯　Mackay, J. R.
麦康奈尔　McConnell, H.
麦克丹尼尔　McDaniel, R.
麦克道尔　McDowell, L.
麦克米伦　Macmillan, B.
麦克塔格特　McTaggart, W. D.
麦肯齐　Mackenzie, S.
曼纳斯　Manners, G. ;
Manners, I. R.
芒福德　Munford, L.
芒西　Mounsey, H.
梅　May, J. A.
梅多斯　Meadows, D. H.
米达尔　Myrdal, G.
米德　Mead, W. R.
米根　Meegan, R. A.
米克塞尔　Mikesell, M. W.
米切尔　Mitchell, B.
蒙蒂菲奥里　Montefiore, A. G.
蒙克　Monk, J.
摩根　Morgan, K. ;

N

O

P

普林斯　Prince, H. C. ;
Prince, M. B.

Q

齐普夫　Zipf, G. K.
奇泽姆　Chisholm, M.
乔莱　Chorley, R. J.
琼斯　Jones, C. F. ; Jones, E. ;
Jones, K. ; Jones, L. V.

S

萨克　Sack, R. D.
萨雷　Sarre, P.
萨里南　Saarinen, T. F.
萨缪尔斯　Samuels, M. S.
萨姆菲尔德　Sammerfield, M. A.
萨维奇　Savage, M.
塞耶　Sayer, A.
桑德巴赫　Sandbach, F.
桑德斯　Sanders, P.
桑托斯　Santos, M.
森普尔　Semple, E. C.
舍费尔　Schaefer, F. K.
施诺尔　Schnore, L. F.
施特格米勒　Stegmuller, W.
史密斯　Smith, A. H. ;
Smith, C. T. ;
Smith, D. M. ;
Smith, N. ;
Smith, S. J. ;
Smith, T. R. ;
Smith, W.
舒茨　Schutz, A
舒纳德　Chouinard, V.
斯蒂　Stea, D.
斯蒂尔　Steel, R. W.
斯科特　Scott, A. J.
斯莱特　Slater, D.
斯梅尔斯　Smailes, A. E.
斯潘塞　Spencer, C. P. ;
Spencer, H. ;
Spencer, J. E.
斯佩特　Spate, O. H. K.
斯塔福德　Stafford, H. A.
斯坦普　Stamp, L. D.
斯特德曼　Steadman, P.
斯特夫　Stave, B. M.
斯廷森　Stimson, R. J.
斯图尔特　Stewart, J. Q.
斯托达特　Stoddart, D. R.
斯托弗　Stouffer, S. A.
斯托佩　Storper, M.
斯维亚特洛夫斯基　Sviatlovsky, E. E.
思里夫特　Thrift, N.
思罗尔　Thrall, G. I.
索尔　Sauer, C. O.
索伦森　Sorensen, A. D.
索娅　Soja, E. W.

T

W

X

西德尔　Siddall, W. R.
西蒙　Seamon, D.；
　Simon, H. A.
西泽　Caesar, A. A. L.
希尔　Hill, M. R.
香农　Shannon, G. W.
肖特　Short, J. R.
谢泼德　Sheppard, E. S.
辛克莱　Sinclair, J. G.
休伊特　Hewitt, K.

Y

亚当斯　Adams, J. S.
　Adams, T. A.
亚历山大　Alexander, D.；
　Alexander, J. W.
伊尔斯　Eels, W. G.
伊斯特　East, W. G.
约翰斯顿　Johnston, R. J.
约翰逊　Johnson, J. H.；
　Johnson, L.
约瑟夫　Joseph, A. E.

Z

扎霍查克　Zahorchak, G. A.
泽林斯基　Zelinsky, W.
詹姆斯　James, P. E.
祖佩　Suppe, F.

图书在版编目(CIP)数据

地理学与地理学家:1945年以来的英美人文地理学/(英)R.J.约翰斯顿著;唐晓峰等译.—北京:商务印书馆,2017
(汉译世界学术名著丛书:120年纪念版:珍藏本)
ISBN 978-7-100-14344-8

Ⅰ.①地… Ⅱ.①R… ②唐… Ⅲ.①人文地理学—研究—英国—现代 Ⅳ.①K901

中国版本图书馆CIP数据核字(2017)第154917号

汉译世界学术名著丛书
(120年纪念版·珍藏本)
地理学与地理学家
——1945年以来的英美人文地理学
〔英〕R.J.约翰斯顿 著
唐晓峰 李 平 叶 冰 包森铭 等译
唐晓峰 校

商 务 印 书 馆 出 版
(北京王府井大街36号 邮政编码100710)
商 务 印 书 馆 发 行
北京通州皇家印刷厂印刷
ISBN 978-7-100-14344-8

2017年12月第1版 开本710×1000 1/16
2017年12月北京第1次印刷 印张36½
定价:185.00元